U0181452

教育部高等学校电子信息类专业教学指导委员会规划教材

高等学校电子信息类专业系列教材·新形态教材

嵌入式系统设计与应用

基于ARM Cortex-A8和Linux

（第3版）（微课视频版）

王　剑　刘　鹏　主编

清华大学出版社

北京

<h1 style="text-align:center">内 容 简 介</h1>

本书以当前嵌入式系统领域中具有代表性的 ARM Cortex-A8 处理器和嵌入式 Linux 操作系统为分析对象,对 Cortex-A8 处理器的体系结构、存储系统、中断系统、ARM 指令集和 S5PV210 微处理器进行详细介绍。在此基础上,阐述 ARM-Linux 内核、Linux 文件系统、Linux 移植及调试方法、Linux 驱动程序的设计方法等内容,然后介绍 Qt 图形界面程序和 SQLite 数据库相关知识。最后介绍嵌入式系统的设计方法和三个嵌入式系统应用案例。本书配套微课视频、工程文件、教学大纲、教学课件、习题答案、试卷及答案、扩展内容的电子文档等丰富的教学资源。

本书可以作为高等学校计算机、电子、电信类专业的教材,也可以作为嵌入式开发相关人员的参考用书。

本书封面贴有清华大学出版社防伪标签,无标签者不得销售。

版权所有,侵权必究。举报:010-62782989,beiqinquan@tup.tsinghua.edu.cn。

图书在版编目(CIP)数据

嵌入式系统设计与应用:基于 ARM Cortex-A8 和 Linux:微课视频版/王剑,刘鹏主编.—3 版.—北京:清华大学出版社,2024.2

高等学校电子信息类专业系列教材.新形态教材

ISBN 978-7-302-65473-5

Ⅰ. ①嵌⋯　Ⅱ. ①王⋯ ②刘⋯　Ⅲ. ①微型计算机—系统设计—高等学校—教材　Ⅳ. ①TP332.021

中国国家版本馆 CIP 数据核字(2024)第 042631 号

责任编辑:刘　星
封面设计:刘　键
责任校对:李建庄
责任印制:沈　露

出版发行:清华大学出版社
　　　　　网　　　址:https://www.tup.com.cn,https://www.wqxuetang.com
　　　　　地　　　址:北京清华大学学研大厦 A 座　　　　邮　　编:100084
　　　　　社 总 机:010-83470000　　　　　　　　　　邮　　购:010-62786544
　　　　　投稿与读者服务:010-62776969,c-service@tup.tsinghua.edu.cn
　　　　　质量反馈:010-62772015,zhiliang@tup.tsinghua.edu.cn
　　　　　课件下载:https://www.tup.com.cn,010-83470236
印 装 者:三河市龙大印装有限公司
经　　销:全国新华书店
开　　本:185mm×260mm　　印　　张:22　　　　　　字　　数:535 千字
版　　次:2017 年 2 月第 1 版　2024 年 3 月第 3 版　印　　次:2024 年 3 月第 1 次印刷
印　　数:26001~28000
定　　价:69.00 元

产品编号:102670-01

序
FOREWORD

我国电子信息产业占工业总体比重已经超过 10%。电子信息产业在工业经济中的支撑作用凸显,更加促进了信息化和工业化的高层次深度融合。随着移动互联网、云计算、物联网、大数据和石墨烯等新兴产业的爆发式增长,电子信息产业的发展呈现了新的特点,电子信息产业的人才培养面临着新的挑战。

(1) 随着控制、通信、人机交互和网络互联等新兴电子信息技术的不断发展,传统工业设备融合了大量最新的电子信息技术,它们一起构成了庞大而复杂的系统,派生出大量新兴的电子信息技术应用需求。这些"系统级"的应用需求,迫切要求具有系统级设计能力的电子信息技术人才。

(2) 电子信息系统设备的功能越来越复杂,系统的集成度越来越高。因此,要求未来的设计者应该具备更扎实的理论基础知识和更宽广的专业视野。未来电子信息系统的设计越来越要求软件和硬件的协同规划、协同设计和协同调试。

(3) 新兴电子信息技术的发展依赖于半导体产业的不断推动,半导体厂商为设计者提供了越来越丰富的生态资源,系统集成厂商的全方位配合又加速了这种生态资源的进一步完善。半导体厂商和系统集成厂商所建立的这种生态系统,为未来的设计者提供了更加便捷却又必须依赖的设计资源。

教育部 2020 年颁布了新版《高等学校本科专业目录》,将电子信息类专业进行了整合,为各高校建立系统化的人才培养体系,培养具有扎实理论基础和宽广专业技能的、兼顾"基础"和"系统"的高层次电子信息人才给出了指引。

传统的电子信息学科专业课程体系呈现"自底向上"的特点,这种课程体系偏重对底层元器件的分析与设计,较少涉及系统级的集成与设计。近年来,国内很多高校对电子信息类专业课程体系进行了大力度的改革,这些改革顺应时代潮流,从系统集成的角度,更加科学合理地构建了课程体系。

为了进一步提高普通高校电子信息类专业教育与教学质量,推动教育与教学高质量发展,教育部高等学校电子信息类专业教学指导委员会开展了"高等学校电子信息类专业课程体系"的立项研究工作,并启动了"高等学校电子信息类专业系列教材"(教育部高等学校电子信息类专业教学指导委员会规划教材)的建设工作。其目的是推进高等教育内涵式发展,提高教学水平,满足高等学校对电子信息类专业人才培养、教学改革与课程改革的需要。

本系列教材定位于高等学校电子信息类专业的专业课程,适用于电子信息类的电子信息工程、电子科学与技术、通信工程、微电子科学与工程、光电信息科学与工程、信息工程及其相近专业。经过编审委员会与众多高校多次沟通,初步拟定分批次建设约 100 门核心课程教材。本系列教材将力求在保证基础的前提下,突出技术的先进性和科学的前沿性,体现创新教学和工程实践教学；将重视系统集成思想在教学中的体现,鼓励推陈出新,采用"自顶向下"的方法编写教材；将注重反映优秀的教学改革成果,推广优秀的教学经验与理念。

为了保证本系列教材的科学性、系统性及编写质量,本系列教材设立顾问委员会及编审委员会。顾问委员会由教指委高级顾问、特约高级顾问和国家级教学名师担任,编审委员会由教育部高等学校电子信息类专业教学指导委员会委员和一线教学名师组成。同时,清华大学出版社为本系列教材配置优秀的编辑团队,力求高水准出版。本系列教材的建设,不仅有众多高校教师参与,也有大量知名的电子信息类企业支持。在此,谨向参与本系列教材策划、组织、编写与出版的广大教师、企业代表及出版人员致以诚挚的感谢,并殷切希望本系列教材在我国高等学校电子信息类专业人才培养与课程体系建设中发挥切实的作用。

吕志伟 教授

前 言
PREFACE

　　嵌入式计算机已广泛应用于通信设备、消费电子、数字家电、汽车电子、医疗电子、工业控制、金融电子、军事、航空航天等各个领域。嵌入式系统已经成为航空航天和国防、汽车、医疗设备、通信和工业自动化领域的主要技术。根据《中国工业软件发展白皮书》相关统计，2022年度嵌入式市场规模为3893亿美元，同比增速为5.19%。技术的发展和生产力的提高离不开人才的培养。目前业界对嵌入式技术人才的需求十分巨大，尤其在迅速发展的电子、通信、计算机等领域，这种需求更为显著。另外，企业对嵌入式系统开发从业者的工程实践能力、经验要求也越来越高，因此目前国内外很多专业协会和高校都在致力于嵌入式相关课程体系的建设，结合嵌入式系统的特点，在课程内容设计、师资队伍建设、教学方法探索、教学条件和实验体系建设等方面加大了投入。

　　本书的编写依据2018年高等教育教学质量国家标准，参考了ACM&IEEE联合制定的计算机学科的课程体系（CC2020版）关于Embedded System的课程要求，结合了嵌入式设计师水平大纲要求和高等学校计算机学科课程大纲的要求。

　　本书特色

　　（1）深挖嵌入式系统的特点，从底层硬件到操作系统内核和驱动程序层，最后至应用软件层级的阐述，实现嵌入式系统的全栈覆盖。

　　（2）以ARM Cortex-A8处理器和嵌入式Linux操作系统为主要分析对象，采用ARMV7版本的Cortex-A8处理器架构作为系统核心处理器架构，取代原有ARM7/ARM9处理器架构。在更新设备选择资源中，以Cortex-A8处理器架构的实验实训平台具有极高的性价比、良好的扩展性和众多嵌入式设备厂家支持；同时，Cortex-A8处理器架构目前属于技术上稳定的处理器架构，有较多相关的嵌入式实验平台可供选择。因此，选择Cortex-A8处理器架构来介绍既是嵌入式市场的需求，也是理论教学和实验教学上与时俱进的需要。

　　（3）增加了本课程与思政教学的结合案例。在电子文档中提供了思政版教学大纲和11个思政教学案例。另外，针对纸质版教材容量有限的特点，本书配套资源的电子文档中包含了众多深化或者扩展的嵌入式系统知识。

　　（4）案例源码丰富，并且从编者自身从事的科研项目和实践活动出发，选择具有一定实用价值的项目实例进行介绍。

　　（5）配套资源丰富。

- **工程文件、教学课件、教学大纲、思政案例等资源**：扫描目录上方的"配套资源"二维码下载。
- **课件、思政大纲等资源**：扫描封底的"书圈"二维码在公众号下载，或者到清华大学出版社官方网站本书页面下载。
- **微课视频（703分钟，57集）**：扫描书中相应章节中的二维码在线学习。
- **注**：请先扫描封底刮刮卡中的文泉云盘防盗码进行绑定后再获取配套资源。

　　本书共 11 章。第 1 章介绍了嵌入式系统的基本概念、特点、分类、应用场景和发展趋势。第 2 章介绍了 ARM 处理器的系统结构。第 3 章介绍了 ARM 指令集的相关知识。第 4 章介绍了嵌入式微处理器 S5PV210 和嵌入式程序开发的相关知识。第 5 章介绍了 ARM-Linux 内核相关知识。第 6 章介绍了嵌入式文件系统。第 7 章介绍了嵌入式 Linux 的移植过程和调试方法。第 8 章介绍了 Linux 的驱动程序。第 9 章介绍了 Qt 高级编程技术。第 10 章介绍了 SQLite 数据库。第 11 章介绍了嵌入式系统的设计方法和应用案例。

　　本书编写过程中,王剑负责第 1 章、第 5~8 章和第 11 章的编写和全书的统稿,刘鹏负责第 2~4 章、第 9 章和第 10 章的编写工作。本书的出版得到了清华大学出版社的大力支持和帮助,在此表示衷心的感谢。

　　本书参考了国内外许多最新的技术资料,书末有具体的参考文献,有兴趣的读者可以查阅相关信息。本书配有多种电子资源,需要的读者可以登录清华大学出版社官网下载。

　　由于编者水平有限,错误或者不妥之处在所难免,敬请广大读者批评指正和提出宝贵意见。

王 剑
2024 年 1 月

目 录
CONTENTS

配套资源

第1章 嵌入式系统概述

进入 21 世纪,随着物联网、机器人、各种智能设备和移动设备的发展,嵌入式系统(Embedded System)的应用已从早期的科学研究、军事技术、工业控制、通信和医疗设备等专业领域逐渐扩展到日常生活的各个领域。在涉及计算机应用的各行各业中,几乎 90% 的开发都涉及嵌入式系统的开发。嵌入式系统的应用,为社会的发展起到了很大的促进作用,也给人们的日常生活带来了极大便利。

本章主要介绍嵌入式系统的基本知识,包括嵌入式系统的基本概念和特点,嵌入式微处理器和嵌入式操作系统,并在此基础上介绍嵌入式系统的应用领域和发展趋势。

1.1 嵌入式系统简介

1.1.1 嵌入式系统的产生

视频讲解

电子数字计算机诞生于 1946 年。在随后的发展过程中,计算机始终是存放在特殊机房中、实现数值计算的大型昂贵设备。直到 20 世纪 70 年代,随着微处理器的出现,计算机才出现了历史性的变化,以微处理器为核心的微型计算机以其小型、廉价、高可靠性等特点,迅速走出机房,演变成大众化的通用计算装置。

另一方面,基于高速数值计算能力的微型计算机表现出的智能化水平引起了控制专业人士的兴趣,要求将微型机嵌入一个对象体系中,实现对对象体系的智能化控制。例如,将微型计算机经电气、机械加固,并配置各种外围接口电路,安装到大型舰船中构成自动驾驶仪或轮机状态监测系统。于是,现代计算机技术的发展,便出现了两大分支:以高速、海量的数值计算为主的计算机系统和嵌入对象体系中、以控制对象为主的计算机系统。为了加以区别,人们把前者称为通用计算机系统,而把后者称为嵌入式计算机系统。

通用计算机系统以数值计算和处理为主,包括巨型机、大型机、中型机、小型机、微型机等。其技术要求是高速、海量的数值计算,技术方向是总线速度的无限提升、存储容量的无限扩大等。

嵌入式计算机系统以对象的控制为主,其技术要求是对对象的智能化控制能力,技术发展方向是与对象系统密切相关的嵌入性能、控制能力与控制的可靠性等。

随着嵌入式处理器的集成度越来越高、主频越来越高、机器字长越来越大、总线越来越宽、同时处理的指令条数越来越多,嵌入式计算机系统的性能越来越强悍,它的应用早已突破传统的以控制为主的模式,在多媒体终端、移动智能终端、机器视觉、人工智能、边沿计算等领域都得到了越来越多的应用。

1.1.2 嵌入式系统的定义、特点和分类

1. 嵌入式系统的定义

嵌入式系统诞生于微型机时代,其本质是将计算机嵌入一个对象体系中去,这是理解嵌入式系统的基本出发点。目前,国际国内对嵌入式系统的定义有很多。例如,国际电气和电子工程师协会(the Institute of Electrical and Electronics Engineers,IEEE)对嵌入式系统的定义为:嵌入式系统是用来控制、监视或者辅助机器、设备或装置运行的装置。而国内普遍认同的嵌入式系统定义是:嵌入式系统是以应用为中心、以计算机技术为基础,软、硬件可裁剪,适用于应用系统对功能、可靠性、成本、体积、功耗等方面有特殊要求的专用计算机系统。

国际上对嵌入式系统的定义是一种广泛意义上的理解,偏重于嵌入,将所有嵌入机器、设备或装置中,对宿主起控制、监视或辅助作用的装置都归类为嵌入式系统。而国内则对嵌入式系统的含义进行了简化,明确指出嵌入式系统其实是一种计算机系统,围绕"嵌入对象体系中的专用计算机系统"加以展开,使其更加符合嵌入式系统的本质含义。"嵌入性""专用性"与"计算机系统"是嵌入式系统的三个基本要素,对象体系则是指嵌入式系统所嵌入的宿主系统。

与个人计算机这样的通用计算机系统不同,嵌入式系统通常执行的是带有特定要求的预先定义的任务。由于嵌入式系统通常都只针对特定的任务,所以设计人员往往能够对它进行优化、减小尺寸、降低成本。

嵌入式系统与对象系统密切相关,其主要技术发展方向是满足嵌入式应用要求,不断扩展对象系统要求的外围电路(如 ADC、DAC、PWM、日历时钟、电源监测、程序运行监测电路等),形成满足对象系统要求的应用系统。因此,可以把定义中的专用计算机系统引申成满足对象系统要求的计算机应用系统。

2. 嵌入式系统的特点

嵌入式系统的特点与定义不同,它是由定义中的三个基本要素衍生出来的。不同的嵌入式系统其特点会有所差异。

- ➢ 与"嵌入性"相关的特点:由于是嵌入对象系统中,因此必须满足对象系统的环境要求,如物理环境(小型)、电气/气氛环境(可靠)、成本(价廉)等要求。
- ➢ 与"专用性"相关的特点:针对某个特定应用需求或任务设计;软硬件的裁剪性;满足对象要求的最小软硬件配置等。
- ➢ 与"计算机系统"相关的特点:嵌入式系统必须是能满足对象系统控制要求的计算机系统(嵌入式微处理器、ROM、RAM、其他外围设备等)。与前两个特点相呼应,这样的计算机必须配置有与对象系统相适应的机械、电子等接口电路。

需要注意的是:在理解嵌入式系统定义时,不要与嵌入式设备混淆。嵌入式设备是指内部有嵌入式系统的产品、设备,如内含嵌入式处理器的家用电器、仪器仪表、工控单元、机器人、手机、PDA 等。

3. 嵌入式系统的分类

如前所述,仅有嵌入式微处理器不能叫作真正的嵌入式系统。因此,对嵌入式系统的分类不能以微处理器为基准进行分类,而应以嵌入式计算机系统为整体进行分类。根据不同的分类标准,可按形态和系统的复杂程度进行分类。

按其形态的差异,一般可将嵌入式系统分为芯片级(MCU、SoC)、板级(单板机、模块)和设备级(工控机)三级。

按其复杂程度的不同,又可将嵌入式系统分为以下四类:

① 主要由微控制器构成的嵌入式系统,常常用于小型设备中(如温度传感器、烟雾和气体探测器及断路器)。

② 不带计时功能的装置,可在过程控制、信号放大器、位置传感器及阀门传动器等中找到。

③ 带计时功能的组件,这类系统多见于开关装置、控制器、电话交换机、包装机、数据采集系统、医药监视系统、诊断及实时控制系统等。

④ 在制造或过程控制中使用的计算机系统,也是由工控机级组成的嵌入式计算机系统,是这四类中最复杂的一种,也是现代数控设备中经常应用的一种。

4. 嵌入式系统的独立发展道路

(1) 单片机开创了嵌入式系统的独立发展道路

嵌入式系统虽然起源于微型计算机时代,然而微型计算机的体积、价位、可靠性都无法满足广大对象系统的嵌入式应用要求,因此嵌入式系统必须走独立发展道路。这条道路就是芯片化道路:将计算机做在一个芯片上,从而开创了嵌入式系统独立发展的单片机时代。

在探索单片机的发展道路时,有过两种模式,即"Σ 模式"与"创新模式"。"Σ 模式"本质上是通用计算机直接芯片化的模式,它将通用计算机系统中的基本单元进行裁剪后,集成在一个芯片上,构成单片微型计算机;"创新模式"则完全按嵌入式应用要求设计全新的,满足嵌入式应用要求的体系结构、微处理器、指令系统、总线方式、管理模式等。

Intel 公司的 MCS-48、MCS-51 就是按照创新模式发展起来的单片形态的嵌入式系统(单片微型计算机)。MCS-51 是在 MCS-48 探索基础上,进行全面完善的嵌入式系统。历史证明,"创新模式"是嵌入式系统独立发展的正确道路,MCS-51 的体系结构也因此成为单片嵌入式系统的典型结构体系。

(2) 单片机的技术发展史

单片机诞生于 20 世纪 70 年代末,经历了 SCM、MCU、SoC 三大阶段。

SCM(Single Chip Microcomputer,单片微型计算机)阶段,主要是寻求单片形态嵌入式系统的最佳体系结构。"创新模式"获得成功,奠定了 SCM 与通用计算机完全不同的发展道路。

MCU(Microcontroller Unit,微控制器)阶段,主要的技术发展方向是:不断扩展满足嵌入式应用时对象系统所要求的各种外围电路与接口电路,凸显其对象的智能化控制能力。它所涉及的领域都与对象系统相关,因此发展 MCU 的重任不可避免地落在了电气、电子技术厂家。

单片机开启了嵌入式系统的独立发展之路,向 MCU 阶段发展的重要因素,就是寻求应用系统在芯片上的最大化解决。随着微电子技术、IC 设计、EDA 工具的发展,基于 SoC 的单片机应用系统设计得到了较大的发展。因此,对单片机的理解可以从单片微型计算机、单片微控制器延伸到单片应用系统。

(3) 嵌入式微处理器的发展

单片机是为中低成本控制领域而设计和开发的。单片机虽然有着位控制能力强、I/O接口种类多、片内外设和控制功能丰富、价格低、使用方便等优点,但单片机指令少且功能简单、工作频率低、处理速度慢,不适合做较复杂的计算,难以满足高性能终端设备的计算与处理需要。

嵌入式微处理器(Embedded Microprocessor Unit,EMPU)是由通用计算机中的 CPU 演变而来的。它的特征是具有 32 位以上的处理器,具有较高的主频及运算能力,当然其价格也相应较高。但与通用计算机系统不同的是,在实际嵌入式应用中,只保留和嵌入式应用紧密相关的软硬件功能,去除其他冗余功能,这样就可以最低的功耗和资源来实现嵌入式应用的特殊要求。

1.1.3 嵌入式系统的典型组成

视频讲解

典型的嵌入式系统组成结构如图 1-1 所示,自底向上有硬件层、硬件抽象层、操作系统层以及应用软件层。

硬件层是嵌入式系统的底层实体设备,主要包括嵌入式微处理器、外围电路和外部设备。这里的外围电路主要指和嵌入式微处理器有较紧密关系的设备,如时钟、复位电路、电源以及存储器(如 NAND Flash、NOR Flash、SDRAM)等。在工程设计上往往将处理器和外围电路设计成核心板的形式,通过扩展接口与系统其他硬件部分相连接。外部设备形式多种多样,如USB、液晶显示器、键盘、触摸屏等设备及其接口。外部设备及

图 1-1 典型的嵌入式系统组成结构

其接口在工程实践中通常设计成系统板(扩展板)的形式与核心板相连,向核心板提供如电源供应、接口功能扩展、外部设备使用等功能。

硬件抽象层是设备制造商完成的与操作系统适配结合的硬件设备抽象层。该层包括引导程序 BootLoader、驱动程序、配置文件等组成部分。硬件抽象层最常见的表现形式是板级支持包(Board Support Package,BSP)。板级支持包是一个包括启动程序、硬件抽象层程序、标准开发板和相关硬件设备驱动程序的软件包,是由一些源码和二进制文件组成的。对于嵌入式系统来说,它没有像 PC 那样具有广泛使用的各种工业标准,各种嵌入式系统的不同应用需求决定了它选用的各自定制的硬件环境,这种多变的硬件环境决定了无法完全由操作系统来实现上层软件与底层硬件之间的无关性。而板级支持包的主要功能就在于配置系统硬件使其工作在正常状态,并且完成硬件与软件之间的数据交互,为操作系统及上层应用程序提供一个与硬件无关的软件平台。板级支持包对于用户(开发者)是开放的,用户可以根据不同的硬件需求对其进行改动或二次开发。

操作系统层是嵌入式系统的重要组成部分,提供了进程管理、内存管理、文件管理、图形界面程序、网络管理等重要系统功能。与通用计算机相比,嵌入式系统具有明显的硬件局限性,这也要求嵌入式操作系统具有编码体积小、面向应用、可裁剪和易移植、实时性强、可靠性高和特定性强等特点。嵌入式操作系统与嵌入式应用软件常组合起来对目标对象进行作用。

应用软件层是嵌入式系统的最顶层,开发者开发的众多嵌入式应用软件构成了目前数量庞大的应用市场。应用软件层一般作用在操作系统层之上,但是针对某些运算频率较低、实时性不高、所需硬件资源较少、处理任务较为简单的对象(如某些单片机运用)时可以不依赖于嵌入式操作系统,这时该应用软件往往通过一个无限循环结合中断调用来实现特定功能。

1.2 嵌入式微处理器

1.2.1 嵌入式微处理器简介

与个人计算机等通用计算机系统一样,微处理器也是嵌入式系统的核心部件。但与全球 PC 市场不同的是,因嵌入式系统的"嵌入性"和"专用性"特点,没有一种嵌入式微处理器和微处理器公司能主导整个嵌入式系统的市场,仅以 32 位的 CPU 而言,目前就有 100 种以上的嵌入式微处理器安装在各种应用设备上。鉴于嵌入式系统应用的复杂多样性和广阔的发展前景,很多半导体公司都在自主设计和大规模制造嵌入式微处理器。通常情况下,市面上在用的嵌入式微处理器可以分为以下几类。

(1) 微控制器

推动嵌入式计算机系统走向独立发展道路的芯片,也称单片微型计算机,简称单片机。由于这类芯片的作用主要是控制被嵌入设备的相关动作,因此业界常称这类芯片为微控制器(Microcontroller Unit,MCU)。这类芯片以微处理器为核心,内部集成了 ROM/EPROM、RAM、总线控制器、定时/计数器、看门狗定时器、I/O 接口等必要的功能和外设。为适应不同的应用需求,一般一个系列的微控制器具有多种衍生产品,每种衍生产品的处理器内核都一样,只是存储器和外设的配置及封装不一样。这样可以使微控制器能最大限度地和应用需求相匹配,并尽可能地减少功耗和成本。

微控制器的品种和数量很多,大约可以占到嵌入式微处理器市场份额的 70%。比较有代表性的通用系列包括 8051、P51XA、MCS-251、MCS-96/196/296、C166/167、MC68HC05/11/12/16、68300 等。

(2) 嵌入式数字信号处理器

嵌入式数字信号处理器(Embedded Digital Signal Processor,EDSP)在微控制器的基础上对系统结构和指令系统进行了特殊设计,使其适合执行数字信号处理(DSP)算法并提高了编译效率和指令的执行速度。在数字滤波、FFT、谱分析等方面,DSP 算法正大量进入嵌入式领域,使 DSP 应用从早期在通用单片机中以普通指令实现,过渡到采用 EDSP 的阶段。

目前,比较有代表性的 EDSP 有 Texas Instruments 的 TMS320 系列和 Motorola 的 DSP56000 系列等。

(3) 嵌入式微处理器

在嵌入式应用中,嵌入式微处理器去掉了多余的功能部件,而只保留与嵌入式应用紧密相关的功能部件,以保证它能以最低的资源和功耗实现嵌入式的应用需求。

与通用微处理器相比,嵌入式微处理器具有体积小、成本低、可靠性高、抗干扰性好等特点。但由于芯片内部没有存储器和外设接口等嵌入式应用所必需的部件,因此,电路板上必须扩展 ROM、RAM、总线接口和各种外设接口等器件,从而降低了系统的可靠性。

与微控制器和 EDSP 相比,嵌入式微处理器具有较高的处理性能,但价格相对也较高。比较典型的嵌入式微处理器有 Am186/88、386EX、SC-400、PowerPC、68000、MIPS、ARM系列等。

(4) 嵌入式片上系统

片上系统(System on a Chip, SoC)是 ASIC(Application Specific Integrated Circuits)设计方法学中产生的一种新技术,是指以嵌入式系统为核心,以 IP (Intellectual Property)复用技术为基础,集软硬件于一体,并追求产品系统最大包容的集成芯片。狭义的理解,可以将它翻译为"系统集成芯片",指在一个芯片上实现信号采集、转换、存储、处理和 I/O 等功能,包含嵌入式软件及整个系统的全部内容;广义的理解,可以将它翻译为"系统芯片集成",指一种芯片设计技术,可以实现从确定系统功能开始,到软硬件划分,并完成设计的整个过程。

片上系统一般包括系统级芯片控制逻辑模块、微处理器/微控制器 CPU 内核模块、DSP模块、嵌入的存储器模块和外部进行通信的接口模块、含有 ADC/DAC 的模拟前端模块、电源提供和功耗管理模块等,是一个具备特定功能、服务于特定市场的软件和集成电路的混合体,如 WLAN 基带芯片、便携式多媒体芯片、DVD 播放机解码芯片等。

片上系统技术始于 20 世纪 90 年代中期。随着半导体制造工艺的发展、EDA 的推广和VLSI 设计的普及,IC 设计者能够将越来越复杂的功能集成到单个硅晶片上。和许多其他嵌入式系统外设一样,SoC 设计公司将各种通用微处理器内核设计为标准库,成为 VLSI 设计中的一种标准器件,用标准的 VHDL 等硬件语言描述存储在器件库中。设计时,用户只需定义出整个应用系统,仿真通过后就可以将设计图交给半导体工厂制作样品。这样,除个别无法集成的器件以外,整个嵌入式系统的大部分部件都可以集成到一块或几块芯片中,使得应用系统的电路板变得非常简洁,对减小体积和功耗、提高可靠性非常有利。

1.2.2 主流嵌入式微处理器

嵌入式微处理器一般具有以下 4 个特点。

① 大量使用寄存器,对实时多任务有很强的支持能力,能完成多任务并且有较短的中断响应时间,从而使内部的代码和实时内核的执行时间减少到最低限度。采用 RISC 结构形式。

② 具有功能很强的存储区保护功能。这是由于嵌入式系统的软件结构已模块化,而为了避免在软件模块之间出现错误的交叉作用,需要设计强大的存储区保护功能,同时也有利于软件诊断。

③ 可扩展的处理器结构,能最迅速地扩展出满足应用的最高性能的嵌入式微处理器。如 ARM 微处理器支持 ARM(32 位)和 Thumb(16 位)双指令集,兼容 8 位/16 位器件。

④ 小体积、低功耗、成本低、高性能。嵌入式处理器功耗很低,用于便携式的无线及移动的计算和通信设备中,电池供电的嵌入式系统需要功耗只有毫瓦(mW)甚至微瓦(μW)级。

嵌入式微处理器有许多不同的体系,即使在同一体系中也可能具有不同的时钟速度和总线数据宽度、集成不同的外部接口和设备,因而形成不同品种的嵌入式微处理器。据不完全统计,目前全世界嵌入式微处理器的品种总量已经超过千种,嵌入式微处理器体系也有几十种。

主流的嵌入式微处理器体系有 ARM、MIPS、MPC/PPC、SH、x86 和 RISC-V 等。

ARM 是 Advanced RISC Machines 的缩写,它是一家微处理器行业的知名企业,该企业设计了大量高性能、廉价、耗能低的 RISC(精简指令集)处理器。ARM 公司的特点是只设计芯片,而不生产。它将技术授权给世界上许多著名的半导体、软件和 OEM 厂商,并提供服务。通常所说的 ARM 微处理器,其实是采用 ARM 知识产权(IP)核的微处理器。由该类微处理器为核心所构成的嵌入式系统已遍及工业控制、通信系统、网络系统、无线系统和消费类电子产品等各领域产品市场,ARM 微处理器占据了 32 位 RISC 微处理器 75% 以上的市场份额。关于 ARM 微处理器的相关知识,本书将在第 2 章予以详细介绍。

MIPS 系列嵌入式微处理器是由斯坦福(Stanford)大学 John Hennery 教授领导的研究小组研制出来的,是一种 RISC 处理器。MIPS 的意思是"无互锁流水级的微处理器"(Microprocessor Without Interlocked Piped Stages),其机制是尽量利用软件办法避免流水线中的数据相关问题。和 ARM 公司一样,MIPS 公司本身并不从事芯片的生产活动(只进行设计),其他公司如果要生产该芯片,必须得到 MIPS 公司的许可。MIPS 系列嵌入式微处理器大量应用在通信网络设备、办公自动化设备、游戏机等消费电子产品中。

MPC/PPC 系列嵌入式微处理器主要由 Motorola(后来为 Freescale)和 IBM 推出,Motorola 推出了 MPC 系列,如 MPC8XX;IBM 推出了 PPC 系列,如 PPC4XX。MPC/PPC 系列的嵌入式微处理器主要应用在通信、消费电子及工业控制、军用装备等领域。

SH(SuperH)系列嵌入式微处理器。SuperH 是一种性价比高、体积小、功耗低的 32 位、64 位 RISC 嵌入式微处理器核,可以广泛应用到消费电子、汽车电子、通信设备等领域。SH 产品线包括 SH1、SH2、SH2-DSP、SH3、SH3-DSP、SH4、SH5 及 SH6,其中 SH5、SH6 是 64 位的。

x86 系列的微处理器主要由 AMD、Intel、NS、ST 等公司提供,如 Am186/88、Elan520、嵌入式 K6,386EX、STPC、Intel Atom 系列等,主要应用在工业控制、通信等领域。如 Intel 公司推出的 Atom 处理器主要应用在移动互联网设备中。

RISC-V 系列微处理器。过去 20 年,ARM 在移动和嵌入式领域成果丰硕,在物联网领域正逐渐确定其市场地位,其他商用架构(如 MIPS)逐渐消亡。RISC-V 开源指令集的出现,迅速引起了产业界的广泛关注,科技巨头很看重指令集架构(CPU ISA)的开放性,各大公司正在积极寻找 ARM 之外的第二选择,RISC-V 无疑是当前的最佳选择。

1.3 嵌入式操作系统

嵌入式操作系统是一种支持嵌入式系统应用的操作系统软件,它是嵌入式系统极为重要的组成部分,通常包括与硬件相关的底层驱动软件、系统内核、设备驱动接口、通信协议、图形用户界面及标准化浏览器等。与通用操作系统相比较,嵌入式操作系统在系统实时高效性、硬件的相关依赖性、软件固化以及应用的专用性等方面有突出的特点。

嵌入式系统的应用有高、低端应用两种模式。低端应用以单片机或专用计算机为核心所构成的可编程控制器的形式存在,一般没有操作系统的支持,具有监控、伺服、设备指示等功能,带有明显的电子系统设计特点。这种系统大部分应用于各类工业控制和飞机、导弹等武器装备中,通过汇编语言或 C 语言程序对系统进行直接控制,运行结束后清除内存。这种应用模式的主要特点是:系统结构和功能相对单一,处理效率较低,存储容量较小,几乎没有软件的用户接口,比较适用于各类专用领域。

高端应用以嵌入式 CPU 和嵌入式操作系统及各应用软件所构成的专用计算机系统的形式存在。其主要特点是:硬件出现了不带内部存储器和接口电路的高可靠、低功耗嵌入式 CPU,如 PowerPC、ARM 等;软件由嵌入式操作系统和应用程序构成。嵌入式操作系统通常包括与硬件相关的底层驱动软件、系统内核、设备驱动接口、通信协议、图形界面和标准化浏览器等,能运行于各种不同类型的微处理器上,具有编码体积小、面向应用、可裁剪和移植、实时性强、可靠性高、专用性强等特点,并具有大量的应用程序接口(API)。

就整体而言,嵌入式操作系统通常体积庞大、功能十分完备。但具体到实际应用中,常由用户根据系统的实际需求定制,体积小巧、功能专一,这是嵌入式操作系统最大的特点。

常见的嵌入式操作系统有嵌入式 Linux、Windows CE、Android、μC/OS-Ⅱ、VxWorks、Huawei LiteOS 等。

1.3.1　嵌入式 Linux

Linux 操作系统诞生于 1991 年 10 月 5 日,是一套免费使用和自由传播的类 UNIX 操作系统,是一个基于 POSIX 和 UNIX 的多用户、多任务、支持多线程和多 CPU 的操作系统,支持 32 位和 64 位硬件。Linux 继承了 UNIX 以网络为核心的设计思想,是一个性能稳定的多用户网络操作系统。Linux 存在着许多不同的 Linux 版本,但它们都使用了 Linux 内核。严格来讲,Linux 这个词本身只表示 Linux 内核,但实际上人们已经习惯了用 Linux 来代表整个基于 Linux 内核,并且使用 GNU 工程各种工具和数据库的操作系统。

嵌入式 Linux(Embedded Linux)是指对标准 Linux 经过小型化裁剪处理之后,能够固化在容量只有几兆字节甚至几万字节的存储器或者处理器中,适合于特定嵌入式应用场合的专用 Linux 操作系统。嵌入式 Linux 的开发和研究是操作系统领域中的一个热点,目前已经开发成功的嵌入式操作系统中,大约有一半使用的是 Linux。Linux 对嵌入式系统的支持极佳,主要是由于 Linux 具有相当多的优点,如 Linux 内核具有很好的高效和稳定性,设计精巧,可靠性有保证,具有可动态模块加载机制,易裁剪,移植性好;Linux 支持多种体系结构,如 x86、ARM、MIPS 等,目前已经成功移植到数十种硬件平台,几乎能够运行在所有流行的 CPU 上,而且有着非常丰富的驱动程序资源;Linux 系统开放源代码,适合自由传播与开发,对于嵌入式系统十分适合,而且 Linux 的软件资源十分丰富,每一种通用程序在 Linux 上几乎都可以找到,并且数量还在不断增加;Linux 具有完整的良好的开发和调试工具,嵌入式 Linux 为开发者提供了一套完整的工具链(Tool Chain),它利用 GNU 的 GCC 作编译器,用 GDB、KGDB 等作调试工具,能够很方便地实现从操作系统内核到用户态应用软件各个级别的调试。具体到处理器如 ARM,选择基于 ARM 的 Linux,可以得到更多的开发源代码的应用,可以利用 ARM 处理器的高性能开发出更广阔的网络和无线应用,ARM 的 Jazelle 技术带来 Linux 平台下 Java 程序更好的性能表现。ARM 公司的系列开发工具和开发板,以及各种开发论坛的可利用信息带来更快的产品上市时间。

与桌面 Linux 众多的发行版本一样,嵌入式 Linux 也有各种版本。有些是免费软件,有些是付费的。每个嵌入式 Linux 版本都有自己的特点。下面介绍一些常见的嵌入式 Linux 版本。

(1) RT-Linux

RT-Linux(Real-Time Linux)是美国新墨西哥理工大学开发的嵌入式 Linux 操作系统。它的最大特点就是具有很好的实时性,已经被广泛应用在航空航天、科学仪器、图像处理等众多领域。RT-Linux 的设计十分精妙,它并没有为了突出实时操作系统的特性而重写 Linux 内核,而是把标准的 Linux 内核作为实时核心的一个进程,同用户的实时进程一起调度。这样对 Linux 内核的改动就比较小,而且充分利用了 Linux 的资源。

(2) μCLinux

μCLinux(micro-Control-Linux)继承了标准 Linux 的优良特性,是一个代码紧凑,高度优化的嵌入式 Linux。μCLinux 是 Lineo 公司的产品,是开放源码的嵌入式 Linux 的典范之作。编译后目标文件可控制在几十万字节数量级,并已经被成功地移植到很多平台上。μCLinux 是专门针对没有 MMU 的处理器而设计的,即 μCLinux 无法使用处理器的虚拟内存管理技术。μCLinux 采用实存储器管理策略,通过地址总线对物理内存进行直接访问。

(3) 红旗嵌入式 Linux

红旗嵌入式 Linux 是北京中科红旗软件技术有限公司的产品,是国内做得较好的一款嵌入式操作系统。该款嵌入式操作系统重点支持 p-Java。系统目标一方面是小型化,另一方面是能重用 Linux 的驱动和其他模块。红旗嵌入式 Linux 的主要特点有:精简内核,适用于多种常见的嵌入式 CPU;提供完善的嵌入式 GUI 和嵌入式 X-Windows;提供嵌入式浏览器、邮件程序和多媒体播放程序;提供完善的开发工具和平台。

1.3.2 Windows CE

视频讲解

Windows CE 是微软公司开发的一个开放的、可升级的 32 位嵌入式操作系统,是基于掌上型电脑类的电子设备操作,它是精简的 Windows 操作系统。Windows CE 的用户图形界面相当出色。Windows CE 具有模块化、结构化和基于 Win 32 应用程序接口以及与处理器无关等特点。Windows CE 不仅继承了传统的 Windows 图形界面,并且在 Windows CE 平台上可以使用 Windows 上的编程工具(如 Visual Basic、Visual C++等),使绝大多数的应用软件只需简单的修改和移植就可以在 Windows CE 平台上继续使用。

它拥有多线程、多任务、确定性的实时、完全抢先式优先级的操作系统环境,专门面向只有有限资源的嵌入式硬件系统。同时,开发人员可以根据特定硬件系统对 Windows CE 操作系统进行裁剪、定制,所以目前 Windows CE 被广泛用于各种嵌入式智能设备的开发。

Windows CE 被设计成为一种高度模块化的操作系统,每一模块都提供特定的功能。这些模块中的一部分被划分成组件,系统设计者可以根据设备的性质只选择那些必要的模块或模块中的组件包含进操作系统映像,从而使 Windows CE 变得非常紧凑(只占不到 200KB 的 RAM),因此只占用了运行设备所需的最小的 ROM、RAM 以及其他硬件资源。

Windows CE 最主要的模块有内核模块(Kernel)、对象存储模块、图形窗口事件子系统(GWES)模块以及通信(Communication)模块等。一个最小的 Windows CE 系统至少由内核和对象存储模块组成。

Platform Builder(PB)是微软公司提供给 Windows CE 开发人员进行基于 Windows

CE 平台下嵌入式操作系统定制的集成开发环境。它提供了所有进行设计、创建、编译、测试和调试 Windows CE 操作系统平台的工具。它运行在桌面 Windows 下,开发人员可以通过交互式的环境来设计和定制内核、选择系统特性,然后进行编译和调试。该工具能够根据用户的需求,选择构建具有不同内核功能的 Windows CE 系统。同时,它也是一个集成的编译环境,可以为所有 Windows CE 支持的 CPU 目标代码编译 C/C++程序。一旦成功地编译了一个 Windows CE 系统,就会得到一个名为 nk. bin 的映像文件。将该文件下载到目标板中,就能够运行 Windows CE 了。

1.3.3 Android

Android 是一种基于 Linux 的自由及开放源代码的操作系统,主要使用于移动设备,如智能手机和平板电脑,由 Google 公司和开放手机联盟领导及开发。Android 操作系统最初由 Andy Rubin 开发,主要支持手机。2005 年 8 月由 Google 公司收购注资。2007 年 11 月,Google 公司与 84 家硬件制造商、软件开发商及电信运营商组建开放手机联盟共同研发改良 Android 系统。随后 Google 公司以 Apache 开源许可证的授权方式,发布了 Android 的源代码。2013 年 9 月 24 日,Google 公司开发的操作系统 Android 迎来了 5 岁生日,全世界采用这款系统的设备数量已经达到 10 亿台。

Android 的系统架构分为 4 层,从高层到低层分别是应用程序层、应用程序框架层、系统运行库层和 Linux 内核层。Android 是运行于 Linux 内核之上,但并不是 GNU/Linux。因为在一般 GNU/Linux 里支持的功能,Android 大都没有支持,包括 Cairo、X11、Alsa、FFmpeg、GTK、Pango 及 Glibc 等都被移除了。Android 又以 Bionic 取代了 Glibc,以 Skia 取代了 Cairo,再以 OpenCore 取代了 FFmpeg,等等。Android 为了达到商业应用,必须移除被 GNU GPL 授权证所约束的部分,例如 Android 将驱动程序移到用户空间,使得 Linux 驱动与 Linux 内核彻底分开。Android 具有丰富的开发组件,其中最主要的四大组件分别是活动——用于表现功能;服务——后台运行服务,不提供界面呈现;广播接收器——用于接收广播;内容提供商——支持在多个应用中存储和读取数据,相当于数据库。

在优势方面,Android 平台首先就是其开放性,开放的平台允许任何移动终端厂商加入 Android 联盟中;其次,Android 平台具有丰富的硬件支持,提供了一个十分宽泛、自由的开发环境;最后由于 Google 公司的支持,使得 Android 平台对于互联网 Google 应用具有很好的对接。

1.3.4 μC/OS-Ⅱ

视频讲解

μC/OS-Ⅱ 操作系统是一个可裁剪的、抢占式实时多任务内核,具有高度可移植性。特别适用于微处理器和微控制器,是与很多商业操作系统性能相当的实时操作系统。μC/OS-Ⅱ 是一个免费的、源代码公开的实时嵌入式内核,其内核提供了实时系统所需要的一些基本功能。其中,包含全部功能的核心部分代码占用 8.3KB,全部的源代码约 5500 行,非常适合初学者进行学习分析。而且由于 μC/OS-Ⅱ 是可裁剪的,所以用户系统中实际的代码最少可达 2.7KB。由于 μC/OS-Ⅱ 的开放源代码特性,还使用户可针对自己的硬件优化代码,获得更好的性能。μC/OS-Ⅱ 是在 PC 上开发的,C 编辑器使用的是 Borland C/C++3.1 版。

1.3.5 VxWorks

VxWorks 操作系统是美国 WindRiver 公司于 1983 年设计开发的一种嵌入式实时操作系统(RTOS),是嵌入式开发环境的重要组成部分。良好的持续发展能力、高性能的内核以及友好的用户开发环境,使其在嵌入式实时操作系统领域占据一席之地。它以其良好的可靠性和卓越的实时性被广泛地应用在通信、军事、航空、航天等高精尖技术及实时性要求极高的领域中,VxWorks 是目前嵌入式系统领域中使用最广泛、市场占有率最高的实时系统。VxWorks 具有高可靠性、高实时性、可裁减性好等十分有利于嵌入式开发的特点。

1.3.6 Huawei LiteOS

视频讲解

Huawei LiteOS 是华为面向物联网领域开发的一个基于实时内核的轻量级操作系统。Huawei LiteOS 现有基础内核支持任务管理、内存管理、时间管理、通信机制、中断管理、队列管理、事件管理、定时器等操作系统基础组件,更好地支持低功耗场景,支持 tickless 机制,支持定时器对齐。

Huawei LiteOS 同时通过 LiteOS SDK 提供端云协同能力,集成了 LwM2M、CoAP、mbedtls、LwIP 全套 IoT 互联协议栈,且在 LwM2M 的基础上,提供了 AgentTiny 模块,用户只用关注自身的应用,而不必关注 LwM2M 实现细节,直接使用 AgentTiny 封装的接口即可简单、快速地实现与云平台安全可靠的连接。

LiteOS 目前支持包括 ARM、x86、RISC-V 等在内的多种处理器架构,对 Cortex-M0、Cortex-M3、Cortex-M4、Cortex-M7 等芯片架构具有非常好的适配能力,LiteOS 支持 30 多种开发板,其中包括 ST、NXP、GD、MIDMOTION、SILICON、ATMEL 等主流厂商的开发板。

LiteOS 操作系统采用"1+N"架构。这个"1"指的是 LiteOS 内核,它包括基础内核和扩展内核,部分开源,提供物联网设备端的系统资源管理功能。"N"指的是 N 个中间件,其中最重要的是互联互通框架、传感框架、安全框架、运行引擎、JavaScript 框架等。

1.4 嵌入式系统的应用领域和发展趋势

1.4.1 嵌入式系统的应用领域

嵌入式系统可应用在工业控制、交通管理、信息家电、家庭智能管理系统、物联网、电子商务、环境监测和机器人等众多方面。比如目前在绝大部分的无线设备中(如手机等)都采用了嵌入式技术。在 PDA 一类的设备中,嵌入式微处理器针对视频流进行了优化,从而获得了在数字音频播放器、数字机顶盒和游戏机等领域的广泛应用。在汽车领域,驾驶、安全和车载娱乐等各种功能在内的车载设备,可用多个嵌入式微处理器将其功能统一实现。在工业和服务领域,大量嵌入式技术也已经应用于工业控制、数控机床、智能工具、工业机器人、服务机器人等各个行业。这些技术的应用,正逐渐改变传统的工业生产和服务方式。

1.4.2　嵌入式系统的发展趋势

人们对嵌入式系统的要求是在经济性上价位要适中,使更多的人能够负担得起;要小(微)型化,使人们携带方便;要可靠性强,能适应不同环境条件下可靠运行;要能够迅速地完成数据计算或数据传输;要智能化高(如知识推理、模糊识别、感知运动等),使人们用起来更简单方便,对人们更有使用价值。下面对于未来嵌入式系统发展趋势中的几个重要方面进行简要介绍。

(1) 嵌入式应用的开发需要更加强大的开发工具与操作系统的支持

嵌入式开发是一项系统工程,因此要求厂商不仅提供嵌入式软硬件系统本身,同时还需要提供强大的硬件开发工具和软件包支持。为了满足应用功能的升级,设计师们一方面采用更强大的嵌入式处理器(如 32 位、64 位 RISC 芯片或 DSP)增强处理能力,同时还采用实时多任务编程技术和交叉开发工具技术来控制功能复杂性,简化应用程序设计,保障软件质量和缩短开发周期。以 ARM 公司为例,继 SDT、ADS 之后相继推出了功能更强大的RVDS 和 DS5 开发集成环境,为不同应用层次、适用领域的嵌入式系统提供了从低端到高端的开发工具。

(2) 嵌入式系统与物联网的深度融合

物联网技术的发展进一步刺激了嵌入式系统的联网性能的发展。网络化、信息化的要求随着互联网技术的成熟、带宽的提高而日益提高,使得以往单一功能的设备(如电话、手机、冰箱、微波炉等)更要求具有联网需求。而嵌入式系统在物联网技术发展中从终端节点,到网关节点,到服务器端都有很大的发展空间。

(3) 可穿戴设备与嵌入式系统的紧密结合

可穿戴设备是未来电子系统的一个重要发展领域。这要求嵌入式系统在精简系统内核、算法、设备实现小尺寸、微功耗和低成本方面必须具有更大发展和突破。

(4) 更加友好的 UI 设计

嵌入式系统需要具有更加高效的、友好的人机界面。人与信息终端交互多采用以屏幕为中心的多媒体界面表达,这使得各厂商和开发团队必须研发出更加无障碍化及高效使用的 UI 工具。

▪▪ 1.5　本章小结　　◆

嵌入式计算机技术是 21 世纪计算机技术的重要发展方向之一,应用领域十分广泛且增长迅速,据估计,未来 10 年,95% 的微处理器和 65% 的软件被应用于各种嵌入式系统。近年来,嵌入式系统技术得到了广泛的应用和爆发式增长,普适计算、无线传感器、可重构计算、物联网、云计算等新兴技术的出现又为嵌入式系统技术的研究与应用注入了新的活力。本章首先介绍了嵌入式系统的基础概念、特点及分类,然后介绍了嵌入式微处理器和嵌入式操作系统,并在此基础上介绍了嵌入式系统的应用领域和未来发展趋势。

【本章思政案例:系统观】　详情请见本书配套资源。

习题

1. 国内对嵌入式系统的定义是什么？
2. 嵌入式系统有哪些基本要素？
3. 现代计算机系统的两大分支是什么？
4. 按嵌入式系统的复杂程度进行分类，可将嵌入式系统分为哪几类？
5. 嵌入式系统一般可以应用到哪些领域？
6. 简述嵌入式系统的发展趋势。
7. 嵌入式系统的基本架构主要包括哪几部分？
8. 举例说明嵌入式系统与通用计算机系统的主要差异体现在哪些方面。
9. 嵌入式微处理器一般分为哪几种类型？各有什么特点？
10. 嵌入式操作系统按实时性分为几种类型？各有什么特点？

第2章 ARM处理器体系结构

ARM(Advanced RISC Machines)处理器是一种 RISC(精简指令集)结构的高性价比、低功耗处理器,广泛用于各种嵌入式系统设计。目前,各种采用 ARM 技术知识产权(IP)核的 ARM 微处理器,已遍及工业控制、消费类电子产品、通信系统、网络系统、无线系统等各类产品市场,基于 ARM 技术的微处理器应用约占据了 32 位 RISC 微处理器80%以上的市场份额,ARM 技术正在逐步渗入我们生活的各个方面。本章首先介绍 ARM 体系结构的不同版本以及比较有代表性的 ARM 产品,并且对 ARM 公司官方推出的开发工具进行阐述;然后重点介绍 ARM Cortex-A8 处理器的组成结构、运行模式和状态以及存储管理方法;最后对 ARM Cortex-A8 处理器的异常管理进行说明。

2.1 ARM 处理器概述

2.1.1 ARM 处理器简介

视频讲解

按指令系统进行分类,嵌入式微处理器可分为精简指令集(Reduced Instruction Set Computer,RISC)系统和复杂指令集(Complex Instruction Set Computer,CISC)系统两大类。RISC 系统,是计算机中央处理器的一种设计模式。这种设计思路对指令数目和寻址方式都做了精简,使其更容易实现,指令并行执行程度更好,编译器的效率更高。常用的精简指令集微处理器包括 DECAlpha、ARC、ARM、AVR、MIPS、PA-RISC、PowerArchitecture(包括 PowerPC)和 SPARC 等。RISC 结构一般具有如下特点。

① 单周期执行。它统一用单周期指令,从根本上克服了 CISC 指令周期的数目有长有短造成的运行中偶发性不确定、运行失常的问题。

② 采用高效的流水线操作。指令在流水线中并行地操作,提高了处理数据和指令的速度。

③ 无微代码的硬连线控制。微代码的使用会增加复杂性和每条指令的执行周期。

④ 指令格式的规则化和简单化。为与流水线结构相适应且提高流水线的效率,指令的格式必须趋于简单和固定的规则。此外,尽量减少寻址方式,从而使硬件逻辑部件简化且缩短译码时间,同时也提高了机器的执行效率和可靠性。

⑤ 采用面向寄存器组的指令。RISC 结构采用大量的寄存器—寄存器操作指令,使指

令系统更为精简，控制部件更为简化，指令执行速度大大提高。

⑥ 采用 Load/Store(装载/存储)指令结构。在 CISC 结构中，大量设置存储器操作指令，频繁地访问内存，会降低执行速度。RISC 结构的指令系统中，只有装载/存储指令可以访问内存，而其他指令均在寄存器之间对数据进行处理。用装载指令从内存中将数据取出，送到寄存器；在寄存器之间对数据进行快速处理，并将它暂存在那里，以便再有需要时，不必再次访问内存。在适当的时候，使用一条存储指令再将这个数据送回内存。采用这种方法可以提高指令执行的速度。

⑦ 注重编译的优化，力求有效地支撑高级语言程序。1991 年成立于英国剑桥的 ARM 公司是专门从事基于 RISC 技术芯片设计开发的公司，作为知识产权供应商主要出售 ARM 芯片的设计许可(IP core,IP 核)，本身不直接从事芯片生产。从 ARM 公司购买了 IP 核的半导体生产商再根据各自的不同应用领域，加入合适的外围设备和电路，生产出基于 ARM 处理器核的各种微控制器和中央处理器投入市场。全世界有几十家大的半导体公司(包括高通、三星、华为等)都使用 ARM 公司的授权，因此既使 ARM 技术获得更多的第三方工具、制造、软件的支持，又使整个系统成本降低，使产品更容易进入市场被消费者所接受，更具有竞争力。

ARM 有处理器、POP 和架构三种授权方式。处理器授权是指授权合作厂商使用 ARM 设计好的处理器，对方不能改变原有设计，但可根据自己的需要调整产品的频率、功耗等；POP 授权即 ARM 出售优化后的处理器给授权合作厂商，方便其在特定的工艺下设计、生产出性能有保证的处理器；架构授权则是 ARM 授权合作厂商使用自己的架构，厂商可根据自己的需求来设计处理器。

ARM 主要采用 32 位指令集，占据了 32 位 RISC 处理器 80%的市场。采用 RISC 架构的 ARM 微处理器一般具有如下特点：体积小、功耗低、成本低、性能高；支持 Thumb(16 位)/ARM(32 位)双指令集，能很好地兼容 8 位/16 位器件；大量使用寄存器，指令执行速度更快；大多数数据操作都在寄存器中完成；寻址方式灵活简单，执行效率高；指令长度固定。

由于 ARM 处理器的这些特点使其技术已经被大量应用于消费类电子产品、工业控制、智能仪器、无线通信、网络设备、信息安全产品等领域。受益于移动设备的崛起、大型家电和汽车系统的普及，基于 ARM 指令集生产的芯片几乎垄断了嵌入式和移动端的市场。据公开资料显示，截至 2018 年，ARM 的芯片技术已占到全球约 90%的移动程序处理器的市场份额。

2.1.2　ARM 体系结构发展

一种 CPU 的体系结构定义了其支持的指令集和基于该体系结构下的处理器编程模型。相同的体系结构下，由于所面向的应用不同，对性能的要求不同，会有多种处理器。

到目前为止，ARM 处理器的体系结构发展了 v1~v8 共 8 个版本。ARM 体系结构版本及对应的内核如表 2-1 所示。

表 2-1　ARM 体系结构版本及对应的内核

体系结构版本	ARM 内核
v1	ARM1
v2	ARM2
v2a	ARM2aS、ARM3
v3	ARM6、ARM600、ARM610、ARM7、ARM700、ARM710
v4	StrongARM、ARM8、ARM810
v4	ARM7TDMI、ARM720T、ARM740T、ARM9TDMI、ARM920T、ARM940T
v5	ARM9E-S、ARM10TDMI、ARM1020E
v6	ARM11、ARM1156T2-S、ARM1156T2F-S、ARM1176JZF-S、ARM11JZF-S
v7	ARM Cortex-M、ARM Cortex-R、ARM Cortex-A
v8	Cortex-A53/57、Cortex-A72 等

下面简要介绍 ARM 体系结构的不同版本情况。

1. v1 版本

v1 版本 ARM 处理器没有商品化,只出现在 ARM1 原型机上。它的主要特点有:

➢ 26 位的地址空间,寻址空间为 64MB。
➢ 只有基本的数据处理指令,甚至没有乘法指令。
➢ 基于字节、半字和字的 Load/Store 存储器访问指令。
➢ 子程序调用指令(BL)和链接指令。
➢ 操作系统调用的软件中断指令(SWI)。

2. v2 版本

对 v1 版本进行了扩展和完善。仍旧采用 26 位地址空间和 64MB 寻址空间。它的主要特点有:

➢ 增加了 32 位乘法指令和乘加指令。
➢ 支持协处理器指令。
➢ 支持快速中断模式。
➢ 支持最基本的存储器与寄存器交换指令 SWP/SWPB。

3. v3 版本

该版本在体系结构上较以前的版本有很大变化。基于该版本的 ARM6 处理器,作为 IP 核独立的处理器,具有片上高速缓存、MMU 和写缓存的集成 CPU。它的主要特点有:

➢ 寻址空间增加到 32 位(4GB)。
➢ 增加了当前程序状态寄存器(CPSR)保存当前程序运行的状态信息。
➢ 增加了备份程序状态寄存器(SPSR),在程序运行被异常中断时保存现场。
➢ 增加了 MRS/MSR 指令,以访问新增的 CPSR/SPSR 寄存器。
➢ 增加了中止和未定义两种异常模式,以方便操作系统使用数据访问中止异常、指令预取中止异常和未定义指令异常。
➢ 改进了从异常返回指令。

4. v4 版本

该版本在 v3 版本的基础上做了进一步的扩充,是目前被应用最广的 ARM 体系结构,

ARM7TDMI、ARM9、StrongARM 等都采用该结构。它的主要特点有：

- 增加了对有符号、无符号半字及有符号字节的存/取指令。
- 增加 T 变种，引入 Thumb 状态，处理器工作在该状态下时，指令集为新增的 16 位 Thumb 指令集。
- 增加了系统模式，该模式下处理器使用用户寄存器。
- 完善了软件中断(SWI)指令功能。
- 把一些未使用的指令空间捕获为未定义指令。

5. v5 版本

在 v4 版本的基础上增加了一些新的指令。ARM9E、ARM10 和 Intel 的 XScale 处理器都采用该版本结构。它的主要特点有：

- 改进了 ARM 指令集和 Thumb 指令集的混合使用效率。
- 增加了带有链接和交换的转移指令(BLX)、计数前导零指令(CLZ)、软件断点指令(BKPT)。
- 增加了 DSP 指令集，包括全部算法和 16 位指令集。
- 支持新的 Java，提供字节代码执行的硬件和优化软件加速性能。

6. v6 版本

该版本于 2001 年发布，并应用在 2002 年发布的 ARM11 处理器中。该版本在降低耗电量的同时提高了图像处理能力，适合无线和消费类电子产品，高数据吞吐量和高性能相结合。它的主要特点有：

- 支持多微处理器内核。
- Thumb 代码压缩技术。
- 引入 Jazelle 技术，提高了 Java 性能，降低了 Java 应用程序对内存的空间占用。
- 通过 SIMD(单指令多数据流)技术，提高了音/视频处理能力。

7. v7 版本

v7 版本架构是在 v6 版本的基础上诞生的，对早期的 ARM 处理器软件提供了较好的兼容性。它的主要特点有：

- 采用了在 Thumb 代码压缩技术上发展的 Thumb-2 技术，比纯 32 位代码减少了 31% 的内存占用，减小了系统开销，能够提供比基于 Thumb 技术的解决方案高出 38% 的性能。
- 首次采用 NEON 信号处理扩展集，它是一个结合 64 位和 128 位的 SIMD 指令集，对 H.264 和 MP3 等媒体解码提供加速，将 DSP 和媒体处理能力提高了近 4 倍，并支持改良的浮点运算。
- 支持改良的运行环境，迎合不断增加的 JIT(Just In Time)和 DAC(Dynamic Adaptive Compilation)技术的使用。

该架构定义了以下三大系列。

- Cortex-A 系列：面向基于虚拟内存的操作系统和用户应用，主要用于运行各种嵌入式操作系统(Linux、Windows CE、Android、Symbian 等)的消费娱乐和无线产品。
- Cortex-M 系列：主要面向微控制器领域，用于对成本和功耗敏感的终端设备，如智能仪器仪表、汽车和工业控制系统、家用电器、传感器、医疗器械等。

> Cortex-R 系列：该系列主要用于具有严格实时响应限制的深层嵌入式实时系统。

8. v8 版本

2011 年 11 月，ARM 公司发布了新一代处理器架构 ARM v8 的部分技术细节，这是 ARM 公司的首款支持 64 位指令集的处理器架构，将被首先用于对扩展虚拟地址和 64 位数据处理技术有更高要求的产品领域，如企业应用、高档消费电子产品。ARM v7 架构的主要特性都在 ARM v8 架构中得以保留或进一步拓展，如 TrustZone 技术、虚拟化技术及 NEON advanced SIMD 技术等。ARM v8 架构将 64 位架构支持引入 ARM 架构中，其中包括：

> 64 位通用寄存器、SP(堆栈指针)和 PC(程序计数器)。
> 64 位数据处理和扩展的虚拟寻址。
> 两种主要执行状态：AArch64(64 位执行状态)和 AArch32(32 位执行状态)。

两种执行状态支持三个主要指令集。

> A32(或 ARM)：32 位固定长度指令集，通过不同架构变体增强部分 32 位架构执行环境，现在称为 AArch32。
> T32(Thumb)：以 16 位固定长度指令集的形式引入的，随后在引入 Thumb-2 技术时增强为 16 位和 32 位混合长度指令集，部分 32 位架构执行环境现在称为 AArch32。
> A64：提供与 ARM 和 Thumb 指令集类似功能的 32 位固定长度指令集，随 ARM v8 一起引入，它是一种 AArch64 指令集。

2.1.3　ARM 处理器系列主要产品

1. ARM7 系列

ARM7 系列主要包括 ARM7TDMI、ARM7TDMI-S、带有高速缓存处理器宏单元的 ARM720T 等。该系列处理器提供 Thumb 16 位压缩指令集和 EmbeddedICE 软件调试方式，适用于更大规模的 SoC 设计。ARM7TDMI 基于 ARM 体系结构 v4 版本，是目前低端的 ARM 核。

ARM7TDMI 是 ARM7 系列中使用最广泛的，它是从最早实现 32 位地址空间编程模式的 ARM6 内核发展而来，并增加了 64 位乘法指令，支持片上调试、16 位 Thumb 指令集和 EmbeddedICE 观察点硬件。ARM7TDMI 中的 T 代表 Thumb 架构扩展，提供两个独立的指令集；D 代表内核具有 Debug 扩展结构；M 代表 EmbeddedICE 逻辑；I 代表增强乘法器，支持 64 位结果。ARM7TDMI 属于 ARM v4 体系结构，采用冯·诺依曼结构(指令和数据在存储器中统一存放，采用同一套总线分时传输)，3 级流水处理，性能平均为 0.9DMIPS/MHz。不过，ARM7TDMI 没有 MMU(Memory Management Unit，存储管理部件)和 Cache，所以仅支持那些不需要 MMU 和 Cache 的小型实时操作系统，如 VxWorks、μC/OS-Ⅱ 和 μLinux 等 RTOS。其他的 ARM7 系列内核还有 ARM720T 和 ARM7E-S 等。

2. ARM9 系列和 ARM9E 系列

ARM9 系列采用哈佛体系结构，指令和数据分开存放于不同的存储器，分别采用各自的总线进行传输。ARM9TDMI 相比 ARM7TDMI，将流水级数提高到五级，从而增加了处理器的时钟频率，并使用指令和数据存储器分开的哈佛结构，改善了 CPI，提高了处理器性能，平均可达 1.1DMIPS/MHz,但是 ARM9TDMI 仍属于 ARM v4T 体系结构。在 ARM9TDMI 基础上又有 ARM920T、ARM940T 和 ARM922T,其中 ARM940T 增加了 MPU 和 Cache; ARM920T 和 ARM922T 加入了 MMU、Cache 和 ETM9,从而可更好地支持像 Linux 和 Windows CE 这样的多线程、多任务操作系统。

ARM9E 系列属于 ARM v5TE,在 ARM9TDMI 的基础上增加了 DSP 扩展指令,是可综合内核,主要有 ARM968E-S、ARM966E-S、ARM946E-S 和 ARM926EJ-S(v5TEJ 指令体系,增加了 Java 指令扩展),其中 ARM926EJ-S 是最具代表性的。通过 DSP 和 Java 的指令扩展,可获得 70% 的 DSP 处理能力和 8 倍的 Java 处理性能提升。另外,分开的指令和数据 Cache 结构进一步提升了软件性能;指令和数据 TCM(Tightly Couple Memory:紧耦合存储器)接口支持零等待访问存储器;双 AMBA AHB 总线接口等。ARM926EJ-S 可达 250MHz 的处理速度,可很好地支持 Symbian OS、Linux、Windows CE 和 Palm OS 等主流操作系统。

3. ARM11 系列

ARM11 系列主要有 ARM1136、ARM1156、ARM1176 和 ARM11 MP-Core 等,它们都是 v6 体系结构,相比 v5 系列增加了 SIMD 多媒体指令,获得 1.75 倍多媒体处理能力的提升。另外,除了 ARM1136 外,其他的处理器都支持 AMBA3.0-AXI 总线。ARM11 系列内核最高的处理速度可超过 500MHz(其中 90nm 工艺下,ARM1176 可达到 750MHz)以及 600DMIPS/MHz 的性能。

基于 ARM v6 架构的 ARM11 系列处理器是根据下一代的消费类电子、无线设备、网络应用和汽车电子产品等需求而制定的。它的媒体处理能力和低功耗特点使它特别适合于无线和消费类电子产品;高数据吞吐量和高性能的结合非常适合网络处理应用;另外,在实时性能和浮点处理等方面 ARM11 可以满足汽车电子应用的需求。

4. XScale 系列

Intel 公司开发的 XScale 系列是基于 ARM v5 的 ARM 体系结构的内核,在架构扩展的基础上同时也保留了对于以往产品的向下兼容,因此获得了广泛的应用。相比于 ARM 处理器,XScale 系列功耗更低,系统伸缩性更好,支持 16 位的 Thumb 指令和 DSP 指令集,同时核心频率也得到了提高,达到了 400MHz 甚至更高。XScale 系列处理器还支持高效通信指令,可以和同样架构的处理器之间达到高速传输。XScale 系列处理器的另外一个主要扩展是使用了无线 MMX,这是一种 64 位的 SIMD 指令集,并在新款的 XScale 处理器中集成有 SIMD 协处理器,可以有效地加快视频、3D 图像、音频以及其他 SIMD 传统元素处理。

基于 XScale PXA250 微处理器性能如下。

内核工作频率:100~400MHz;I-Cache 32KB 和 D-Cache 32KB;I-MMU + D-MMU (各 32 路变换后备缓冲器 TLB 快表);7/8 级流水线。

系统存储器接口:100MHz SDRAM;4~256MB SDRAM;支持 16~256MB DRAM; 4 个 SDRAM 区,每个区支持 64MB 存储器;支持 2 个 PCMCIA/CF 卡插槽。

外围接口:具有 16 个通道的 DMA 控制器;LCD 控制器(支持被动 DSTN 和主动 TFT 显示,最大分辨率 800×600×16);系统集成模块(GPIO、中断控制器、PWM);USB、 3 个 UART、红外(FIR)、I^2C 总线接口、多媒体通信口、动态电源管理技术。

5. ARM Cortex 系列

在 ARM11 系列之后,Cortex 系列是 ARM 公司目前最新内核系列,属于 v7 架构。如前文所述,该架构定义了三大系列:Cortex-A 系列、Cortex-M 系列和 Cortex-R 系列。

Cortex-A 系列应用型处理器可向具备操作系统平台和用户应用程序的设备提供全方位的解决方案,从超低成本手机、智能手机、移动计算平台、数字电视到企业网络、打印机服务器解决方案。高性能的 Cortex-A15、可伸缩的 Cortex-A9、经过市场验证的处理器和高效的 A7 以及 Cortex-A5 处理器均共享同一架构,因此具有完全的应用兼容性,支持传统的 ARM 和 Thumb 指令集和新增的高性能紧凑型 Thumb-2 指令集。

Cortex-A15 和 Cortex-A7 都支持 ARM v7A 架构的扩展,从而为大型物理地址访问和硬件虚拟化以及处理 AMBA 4 ACE 一致性提供支持。同时,这些都支持 big. LITTLE 处理。

(1) ARM Cortex-A5 处理器

Cortex-A5 处理器是能效最高、成本最低的处理器,能够向最广泛的设备提供 Internet 访问:从入门级智能手机、低成本手机和智能移动终端到普遍采用的嵌入式、消费类和工业设备。

Cortex-A5 处理器可为现有 ARM926EJ-S 和 ARM1176JZ-S 处理器设计提供很有价值的迁移途径。它可以获得比 ARM1176JZ-S 更好的性能,比 ARM926EJ-S 更好的功效和能效以及完全的 Cortex-A 兼容性。

这些处理器向特别注重功耗和成本的应用程序提供高端功能,其中包括:

➢ 多重处理功能,可以获得可伸缩、高能效性能。
➢ 用于媒体和信号处理的可选浮点运算 NEON™ 单元。
➢ 与 Cortex-A8、Cortex-A9 和经典 ARM 处理器的完全应用兼容性。
➢ 高性能内存系统,包括高速缓存和内存管理单元。

(2) ARM Cortex-A7 处理器

Cortex-A7 MPCore 处理器是 ARM 迄今为止开发的最有效的应用处理器,它显著扩展了 ARM 在未来入门级智能手机、平板电脑以及其他高级移动设备方面的低功耗领先地位。

Cortex-A7 处理器的体系结构和功能集与 Cortex-A15 处理器完全相同,不同之处在于,Cortex-A7 处理器的微体系结构侧重于提供最佳能效,因此这两种处理器可在大端模式和小端模式配置中协同工作,软件可以在高能效 Cortex-A7 处理器上运行,也可以在需要时在高性能 Cortex-A15 处理器上运行。无须重新编译,从而提供高性能与超低功耗的终极组合。

作为独立处理器,单个 Cortex-A7 处理器的能源效率是 Cortex-A8 处理器(支持如今的许多最流行智能手机)的 5 倍,性能提升 50%,而尺寸仅为后者的 1/5。

该处理器与其他 Cortex-A 系列处理器完全兼容并整合了高性能 Cortex-A15 处理器的所有功能,包括虚拟化、大物理地址扩展(LPAE)、NEON、高级 SIMD 和 AMBA 4 ACE 一致性。

(3) ARM Cortex-A8 处理器

Cortex-A8 处理器是一款适用于复杂操作系统及用户应用的应用处理器。支持智能能源管理(Intelligent Energy Manger,IEM)技术的 ARMArtisan 库以及先进的泄漏控制技术,使得 Cortex-A8 处理器实现了非凡的速度和功耗效率。在 65nm 工艺下,ARM Cortex-A8 处理器的功耗不到 300mW,能够提供高性能和低功耗。它第一次为低费用、高容量的产品带来了台式机级别的性能。

Cortex-A8 处理器是第一款基于 ARM v7 架构的应用处理器,使用了能够带来更高性能、更低功耗和更高代码密度的 Thumb-2 技术。它首次采用了强大的 NEON 信号处理扩展集,为 H.264 和 MP3 等媒体编解码提供加速。

Cortex-A8 的解决方案还包括 Jazelle-RCTJava 加速技术,对实时(JIT)和动态调整编译(DAC)提供最优化,同时减少内存占用空间高达 3 倍。该处理器配置了先进的超标量体系结构流水线,能够同时执行多条指令,并且提供超过 2.0DMIPS/MHz 的性能处理器。它集成了一个可调尺寸的二级高速缓冲存储器,能够同高速的 16KB 或者 32KB 一级高速缓冲存储器一起工作,从而达到最快的读取速度和最大的吞吐量。新处理器还配置了用于安全交易和数字版权管理的 TrustZone 技术,以及实现低功耗管理的 IEM 功能。

(4)ARM Cortex-A9 处理器

Cortex-A9 处理器能提供非常好的高性能和高能效方案,从而使其成为在需要低功耗或散热受限的成本敏感型设备中提供高性能设计的理想选择。它既可用作单核处理器,也可用作可配置的多核处理器,同时可提供可合成或硬宏实现。该处理器适用于各种应用领域,从而能够对多个市场进行稳定的软件投资。

与高性能计算平台消耗的功率相比,Cortex-A9 处理器可提供功率更低的卓越功能,其中包括:

➢ 无与伦比的性能,2GHz 标准操作可提供 TSMC 40G 硬宏实现。
➢ 以低功耗为目标的单核实现,面向成本敏感型设备。
➢ 利用高级 MPCore 技术,最多可扩展为 4 个一致的内核。
➢ 可选 NEON 媒体和/或浮点处理引擎。

(5)ARM Cortex-A15 MPCore 处理器

Cortex-A15 MPCore 处理器是 ARM 家族中性能高且可授予许可的处理器。它提供前所未有的处理功能,与低功耗特性相结合,在各种市场上成就了卓越的产品,包括智能手机、平板电脑、移动计算、高端数字家电、服务器和无线基础结构。Cortex-A15 MPCore 处理器提供了性能、功能和能效的独特组合,进一步加强了 ARM 在这些高价值和高容量应用细分市场中的领导地位。

Cortex-A15 MPCore 处理器是 Cortex-A 系列处理器的成员,确保在应用方面与所有其他获得高度赞誉的 Cortex-A 处理器完全兼容。这样,就可以立即访问已得到认可的开发平台和软件体系,包括 Android、Adobe、Flash、Player、Java Platform Standard Edition(Java SE)、JavaFX、Linux、Microsoft Windows Embedded、Symbian 和 Ubuntu 以及 700 多个 ARM Connected Community 成员,这些成员提供应用软件、硬件和软件开发工具、中间件以及 SoC 设计服务。

Cortex-A15 MPCore 处理器具有无序超标量管道,带有紧密耦合的低延迟 2 级高速缓存,该高速缓存的大小最高可达 4MB。浮点处理和 NEON 媒体性能方面的其他改进使设备能够为消费者提供下一代用户体验,并为 Web 基础结构应用提供高性能计算。

（6）ARM Cortex-R 处理器

Cortex-R 实时处理器为要求可靠性、高可用性、容错功能、可维护性和实时响应的嵌入式系统提供高性能计算解决方案。

许多应用都需要 Cortex-R 系列的关键特性，即

➢ 高性能：与高时钟频率相结合的快速处理能力。

➢ 实时：处理能力在所有场合都符合硬实时限制。

➢ 安全：具有高容错能力的可靠且可信的系统。

➢ 经济实惠：可实现最佳性能、功耗和面积的功能。

常见的 Cortex-R 处理器如 R4，主要面向嵌入式实时（Real-Time）应用领域，具备 7 级流水结构，相对于上代 ARM1156 内核，R4 在性能、功耗和面积（Performance，Power and Area，PPA）取得更好的平衡，拥有大于 1.5DMIPS/MHz 和高于 400MHz 的处理速度。Cortex-R 系列处理器与 Cortex-M 和 Cortex-A 系列处理器都不相同。Cortex-R 系列处理器提供的性能比 Cortex-M 系列提供的性能高得多，而 Cortex-A 系列专用于具有复杂软件操作系统（需使用虚拟内存管理）的面向用户的应用。

（7）ARM Cortex-M 处理器

Cortex-M 处理器系列是一系列可向上兼容的高能效、易于使用的处理器。这些处理器旨在帮助开发人员满足将来的嵌入式应用的需要。这些需要包括以更低的成本提供更多功能，不断增加连接，改善代码重用和提高能效。常见的 ARM Cortex-M 处理器如 ARM Cortex-M3 主要是面向低成本和高性能的 MCU 应用领域，相比 ARM7TDMI，M3 面积更小，功耗更低，性能更高。Cortex-M3 处理器的核心是基于哈佛结构的 3 级流水线内核。该内核集成了分支预测，单周期乘法，硬件除法等众多功能强大的特性，使其在 Dhrystone Benchmark 上具有出色的表现（1.25DMIPS/MHz）。根据 Dhrystone Benchmark 的测评结果，采用新的 Thumb-2 指令集架构的 Cortex-M3 处理器，与执行 Thumb 指令的 ARM7TDMI-S 处理器相比，每兆赫的效率提高了 70%，与执行 ARM 指令的 ARM7TDMI-S 处理器相比，每兆赫效率提高了 35%。

（8）ARM 处理器在人工智能领域的发展

随着智能手机需要处理的内容变得日益复杂，用户对当今主流和入门级移动设备的要求已越来越高。而人工智能技术的日益成熟以及边缘计算的兴起，使得人工智能成为提升智能手机体验的重要"法宝"。目前，众多的高端智能手机都已经开始引入人工智能技术。2017 年，华为、苹果等厂商就推出了集成人工智能核心的手机处理器，而作为全球最大的移动芯片 IP 提供商，ARM 自 2017 年以来也在不断地加码人工智能。

2017 年 3 月，ARM 正式发布了全新的 DynamIQ 技术，加入了针对人工智能的指令集和优化库，ARM v8.2 版本的指令集开始支持神经网络卷积运算，极大地提升了人工智能和机器学习的效率。随后在 2017 年 5 月底，ARM 发布了首款 DynamIQ 技术处理器 Cortex-A75/A55。2018 年 2 月下旬，ARM 又宣布了针对人工智能的 Project Trillium 项目，推出了多款独立的人工智能 IP。

2.1.4　ARM 开发工具简介

ARM 开发工具就是 ARM 公司为庞大的各领域工程师和开发人员装备的完整的开发

视频讲解

工具链,助其迅速搭建开发平台,降低开发的成本和难度,缩短开发周期,让工程师们充分针对 ARM 架构处理器进行开发。根据开发目标平台的不同,ARM 提供不同的工具解决方案。最常见的是 MDK-ARM、RVDS、ARM DS5,它们分别针对低端和高端 ARM 处理器应用。

1. MDK-ARM

RealView Microcontroller Development Kit(MDK)支持基于包括 ARM7、ARM9、Cortex-M3 微控制处理器等在内的众多处理器,例如 Atmel、Freescale、Luminary、NXP、OKI、Samsung、Sharp、ST、TI 等厂家的产品。MDK 提供工业标准的编译工具和强大的调试支持。MDK 是专为 MCU 的用户开发嵌入式软件而设计的一套开发工具,包括根据器件定制的调试仿真支持,丰富的项目模板,固件示例,以及为内存优化的 RTOS 库。MDK 上手容易,功能强大,适合微控制器应用程序开发。

MDK 主要是为终端客户提供价格低廉、功能强大的开发工具。集成了 RealView 编译工具,Keil μVision 开发环境,支持基于 ARM7、ARM9、Cortex-M1、Cortex-M3、Cortex-R4 等 ARM 产品的仿真,提供非常高效的 RTOS Kernel。此外,提供的 Real-Time 库还有 TCP/IP 网络套件、Flash 文件系统、USB 器件接口、CAN 总线接口等,方便终端用户进行应用开发。因此,对于 MDK 用户来说,他们得到的就是可以对 MCU 进行仿真和调试,容易使用又没有冗余的功能,价格实惠,而且可以先试用再购买。

2. RVDS

RVDS(RealView Development Suite)是 ARM 公司推出的专为 SoC、FPGA 以及 ASIC 用户开发复杂嵌入式应用程序或者与操作系统平台组件接口而设计的开发工具,被业界称为最好的 ARM 开发工具。RVDS 支持器件设计,支持多核调试,支持基于所有 ARM 和 Cortex 系列 CPU 的程序开发。RVDS 还可以和第三方软件进行很好的连接。

对于芯片设计公司以及相关解决方案提供商来说,需要的是更加强大的工具,以进行多核调试;需要更加先进的调试和分析功能,以支持多种操作系统(如 Linux),进行 IP 整合开发,结合 ESL 工具进行架构评估,系统软硬件划分等。那么,RVDS 可以为其提供完整的解决方案。

RVDS 是 ARM 公司继 SDT 与 ADS1.2 之后主推的新一代开发工具,目前最高版本是 4.1。RVDS 对代码密度的提升和代码执行速度的提高,都可以由 ARM 开发工具自动实现,而不需要软件开发人员花费过多的时间手动优化高级语言代码。这是 RVDS 的优势所在。

RVDS 包含 4 个模块。

➢ IDE：RVDS 中集成了 Eclipse IDE,用于代码的编辑和管理。支持语句高亮和多颜色显示,以工程的方式管理代码,支持第三方 Eclipse 功能插件。

➢ RVCT：RVCT 是业界最优秀的编译器,支持全系列的 ARM 和 XScale 架构,支持汇编语言、C 语言和 C++ 语言。RVDS 的编译器根据最新的 ARM 架构进行特别的优化,针对每个 ARM 架构都提供最好的代码执行性能,最优的代码密度。可以根据需要选择调试信息级别,以及不同的代码优化方向和优化级别。

➢ RVD：RVD 是 RVDS 中的调试软件,功能强大,支持 Flash 烧写和多核调试,支持多种调试手段,快速错误定位。

➤ RVISS：RVISS 是指令集仿真器，支持外部设备虚拟，可以使软件开发和硬件开发同步进行，同时可以分析代码性能，加快软件开发速度。

3. ARM DS5

ARM DS5(或 ARM DS-5)是一款支持开发所有 ARM 内核芯片的集成开发环境，也是一套针对 ARM 支持的 Linux 和 Android 平台的全面的端到端软件开发工具套件。ARM DS5 提供具有跟踪、系统范围性能分析器、实时系统模拟器和编译器的应用程序和内核空间调试器。这些功能包含在定制的、功能强大且用户友好的基于 Eclipse 的 IDE 中。借助该工具套件，可以很轻松地为 ARM 支持的系统开发和优化基于 Linux 的系统，缩短开发和测试周期，并且可帮助工程师创建资源利用效率高的软件。

ARM DS5 具有灵活的集成开发环境，可定制与第三方插件兼容的 Eclipse IDE，并集成了多种实用工具，例如远程系统浏览器、SSH 和 Telnet 终端等。ARM DS5 具有端到端调试器，能够启动加载程序、内核和用户空间调试，对包括汇总的配置文件在内的文件能够实现非侵入性指令跟踪，具有设备配置数据库的一次单击即可完成的 JTAG 调试配置。ARM DS5 具有 Streamline 性能分析器，无须 JTAG 探针系统范围的分析即可按进程、线程、功能和源代码行的 CPU 使用情况统计信息，也能够根据关键路径标识和动态内存使用情况分析。ARM DS5 具有实时模拟器，可以对主机上的 Linux 应用程序进行调试，也能够预先与 ARM 嵌入式 Linux 一起加载的 Cortex-A8 系统模型模拟器一起使用，并具有高于 250MHz 的典型模拟速度。ARM DS5 的工程配置如图 2-1 所示。

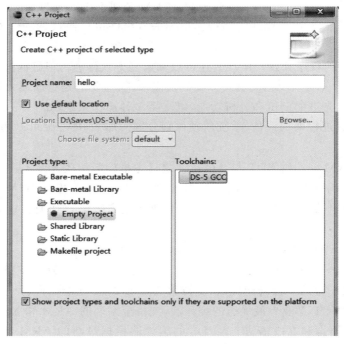

图 2-1　ARM DS5 的工程配置

ARM DS5 在以下功能上有特别的亮点。
➤ ARM 原厂提供的 ARM CC 编译器。

➤ 支持所有的 ARM 内核,包括 Cortex-A15/A7/A12,Cortex-M/R 系列以及新增的对 A50(即 ARM v8)架构的支持。

➤ 支持 big.LITTLE 多核调试技术。

➤ 更为灵活、强大和使用简单的调试器,支持 Linux/Android 系统内核调试(驱动开发 由此变得简单)。

➤ 应用程序性能分析器 Streamline,有效分析应用代码执行效率,简单易懂的图形化表 示,帮助改善代码性能和瓶颈。

➤ 支持新一代的高速调试仿真器 DSTREAM,支持 4GB 的 Trace 空间。

图 2-2 所示是 ARM DS5 的功能框架图。

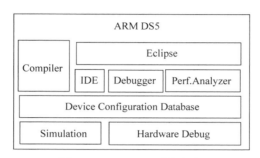

图 2-2　ARM DS5 功能框架

2.2　Cortex-A8 处理器架构

Cortex-A8 处理器是第一款基于 ARM v7 架构的应用处理器,使用了能够带来更高性 能、更低功耗和更高代码密度的 Thumb-2 技术,新增了 130 条指令。新增的功能使用户在 进行终端服务时无须在 ARM 和 Thumb 模式间进行切换,同时可访问整套处理器寄存器。 产生的代码保持 Thumb 指令的传统代码密度,却可以实现 32 位 ARM 代码的性能。

ARM 处理器中首次采用面向音频、视频和 3D 图形的 NEON 媒体和信号处理技术。 这是一个 64/128 位混合 SIMD 架构。NEON 技术拥有自己的寄存器文件和执行流水线, 它们独立于主 ARM 整数流水线。可处理整数和单精度浮点值,其中包括非线性数据访问 支持,并可轻松加载存储在结构表中的插页数据。通过使用 NEON 技术执行典型的多媒体 功能,Cortex-A8 处理器可在 275MHz 以 30 帧/秒的速度解码 MPEG-4 VGA 视频(包括去 环状块、解块过滤和 YUV 至 RGB 的变换)并以 350MHz 解码 H.264 视频。

Cortex-A8 还采用了 Jazelle-RCT Java 加速技术,可以支持 Java 程序的预编译与实时 编译,对实时(JIT)和动态调整编译(DAC)提供最优化,将 JIT 字节码应用程序的内存占用 削减到原先的 1/3。代码变少可增强性能并降低功率。

Cortex-A8 中采用的 TrustZone 技术可确保消费类产品(如运行开放式操作系统的移 动电话、个人数字助理和机顶盒)中的数据隐私和 DRM 得到保护。

Cortex-A8 内核的系统框图如图 2-3 所示。

Cortex-A8 处理器在结构上配置了先进的超标量体系结构流水线,能够同时执行多条 指令,并且提供超过 2.0DMIPS/MHz 的性能。处理器集成了一个可调尺寸的二级高速缓冲存储器,能够同高速的16KB或者32KB一级高速缓冲存储器一起工作,从而达到最快的读取速度和最大的吞吐量。处理器使用了先进的分支预测技术,并且具有专用的NEON整型和浮点型流水线进行媒体和信号处理。在使用小于$4mm^2$的硅片及低功耗的65nm工艺的情况下,Cortex-A8处理器的运行频率将高于600MHz(不包括NEON追踪技术和二级高速缓冲存储器)。在高性能的90nm和65nm工艺下,Cortex-A8处理器运行频率最高可达1GHz,能够满足高性能消费产品设计的需要。

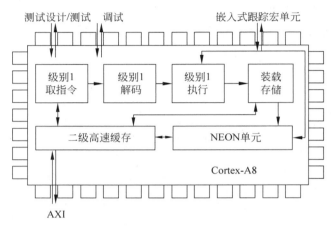

图 2-3   ARM Cortex-A8 内核系统框图

针对Cortex-A8,ARM公司专门提供了新的函数库(Artisan Advantage-CE)。新的库函数可以有效提高异常处理的速度并降低功耗。同时,新的库函数还提供了高级内存泄漏控制机制。

1. 指令读取单元(Instruction Fetch)

指令读取单元的主要构成如图2-4所示。指令读取单元对指令流进行预测,从L1指令缓存中取出指令放到译码流水线中。在此过程中使用到了TLB(Translation Lookaside Buffers,转换旁路缓冲器)。

2. 指令译码(解码)单元(Instruction Decode)

指令译码(解码)单元对所有的ARM、Thumb-2指令进行译码排序,包括调试控制协处理器CP14的指令、系统控制协处理器CP15的指令。

指令译码单元处理指令的顺序是:异常、调试事件、复位初始化、存储器内嵌自测CMI3IST、等待中断、其他事件。

3. 指令执行单元(Instruction Execute)

图 2-4   指令读取单元主要构成

指令执行单元包括两个对称的ALU(算术逻辑单元)流水线(ALU0和ALU1),它们都可以处理大多数算术指令。ALU0始终执行一对旧的发射指令。Cortex-A8处理器还配备乘法器和加载存储流水线,但这些都不对两条ALU流水线执行额外指令,可将它们视为"独立"流水线。使用它们必须同时使用两条ALU流水线中的一条,乘法器流水线只能与ALU1流水线中的指令结合使用,而加载存储流水线只能与任一ALU中的指令结合使用。

指令执行单元的功能如下。

➤ 执行所有整数 ALU 运算和乘法运算,并修改标志位。

➤ 根据要求产生用于存取的虚拟地址以及基本回写值。

➤ 将要存放的数据格式化,并将数据和标志向前发送。

➤ 处理分支及其他指令流变化,并评估指令条件码。

4. 数据存取单元(Load/Store)

数据存取单元包括全部的 L1 数据缓存部分和整数存取流水线,流水线可在每个周期接收一次数据存或取,可以是在流水线 0 或流水线 1 上。

数据存取单元由以下几部分组成。

➤ L1 数据缓存。

➤ 数据 TLB。

➤ 整数存储缓存。

➤ NEON 存储缓存。

➤ 取整数数据对齐、格式化单元。

➤ 存整数数据对齐、格式化单元。

5. L2 缓存单元(L2 Cache)

Cortex-A8 处理器的 L2 缓存单元大小可配置为 64KB～2MB,包括 L2 Cache 和缓冲接口单元 BIU。二级高速缓存的主要构成如图 2-5 所示。

L1 数据缓存的内容与 L2 缓存不兼容,L1 指令缓存的内容是 L2 缓存的子集,当指令预取单元和数据存取单元在 L1 Cache 中未命中时,L2 Cache 将为它们提供服务。L2 缓存与 L1 缓存之间采用低延迟、高带宽专用接口,这将 L1 缓存行填充的延迟时间降至最低,并且与主系统总线不会产生流量冲突。

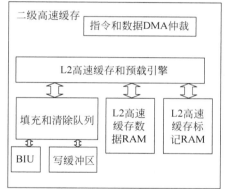

图 2-5　二级高速缓存主要构成

6. NEON 媒体处理引擎

ARM NEON 技术是适用于 ARM Cortex-A 系列处理器的一种 SIMD(Single Instruction,Multiple Data,单指令、多数据)扩展结构。从智能手机和移动计算设备到 HDTV,它已被公认为多媒体应用领域中最为优越的处理器之一。它采用专门设计,简化了软件在不同平台之间的移植,为类似 Dolby Mobile 的密集型多媒体应用提供了低能耗和灵活的加速功能。

NEON 技术与 Cortex-A8 和 Cortex-A9 处理器相结合,已经被许多领先企业广泛采用。越来越多的机构正在 IP 设计中采用 NEON 技术,或提供为 NEON 技术优化的软件,构成了 NEON 生态系统的一部分。这一生态系统由大量的硅片厂商构成,如博通公司、Freescale Semiconductor、Matsushita、NEC、NVIDIA、松下、PMC-Sierra、三星电子、ST、TI 等,这些公司都获得了 Cortex 处理器授权,其中提供 NEON 技术作为选择之一。此外,在这些 ARM 处理器和多媒体编解码器厂商基础上,构建开发和评测电路板的硬件设计合作伙伴正不断为 NEON 技术优化编解码器。

Cortex-A8 处理器的 NEON 媒体处理引擎包括一个 10 段流水线以及高级 SIMD 多媒体指令集。

7. ETM 单元(嵌入式跟踪宏单元)

ETM 单元是一个非侵入跟踪宏单元,对嵌入式处理器内核提供了实时跟踪能力。它向一个跟踪端口输出处理器执行的信息。在系统调试和系统性能分析时,可以对指令和数据进行跟踪,并能对跟踪信息进行过滤和压缩。

ETM 单元直接连接到 ARM 处理器内核,通过一个称为 ATB(高级跟踪总线)的外部接口与处理器外部连接。

8. 外部接口

Cortex-A8 有丰富的外部接口。

➢ AMBA AXI 总线接口:AXI(Advanced eXtensible Interface)是一种面向高性能、高带宽、低延迟的片内总线。AXI 总线接口是可配置的 64 位或 128 位 AMBA 高速总线接口,用于执行 L2 Cache 的填充和 L1 Cache 指令及数据的访问。

➢ AMBA APB 接口:Cortex-A8 处理器通过一个 APB 接口来访问 ETM、CTI 和调试寄存器。APB 接口与 CoreSight 调试体系结构(ARM 多处理器跟踪调试体系)兼容。

➢ AMBA ATB 接口:Cortex-A8 处理器通过一个 ATB 接口输出调试信息。ATB 接口兼容 CoreSight 调试体系结构。

➢ DFT(Design For Test)接口:DFT 接口为生产时使用 MBIST(内存内置自测试)和 ATPG(自动测试模式生成)进行内核测试提供支持。

2.3 Cortex-A8 处理器工作模式和状态

2.3.1 Cortex-A8 处理器工作模式

Cortex-A8 是基于 ARM v7 架构的处理器,共有 8 种工作模式,如表 2-2 所示。

表 2-2 处理器工作模式

处理器模式	模式标识符	备 注
用户(User)模式	usr	正常程序执行模式
系统(System)模式	sys	使用和用户模式相同的寄存器组,用于运行特权级操作系统任务
管理(Supervisor)模式	svc	系统复位或软件中断时进入该模式,是供操作系统使用的一种保护模式
外部中断(IRQ)模式	irq	低优先级中断发生时进入该模式,常用于普通的外部中断处理
快速中断(FIQ)模式	fiq	高优先级中断发生时进入该模式,用于高速数据传输和通道处理
数据访问中止(Abort)模式	abt	当存取异常时进入该模式,用于虚拟存储和存储保护
未定义指令中止(Undefined)模式	und	当执行未定义指令时进入该模式,用于支持硬件协处理器的软件仿真
安全监控(Secure Monitor)模式	mon	可在安全模式和非安全模式下转换

处理器的运行模式可以通过软件控制进行切换,也可以通过外部中断或异常处理过程进行切换。大多数情况下,应用程序运行在用户模式下,应用程序不能访问受操作系统保护的系统资源,也不能直接进行处理器工作模式的切换。在需要进行工作模式切换时,应用程序可以产生异常处理,在异常处理过程中进行工作模式切换,由操作系统控制整个系统资源的使用。

除用户模式以外,其他 7 种工作模式统称为非用户模式,或特权模式(Privileged Modes)。特权模式是为了服务中断或异常,或访问受保护的资源,具有多系统资源的完全访问权限,可自由地切换工作模式。

特权模式中,除了系统模式以外的 6 种工作模式又称为异常模式(Exception Modes)。异常模式除了可以通过程序切换进入外,还可以在发生特定的异常中断时进入。每一种异常模式都有一组专用的寄存器,以保证在进入异常模式时用户模式下的寄存器(保存着工作模式切换前的程序运行状态)不被破坏。

系统模式不能由任何异常进入,它有与用户模式完全相同的寄存器。系统模式供需要访问系统资源的操作系统任务使用,这样可避免使用和异常模式相关的寄存器,保证在任何异常发生时都不会使任务的状态不可靠。

2.3.2　Cortex-A8 处理器状态

Cortex-A8 处理器是 32 位处理器,可执行 32 位 ARM 指令集指令,同时兼容 16 位 Thumb-2 指令集指令和数据类型。

有 3 种工作状态,这些状态由程序状态寄存器(CPSR)的 T 位和 J 位控制与切换。

① ARM 状态:执行 32 位字对齐的 ARM 指令集指令,T 位和 J 位为 0。

② Thumb 状态:执行 16 位或 32 位半字对齐的 Thumb-2 指令集指令,T 位为 1,J 位为 0。

③ ThumbEE 状态:执行为动态产生目标而设计的 16 位或 32 位半字对齐的 Thumb-2 指令集的变体,T 位和 J 位为 1。

ARM 指令必须在 ARM 状态下执行;同样,Thumb 指令也必须在 Thumb 状态下执行。ARM 处理器可以在两种状态下切换,只要遵循 ATPCS 调用规则,ARM 子程序和 Thumb 子程序之间可以相互调用。ARM 状态和 Thumb 状态之间的切换并不影响处理器工作模式和寄存器组的内容。处理器复位后开始执行代码时,处于 ARM 状态。

处理器状态之间的两种切换如下。

(1) ARM 状态和 Thumb 状态之间切换

执行 BX 和 BLX 指令时,将通用寄存器中所存储的目标地址值复制到程序计数器(PC),该目标地址值的最低一位为 1 则切换到 Thumb 状态。如果处理器在 Thumb 状态时发生异常(异常处理必须在 ARM 状态下),当异常处理返回时自动切换到 Thumb 状态。

执行 BX 和 BLX 指令时,将通用寄存器中所存储的目标地址值复制到 PC,该目标地址值的最低一位为 0 则切换到 ARM 状态。处理器进行异常处理时,把 PC 的值放入异常模式链接寄存器中,从异常向量地址开始执行程序,系统自动进入 ARM 状态。

(2) Thumb 状态和 ThumbEE 状态之间切换

使用 ENTERX 指令和 LEAVEX 指令。

指令部分将在第 3 章统一进行介绍说明。

2.4 Cortex-A8 存储器管理

2.4.1 ARM 的基本数据类型

Cortex-A8 是 32 位处理器,支持多种数据类型。

- 字节(Byte):8 位。
- 半字(Half Word):16 位。
- 字(Word):32 位。
- 双字(Double Word):64 位。

当数据是无符号数时,以二进制格式存储,数据范围为 $0\sim 2^N-1$,其中 N 为数据类型长度;

当数据是有符号数时,以二进制补码格式存储,数据范围为 $-2^{N-1}\sim 2^{N-1}-1$,其中 N 为数据类型长度。

ARM 的体系结构将存储器看成从 0x00000000 地址开始的按字节编码的线性存储结构,每字节都有对应的地址编码。由于数据有不同的字节大小(1 字节、2 字节、4 字节等),导致数据在存储器中存放不是连续的,这样降低了存储系统的效率,甚至引起数据读/写错误。因此数据必须按照以下方式对齐:

- 以字为单位,按 4 字节对齐,地址最末两位为 00。
- 以半字为单位,按 2 字节对齐,地址最末一位为 0。
- 以字节为单位,按 1 字节对齐。

2.4.2 浮点数据类型

浮点运算使用在 ARM 硬件指令集中未定义的数据类型。在协处理器指令空间定义了一系列浮点指令,这些指令全部可以通过未定义指令异常(该异常收集所有硬件协处理器不接受的协处理器指令)在软件中实现,其中的一小部分也可以由浮点运算协处理器 FPA10 以硬件方式实现。

另外,ARM 公司还提供了用 C 语言编写的浮点库作为 ARM 浮点指令集的替代方法(Thumb 代码只能使用浮点指令集)。该库支持 IEEE 标准的单精度和双精度格式。C 编译器由一个关键字标志来选择,它产生的代码与软件仿真(通过避免中断、译码和浮点指令仿真)相比既快又紧凑。

2.4.3 大/小端存储模式

视频讲解

Cortex-A8 处理器支持大端(Big-endian)和小端(Little-endian)两种存储模式,同时还支持混合大小端模式(既有大端模式也有小端模式)和非对齐数据访问。可以通过硬件的方式设置(没有提供软件的方式)端模式。

大端模式是被存字数据的高字节存储在存储系统的低地址中,而被存字数据的低字节则存放在存储系统的高地址中。小端模式与大端存储格式相反,在小端存储格式中,存储系统的低地址中存放的是被存字数据中的低字节内容,存储系统的高地址存放的是被存字数据中的高字节内容。例如,一个 32 位的字 0x12345678,大端和小端存储模式下的存储格式如图 2-6 所示,从图中可以发现,大端的数据存放格式就是最高有效字节位于最低地址,小端的数据存放格式就是最低有效字节位于最低地址。

高地址	78
	56
	34
低地址	12

高地址	12
	34
	56
低地址	78

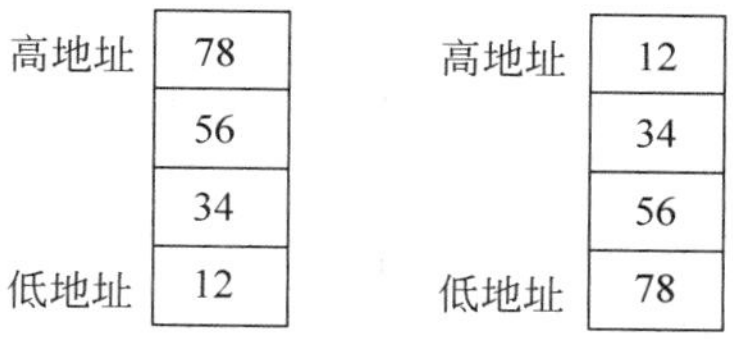

(a) 大端存储模式　　　(b) 小端存储模式

图 2-6　Cortex-A8 存储模式

判断处理器使用大端还是小端最简单的方法可以使用 C 语言中的 union。下面程序段中的 IsBigEndian() 可以简单判断该处理器是否为大端模式。

```
typedef union
{
char chChar;
short shShort;
}UnEndian;
//该联合体的内存分配如下,chChar 和 shShort 的低地址字节重合
//如果是 BigEndian,则返回 true
bool IsBigEndian()
{
UnEndian test;
test. shShort=0x0010;
if(test. chChar==0x10)
{
return false;
}
return true;
}
```

如果需要在大端模式和小端模式之间相互转换,最经典的做法是使用套接字库中的 ntohs、ntohl、htons 和 htonl 进行转换。

2.4.4　寄存器组

Cortex-A8 处理器共有 40 个 32 位寄存器,包括 33 个通用寄存器和 7 个状态寄存器。其中状态寄存器包括 1 个 CPSR(Current Program Status Register,当前程序状态寄存器)和 6 个 SPSR(Saved Program Status Register,备份程序状态寄存器)。

这些寄存器不能同时访问,在不同的处理器工作模式下只能够访问一组相应的寄存器组。具体哪种工作模式下可访问哪些寄存器如图 2-7 和图 2-8 所示。

1. 通用寄存器组

如图 2-7 所示,R0~R7 是不分组的通用寄存器,R8~R15 是分组的通用寄存器。在 ARM 状态下,任何时刻,16 个数据寄存器 R0~R15 和 1~2 个状态寄存器都是可访问的。在特权模式下,特定模式下的寄存器组才是有效的。

Thumb 和 ThumbEE 状态下也可以访问同样的寄存器集。但其中的 16 位指令对某些寄存器的访问是有限制的,32 位的 Thumb 指令和 ThumbEE 指令则没有限制。

系统和用户模式	快速中断模式	管理模式	数据访问中止模式	外部中断模式	未定义指令中止模式	安全监控模式
R0	R0	R0	R0	R0	R0	R0
R1	R1	R1	R1	R1	R1	R1
R2	R2	R2	R2	R2	R2	R2
R3	R3	R3	R3	R3	R3	R3
R4	R4	R4	R4	R4	R4	R4
R5	R5	R5	R5	R5	R5	R5
R6	R6	R6	R6	R6	R6	R6
R7	R7	R7	R7	R7	R7	R7
R8	R8_fiq	R8	R8	R8	R8	R8
R9	R9_fiq	R9	R9	R9	R9	R9
R10	R10_fiq	R10	R10	R10	R10	R10
R11	R11_fiq	R11	R11	R11	R11	R11
R12	R12_fiq	R12	R12	R12	R12	R12
R13	R13_fiq	R13_svc	R13_abt	R13_irq	R13_und	R13_mon
R14	R14_fiq	R14_svc	R14_abt	R14_irq	R14_und	R14_mon
R15	R15(PC)	R15(PC)	R15(PC)	R15(PC)	R15(PC)	R15(PC)

图 2-7　ARM 状态下的通用寄存器组

CPSR	CPSR	CPSR	CPSR	CPSR	CPSR	CPSR
	SPSR_fiq	SPSR_svc	SPSR_abt	SPSR_irq	SPSR_und	SPSR_mon

△ =私有寄存器

图 2-8　ARM 状态下的状态寄存器组

　　未分组的通用寄存器 R0~R7 用于保存数据和地址。在处理器的所有工作模式下,它们中的每一个都指向一个物理寄存器,且没有被系统用于特殊用途。在处理器工作模式切换时,由于使用的是相同的物理存储器,可能会破坏寄存器中的数据。

　　分组的通用寄存器 R8~R15 则具有不同的处理器工作模式决定访问的物理寄存器不同的特点。如图 2-7 所示,每个物理寄存器名字的形式为 Rx_<mode>,<mode>是模式标识符,每个模式标识符指示当前所处的工作模式。模式标识符 usr 常省略,但当处理器处于另外的工作模式下,访问指定的用户或系统模式寄存器时,标识符 usr 需出现。

➢ R8~R12 寄存器分别对应两个不同的物理寄存器,分别是快速中断模式下的相应存储器和非快速中断模式下的相应存储器。

➢ R13、R14 寄存器分别对应 7 个不同的物理存储器,除了用户和系统模式共用一个物理寄存器外,其他 6 个分别是 fiq、svc、abt、irq、und 和 mon 模式下的不同物理寄存器。R13 常作堆栈指针(Stack Pointer,SP);R14 子程序链接寄存器(Link Register,LR),该寄存器由 ARM 编译器自动使用。在执行 BL 和 BLX 指令时,R14 保存返回地址。同理,当处理器进入中断和异常,或在中断和异常子程序中执行 BL 和 BLX 指令时,或者当系统中发生子程序调用时,相应的 R14 寄存器用来保存返回地址。如果返回地址已经保存在堆栈中,则该寄存器也可以用于其他用途。

➢ 程序计数器 R15(PC),用于记录程序当前的运行地址。ARM 处理器每执行一条指令,都会把 PC 增加 4 字节(Thumb 模式为 2 字节)。此外,相应的分支指令(如 BL 等)也会改变 PC 的值。在 ARM 状态下,PC 字对齐;在 Thumb 和 ThumbEE 状态下,PC 半字对齐。

FIQ 模式下有 7 个分组寄存器映射到 R8~R14,即 R8_fiq~R14_fiq,所以很多快速中断处理不需要保存任何寄存器。

安全监控、管理、数据中止、外部中断和未定义指令模式下,分别有指定寄存器映射到 R13、R14,这使得每种模式都有自己的堆栈指针和链接寄存器。

2. 状态寄存器

ARM 处理器有两类程序状态寄存器:一个当前程序状态寄存器和 6 个备份程序状态寄存器。它们的主要功能如下。

➤ 保存最近执行的算术或逻辑运算的信息。

➤ 控制中断的允许或禁止。

➤ 设置处理器工作模式。

每一种处理器模式下使用专用的备份程序状态寄存器。当特定的中断或异常发生时,处理器切换到对应的工作模式,该模式下的备份程序状态寄存器保存当前程序状态寄存器的内容。当异常处理程序返回时,再将其内容从备份程序状态寄存器恢复到当前程序状态寄存器。

程序状态寄存器的格式如图 2-9 所示,32 位寄存器会被分成 4 个域:标志位域 f(flag field),PSR[31:24];状态域 s(status field),PSR[23:16];扩展域 x(extend field),PSR[15:8];控制域 c(control field),PSR[7:0]。

图 2-9 程序状态寄存器格式

(1)条件标志位

N、Z、C 和 V 统称为条件标志位,这些标志位会根据程序中的算术和逻辑指令的执行结果修改。处理器则通过测试这些标志位来确定一条指令是否执行。

➤ N(Negative):N=1 表示运算的结果为负数,N=0 表示结果为正数或零。

➤ Z(Zero):Z=1 表示运算的结果为零,Z=0 表示运算的结果不为零。

➤ C(Carry):在加法指令中,当结果产生了进位,C=1,其他情况 C=0;在减法指令中,当运算发生了借位,C=1,其他情况 C=0;在移位运算指令中,C 被设置成移位寄存器最后移出去的位。

➤ V(oVerflow):对于加/减法运算指令,当操作数和运算结果为二进制补码表示的带符号数时,V=1 表示符号位溢出。

(2)Q 标志位

在带有 DSP 指令扩展的 ARM v5 及以上版本中,Q 标志位用于指示增强的 DSP 指令是否发生了溢出。Q 标志位具有黏性,当因某条指令将其设置为 1 时,它将一直保持为 1 直到通过 MSR 指令写 CPSR 寄存器明确地将该位清零,不能根据 Q 标志位的状态来有条件地执行某条指令。

（3）IT 块

IT 块用于对 Thumb 指令集中 if-then-else 这一类语句块的控制。如果有 IT 块,则 IT[7:5]为当前 IT 块的基本条件码。在没有 IT 块处于活动状态时,该 3 位为 000。IT[4:0]表示条件执行指令的数量,不论指令的条件是基本条件码或是基本条件的逆条件码。在没有 IT 块处于活动状态时,该 5 位为 00000。当处理器执行 IT 指令时,通过指令的条件和指令中 Then、Else(T 和 E)参数来设置这些位。

（4）J 标志位

用于表示处理器是否处于 ThumbEE 状态。T=1 时,有以下两种情况:

➤ J=0,表示处理器处于 Thumb 状态。

➤ J=1,表示处理器处于 ThumbEE 状态。

注意:T=0 时,不能设置 J=1;当 T=0 时,J=0。不能通过 MSR 指令来改变 CPSR 的 J 标志位。

（5）GE[3:0]位

该位用于表示在 SIMD 指令集中的大于、等于标志。在任何模式下可读可写。

（6）E 标志位

该标志位控制存取操作的字节顺序。0 表示小端操作,1 表示大端操作。ARM 和 Thumb 指令集都提供指令用于设置和清除 E 标志位。当使用 CFGEND0 信号复位时,E 标志位将被初始化。

（7）A 标志位

表示异步异常禁止。该位自动置为 1,用于禁止不精确的数据中止。

（8）控制位

程序状态寄存器的低 8 位是控制位。当异常发生时,这些位的值将发生改变。在特权模式下,可通过软件编程来修改这些标志位的值。

➤ 中断屏蔽位:I=1,IRQ 中断被屏蔽;F=1,FIQ 中断被屏蔽。

➤ 状态控制位:T=0,处理器处于 ARM 状态;T=1,处理器处于 Thumb 状态。

➤ 模式控制位:M[4:0]为模式控制位,决定处理器的工作模式,如表 2-3 所示。

表 2-3 状态控制位 M[4:0]

M[4:0]	0b10000	0b10001	0b10010	0b10011	0b10111	0b11011	0b11111	0b10110
工作模式	User	FIQ	IRQ	Supervisor	Abort	Undefined	System	Secure Monitor

2.4.5 Cortex-A8 存储系统

ARM 处理器的存储系统有非常灵活的体系结构,以适应不同嵌入式应用系统的需要。一般来说,在 ARM 嵌入式系统设计中,按照不同的存储容量、存取速度和价格,将存储器系统的层次结构分为 4 级:寄存器、Cache、主存储器和辅助存储器,如图 2-10 所示。在这个存储结构中,从上往下,容量逐渐增大,存取速度和成本却在逐渐降低。采用这种层次结构的目的是使在非常强调性价比的嵌入式系统设计中,能够以几乎相当于最便宜层次的存储器的价格,使得访问速度能够与最快层次的存储器接近。

寄存器包含在 CPU 内部,用于指令执行时的数据存放,如前面介绍的 Cortex-A8 处理器寄存器组。Cache 是高速缓存,暂存 CPU 正在使用的指令和数据。主存储器是程序执行代码和数据的存放区,像 DDR2 SDRAM 存储芯片。辅助存储器类似计算机中的硬盘,在嵌入式系统中常采用 Flash 芯片。

图 2-10　存储器层次结构图

整个存储结构又可以被看成两个层次:主存-辅存层次和 Cache-主存层次。当然,在一些简单的嵌入式系统之中,没必要建立复杂的 4 层存储器结构,只需要简单的 Cache 和主存储器即可。在这种复杂的多层存储器结构中,可以将各种存储器看成是一个整体。在辅助硬件和操作系统的管理下,可把主存-辅存层次作为一个存储整体,形成的可寻址存储空间比主存储器空间大得多。由于辅助存储器容量大、价格低,可使得存储系统的平均价格降低;由于 Cache 的存取速度可以和 CPU 的工作速度媲美,Cache-主存层次可以缩小和 CPU 之间的速度差距,整体上提高存储器系统的存取速度。虽然 Cache 的成本高,但容量较小,所以存储系统的整体价格并不会增加很多。

1. 协处理器 CP15

在 ARM 系统中,实现对存储系统的管理通常使用的是协处理器 CP15,也被称为系统控制协处理器(System Control Coprocessor)。ARM 处理器支持 16 个协处理器,程序在执行过程中,每个协处理器忽略属于 ARM 处理器和其他协处理器的指令。当一个协处理器不能执行属于它的协处理器指令时,将产生一个未定义指令异常中断,在该异常中断处理程序中,可以用软件模拟该硬件操作。比如,如果系统不包含向量浮点运算器,则可以选择浮点运算软件模拟包来支持向量浮点运算。

CP15 负责完成大部分的存储器管理。当在一些没有标准存储管理的系统中,CP15 是不存在的。针对 CP15 的指令将被视为未定义指令,指令的执行结果是不可预知的。

CP15 有 16 个 32 位寄存器,编号 0~15。某些编号的寄存器可能对应多个物理寄存器,在指令中指定特定的标志位来区分这些物理寄存器,类似于 ARM 中的寄存器。处于不同的处理器模式时,ARM 某些寄存器可能不同。CP15 的寄存器列表如表 2-4 所示。

表 2-4　CP15 的寄存器列表

寄存器编号	基 本 作 用	在 MMU 中的作用
0	ID 编码(只读)	ID 编码和 Cache 类型
1	控制位(可读/写)	各种控制位
2	存储保护和控制	地址转换表基地址
3	存储保护和控制	域访问控制位
4	存储保护和控制	保留
5	存储保护和控制	内存失效状态
6	存储保护和控制	内存失效地址
7	高速缓存和写缓存	高速缓存和写缓存控制
8	存储保护和控制	TLB 控制
9	高速缓存和写缓存	高速缓存锁定

续表

寄存器编号	基 本 作 用	在 MMU 中的作用
10	存储保护和控制	TLB 锁定
11	保留	
12	保留	
13	进程标识符	进程标识符
14	保留	
15	因不同设计而异	因不同设计而异

下面通过几个 CP15 的控制寄存器来介绍 CP15。

(1) CP15 寄存器 C1

CP15 中的寄存器 C1 是一个控制寄存器,它包括以下控制功能。

➤ 禁止或使能 MMU 以及其他与存储系统相关的功能。

➤ 配置存储系统以及 ARM 处理器中的相关部分的功能。

对该寄存器的使用指令如下:

```
mrc p15, 0, r0, c1, c0{, 0};将 CP15 的寄存器 C1 的值读到 r0 中
mcr p15, 0, r0, c1, c0{, 0};将 r0 的值写到 CP15 的寄存器 C1 中
```

CP15 中的寄存器 C1 的编码格式及含义说明如表 2-5 所示。

表 2-5　C1 的编码格式及说明

C1 中的控制位	说　　明
M(bit[0])	0:禁止 MMU 或者 PU;1:使能 MMU 或者 PU 如果系统中没有 MMU 及 PU,读取时该位返回 0,写入时忽略该位
A(bit[1])	0:禁止地址对齐检查;1:使能地址对齐检查
C(bit[2])	当数据 Cache 和指令 Cache 分开时,本控制位禁止/使能数据 Cache。当数据 Cache 和指令 Cache 统一时,该控制位禁止/使能整个 Cache 0:禁止数据/整个 Cache;1:使能数据/整个 Cache 如果系统中不含 Cache,读取时该位返回 0,写入时忽略 当系统中不能禁止 Cache 时,读取时返回 1,写入时忽略
W(bit[3])	0:禁止写缓冲;1:使能写缓冲 如果系统中不含写缓冲时,读取时该位返回 0,写入时忽略 当系统中不能禁止写缓冲时,读取时返回 1,写入时忽略
P(bit[4])	对于向前兼容 26 位地址的 ARM 处理器,本控制位控制 PROG32 控制信号 0:异常中断处理程序进入 32 位地址模式 1:异常中断处理程序进入 26 位地址模式 如果本系统中不支持向前兼容 26 位地址,读取该位时返回 1,写入时忽略
D(bit[5])	对于向前兼容 26 位地址的 ARM 处理器,本控制位控制 DATA32 控制信号 0:禁止 26 位地址异常检查;1:使能 26 位地址异常检查 如果本系统中不支持向前兼容 26 位地址,读取该位时返回 1,写入时忽略
L(bit[6])	对于 ARM v3 及以前的版本,本控制位可以控制处理器的中止模型 0:选择早期中止模型;1:选择后期中止模型

续表

C1 中的控制位	说　明
B(bit[7])	对于存储系统同时支持 Big-endian 和 Little-endian 的 ARM 系统,本控制位配置系统的存储模式 0：Little-endian；1：Big-endian 对于只支持 Little-endian 的系统,读取时该位返回 0,写入时忽略 对于只支持 Big-endian 的系统,读取时该位返回 1,写入时忽略
S(bit[8])	在基于 MMU 的存储系统中,本位用作系统保护
R(bit[9])	在基于 MMU 的存储系统中,本位用作 ROM 保护
F(bit[10])	由生产商定义
Z(bit[11])	对于支持跳转预测的 ARM 系统,本控制位禁止/使能跳转预测功能 0：禁止跳转预测功能；1：使能跳转预测功能 对于不支持跳转预测的 ARM 系统,读取该位时返回 0,写入时忽略
I(bit[12])	当数据 Cache 和指令 Cache 是分开的,本控制位禁止/使能指令 Cache 0：禁止指令 Cache；1：使能指令 Cache 如果系统中使用统一的指令 Cache 和数据 Cache 或者系统中不含 Cache,读取该位时返回 0,写入时忽略。当系统中的指令 Cache 不能禁止时,读取时该位返回 1,写入时忽略
V(bit[13])	对于支持高端异常向量表的系统,本控制位控制向量表的位置 0：选择低端异常中断向量 0x00～0x1c 1：选择高端异常中断向量 0xffff0000～0xffff001c 对于不支持高端异常向量表的系统,读取时该位返回 0,写入时忽略
PR(bit[14])	如果系统中的 Cache 的淘汰算法可以选择,则本控制位选择淘汰算法 0：常规的 Cache 淘汰算法,如随机淘汰 1：预测性淘汰算法,如 round-robin 淘汰算法 如果系统中 Cache 的淘汰算法不可选择,写入该位时忽略。读取该位时,根据其淘汰算法是否可以比较简单地预测最坏情况返回 0 或者 1
L4(bit[15])	对于 ARM v5 及以上的版本,本控制位可以提供兼容以前的 ARM 版本的功能 0：保持 ARM v5 以上版本的正常功能 1：将 ARM v5 以上版本与以前版本处理器兼容,不根据跳转地址的 bit[0]进行 ARM 指令和 Thumb 状态切换：bit[0]等于 0 表示 ARM 指令,等于 1 表示 Thumb 指令
Bits([31:16])	这些位保留将来使用,应为 UNP/SBZP

（2）CP15 的寄存器 C3

CP15 中的寄存器 C3 定义了 ARM 处理器的 16 个域的访问权限。

在 CP15 的 C3 寄存器中,划分了 16 个域,每个区域由两位构成,这两位说明了当前内存的检查权限。

- 00：当前级别下,该内存区域不允许被访问,任何的访问都会引起一个域错误,这时 AP 位(Access Permission,访问控制位)无效。
- 01：当前级别下,该内存区域的访问必须配合该内存区域的段描述符中 AP 位进行权限检查。
- 10：保留状态。
- 11：当前级别下,对该内存区域的访问都不进行权限检查。这时 AP 位无效。

（3）CP15 的寄存器 C6

CP15 中的寄存器 C6 是失效地址寄存器，其中保存了引起存储访问失效的地址，分为数据失效地址寄存器和指令失效地址寄存器。

```
MRC p15, 0,<Rd>, c6, c0, 0    ; 访问数据失效地址寄存器
MRC p15, 0,<Rd>, c6, c0, 2    ; 访问指令失效地址寄存器
```

限于篇幅，这里不再列举其他控制寄存器的详细说明，请读者查阅 ARM 相关数据手册。

2. 内存管理单元

面对一些复杂的、多任务的嵌入式应用时，常使用嵌入式操作系统来管理整个系统和任务的运行。高级的嵌入式操作系统都带有内存管理单元（Memory Management Unit，MMU）以管理每个任务各自的存储空间。

早期的计算机内存较小，当时的程序规模也不大，所以内存仍旧可以容纳当时的程序。随着图像化界面和用户需求的不断增大，应用程序的规模不断增大，超过了内存的增长速度，以至于内存存放不下应用程序。于是采用了虚拟内存（Virtual Memory）技术。虚拟内存的基本思想就是程序、数据、堆栈的总大小可以超过物理内存的大小，操作系统把当前使用的部分保存在内存中，其他未使用的部分保存在外存上。

任何时候，计算机上都有一个程序能够产生的地址集合，称为地址范围。该范围由 CPU 的位数决定，如 32 位的 Cortex-A8 处理器 S5PV210，它的地址范围是 0～0xFFFF FFFF(4GB)。这个范围就是程序能够产生的地址范围，这个地址范围就称为虚拟地址空间，该空间中的任一地址就是虚拟地址。

与虚拟地址和虚拟地址空间对应的就是物理地址和物理地址空间，大多数时候物理地址空间只是虚拟地址空间的一个子集。例如，内存为 256MB 的 32 位嵌入式系统中，虚拟地址空间范围是 0～0xFFFF FFFF(4GB)，而物理地址空间是 0～0x0FFF FFFF(256MB)。

综上所述，虚拟地址由编译器和连接器在定位程序时分配；物理地址用来访问实际的主存储器硬件模块。在 ARM 中采用了页(Page)式虚拟存储管理方式。虚拟地址空间划分成称为页的单位，而相应的物理地址空间也被进行划分，单位是页帧(Frame)。也有一些资料称其为页框，本书不做区别。页和页帧的大小必须相同。

以图 2-11 为例说明页与页帧之间在 MMU 的调度下是如何进行映射的。首先，虚拟地址 0 被送往 MMU，MMU 发现该地址在页 0(0～4095)的范围内，页 0 所映射的页框为 2(页框 2 的地址范围是 8192～12287)。因此 MMU 将该虚拟地址转换为物理地址 8192，并把地址 8192 送到内存地址总线上。内存对地址的映射过程并不清楚，它只是接收到一个对地址 8192 的访问请求并执行。

MMU 的一个重要任务就是让每个任务都运行在各自的虚拟存储空间中。MMU 作为转换器，将程序和数据的虚拟地址转换成实际的物理地址，也就是实现虚拟存储空间到物理存储空间的映射。除此之外，MMU 的其他重要功能还包括如下。

（1）存储器访问权限的控制，提供硬件机制的内存访问授权

当应用程序的所有线程共享同一存储器空间时，任何一个线程将有意或无意地破坏其他线程的代码、数据或堆栈，异常线程甚至可能破坏内核代码或内部数据结构，因此对存储

器的保护机制显得十分重要。MMU 利用映射,将在指令调用或数据读/写过程中使用的逻辑地址映射为存储器物理地址,MMU 还标记对非法逻辑地址进行的访问,这些非法逻辑地址并没有映射到任何物理地址。采用 MMU 还有利于选择性地将页面映射或解映射到逻辑地址空间。物理存储器页面映射至逻辑空间,以保持当前进程的代码,其余页面则用于数据映射。这不仅在线程之间,还在同一地址空间之间增加了存储器保护。存储器保护在应用程序开发中非常有效。采用了存储器保护,程序错误将产生异常并能被立即检测,它由源代码进行跟踪。如果没有存储器保护,程序错误将导致一些细微的难以跟踪的故障。实际上,由于在扁平存储器模型(Flat Memory Model)中,RAM 通常位于物理地址的零页面,因此甚至 NULL 指针引用的解除都无法检测到。

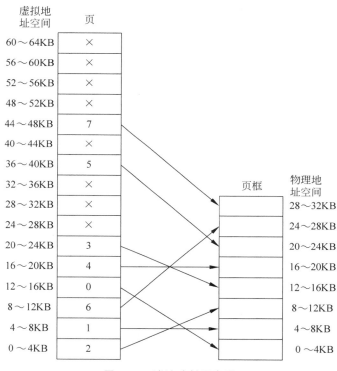

图 2-11　地址映射示意图

（2）设置虚拟存储空间缓冲的特性

要说明的是,虚拟内存管理占用了相当一部分系统资源,因此在有些情况下嵌入式系统(如某些低端的嵌入式处理器)中可使用不带有 MMU 的微处理器。这种情况下需要采用动态内存管理方式,即当程序的某一部分需要使用内存时,利用操作系统提供的分配函数来处理,一旦使用完毕,可通过释放函数来释放所占用的内存,这样内存就可以重复使用。

MMU 中的虚拟地址转换成实际的物理地址的转换过程是通过两级页表实现的。

① 一级页表中包含有以段为单位的地址转换条目以及指向二级页表的指针。一级页表实现的地址映射力度较大。以段为单位的地址转换过程只需要一级页表。

② 二级页表中包含有以大页和小页为单位的地址转换条目。有一种类型的二级页表还包含有以极小页为单位的地址转换条目。以页为单位的地址转换过程需要二级页表。

其中的段(Section)一般包含 1MB 的存储器块容量,大页(Large page)一般包含 64KB 的存储器块容量,小页(Small page)一般包含 4KB 的存储器块容量,极小页(Tiny page)一般包含 1KB 的存储器块容量。

对内存区域的描述一般是通过一个叫作描述符的结构来说明的。该描述符可以是段描述符,也可以是页描述符或者其他内存单位描述符。以段描述符为例,它的组成结构如下。

➢ Section base address:段基地址(相当于页帧号首地址)。

➢ AP:访问控制位。

➢ Domain:访问控制寄存器的索引。Domain 与 AP 配合使用,对访问权限进行检查。

➢ C:当 C 被置 1 时为 write-through(WT)模式。

➢ B:当 B 被置 1 时为 write-back(WB)模式(C、B 两位在同一时刻只能有一位被置 1)。

对某个内存区域的访问是否需要进行权限检查是由该内存区域的描述符中的 Domain 域决定的。而某个内存区域的访问权限是由该内存区域的描述符中的 AP 位和协处理器 CP15 中控制寄存器 C1 的 S 位和 R 位所决定的。

3. 高速缓冲存储器

高速缓冲存储器(Cache)是一种小容量、高速度的存储器,用于处理器与主存之间存放当前被使用的主存内容,以减少访问主存的等待时间。Cache 通常和处理器核在同一个芯片上。对于程序员来说,Cache 是透明的。

Cache 一般和写缓存一起使用。写缓存是一个非常小的先进先出(FIFO)存储器,位于处理器核和主存之间。使用写缓存是为了将处理器核和 Cache 从较慢的主存写操作中解脱出来。当 CPU 向主存储器写入时,先将数据写入写缓存区中,由于写缓存的速度很高,这种写入操作的速度也很高。写缓存在 CPU 空闲时,以较低的速度将数据写入主存储器中相应的位置。Cache 放置数据的常用地址变换方法有直接映像、组相联映像和全相联映射方式。

全相联映射方式是主存中一个块的地址与块的内容一起存于 Cache 的行中,其中块地址存于 Cache 行的标记部分中。这种方法可使主存的一个块直接复制到 Cache 中的任意一行上,非常灵活。它的主要缺点是比较器电路难以设计和实现,因此只适合于小容量 Cache 采用。

直接映射方式是一种多对一的映射关系,但一个主存块只能复制到 Cache 的一个特定行位置上去。Cache 的行号 i 和主存的块号 j 有如下函数关系:i=j mod m(m 为 Cache 中的总行数)。直接映射方式的优点是硬件简单,成本低;缺点是每个主存块只有一个固定的行位置可存放,容易产生冲突。因此适合大容量 Cache 采用。

组相联映射方式是前两种方式的折中方案。它将 Cache 分成 u 组,每组 v 行,主存块存放到哪个组是固定的,至于存到该组哪一行是灵活的,即有如下函数关系:m=u×v 组号 q=j mod u。组相联映射方式中的每组行数 v 一般取值较小,这种规模的 v 路比较器容易设计和实现。而块在组中的排放又有一定的灵活性,冲突减少。

替换算法有随机法、近期最少使用法和循环法。存储器写策略采用写直达法、通过缓存写直达法和写回法。写回法是指当 CPU 对 Cache 写命中时,只修改 Cache 的内容不立即写入主存,只当此行被换出时才写回主存。对一 Cache 行的多次写命中都在 Cache 中快速完成修改,直至被换出时才写回主存。当 CPU 对 Cache 写未命中时,为包含欲写的主存块在

Cache 分配一行,将此块整个复制到 Cache 后,在 Cache 中对其进行修改。此方法可显著减少写入主存的次数,但写回法存在 Cache 与主存不一致的隐患。

2.5　Cortex-A8 异常处理

异常是 ARM 处理器处理外部异步事件的一种方法,也称为中断。当处理器在正常执行程序的过程中,一个来自外部或内部的异常事件发生,处理器暂时中断当前程序的执行,跳转到相应的异常处理程序入口执行异常处理。在处理这个异常事件之前,处理器要保存当前处理器的状态和返回地址,以便异常处理程序结束后能返回原来的程序继续执行。若同时有多个异常发生,处理器将根据异常中断优先级来处理这些异常。

2.5.1　异常向量和优先级

在 ARM 体系结构中有 7 种异常中断。异常发生时,处理器会将 PC 寄存器设置为一个特定的存储器地址,这些特定的存储器地址称为异常向量。所有异常向量被集中放在程序存储器的一个连续地址空间中,称为异常向量表。每个异常向量只占 4 字节,异常向量处是一些跳转指令,跳转到对应的异常处理程序。

通常,存储器地址映射地址 0x00000000 是为异常向量表保留的,但某些嵌入式系统在系统配置使能时,低端的异常向量表可以选择映射到特定的高端地址 0xFFFF0000 处。一些嵌入式操作系统,如 Linux 和 Windows CE 就利用了这一特性。要说明的是,Cortex-A8 处理器支持通过设置 CP15 的 C12 寄存器将异常向量表的首地址设置在任意地址。表 2-6 列出了 ARM 的 7 种异常类型、异常发生后处理器进入的异常模式、异常的优先级对应的异常向量地址。

表 2-6　ARM 的异常类型、异常向量和优先级

异常类型	处理器模式	优先级	异常向量地址		说　明
			低端	高端	
复位(Reset)	管理模式	1	0x00000000	0xFFFF0000	Reset 复位引脚有效时进入该异常,常用在系统加电时和系统复位时
未定义指令中断(Undefined Interrupt)	未定义指令模式	6	0x00000004	0xFFFF0004	ARM 处理器或协处理器遇到不能处理的指令时产生该异常,可利用该异常进行软件仿真
软件中断(SWI)	管理模式	6	0x00000008	0xFFFF0008	由 SWI 指令产生,可用于用户模式下的程序调用特权操作
指令预取中止(Prefetch Abort)	未定义指令中止模式	5	0x0000000C	0xFFFF000C	当预取指令不存在或该地址不允许当前指令访问时产生该异常,常用于虚存和存储器保护
数据访问中止(Data Abort)	数据访问中止模式	2	0x00000010	0xFFFF0010	数据访问指令的目标地址不存在或该地址不允许当前指令访问时产生该异常,常用于虚存和存储器保护

续表

异常类型	处理器模式	优先级	异常向量地址		说　明
			低端	高端	
外部中断请求(IRQ)	外部中断模式	4	0x00000018	0xFFFF0018	处理器的外部中断请求引脚有效,且CPSR的I位为0时,产生该异常,常用于系统外设请求
快速中断请求(FIQ)	快速中断模式	3	0x0000001C	0xFFFF001C	该异常是为了支持数据传送或通道处理而设计的,处理器的快速中断请求引脚有效,且CPSR的F位为0时,产生该异常

由表2-6可以看到,每一种异常都会导致内核进入一种特定的模式。此外,也可以通过编程改变CPSR,进入ARM处理器模式。要说明的是,用户模式和系统模式是仅有的不可通过异常进入的两种模式。也就是说,要进入这两种模式,必须通过编程改变CPSR。

当多个异常同时发生时,由系统根据不同异常的优先级按照从高到低的顺序处理。7种异常分成6个级别,1优先级最高,6优先级最低。其中,未定义指令异常和软件中断异常都依靠指令的特殊译码产生,这两者是互斥的,不可能同时产生。

2.5.2　异常响应过程

通常,异常(中断)响应大致可以分为以下几个步骤。

① 保护断点,即保存下一个将要执行的指令的地址,就是把这个地址送入堆栈。

② 寻找中断入口,根据不同的中断源所产生的中断,查找不同的入口地址。

③ 执行中断处理程序。

④ 中断返回,执行完中断指令后,就从中断处返回到主程序,继续执行。

具体到ARM处理器中,当异常发生后,除了复位异常会立即中止当前指令以外,其余异常都是在处理器完成当前指令后再执行异常处理程序。ARM处理器对异常的响应过程如下:

① 进入与特定的异常响应的运行模式。

② 将CPSR的值保存到将要执行的异常中断对应的SPSR_mode中,以实现对处理器当前运行状态、中断屏蔽和各标志位的保护。

③ 将引起异常指令的下一条指令的地址存入相应的链接寄存器(R14_mode),以便程序在异常处理结束返回时能正确返回到原来的程序处继续向下执行。若异常是从ARM态进入的,则链接寄存器保存的是下一条指令的地址(根据不同的异常类型,当前PC+4或PC+8);若异常是从Thumb状态进入的,则将当前PC的偏移量值保存到链接寄存器中,这样异常处理程序就不需要确定异常是从何种状态进入的。

④ 设置CPSR的低5位,使处理器进入相应的工作模式。设置I=1,以禁止IRQ模式;如果进入复位模式或FIQ模式,还要设置F=1以禁止FIQ中断。

⑤ 根据异常类型,将表2-6中的向量地址强制复制给PC,以便执行相应的异常处理程序。以复位异常为例,比如存储器地址映射地址0x00000000是为异常向量表保留的情况下,则PC=0x00000000,如果异常向量表选择映射到特定的高端地址0xFFFF0000处,则

PC=0xFFFF0000。

每种异常模式对应两个寄存器 R13_mode 和 R14_mode(mode 为 svc、irq、und、fiq 或 abt 之一),分别存放堆栈指针和断点地址。

2.5.3　异常返回过程

复位异常发生后,由于系统自动从 0x00000000 开始重新执行程序,因此复位异常处理程序执行完后无须返回。其他异常处理完后必须返回到原来程序的断点处继续执行。ARM 处理器从异常处理程序中返回的过程如下。

① 恢复原来被保存的用户寄存器。

② 将 SPSR_mode 寄存器的值复制到 CPSR 中,以恢复被中断的程序工作状态。

③ 根据异常类型将 PC 值恢复成断点地址,以执行原来被中断打断的程序。

④ 清除 CPSR 中的中断屏蔽标志位 I 和 F,开放外部中断和快速中断。

需要注意的是,程序状态字和断点地址的恢复必须同时进行,若分别进行,则只能顾及一方。

当返回地址保存在当前模式的 R14_mode 中时,从不同的模式返回,所用的指令有所不同。下面是不同异常处理之后返回原来程序的方法。

(1) FIQ 和 IRQ 的返回指令

FIQ 和 IRQ 的返回指令为

```
SUB PC, R14_FIQ, ♯4
SUB PC, R14_IRQ, ♯4
```

FIQ 和 IRQ 必须返回前一条指令,以便执行因为进入异常而未执行的指令,所以该返回指令将寄存器 R14_FIQ/R14_IRQ 的值减 4 后复制到 PC 中,以实现从异常处理程序中返回,同时将 SPSR_fiq/SPSR_irq 寄存器的值复制到 CPSR 中。

(2) ABORT 的返回指令

ABORT 的返回指令为

```
SUB PC, R14_abt, ♯4      ; 指令预取中止返回
SUB PC, R14_abt, ♯8      ; 数据中止返回
```

该指令从 R14_abt、SPSR_abt 恢复 PC 和 CPSR 的值,以实现从异常处理程序中返回。

指令预取中止必须返回前面的第一条指令,以便执行在初次请求访问时造成存储器故障的指令。

数据中止必须返回前面的第二条指令,以便重新执行因为进入异常而被占据指令之前的数据传输指令。

(3) SWI/未定义指令的返回指令

SWI/未定义指令的返回指令为

```
MOVS PC, R14_svc
MOVS PC, R14_und
```

该指令从 R14_svc/R14_und 和 SPSR_svc/SPSR_und 恢复 PC 和 CPSR 的值,并返回到 SWI/未定义指令的下一条指令。

如果异常处理程序把返回地址复制到堆栈中(当发送相同的异常嵌套时,为了能够再次进入中断,SPSR 也必须和 PC 一样被保存)可以使用一条多寄存器传送指令来恢复用户寄存器并实现返回,即

```
LDMFD R13!,{R0-R3,PC}^
```

其中,寄存器列表后面的"^"表示从堆栈中装载 PC 的同时,也将 CPSR 恢复。

表 2-7 总结了各类异常、返回地址及相关用途说明。

表 2-7 异常、返回地址及相关用途说明

异　　常	返回地址	说　　明
复位	—	复位没有定义 LR(链接寄存器)
数据中止	LR-8	指向导致数据中止异常的指令
FIQ	LR-4	指向发生异常时正在执行的指令
IRQ	LR-4	指向发生异常时正在执行的指令
预取指令中止	LR-4	指向导致预取指令异常的那条指令
SWI	LR	执行 SWI 指令的下一条指令
未定义指令	LR	指向未定义指令的下一条指令

视频讲解

2.5.4　Cortex-A8 处理器 S5PC100 中断机制

一个向量中断控制器(Vector Interrupt Controller,VIC)用来处理多个中断源的外围设备,通常包含以下几个特性。

➢ 确定请求服务的中断源以及确定中断处理程序的地址。

➢ 为每个中断源分配一个中断请求输入端口。为每个中断请求分配一个中断请求输出端口,以能连接到处理器的 VIC 端口。

➢ 可以用软件屏蔽掉任意制定的中断源的中断。

➢ 可以为每个中断设置优先级。

S5PC100 集成了 3 个 VIC,采用的是 ARM 基于 PrimeCell 技术下的 PL192 核心,另外还包括了 3 个 TZIC,即针对 TrustZone 技术的中断控制器,其核心为 SP890。

S5PC100 支持 94 个中断源,其中 TZIC 为 TrustZone 单独设计了一个安全软件中断接口,它提供了基于安全控制技术的 nFIQ 中断以及屏蔽来自非安全系统下的所有中断源。S5PC100 中断控制器的特点主要如下。

➢ 灵活的硬件中断优先级,以及可编程的中断优先级设置。

➢ 支持硬件上的优先级屏蔽和编程上的优先级屏蔽。

➢ 内置 IRQ/FIQ/软件中断产生器、用于调试方案的寄存器和原始中断状态寄存器/中断源请求状态寄存器。

➢ 支持特权模式下的限制性存取数据。

Cortex-A8 提供了两种中断模式,即 FIQ 模式和 IRQ 模式。所有的中断源在中断请求

时都要确定使用哪一种中断模式。

当处理器收到来自片内外设和外部中断请求引脚的多个中断请求时,S5PC100 的中断控制器在中断仲裁过程后向 S5PC100 处理器内核请求 FIQ 或 IRQ 中断。中断仲裁过程依靠处理器的硬件优先级逻辑,在处理器这边会跳转到中断异常处理例程中,执行异常处理程序,这时 VICADDRESS 寄存器的值就是仲裁后中断源对应的 ISR 中断处理程序的入口地址。

S5PC100 中断控制器的最主要任务是在有多个中断发生时,选择其中一个中断通过 IRQ 或 FIQ 向 CPU 内核发出中断请求。实际上,最初 CPU 内核只有 FIQ 和 IRQ 两种中断,其他中断都是各个芯片厂家在设计芯片时,通过加入一个中断控制器来扩展定义的,这些中断根据中断的优先级高低来进行处理,更符合实际应用系统中要求提供多个中断源的要求,除此之外,向量中断控制器比以前的中断方式更加灵活、方便,把判断的任务留给了硬件,使得中断编程更为简洁。比如 PL192 核心 VIC 就可以通过 VICVECTADDROUT[31:0] 这个端口获取当前中断的中断服务程序 ISR 入口,这比 ARM9 系列处理器采用的强制跳转至 0x00000018 或者 0xFFFF0018 的策略有了很大的进步。但是,处理器的 VIC 端口不支持读 FIQ 的向量地址。

在整个 S5PC100 的中断向量控制器中,所有中断源会先进入 TZIC 仲裁单元,该单元需要配置为是否可通过该中断源到 VIC 单元,默认下是可以通过的,即默认为非安全模式,这样所有中断直接到 VIC 下仲裁以及处理。

如果 S5PC100 的 CPSR 的 F 位设置为 1,那么 CPU 将不接受来自中断控制器的 FIQ(快速中断请求);如果 CPSR 的 I 位被设置为 1,那么 CPU 将不接受来自中断控制器的 IRQ(中断请求)。因此,为了使能 FIQ 和 IRQ,必须先将 CPSR 的 F 位和 I 位清零,并且中断屏蔽寄存器 INTMSK 中相应的位也要清零。

S5PC100 中断源芯片中,有 3 个 VIC 单元,其中 VIC0 涵盖了系统、DMA、定时器的中断源;VIC1 包含了 ARM 核心、电源管理、内存管理、存储管理的中断源;VIC2 则包含了多媒体、安全扩展等中断源。限于篇幅,这里只是简要介绍,详细情况请读者自行查看用户手册。

2.6 本章小结

本章对 ARM 处理器和相应体系结构的演变以及主要 ARM 处理器产品进行了介绍,并详细说明了 Cortex-A8 处理器的工作模式、工作状态和异常处理流程。随着 ARM 处理器的不断改进,其体系结构也日趋复杂,但 ARM 处理器的性能对嵌入式系统有着至关重要的影响。嵌入式设计人员必须熟悉所采用的 ARM 处理器的结构和性能,更多更详细的资料可到 ARM 公司官网上获取和阅读。

【本章思政案例:原理精神】 详情请见本书配套资源。

习题

1. 简述 RISC 的主要特点。

2. 简述 ARM 处理器的数据类型。

3. 简述哈佛结构和冯·诺依曼结构的区别。

4. half word B＝218 与 word C＝218 在内存中的存放方式有何不同？请分大端和小端两种情况说明。

5. 设指令由取指、分析、执行 3 个子部件完成,每个子部件的工作周期均为 Dt,采用常规标量单流水线处理机。若连续执行 30 条指令,则共需时间为多少 Dt?

6. 简述 ARM 处理器异常处理过程。

7. 若内存按字节编址,用存储容量为 8K×8bit 的存储器芯片构成地址编号 A0000H～DFFFFH 的内存空间,则至少需要多少片?

8. 下面的代码使用了__interrupt 关键字去定义了一个中断服务子程序(ISR),请评论以下这段代码。

```
    __interrupt double xyz(double r)
{
double xyz= PI * r * r;
printf("\nArea = %f", xyz);
return xyz;
}
```

9. 在某工程中,要求设置一绝对地址为 0x987A 的整型变量的值为 0x3434。编译器是一个纯粹的 ANSI 编译器。编写代码去完成这一任务。

第3章 ARM指令集

在嵌入式系统开发中,目前最常用的编程语言是汇编语言和C语言。在较复杂的嵌入式软件中,由于C语言编写程序较方便,结构清晰,而且有大量支持库,所以大部分代码采用C语言编写,特别是基于操作系统的应用程序设计。但是在系统初始化、BootLoader、中断处理等,对时间和效率要求较严格的地方仍旧要使用汇编语言来编写相应代码块。本章将介绍ARM指令集指令及汇编语言的相关知识。

3.1 ARM指令集概述

ARM处理器的指令集主要如下。
- ARM指令集,是ARM处理器的原生32位指令集,所有指令长度都是32位,以字对齐(4字节边界对齐)方式存储;该指令集效率高,但是代码密度较低。
- Thumb指令集是16位指令集,2字节边界对齐,是ARM指令集的子集;在具有较高代码密度的同时,仍然保持ARM的大多数性能优势。
- Thumb-2指令集是对Thumb指令集的扩展,提供了几乎与ARM指令集完全相同的功能,同时具有16位和32位指令,既继承了Thumb指令集的高代码密度,又能实现ARM指令集的高性能;2字节边界对齐,16位和32位指令可自由混合。
- Thumb-2EE指令集是Thumb-2指令集的一个变体,用于动态产生的代码;不能与ARM指令集和Thumb指令集交织在一起。

除了上面介绍的指令集外,ARM处理器还有针对协处理器的扩展指令集,如普通协处理器指令、NEON和VFP扩展指令集、无线MMX技术扩展指令集等。

3.1.1 指令格式

ARM指令集的指令基本格式如下:

< opcode >｛< cond >｝｛S｝< Rd >,< Rn >,< shift_operand >

指令中"< >"内的项是必需的,"｛ ｝"内的项是可选的。各个项目的具体含义如表3-1所示。

表 3-1 ARM 指令格式

符 号	说 明
opcode	操作码,即指令助记符,如 MOV、SUB、LDR 等
cond	条件码,描述指令执行的条件
S	可选后缀,指令后加上 S,指令执行成功完成后自动更新 CPSR 寄存器中的条件标志位
Rd	目的寄存器
Rn	存放第 1 个操作数的寄存器
shift_operand	第 2 个操作数,可以是寄存器、立即数等

3.1.2 指令的条件码

ARM 指令集中几乎所有指令都可以是条件执行的,由 cond 可选条件码来决定,位于 ARM 指令的最高 4 位[31:28],可以使用的条件码如表 3-2 所示。

表 3-2 ARM 指令条件码

指令条件码	助 记 符	CPSR 条件标志位值	含 义
0000	EQ	Z=1	相等
0001	NE	Z=0	不相等
0010	CS/HS	C=1	无符号数大于或等于
0011	CC/LO	C=0	无符号数小于
0100	MI	N=1	负数
0101	PL	N=0	正数或零
0110	VS	V=1	溢出
0111	VC	V=0	没有溢出
1000	HI	C=1,Z=0	无符号数大于
1001	LS	C=0,Z=1	无符号数小于或等于
1010	GE	N=V	有符号数大于或等于
1011	LT	N!=V	有符号数小于
1100	GT	Z=0,N=V	有符号数大于
1101	LE	Z=1,N!=V	有符号数小于或等于
1110	AL	任何	无条件执行(指令默认条件)
1111	NV	任何	从不执行(不要执行)

每种条件码的助记符由两个英文符号表示,在指令助记符的后面和指令同时执行。根据程序状态寄存器 CPSR 中的条件标志位[31:28]判断当前条件是否满足,若满足则执行指令。若指令中有后缀 S,则根据执行结果更新程序状态寄存器 CPSR 中的条件标志位[31:28]。

3.2 ARM 指令的寻址方式

寻址方式是指处理器根据指令中给出的地址信息,找出操作数所存放的物理地址,实现对操作数的访问。根据指令中给出的操作数的不同形式,ARM 指令系统支持的寻址方式有立即寻址、寄存器寻址、寄存器间接寻址、寄存器移位寻址、变址寻址、多寄存器寻址、相对寻址、堆栈寻址、块复制寻址等。

3.2.1　立即寻址

立即寻址也叫立即数寻址,指令的操作码字段后面的地址码部分不是操作数地址而是操作数本身,包含在指令的 32 位编码中。立即数前要加前缀"♯"。

示例:

```
ADD      R0,R0,♯1              ; R0 ← R0 + 1
MOV      R0,♯0x00ff            ; R0 ← 0x00ff
```

3.2.2　寄存器寻址

寄存器寻址是指将操作数放在寄存器中,指令中地址码部分给出寄存器编号。这是各类微处理器常用的一种有较高执行效率的寻址方式。

示例:

```
ADD      R0,R1,R2              ; R0 ← R1 + R2
MOV      R0,R1                 ; R0 ← R1
```

3.2.3　寄存器间接寻址

操作数存放在存储器中,并将所存放的存储单元地址放入某一通用寄存器中,在指令中的地址码部分给出该通用寄存器的编号。

示例:

```
LDR      R0,[R1]              ; R0 ← [R1]
```

如图 3-1 所示,该指令将寄存器 R1 中存放的值 0xA0000008 作为存储器地址,将该存储单元中的数据 0x00000003 传送到寄存器 R0 中。

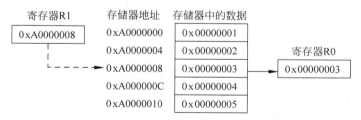

图 3-1　寄存器间接寻址方式示意图

3.2.4　寄存器移位寻址

该指令中,寄存器的值在被送到 ALU 之前,先进行移位操作。移位的方式由助记符给出,移位的位数可由立即数或寄存器直接寻址方式表示。

可以采用的移位操作如下。

> LSL：逻辑左移,寄存器值低端空出的位补 0。
> LSR：逻辑右移,寄存器值高端空出的位补 0。
> ASR：算术右移,算术移位操作对象是有符号数,位移过程中要保证操作数的符号不变,若操作数是正数,高端空出位补 0；若操作数是负数,高端空出位补 1。
> ROR：循环右移,从低端移出的位填入高端空出的位中。
> RRX：带扩展的循环右移,操作数右移 1 位,高端空出的位用 C 标志位填充。

示例：

```
MOV    R0,R1, LSL ♯2              ; R0 ← R1 中的数左移 2 位
ADD    R0, R1, R2, LSR ♯3        ; R0 ←R1 ＋ R2 中的数右移 3 位
```

3.2.5 变址寻址

变址寻址方式是将某个寄存器(基址寄存器)的值与指令中给出的偏移量相加,形成操作数的有效地址,再根据该有效地址访问存储器。该寻址方式常用于访问在基址附近的存储单元。

示例：

```
LDR    R0,[R1, ♯2]                ; R0 ← [R1＋2]
```

该指令将 R1 寄存器的值 0xA0000008 加上位移量 2,形成操作数的有效地址,将该有效地址单元中的数据传送到寄存器 R0 中。

3.2.6 多寄存器寻址

多寄存器寻址方式可以在一条指令中传送多个寄存器的值,一条指令最多可以传送 16 个通用寄存器的值。连续的寄存器之间用"-"连接,不连续的中间用","分隔。

示例：

```
LDMIA    R0!,{R1-R3, R5}          ; R1 ← [R0]
                                   ; R2 ← [R0 ＋ 4]
                                   ; R3 ← [R0 ＋ 8]
                                   ; R5 ← [R0 ＋ 12]
```

如图 3-2 所示,该指令将 R0 寄存器的值 0xA0000004 作为操作数地址,将存储器中该地址开始的连续单元中的数据传送到寄存器 R1、R2、R3、R5 中。

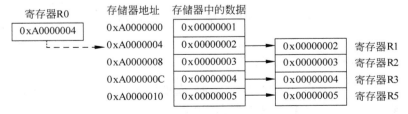

图 3-2　多寄存器寻址方式示意图

3.2.7　相对寻址

相对寻址方式就是以程序寄存器(PC)为基址寄存器,以指令中的地址标号为偏移量,两者相加形成操作数的有效地址。偏移量指出的是当前指令和地址标号之间的相对位置。子程序调用指令即是相对寻址方式。

示例:

```
BL      ADDR1               ;跳转到子程序 ADDR1 处执行
...
ADDR1:
    ...
MOV     PC,LR               ;从子程序返回
```

3.2.8　堆栈寻址

堆栈是按"先进后出"或"后进先出"方式进行存取的存储区。堆栈寻址是隐含的,使用一个叫作堆栈指针的专门寄存器,指示当前堆栈的栈顶。

根据堆栈的生成方式不同,分为递增堆栈和递减堆栈。当堆栈向高地址方向生长时,叫作递增堆栈(向上生长);当堆栈向低地址方向生长时,叫作递减堆栈(向下生长)。

堆栈指针指向最后压入堆栈的数据时,称为满堆栈;堆栈指针指向下一个将要放入数据的空位置时,称为空堆栈。

这样就有 4 种类型的堆栈工作方式:满递增堆栈(FA)、满递减堆栈(FD)、空递增堆栈(EA)、空递减堆栈(ED)。

示例:

```
STMFD    SP!,{R1-R3, LR}     ;将寄存器 R1～R3 和 LR 压入堆栈,满递减堆栈
LDMFD    SP!,{R1-R3, LR}     ;将堆栈数据出栈,放入寄存器 R1～R3 和 LR
```

3.2.9　块复制寻址

块复制寻址方式是多寄存器传送指令 LDM/STM 的寻址方式。LDM/STM 指令可以将存储器中的一个数据块复制到多个寄存器中,或将多个寄存器中的值复制到存储器中。寻址操作中使用的寄存器可以是 R0～R15 这 16 个寄存器的所有或子集。

根据基地址的增长方向是向上还是向下,以及地址的增减与指令操作的先后顺序(操作先进行还是地址先增减)的关系,有 4 种寻址方式。

➢ IB(Increment Before):地址先增加再完成操作,如 STMIB、LDMIB。
➢ IA(Increment After):先完成操作再地址增加,如 STMIA、LDMIA。
➢ DB(Decrement Before):地址先减少再完成操作,如 STMDB、LDMDB。
➢ DA(Decrement After):先完成操作再地址减少,如 STMDA、LDMDA。

3.3 ARM 指令集简介

ARM 指令集主要有跳转指令、数据处理指令、程序状态寄存器处理指令、加载/存储指令、协处理器指令和异常产生指令 6 大类。

ARM 指令集是加载/存储型的,指令的操作数都存储在寄存器中,处理结果直接放入目的寄存器中。采用专门的加载/存储指令来访问系统存储器。

本节介绍 ARM 指令集中常用指令的用法和使用要点。

3.3.1 跳转指令

视频讲解

跳转指令用于实现程序流程的跳转。在 ARM 程序中有两种方式可以实现程序流程的跳转。

① 直接向程序计数器 PC 中写入跳转地址,可以实现 4GB 地址空间内的任意跳转。例如:

```
LDR    PC, [PC, # + 0x00FF]              ; PC ← [PC + 8 + 0x00FF]
```

② 使用专门的跳转指令。

ARM 指令集中的跳转指令可以完成从当前指令向前或向后的 32MB 地址空间的跳转。跳转指令主要包含以下几种指令。

1. B 指令

B{条件}　目标地址

跳转指令 B 是最简单的跳转指令,跳转到给定的目标地址,从那里继续执行。

示例:

```
B  WAITA          ; 无条件跳转到标号 WAITA 处执行
B  0x1234         ; 跳转到绝对地址 0x1234 处
```

2. BL 指令

BL{条件}　目标地址

BL 指令用于子程序调用,在跳转之前,将下一条指令的地址复制到链接寄存器 R14 (LR)中,然后跳转到指定地址执行。

示例:

```
BL  FUNC1          ; 将当前 PC 值保存到 R14 中,然后跳转到标号 FUNC1 处执行
```

3. BLX 指令

BLX{条件}　目标地址

BLX 指令从 ARM 指令集跳转到指定地址执行,并将处理器的工作状态由 ARM 状态

切换到 Thumb 状态,同时将 PC 值保存到链接寄存器 R14 中。

示例:

```
BLX    FUNC1        ;将当前 PC 值保存到 R14 中,然后跳转到标号 FUNC1 处执行,
                    ;并切换到 Thumb 状态
BLX    R0           ;将当前 PC 值保存到 R14 中,然后跳转 R0 中的地址处执行,
                    ;并切换到 Thumb 状态
```

4. BX 指令

BX〈条件〉 目标地址

BX 指令是带状态切换的跳转指令,跳转到指定地址执行。若目标地址寄存器的位[0]为 1,处理器的工作状态切换为 Thumb 状态,同时将 CPSR 中的 T 标志位置 1,目标地址寄存器的位[31:1]复制到 PC 中;若目标地址寄存器的位[0]为 0,处理器的工作状态切换为 ARM 状态,同时将 CPSR 中的 T 标志位清零,目标地址寄存器的位[31:1]复制到 PC 中。

示例:

```
BX   R0              ;跳转 R0 中的地址处执行,如果 R0[0]=1,切换到 Thumb 状态
```

3.3.2 数据处理指令

视频讲解

数据处理指令主要完成寄存器中数据的各种运算操作。数据处理指令的使用原则:
- ➤ 所有操作数都是 32 位,可以是寄存器或立即数。
- ➤ 如果数据操作有结果,结果也为 32 位,放在目的寄存器中。
- ➤ 指令使用"两操作数"或"三操作数"方式,即每一个操作数寄存器和目的寄存器分别指定。
- ➤ 数据处理指令只能对寄存器的内容进行操作。指令后都可以选择 S 后缀来影响标志位。比较指令不需要后缀 S,这些指令执行后都会影响标志位。

1. MOV 指令

MOV〈条件〉〈S〉 目的寄存器,源操作数

MOV 指令将一个立即数、一个寄存器或被移位的寄存器传送到目的寄存器中。后缀 S 表示指令的操作是否影响标志位。如果目的寄存器是寄存器 PC,则可以实现程序流程的跳转,寄存器 PC 作为目的寄存器且后缀 S 被设置,则在跳转的同时,将当前处理器工作模式下的 SPSR 值复制到 CPSR 中。

示例:

```
MOV    R0, #0x01          ;将立即数 0x01 装入 R0
MOV    R0, R1             ;将寄存器 R1 的值传送到 R0
MOVS   R0, R1, LSL #3     ;将寄存器 R1 的值左移 3 位后传送到 R0,并影响标志位
MOV    PC, LR             ;将链接寄存器 LR 的值传送到 PC 中,用于子程序返回
```

2. MVN 指令

MVN{条件}{S}　目的寄存器,源操作数

MVN 指令将一个立即数、一个寄存器或被移位的寄存器的值先按位求反,再传送到目的寄存器中,后缀 S 表示是否影响标志位。

示例:

```
MVN  R0, #0x0FF            ; 将立即数 0xFF 按位求反后装入 R0,操作后 R0＝0xFFFFFF00
MVN  R0, R1               ; 将寄存器 R1 的值按位求反后传送到 R0
```

3. ADD 指令

ADD{条件}{S}　目的寄存器,操作数1,操作数2

ADD 指令将两个操作数相加后,结果放入目的寄存器中,同时根据操作的结果影响标志位。

示例:

```
ADD  R0, R0, #1           ; R0 = R0 + 1
ADD  R0, R1, R2           ; R0 = R1 + R2
ADD  R0, R1, R2, LSL #3   ; R0 = R1 + (R2 << 3)
```

4. SUB 指令

SUB{条件}{S}　目的寄存器,操作数1,操作数2

SUB 指令用于把操作数 1 减去操作数 2,将结果放入目的寄存器中,同时根据操作的结果影响标志位。

示例:

```
SUB  R0, R0, #1           ; R0 = R0 − 1
SUB  R0, R1, R2           ; R0 = R1 − R2
SUB  R0, R1, R2, LSL #3   ; R0 = R1 − (R2 << 3)
```

5. RSB 指令

RSB{条件}{S}　目的寄存器,操作数1,操作数2

RSB 指令称为逆向减法指令,用于把操作数 2 减去操作数 1,将结果放入目的寄存器中,同时根据操作的结果影响标志位。

示例:

```
RSB  R0, R0, #0xFFFF      ; R0 = 0xFFFF − R0
RSB  R0, R1, R2           ; R0 = R2 − R1
```

6. ADC 指令

ADC{条件}{S}　目的寄存器,操作数1,操作数2

ADC 指令将两个操作数相加后,再加上 CPSR 中的 C 标志位的值,将结果放入目的寄存器中,同时根据操作的结果影响标志位。

示例:

```
ADDS  R0, R0, R2
ADC   R1, R1, R3          ; 用于 64 位数据加法,(R1,R0)=(R1,R0)+(R3,R2)
```

7. SBC 指令

SBC{条件}{S}　目的寄存器,操作数 1,操作数 2

SBC 指令用于操作数 1 减去操作数 2,再减去 CPSR 中的 C 标志位值的反码,将结果放入目的寄存器中,同时根据操作的结果影响标志位。

示例:

```
SUBS  R0, R0, R2
SBC   R1, R1, R3          ; 用于 64 位数据减法,(R1,R0)=(R1,R0)-(R3,R2)
```

8. RSC 指令

RSC{条件}{S}　目的寄存器,操作数 1,操作数 2

RSC 指令用于操作数 2 减去操作数 1,再减去 CPSR 中的 C 标志位值的反码,将结果放入目的寄存器中,同时根据操作的结果影响标志位。

示例:

```
RSBS  R2, R0, #0
RSC   R3, R1, #0         ; 用于求 64 位数据的负数
RSC   R0, R1, R2         ; R0 = R2 - R1-!C
```

9. AND 指令

AND{条件}{S}　目的寄存器,操作数 1,操作数 2

AND 指令实现两个操作数的逻辑与操作,将结果放入目的寄存器中,同时根据操作的结果影响标志位;常用于将操作数某些位清零。

示例:

```
AND  R0, R1, R2          ; R0 = R1 & R2
AND  R0, R0, #3          ; R0 的位 0 和位 1 不变,其余位清零
```

10. ORR 指令

ORR{条件}{S}　目的寄存器,操作数 1,操作数 2

ORR 指令实现两个操作数的逻辑或操作,将结果放入目的寄存器中,同时根据操作的结果影响标志位。常用于将操作数某些位置 1。

示例:

```
ORR   R0,R0,#3                ;R0 的位 0 和位 1 置 1,其余位不变
```

11. EOR 指令

EOR{条件}{S}   目的寄存器,操作数 1,操作数 2

EOR 指令实现两个操作数的逻辑异或操作,将结果放入目的寄存器中,同时根据操作的结果影响标志位。常用于将操作数某些位置取反。

示例:

```
EOR   R0,R0,#0F               ;R0 的低 4 位取反
```

12. BIC 指令

BIC{条件}{S}   目的寄存器,操作数 1,操作数 2

BIC 指令用于清除操作数 1 的某些位,将结果放入目的寄存器中,同时根据操作的结果影响标志位。操作数 2 为 32 位掩码,掩码中设置了哪些位则清除操作数 1 中这些位。

示例:

```
BIC   R0,R0,#0F               ;将 R1 的低 4 位清零,其他位不变
```

13. CMP 指令

CMP{条件}   操作数 1,操作数 2

CMP 指令用于把一个寄存器的值减去另一个寄存器的值或立即数,根据结果设置 CPSR 中的标志位,但不保存结果。

示例:

```
CMP   R1,R0          ;将 R1 的值减去 R0 的值,并根据结果设置 CPSR 的标志位
CMP   R1,#0x200      ;将 R1 的值减去 0x200,并根据结果设置 CPSR 的标志位
```

14. CMN 指令

CMN{条件}   操作数 1,操作数 2

CMN 指令用于把一个寄存器的值减去另一个寄存器或立即数取反的值,根据结果设置 CPSR 中的标志位,但不保存结果。该指令实际完成两个操作数的加法。

示例:

```
CMN   R1,R0          ;将 R1 的值和 R0 的值相加,并根据结果设置 CPSR 的标志位
CMN   R1,#0x200      ;将 R1 的值和立即数 0x200 相加,并根据结果设置 CPSR 的标志位
```

15. TST 指令

TST{条件}   操作数 1,操作数 2

TST 指令用于把一个寄存器的值和另一个寄存器的值或立即数进行按位与运算,根据

结果设置 CPSR 中的标志位,但不保存结果。该指令常用于检测特定位的值。

示例:

```
TST  R1, ♯0x0F           ；检测 R1 的低 4 为是否为 0
```

16. TEQ 指令

TEQ⟨条件⟩ 操作数 1,操作数 2

TST 指令用于把一个寄存器的值和另一个寄存器的值或立即数进行按位异或运算,根据结果设置 CPSR 中的标志位,但不保存结果。该指令常用于检测两个操作数是否相等。

示例:

```
TEQ  R1, R2        ；将 R1 的值和 R2 的值进行异或运算,并根据结果设置 CPSR 的标志位
```

3.3.3　程序状态寄存器处理指令

MRS 指令和 MSR 指令用于在状态寄存器和通用寄存器间传输数据。状态寄存器的值要通过“读取→修改→写回”3 个步骤操作来实现,可先用 MRS 指令将状态寄存器的值复制到通用寄存器中,修改后再通过 MSR 指令把通用寄存器的值写回状态寄存器。

示例:

```
MRS  R0, CPSR        ；将 CPSR 的值复制到 R0 中
ORR  R0, R0, ♯C0     ；R0 的位 6 和位 7 置 1,即屏蔽外部中断和快速中断
MSR  CPSR, R0        ；将 R0 值写回到 CPSR 中
```

MRS 指令和 MSR 指令的格式如下:

MRS⟨条件⟩ 通用寄存器, 程序状态寄存器(CPSR 或 SPSR)
MSR⟨条件⟩ 程序状态寄存器(CPSR 或 SPSR)_域, 操作数

其中,MSR 指令中的<域>可用于设置程序状态寄存器中需要操作的位:

➤ 位[31:24]为条件标志位域,用 f 表示。
➤ 位[23:16]为状态位域,用 s 表示。
➤ 位[15:8]为扩展位域,用 x 表示。
➤ 位[7:0]为控制位域,用 c 表示。

示例:

```
MSR  CPSR_cxsf, R3
```

3.3.4　加载/存储指令

加载/存储指令用于在寄存器和存储器之间传输数据,Load 指令用于将存储器中的数据传输到寄存器中,Store 指令用于将寄存器中的数据保存到存储器中。

1. LDR 指令

LDR⟨条件⟩　目的寄存器, <存储器地址>

LDR 指令将一个 32 位字数据传输到目的寄存器中。如果目的寄存器是 PC,从存储器中读出的数据将作为目的地址,以实现程序流程的跳转。

示例:

```
LDR   R1, [R0, ♯0x12]        ; 将存储器地址为 R0+0x12 的字数据写入 R1
LDR   R1, [R0, R2]           ; 将存储器地址为(R0+R2)的字数据写入 R1
```

2. STR 指令

STR⟨条件⟩　源寄存器, <存储器地址>

STR 指令用于从源寄存器中将一个 32 位字数据写入存储器中。

示例:

```
STR   R1, [R0, ♯0x12]        ; 将 R1 中的字数据写入以 R0+0x12 为地址的存储器中
STR   R1, [R0], ♯0x12        ; 将 R1 中的字数据写入以 R0+0x12 为地址的存储器中,
                             ; 并将新地址 R0+0x12 写入 R0
```

3. LDM 和 STM 指令

LDM(或 STM)⟨条件⟩⟨类型⟩　基址寄存器{!},寄存器列表{∧}

LDM 指令和 STM 指令实现一组寄存器和一片连续存储空间之间的数据传输。LDM 指令加载多个寄存器,STM 指令存储多个寄存器,它们常用于现场保护、数据复制、参数传输等,有 8 种模式。

➢ IA:每次传送后地址加 4。

➢ IB:每次传送前地址加 4。

➢ DA:每次传送后地址减 4。

➢ DB:每次传送前地址减 4。

➢ FD:满递减堆栈。

➢ ED:空递减堆栈。

➢ FA:满递增堆栈。

➢ EA:空递增堆栈。

可选后缀{!},选用该后缀,当数据传输完成后,将最后地址写入基址寄存器中,否则基址寄存器值不变;基址寄存器不能为 R15(PC),寄存器列表可以是 R0~R15 的任意组合。

可选后缀{∧},当指令为 LDM 且寄存器列表中有 R15(PC),选用该后缀表示除了完成数据传输以外,还将 SPSR 复制到 CPSR。

示例:

```
LDMIA   R0, {R3-R9}          ; R0 指向的存储单元的数据,保存到 R3~R9 中,R0 值不更新
STMIA   R1!, {R3-R9}         ; 将 R3~R9 数据存储到 R1 指向的存储单元中,R1 的值更新
```

4．SWP 指令

SWP〈条件〉　目的寄存器，源寄存器1，〔源寄存器2〕

SWP 指令用于将源寄存器2所指向的存储器中的字数据传输到目的寄存器中，同时将源寄存器1中的字数据传输到源寄存器2所指向的存储器中。当源寄存器1和目的寄存器为同一个寄存器时，该指令完成该寄存器和存储器内容的交换。

示例：

```
SWP  R1，R1，［R0］     ;将 R1 的内容与 R0 指向的存储单元的内容进行交换
SWP  R1，R2，［R0］     ;将 R0 指向的存储单元的内容写入 R1 中，并将 R2 的内容写入
                      ;该内存单元中
```

3.3.5　协处理器指令

视频讲解

ARM 体系结构允许通过增加协处理器来扩展指令集。ARM 协处理器具有自己专用的寄存器组，它们的状态由控制 ARM 状态的指令的镜像指令来控制。程序的控制流指令由 ARM 处理器来处理，所有的协处理器指令只能同数据处理和数据传送有关。

ARM 协处理器指令可完成下面3类操作。

➢ ARM 协处理器的数据处理操作。

➢ ARM 处理器和协处理器的寄存器之间数据传输。

➢ ARM 协处理器的寄存器和存储器之间数据传输。

ARM 协处理器指令主要包括5条，它们的格式和功能如表3-3所示。

表 3-3　ARM 协处理器指令

助　记　符	说　　明	功　　能
CDP coproc，opcodel，CRd，CRn，CRm{，opcode2}	协处理器数据操作指令	用于 ARM 处理器通知协处理器执行特定的操作
LDC{L} coproc，CRd ＜地址＞	协处理器数据读取指令	从某一连续的存储单元将数据读取到协处理器的寄存器中
STC{L} coproc，CRd ＜地址＞	协处理器数据写入指令	将协处理器的寄存器数据写某一连续的存储单元中
MCR coproc，opcodel，Rd，CRn{，opcode2}	ARM 寄存器到协处理器寄存器的数据传输指令	将 ARM 处理器的寄存器中的数据传输到协处理器的寄存器中
MRC coproc，opcodel，Rd，CRn{，opcode2}	协处理器寄存器到 ARM 寄存器的数据传输指令	将协处理器的寄存器中的数据传输到 ARM 处理器的寄存器中

3.3.6　异常产生指令

视频讲解

ARM 处理器有两条异常产生指令，软中断指令(SWI)和断点中断指令(BKPT)。

1．SWI 指令

SWI〈条件〉　24 位立即数

SWI 指令用于产生 SWI 异常中断，实现从用户模式切换到管理模式，CPSR 保存到管

理模式下的 SPSR 中,执行转移到 SWI 向量。其他模式下也可使用 SWI 指令,同样切换到管理模式。该指令不影响条件码标志。

示例:

```
SWI   0x02            ；软中断,调用操作系统编号为 0x02 的系统例程
```

2. BKPT 指令

```
BKPT   16 位立即数
```

BKPT 指令产生软件断点中断,软件调试程序可以使用该中断。立即数会被 ARM 硬件忽视,但能被调试工具利用来得到有用的信息。

示例:

```
BKPT   0xFF32
```

3.4 Thumb 指令集简介

视频讲解

为了兼容存储系统总线宽度为 16 位的应用系统,ARM 体系结构中提供了 16 位 Thumb 指令集,它可以被看作 ARM 指令压缩形式的子集,是针对代码密度的问题而提出的,它具有 16 位的代码密度,这对于嵌入式系统来说至关重要。

Thumb 不是一个完整的体系结构,不能指望处理器只执行 Thumb 指令而不支持 ARM 指令集。因此,Thumb 指令只需要支持通用功能,必要时可以借助完善的 ARM 指令集。只要遵循一定的调用规则,Thumb 子程序和 ARM 子程序可以互相调用。当处理器在执行 ARM 程序段时,称 ARM 处理器处于 ARM 工作状态;当处理器在执行 Thumb 程序段时,称 ARM 处理器处于 Thumb 工作状态。

Thumb 指令集没有协处理器指令、信号量指令以及访问 CPSR 或 SPSR 的指令,没有乘加指令及 64 位乘法指令等,并且指令的第二操作数受到限制;除了分支指令 B 有条件执行功能外,其他指令均为无条件执行;大多数 Thumb 数据处理指令采用 2 地址格式。

Thumb 指令集与 ARM 指令集的区别一般有如下 4 点。

① 跳转指令。程序相对转移,特别是条件跳转与 ARM 代码下的跳转相比,在范围上有更多的限制,转向子程序是无条件的转移。

② 数据处理指令。Thumb 数据处理指令是对通用寄存器进行操作,在大多数情况下,操作的结果必须放入其中一个操作数寄存器中,而不是第 3 个寄存器中。Thumb 数据处理操作比 ARM 状态的更少。访问 R8~R15 受到一定限制:除 MOV 和 ADD 指令访问寄存器 R8~R15 外,其他数据处理指令总是更新 CPSR 中 ALU 状态标志;访问寄存器 R8~R15 的 Thumb 数据处理指令不能更新 CPSR 中的 ALU 状态标志。

③ 单寄存器加载和存储指令。在 Thumb 状态下,单寄存器加载和存储指令只能访问寄存器 R0~R7。

④ 多寄存器加载和多寄存器存储指令。LDM 和 STM 指令可以将任何范围为 R0~R7 的寄存器子集加载或存储。PUSH 和 POP 指令使用堆栈指针 R13 作为基址实现满递减堆

栈。除 R0~R7 外，PUSH 指令还可以存储链接寄存器 R14，并且 POP 指令可以加载程序计数器 PC。

3.5　ARM 汇编语言编程简介

3.5.1　伪操作

ARM 汇编语言程序是由机器指令、伪指令和伪操作组成的。伪操作是 ARM 汇编语言程序里的一些特殊的指令助记符，和指令系统中的助记符不同，这些助记符没有相应的操作码。伪操作主要是为完成汇编程序做一些准备工作，在源程序汇编过程中起作用，一旦汇编完成，伪操作的使命就完成。

宏是一段独立的程序代码，通过伪操作定义，在程序中使用宏指令即可调用宏。当程序被汇编时，汇编程序校对每个宏调用进行展开，用宏定义代替源程序中的宏指令。

1. 符号定义伪操作

符号定义伪操作用于定义 ARM 汇编程序中的变量、对变量赋值及定义寄存器名称等。常用伪操作有：

- GBLA、GBLL 和 GBLS：定义全局变量。
- LCLA、LCLL 和 LCLS：定义局部变量。
- SETA、SETL 和 SETS：为变量赋值。
- RLIST：为通用寄存器列表定义名称。
- CN：为协处理器的寄存器定义名称。
- CP：为协处理器定义名称。
- DN 和 SN：为 VFP 的寄存器定义名称。
- FN：为 FPA 的浮点寄存器定义名称。

2. 数据定义伪操作

数据定义伪操作用于数据表定义、文字池定义、数据空间分配等。常用伪操作有：

- LTORG：声明一个数据缓冲池的开始。
- MAP：定义一个结构化的内存表的首地址。
- FIELD：定义结构化内存表的一个数据域。
- SPACE：分配一块内存空间，并用 0 初始化。
- DCB：分配一段字节的内存单元，并用指定的数据初始化。
- DCD 和 DCDU：分配一段字的内存单元，并用指定的数据初始化。
- DCFD 和 DCFDU：分配一段双字的内存单元，并用双精度的浮点数据初始化。
- DCFS 和 DCFSU：分配一段字的内存单元，并用单精度的浮点数据初始化。
- DCQ 和 DCQU：分配一段双字的内存单元，并用 64 位整型数据初始化。
- DCW 和 DCWU：分配一段半字的内存单元，并用指定的数据初始化。

3. 汇编控制伪操作

汇编控制伪操作用于条件汇编、宏定义、重复汇编控制等，常用伪操作有：

- IF、ELSE 和 ENDIF：根据条件把一段源程序代码包括在汇编程序内或排除在程序之外。

> WHILE 和 WEND：根据条件重复汇编相同的源程序代码段。
> MACRO 和 MEND：MACRO 标识宏定义的开始，MEND 标识宏定义结束。用 MACRO 和 MEND 定义一段代码，称为宏定义体，在程序中可以通过宏指令多次调用该代码段。
> MEXIT：用于从宏中跳转出去。

4. 其他伪操作

其他伪操作常用的有段定义伪操作、入口点设置伪操作、包含文件伪操作、标号导出或引入声明等。

> ALIGN：边界对齐。
> AREA：段定义。
> CODE16 和 CODE32：指令集定义。
> END：汇编结束。
> ENTRY：程序入口。
> EQU：常量定义。
> EXPORT 和 GLORBAL：声明一个符号可以被其他文件引用。
> IMPORT 和 EXTERN：声明一个外部符号。
> GET 和 INCLUDE：包含文件。
> INCBIN：包含不被汇编的文件。
> RN：给特定的寄存器命名。
> ROUT：标记局部标号使用范围的界限。

视频讲解

3.5.2 伪指令

ARM 中的伪指令并不是真正的 ARM 或 Thumb 指令，这些伪指令在汇编编译器对源程序进行汇编处理时被替换成对应的 ARM 或 Thumb 指令(序列)。常用的伪指令如下。

(1) ADR

ADR 为小范围的地址读取伪指令，该指令将基于 PC 的相对偏移地址或基于寄存器的相对偏移地址读取到寄存器中。格式如下：

ADR {cond} register, expr

> cond 是可选的指令执行条件。
> register 是目的寄存器。
> expr 是基于 PC 或基于寄存器的地址表达式，当地址值是字节对齐时，取值范围为 −255~255B；当地址值是字对齐时，取值范围为 −1020~1020B；当地址值是 16 字节对齐时，取值范围更大。

(2) ADRL

ADRL 为中等范围的地址读取伪指令，该指令比 ADR 的取值范围更大。格式为

ADRL {cond} register, expr

> cond 是可选的指令执行条件。
> register 是目的寄存器。

➤ expr 是基于 PC 或基于寄存器的地址表达式,当地址值是字节对齐时,取值范围为
−64～64KB;当地址值是字对齐时,取值范围为−256～256KB;当地址值是 16 字
节对齐时,取值范围更大;在 32 位的 Thumb-2 指令中,取值范围可为−1～1MB。

(3) LDR

LDR 为大范围的地址读取伪指令,将一个 32 位的常数或者一个地址值读取到寄存器
中。格式如下:

LDR {cond} register, = [expr|label-expr]

➤ cond 是可选的指令执行条件。
➤ register 是目的寄存器。
➤ expr 是 32 位常量。

(4) NOP

NOP 是空操作伪指令,在汇编时被替换成 ARM 中的空操作。

3.5.3　汇编语句格式

ARM(Thumb)汇编语言的语句格式如下:

[标号] <指令|条件|S> <操作数>[; 注释]

➤ 在 ARM 汇编程序中,ARM 指令、伪操作、伪指令、伪操作的助记符全部用大写字母
或者全部用小写字母,不能既有大写字母也有小写字母。
➤ 所有标号在一行的顶格书写,后面不要添加":",所有指令不能顶格书写。
➤ 注释内容以";"开头到本行结束。
➤ 源程序中允许有空行,如果单行太长,可以用字符"\"将其分开,"\"后不能有任何字
符,包括空格和制表符等。
➤ 变量的设置,常量的定义,其标识符必须在一行顶格书写。

3.5.4　汇编语言的程序结构

段(section)是 ARM 汇编语言组织源文件的基本单位,是独立的、具有特定名称的、不
可分割的指令或数据序列。段分为代码段和数据段,代码段存放执行代码,数据段存放代码
执行时需要的数据。一个 ARM 汇编程序至少需要一个代码段,较大的程序可以包含多个
代码段和数据段。

ARM 汇编语言源程序经过汇编后生成可执行的映像文件,文件格式有 axm、bin、elf、
hex 等。可执行的映像文件通常包括 3 部分。

➤ 一个或多个代码段,代码段的属性为只读。
➤ 0 个或多个包含初始化数据的数据段,属性为可读可写。
➤ 0 个或多个不包含初始化数据的数据段,属性为可读可写。

链接器根据一定的规则将各个段安排到内存的相应位置。源程序中段之间的相对位置
与可执行的映像文件中段的相对位置不一定相同。

下面的程序说明了 ARM 汇编语言程序的基本结构:

```
AREA   BUF, DATA, READWRITE          ;声明数据段 BUF
count   DCB     30                     ;定义一个字节单元 count
AREA   EXAMPLE1, CODE, READONLY       ;声明代码段 EXAMPLE1
ENTRY                                  ;程序入口
CODE32                                 ;声明 32 位 ARM 指令
START
    LDRB    R0, count                  ; R0 = count
    MOV     R1, #10                    ; R1 = 8
    ADD     R0, R0, R1                 ; R0 = R0 + R1
    B       START
END
```

3.6   C 语言与汇编语言的混合编程

在嵌入式开发中,C 语言是一种常见的程序设计语言。C 语言程序可读性强、易维护、可移植性和可靠性高。ARM 体系结构不仅支持汇编语言也支持 C 语言,在一些情况下需要采用汇编语言和 C 语言混合编程。

3.6.1   C 程序中内嵌汇编

视频讲解

在 C 语言程序中嵌入汇编可以完成一些 C 语言不能完成的操作,同时代码效率也比较高。

在 ARM C 语言程序中使用关键词__asm 来标识一段汇编指令代码,格式为:

```
__asm                    //asm 前 2 个下画线
{
    instruction [; instruction]
    ...
    [instruction]
}
```

如果一行有多条汇编指令,指令间用“;”隔开;如果一条指令占多行,要使用续行符号“\”。

在 ARM C 语言程序中也可以使用关键词 asm 来标识一段汇编指令代码,格式为:

```
asm("instruction [; instruction]");
```

3.6.2   汇编中访问 C 语言程序变量

在 C 语言中声明的全局变量可以被汇编语言通过地址间接访问。

例如,在 C 语言程序中已经声明了一个全局变量 glovbvar,通过 IMPORT 伪指令声明外部变量的方式访问:

```
AREA    EXAMPLE2, CODE, REDAONLY
IMPORT  glovbvar        ;声明外部变量 glovbvar
START
```

```
        LDR     R1, =glovbvar        ；装载外部变量地址
        LDR     R0, [R1]             ；读出全局变量 glovbvar 数据
        ADD     R0, R0, ♯1
        STR     R0,[R1]              ；保存变量值
        MOV     PC, LR
END
```

3.6.3　ARM 中的汇编和 C 语言相互调用

为了使单独编译的 C 语言程序和汇编语言程序之间能够相互调用,必须遵守 ATPCS 规则。ATPCS 即 ARM-Thumb Procedure Call Standard(ARM-Thumb 过程调用标准)的简称。

ATPCS 规定了应用程序的函数可以如何分开地写,分开地编译,最后将它们连接在一起,所以它实际上定义了一套有关过程(函数)调用者与被调用者之间的协议。基本 ATPCS 规定了在子程序调用时的一些基本规则,包括 3 方面的内容。

➤ 各寄存器的使用规则及其相应的名称。
➤ 数据栈的使用规则。
➤ 参数传递的规则。

1. C 程序调用汇编程序

C 程序调用汇编程序首先通过 extern 声明要调用的汇编程序模块,声明中形参个数要与汇编程序模块中需要的变量个数一致,且参数传递要满足 ATPCS 规则,然后在 C 程序中调用。

示例:

```
♯ include < stdio. h >
extern void strcopy(char * d, char * s);        //使用关键词声明
int main()
{
char * srcstr = "first";
char * dststr = "second";
strcopy(dststr,srcstr);                         //汇编模块调用
}
```

被调用的汇编程序:

```
AREA      Scopy, CODE, REDAONLY
EXPORT    strcopy                    ；使用 EXPORT 伪操作声明本汇编程序
strcopy
LDRB      R2, [R1], ♯1
STRB      R2, [R0], ♯1
CMP       R2, ♯0
BNE strcopy
MOV       PC, LR
END
```

2. 汇编程序调用 C 程序

在调用之前必须根据 C 语言模块中需要的参数个数,以及 ATPCS 参数规则,完成参数

传递,即前 4 个参数通过 R0～R3 传递,后面的参数通过堆栈传递,然后再利用 B、BL 指令调用。

示例:

```
int g(int a, int b, int c, int d, int e)        //C 语言函数原型
{
return (a+b+c+d+e);
}
//汇编程序调用 C 程序 g()计算 i+2*i+3*i+4*i+5*i 的结果
EXPORT f
AREA      f, CODE, REDAONLY
IMPORT g                              //声明 C 程序函数 g()
STR LR, {SP, #-4}!                     //保存 PC
ADD R1 ,R0, R0
ADD R2, R1, R0
ADD R3, R1, R2
STR R3, {SP, #-4}!
ADD R3, R1, R1
BL g                                  //调用 C 程序函数 g()
ADD SP, SP, #4
LDR PC, [SP], #4
END
```

3.7 本章小结

本章首先对 ARM 处理器指令的 9 种寻址方式进行了说明,并详细介绍了 ARM 指令集中各种指令的格式、功能和使用方法,简单介绍了 16 位的 Thumb 指令;随后介绍了 ARM 汇编语言的伪操作、伪指令和汇编语句格式,通过示例讲述了汇编语言程序的结构;最后讲述了 C 语言和汇编语言混合编程的规则和方法。通过本章,读者了解到 ARM 程序设计的基本知识,为基于 ARM 处理器的嵌入式软硬件开发奠定基础。

【本章思政案例:怀疑精神】 详情请见本书配套资源。

习题

1. 请写出对应 C 代码的 ARM 指令。

C 代码:

```
If(a > b)
a++;
Else
b++;
```

2. 请写出下列 ARM 指令的功能。

```
MOV  R1, #0x10
```

```
MOV   R0,R1              ;
MOVS R3,R1,LSL #2       ;
MOV   PC,LR
```

3. 在前文提到了实现 Thumb 状态和 ThumbEE 状态之间切换的指令为 ENTERX 指令和 LEAVEX 指令,请查阅相关资料对这两个命令进行比较。

4. 请查阅资料,试比较 ARM、Thumb、Thumb-2、Thumb-2EE 指令集的区别。

5. 存储器从 0x400000 开始的 100 个单元中存放着 ASCII 码,编写汇编语言程序,将其所有的小写字母转换成大写字母,对其他的 ASCII 码不做转换。

6. 使用 ARM 汇编语言指令编写一个实现冒泡排序功能的程序段。

7. 编写一个实现数组排序的 C 语言程序,要求调用第 6 题中用汇编语言编写的冒泡排序程序段。

8. 嵌入式系统中经常要用到无限循环,怎样用 C 语言编写死循环呢?

9. 请评论如下代码段:

```
unsigned int zero = 0;
unsigned int compzero = 0xFFFF; //1's complement of zero
```

第4章 S5PV210微处理器与接口

S5PV210又名"蜂鸟"（Hummingbird），是三星公司推出的一款适用于智能手机和平板电脑等多媒体设备的应用处理器。S5PV210采用了ARM Cortex-A8内核，ARM v7指令集，主频可达1GHz，64/32位内部总线结构，32/32KB的数据/指令一级缓存，512KB的二级缓存，可以实现2000DMIPS的高性能运算能力。该处理器同时也提供了丰富的外设，以应用于各种嵌入式系统设计之中。本章将简要介绍S5PV210处理器的硬件结构，主要外设的功能及其接口。

4.1　基于S5PV210微处理器的硬件平台体系结构

4.1.1　S5PV210处理器简介

S5PV210是一款高效率、高性能、低功耗的32位RISC处理器，它集成了ARM Cortex-A8核心，实现了ARM架构v7并且支持众多外围设备。

S5PV210采用64位内部总线结构，为3G和3.5G通信服务保证最优化的硬件性能，并且提供了许多强大的硬件加速器，例如运动视频处理、显示控制及缩放等。它内部集成的多格式转码器支持MPEG-1/2/4、H.263和H.264等的编解码，硬件加速器支持视频会议和模拟电视输出，高清晰度多媒体接口提供NTSC和PAL模式的输出。

S5PV210具有多种外部存储器接口，能够承受大内存在高端通信服务所需的带宽，例如其DRAM控制器支持LPDDR1、DDR2或LPDDR2的存储器扩展，其Flash/ROM接口支持NAND闪存、NOR闪存、OneNAND闪存、SRAM和ROM类型的外部存储器。

为了降低系统的总成本并且提高整体功能，S5PV210微处理器内部集成了众多外设，如TFT真彩LCD控制器、摄像头接口、MIPI DSI显示串行接口、电源管理、ATA接口、4个通用异步收发器、24通道的DMA、4个定时器、通用I/O端口、3个I^2S、I^2C接口、2个HS-SPI、USB Host2.0、高速运行的USB 2.0 OTG、4个SD Host和高速多媒体接口等。

图4-1所示为S5PV210处理器的结构框图。由图4-1可以看出，S5PV210处理器主要由6大部分组成，分别为CPU核心、系统外设、多媒体、电源管理、存储器接口和连接模块。CPU和各个部分之间通过多层次AHB/AXI总线进行通信。

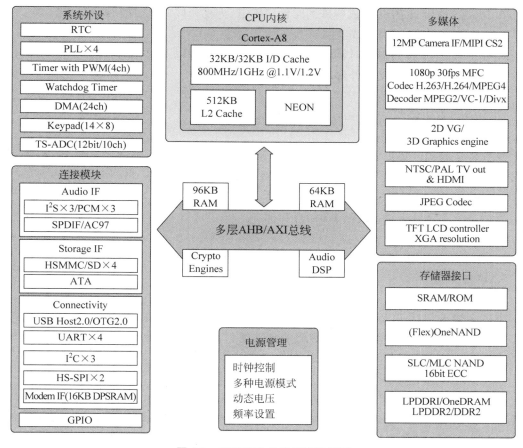

图 4-1　S5PV210 处理器结构框图

4.1.2　S5PV210 内部各模块介绍

1. CPU 内核

① Cortex-A8 处理器。运行速度在 600MHz～1GHz 时,Cortex-A8 处理器符合功率优化的移动设备小于 300mW 状态下运行的要求,同时符合性能优化的消费类应用需要 2000DMIPS 的要求。支持第一个超标量处理器,用于增强代码密度和性能。支持 JazelleRCT 技术用于超前和即时编译的 Java 和其他字节语言。13 级主整数流水线。

② NEON:Cortex-A8 处理器内部集成的可以实现复杂算法的模块,比如图像的智能分析、数学上的运算等可以通过 NEON 来实现。

③ 32KB I/O 缓存、512KB L2 Cache。

2. 系统外设

(1) RTC 实时时钟

提供完整的时钟功能:秒、分、小时、日、月、年。使用 32.768kHz 时钟基准。提供报警中断,提供定时器时钟节拍中断。

(2) PLL 锁相环

芯片具有 4 个锁相环(PLL),分别为 APLL/MPLL/EPLL/VPLL。APLL 产生 ARM

核心和 MSYS 时钟,EPLL 生成特殊的时钟,VPLL 为视频接口生成时钟。

(3)具有脉宽调制功能的定时器

具有 4 通道 32 位内部定时器,3 通道带脉宽调制功能以及可编程工作周期、频率和极性。具有死区产生功能,支持外部时钟源。

(4)看门狗定时器

16 位看门狗定时器(Watchdog Timer)。

(5)DMA

具有特定的指令集提供 DMA 传输的灵活性。内置增强型 8 通道的 DMA。内存到内存转换 DMA 多达 16 组,外设到内存转换 DMA 支持多达 8 组。

(6)Keypad

支持 14×8 矩阵键盘,提供内部消抖功能。

(7)ADC

10 通道多路复用 ADC,支持最大 500KSPS 采样率和 12 位的分辨率。

3. 多媒体

(1)摄像头接口

支持多输入包括 ITU-R BT601/656 模式、DMA 模式和 MIPI 模式;支持多输出包括 DMA 模式和直接 FIFO 模式;支持数码变焦功能;支持图像镜像和旋转功能;支持生成各种图像格式;支持捕捉画面管理;支持图像效果。

(2)多格式视频编解码器

ITU-TH.264、ISO/IEC 14496-10 编解码支持基线/主/High Profile 的 4.0 级,编码支持基线/主/高属性。ITU-TH.263 Profile level3 编解码支持 Profile3,限制 SD 分辨率每秒 30 帧,支持基线配置文件的编码,编码支持 MPEG-4 简单类/高级简单类。ISO/IEC 13818-2 MPEG-2 编解码支持主要的轮廓高度,解码支持 MPEG-1。

(3)JPEG 编码器

支持压缩/解压到 65536×65536 的像素分辨率。支持的压缩格式即输入原始图像为 YCbCr422 或 RGB565,输出 JPEG 文件为基线 JPEG 格式的 YCbCr422 或 YCbCr420。支持的解压缩格式即输入 JPEG 文件为基线 YCbCr444 或 YCbCr420 或 YCbCr422 格式、JPEG 或灰色,输出原始图像的 YCbCr422 或 YCbCr420 格式。支持通用的色彩空间转换器。

(4)3D 图形引擎

支持 3D 图形、矢量图形、视频编码和解码。具有通用可扩展渲染引擎、多线程引擎和顶点着色器功能。支持 8000×8000 的图像尺寸,支持 90/180/270 度旋转,支持 16/24/35bpp,24 位颜色格式。

(5)模拟电视接口

输出视频格式为 NTSC/PAL。支持的输入格式即 ITU-R BT.601 的 YCbCr444,支持 480i/p 和 576i 协议,支持复合视频。

(6)液晶显示器接口

支持 24/18/16bpp 的并行 RGB 接口的 LCD。支持 8/6bpp 串行 RGB 接口,支持双 i80 接口的 LCD,支持典型的屏幕尺寸:1024×768、800×480、640×480、320×240 和 160×160。虚拟图像达到 16M 像素,ITU-BT601/656 格式输出。

4．电源管理

① 时钟门控功能。

② 各种低功耗模式可供选择，如空闲、停止、深度空闲和睡眠模式。

③ 睡眠模式下唤醒源可以是外部中断、RTC 报警、计时器节拍。

④ 停止和深度空闲模式唤醒源可以是触摸屏人机界面、系统定时器等。

5．存储器接口

（1）SRAM/ROM/NOR 接口

8 位或 16 位的数据总线；地址范围支持 23 位；支持异步接口；支持字节和半字访问。

（2）OneNAND 闪存接口

16 位的数据总线；地址范围支持 16 位；支持字节和半字访问。Flex OneNAND 闪存支持 2KB 页面模式，OneNAND 闪存支持 4KB 页面模式。支持专用的 DMA。

（3）NAND 接口

支持行业标准的 NAND 接口。8 位数据总线。

（4）LPDDR1 接口

32 位数据总线，1.8V 接口电压。每端口密度支持高达 4GB(2CS)。

（5）DDR2 接口

32 位数据总线将支持 400Mb/s 引脚双数据速率。1.8V 接口电压。每端口密度支持高达 1GB(2CS,4BANK 的 DDR2)。每端口密度支持高达 4GB(1CS,8BANK 的 DDR2)。

6．连接模块

（1）音频接口

① AC97 音频接口。

➢ 独立通道的立体声 PCM 输入、立体声 PCM 输出和单声道麦克风输入。

➢ 16 位立体声音频。

➢ 可变采样率 AC97 编解码器接口。

➢ 支持 AC97 规格。

② PCM 音频接口。

➢ 16 位单声道音频接口。

➢ 仅工作在主控模式。

➢ 支持 3 种 PCM 端口。

③ I^2S 总线接口。

➢ 基于 DMA 操作的 3 个 I^2S 总线音频编解码器接口。

➢ 串行 8 位、16 位、24 位每通道的数据传输。

➢ 支持 I^2S、MSB、LSB 对齐的数据格式。

➢ 支持 PCM5.1 声道。

➢ 支持不同比特时钟频率和编解码器的时钟频率。

➢ 支持一个 5.1 通道 I^2S 的端口和两个 2 通道 I^2S 端口。

④ SPDIF 接口。

➢ 线性 PCM 每个样本支持多达 24 位。

➢ 支持非线性 PCM 格式如 AC3、MPEG1、MPEG2。

➢ 2×24 位缓冲器交替地用数据填充。

(2) 存储接口

① HS-MMC/SDIO 接口。

➤ 兼容 4.0 多媒体卡协议版本(HS-MMC)。

➤ 兼容 2.0 版本 SD 卡存储卡协议。

➤ 基于 128KB FIFO 的 TX/RX。

➤ 4 个 HS-MMC 端口或 4 个 SDIO 端口。

② ATA 控制器支持 ATA/ATAPI-6 接口。

(3) 通用接口

① USB 2.0 OTG。

➤ 符合 USB 2.0 OTG 1.0a 版本。

➤ 支持高达 480Mb/s 的传输速度。

➤ 具有 USB 芯片收发器。

② UART。

➤ 具有基于 DMA 和中断功能的 4 个 UART。

➤ 支持 5 位、6 位、7 位、8 位的串行数据发送和接收。

➤ 独立的 256 字节 FIFO 的 UART0、64 字节 FIFO 的 UART1 和 16 字节 FIFO 的 UART2/3。

➤ 可编程的传输速率。

➤ 支持 IrDA 1.0 SIR 模式。

➤ 支持回环模式测试。

③ I^2C 总线接口。

➤ 3 个多主控 I^2C 总线。

➤ 8 位串行面向比特的双向数据传输,在标准模式下可以达到 100kb/s。

➤ 快速模式下高达 400kb/s。

④ SPI 接口。

➤ 3 个符合 2.11 版本串行外设接口协议的接口。

➤ 独立的 64KB 字节 FIFO 的 SPIO 和 16 字节 FIFO 的 SPI1。

➤ 支持基于 DMA 和中断操作。

⑤ GPIO 接口。

➤ 237 个多功能输入/输出端口。

➤ 支持 178 个外部中断。

4.2 存储系统

4.2.1 S5PV210 的地址空间

S5PV210 的存储器地址映射如图 4-2 所示。表 4-1 所示为 S5PV210 存储空间分配,S5PV210 的存储器地址空间分为 7 部分,从下往上分别是引导区、动态随机存储器(DRAM)区、静态只读存储器(SROM)区、Flash 区、音频存储区、隔离 ROM 区和特殊功能寄存器区。

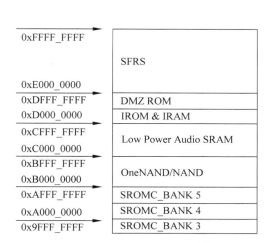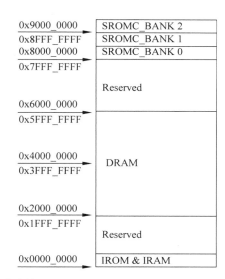

图 4-2　S5PV210 的地址映射

表 4-1　S5PV210 存储空间分配

地　　　址		大　小	描　　　述	备　　　注
0x0000_0000	0x1FFF_FFFF	512MB	Boot 引导区	系统启动配置区,此映射区域由启动模式决定
0x2000_0000	0x3FFF_FFFF	512MB	DRAM 0	存配置区,用于 DDR2 SDRAM 寻址
0x4000_0000	0x5FFF_FFFF	512MB	DRAM 1	
0x8000_0000	0x87FF_FFFF	128MB	SROM Bank 0	外接总线型设备寻址区
0x8800_0000	0x8FFF_FFFF	128MB	SROM Bank 1	
0x9000_0000	0x97FF_FFFF	128MB	SROM Bank 2	
0x9800_0000	0x9FFF_FFFF	128MB	SROM Bank 3	
0xA000_0000	0xA7FF_FFFF	128MB	SROM Bank 4	
0xA800_0000	0xAFFF_FFFF	128MB	SROM Bank 5	
0xB000_0000	0xBFFF_FFFF	256MB	OneNAND/NAND Controller and SFR	OneNAND 和 NAND 寻址区
0xC000_0000	0xCFFF_FFFF	256MB	MP3_SRAM output buffer	MP3_SROM 输出缓存区
0xD000_0000	0xD000_FFFF	64KB	IROM	IROM 区,设备引导使用
0xD001_0000	0xD001_FFFF	64KB	Reserved	保留区
0xD002_0000	0xD003_7FFF	96KB	IRAM	IRAM 区,设备引导使用
0xD800_0000	0xDFFF_FFFF	128MB	DMZ ROM	
0xE000_0000	0xFFFF_FFFF	512MB	SFR region	特殊功能寄存器 SFR 区域

　　S5PV210 的引导区分为两部分,分别是 0x0000_0000～0x1FFF_FFFF 和 0xD002_0000～0xD003_FFFF 的空间,系统上电后,从引导区开始执行 BootLoader 程序。S5PV210 的 SROM 分为 6 个 Bank,每个 Bank 大小都为 128MB。可支持 8/16 位的 NOR Flash、PROM 和 SDRAM,并支持 8/16 位的数据总线(Bank0 只支持 16 位的数据总线)。S5PV210 支持 OneNAND 和 Flex OneNAND 存储器的外部 16 位总线。S5PV210 具有两个独立的 DRAM 控制器和接口,即 DMC0 和 DMC1,分别支持 8GB 和 4GB 大小的 DRAM 存储器。

4.2.2 S5PV210 启动流程

下面介绍 S5PV210 的启动过程,如图 4-3 所示。

S5PV210 的启动过程由 BL0、BL1 和 BL2 (BL 为 BootLoader 的简称,在本书第 7 章中将有详细介绍)3 部分代码实现,其中 BL0 在出厂时已经被固化到 64KB 的 IROM 中。

S5PV210 上电后首先执行 BL0,该段代码主要的工作序列如下所示。

图 4-3　S5PV210 的启动流程

① 关看门狗时钟。

② 初始化指令 Cache。

③ 初始化栈、堆。

④ 初始化块设备复制函数。

⑤ 初始化 PLL 及设置系统时钟。

⑥ 根据 OM 引脚设置,从相应启动介质复制 BL1 到片内 SRAM 的 0xD002_0000 地址处(其中 0xD002_0010 之前的 16 字节存储的是 BL1 的校验信息和 BL1 的大小),并检查 BL1 的 checksum 信息,如果检查失败,IROM 将自动尝试第二次启动(从 SD/MMC channel 2 启动)。

⑦ 检查是否是安全模式启动,如果是则验证 BL1 完整性。

⑧ 跳转到 BL1 起始地址处。

从图 4-3 中可以看到,BL1 的大小只有 16KB,因而一般情况下 BL1 负责完成的工作较少。BL1 被执行后首先初始化系统时钟、内存、串口等,然后将 BL2 代码复制到 Internal SRAM 的 BL2 区中并跳转执行。从图 4-3 中可以看到,SRAM 的 BL2 区的大小有 80KB,但很多情况下 BL2 代码的大小远远超过 80KB,所以将 BL2 代码复制到 SRAM 中意义不大。更好的做法是直接将 BL2 复制到容量更大的内存中,不过在复制之前一定要先初始化好系统时钟和内存。

BL2 实际上是整个 BootLoader 的主体部分,因此它需要完成更多的初始化工作,例如初始化网卡、Flash 等,之后 BL2 读取操作系统镜像到内存中运行。操作系统镜像的存放位置根据具体的开发平台而定,一般放到 Flash 上,也可以放到 SD 卡上。

4.3 时钟系统

4.3.1 S5PV210 时钟概述

CPU 的系统时钟源主要是外部晶振,内部其他部分的时钟都是将外部时钟源经过一定的分频或倍频得到的。外部时钟源的频率一般不能满足系统所需的高频条件,所以往往需要 PLL(锁相环)先进行倍频处理。

由图 4-4 可见,S5PV210 的时钟系统包括 3 个时钟域(Domain),分别是主系统时钟域(MSYS)、显示相关的时钟域(DSYS)、外围设备的时钟域(PSYS)。

➤ MSYS:用来给 Cortex-A8 处理器、DRAM 控制器、3D、内部存储器(IRAM 和

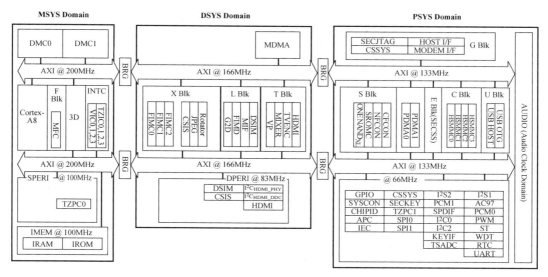

图 4-4　S5PV210 的时钟域

IROM)、芯片配置界面(SPERI)、中断控制器等提供时钟。

> DSYS：用来给显示相关的部件提供时钟,包括 FIMC、FIMD、JPEG、IPS 多媒体等。
> PSYS：用来给外围设备(I^2S、SPI、I^2C、UART 等)、安全子系统、低功率音频播放等
   提供时钟。

每个总线系统操作在 200MHz(最大)、166MHz 和 133MHz,分别由异步总线桥(BRG)
连接两个不同的域。

4.3.2　S5PV210 的时钟结构

图 4-5 是 S5PV210 的顶层时钟图。

1. 外部时钟引脚

S5PV210 的外部时钟源的时钟输入引脚有 XRTCXTI、XXTI、XUSBXTI 和 XHDMIXTI,
也可以不使用外部时钟引脚。

> XRTCXTI：将一个 32.768kHz 晶振提供的时钟连接到 XRTCXTI 和 XRTCXTO 引
   脚。RTC 使用这个时钟源作为实时时钟。
> XXTI：将一个晶振提供的时钟连接到 XXTI 和 XXTO 引脚。当 USB PHY 没有做
   有效设置时,CMU 和 PLL 使用这个时钟生成其他的时钟模块(APLL、MPLL、
   VPLL 和 EPLL)所需要的时钟。它的输入频率范围为 12～50MHz。推荐使用
   24MHz 晶振,因为 IROM 是基于 24MHz 输入时钟的。
> XUSBXTI：将一个晶振提供的时钟连接到 XUSBXTI 和 XUSBXTO 引脚,这个时钟
   提供给其他时钟模块(APLL、MPLL、VPLL、EPLL 和 USB PHY)。推荐使用
   24MHz 晶振,因为 IROM 是基于 24MHz 输入时钟的。
> XHDMIXTI：将一个 27MHz 晶振提供的时钟连接到 XHDMIXTI 和 XHDMIXTO
   引脚。VPLL 或 HDMI PHY 生成 54MHz 时钟提供给 TV 编码器。

2. 时钟管理单元(CMU)

CMU 使用时钟引脚(XRTCXTI、XXTI、XUSBXTI 和 XHDMIXTI)生成内部时钟频

率、4个锁相环 PLL(APLL、MPLL、EPLL 和 VPLL)、USB PHY 和 HDMI PHY。这些时钟可以选择、预分频、提供给其他扩展模块。

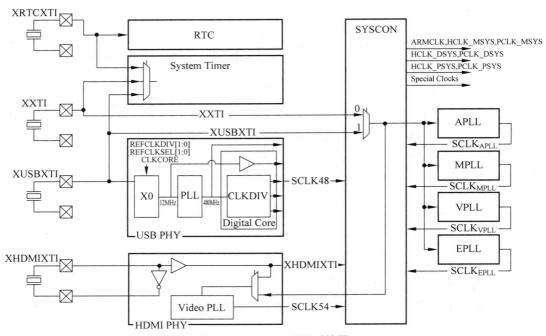

图 4-5 S5PV210 顶层时钟图

3. 时钟关系

3 大类时钟域中,可以使用不同的分频,使其给不同部件输出所需要的时钟,各类时钟的关系如下。

(1) MSYS 时钟域

➤ freq(ARMCLK)   = freq(MOUT_MSYS)/n, where n = 1~8

➤ freq(HCLK_MSYS) = freq(ARMCLK)/n, where n = 1~8

➤ freq(PCLK_MSYS) = freq(HCLK_MSYS)/n, where n = 1~8

➤ freq(HCLK_IMEM) = freq(HCLK_MSYS)/2

(2) DSYS 时钟域

➤ freq(HCLK_DSYS) = freq(MOUT_DSYS)/n, where n = 1~16

➤ freq(PCLK_DSYS) = freq(HCLK_DSYS)/n, where n = 1~8

(3) PSYS 时钟域

➤ freq(HCLK_PSYS) = freq(MOUT_PSYS)/n, where n = 1~16

➤ freq(PCLK_PSYS) = freq(HCLK_PSYS)/n, where n = 1~8

➤ freq(SCLK_ONENAND) = freq(HCLK_PSYS)/n, where n = 1~8

(4) 推荐的高性能操作频率值

➤ freq(ARMCLK)   = 1000MHz

➤ freq(HCLK_MSYS) = 200MHz

➤ freq(HCLK_IMEM) = 100MHz

➤ freq(PCLK_MSYS) = 100MHz

➤ freq(HCLK_DSYS)　　　 = 166MHz

➤ freq(PCLK_DSYS)　　　 = 83MHz

➤ freq(HCLK_PSYS)　　　 = 133MHz

➤ freq(PCLK_PSYS)　　　 = 66MHz

➤ freq(SCLK_ONENAND) = 133MHz、166MHz

（5）锁相环（PLL）

➤ APLL 可以驱动 MSYS 域和 DSYS 域，可以产生 1GHz 的时钟和 49∶51 的占空比。

➤ MPLL 可以驱动 MSYS 域和 DSYS 域，可以产生高达 2GHz 的时钟和 40∶60 的占空比。

➤ EPLL 主要用于生成音频时钟。

➤ VPLL 主要用于生成视频系统操作时钟（54MHz）。

➤ 通常，APLL 驱动 MSYS 域，MPLL 驱动 DSYS 域。

各个时钟域的具体配置如图 4-6 所示。

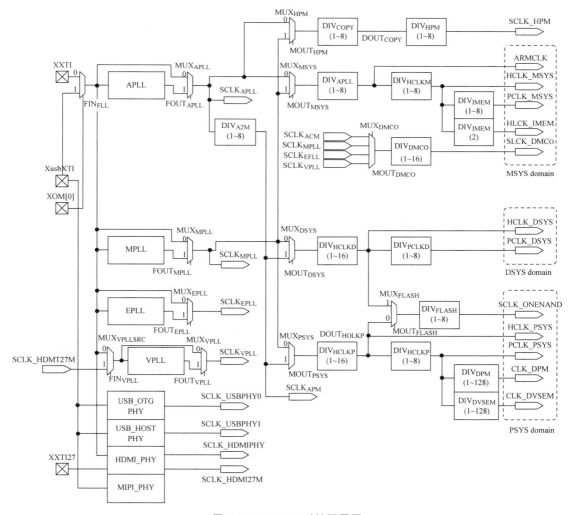

图 4-6　S5PV210 时钟配置图

4.4 GPIO 接口

视频讲解

4.4.1 GPIO 概述

GPIO(General-Purpose Input/Output Ports)全称是通用可编程 I/O 端口。它们是 CPU 的引脚,可以通过它们向外输出高低电平,或者读入引脚的状态,这里的状态也是通过高电平或低电平来反映的,所以 GPIO 接口技术可以说是 CPU 众多接口技术中最为简单、常用的一种。

每个 GPIO 端口至少需要两个寄存器,一个是用于控制的"通用 I/O 端口控制寄存器",一个是存放数据的"通用 I/O 端口数据寄存器"。控制和数据寄存器的每一位和 GPIO 的硬件引脚相对应,由控制寄存器设置每一个引脚的数据流向,数据寄存器设置引脚输出的高低电平或读取引脚上的电平。除了这两个寄存器以外,还有其他相关寄存器,比如上拉/下拉寄存器设置 GPIO 输出模式是高阻、带上拉电平输出还是不带上拉电平输出等。

S5PV210 共有 237 个 GPIO 端口,分成 15 组。

➤ GPA0:8 输入/输出引脚。

➤ GPA1:4 输入/输出引脚。

➤ GPB:8 输入/输出引脚。

➤ GPC0:5 输入/输出引脚。

➤ GPC1:5 输入/输出引脚。

➤ GPD0:4 输入/输出引脚。

➤ GPD1:6 输入/输出引脚。

➤ GPE0、GPE1:13 输入/输出引脚。

➤ GPF0、GPF1、GPF2、GPF3:30 输入/输出引脚。

➤ GPG0、GPG1、GPG2、GPG3:28 输入/输出引脚。

➤ GPH0、GPH1、GPH2、GPH3:32 输入/输出引脚。

➤ GPP1:低功率 I^2S、PCM。

➤ GPJ0、GPJ1、GPJ2、GPJ3、GPJ4:35 输入/输出引脚。

➤ MP0_1、MP_2、MP_3:20 输入/输出引脚。

➤ MP0_4、MP_5、MP_6、MP_7:32 输入/输出存储器引脚。

GPIO 的 15 组引脚除了作为输入、输出引脚外,一般都还有其他功能,称为引脚复用。具体要使用引脚的哪个功能,需要通过相关的控制寄存器来设置。图 4-7 为 GPIO 端口功能框图。

4.4.2 GPIO 寄存器

每组 GPIO 端口都有两类控制寄存器,分别工作在正常模式和掉电模式(STOP、DEEP-STOP、睡眠模式)。

S5PV210 处理器工作在正常模式下时,正常寄存器(如 GPA0 控制寄存器 GPA0CON, GPA0 数据寄存器 GPA0DAT,GPA0 上拉/下拉寄存器 GPA0PUD,GPA0 驱动能力控制寄

存器 GPA0DRV）工作；进入掉电模式时，所有配置和上拉/下拉控制由掉电寄存器（如
GPA0 的掉电模式配置寄存器 GPA0CONPDN，GPA0 的掉电模式上拉/下拉寄存器
GPA0PUDPDN）控制。

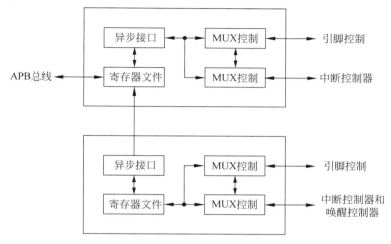

图 4-7　GPIO 端口功能框图

下面简要介绍 GPIO 主要的相关寄存器。

（1）GPIO 控制寄存器 GPxnCON

用于控制 GPIO 的引脚功能，向该寄存器写入数据来设置相应引脚是输入/输出，还是
其他功能。该寄存器中每 4 位控制一个引脚，写入 0000 设置为输入口，从引脚上读入外部
输入的数据；写入 0001 设置为输出口，向该位写入的数据被发送到对应的引脚上；写入其
他值可设置引脚的第二功能，具体功能可查阅 S5PV210 处理器的芯片手册。

（2）GPIO 数据寄存器 GPxnDAT

用于读/写引脚的状态，即该端口的数据。当引脚被设置为输出引脚，写该寄存器的对
应位为 1，设置该引脚输出高电平，写入 0 设置该引脚输出低电平；当引脚被设置为输入引
脚，读取该寄存器对应位中的数据可得到端口电平状态。

（3）GPIO 上拉/下拉寄存器 GPxnPUD

用于控制每个端口上拉/下拉电阻的使能/禁止。对应位为 0 时，该引脚使用上拉/下拉
电阻；对应位为 1 时，该引脚不使用上拉/下拉电阻。

（4）GPIO 掉电模式上拉/下拉寄存器 GPxnPUDPDN

用于掉电模式下使用。每两位对应一个引脚，为 00 时输出 0,01 时输出 1,10 时为输入
功能,11 时保持原有状态。

4.4.3　GPIO 操作步骤

S5PV210 处理器 GPIO 端口操作步骤如下：

① 确定所使用的 GPIO 端口的功能，如作为输入/输出引脚使用时，是否需要设置上
拉/下拉电阻；作为其他功能使用时，对应 S5PV210 处理器的芯片手册进行设置。

② 确定 GPIO 端口的输入/输出方向，通过端口设置寄存器完成端口的输入/输出功能

或其他功能设置。

③ 对数据寄存器操作。如果设置为输入引脚,读取数据寄存器对应位值,实现引脚状态的读取;如果设置为输出引脚,通过写数据寄存器对应位值,实现引脚状态的设置。

4.4.4 一个 LED 灯的例子

I/O 口的操作是硬件控制的基础,本例子是一个最简单的 I/O 口操作。8 个 LED 灯分别用 8 个 GPIO 口来进行单独控制,通过 I/O 控制发光二极管的亮和灭。电路原理图如图 4-8 所示。

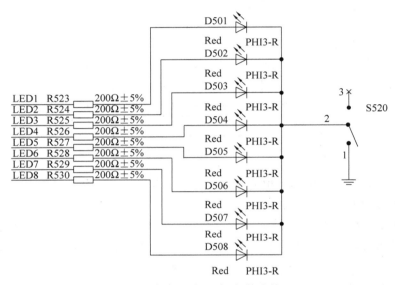

图 4-8 GPIO 与 LED 灯的连接

通过电路原理图可以得到的物理连接如表 4-2 所示。

表 4-2 物理连接对应

原理图 LED 灯标识	ARM 芯片接口标识
LED1	XEINT16 /GPH2_0
LED2	XEINT17 /GPH2_1
LED3	XEINT18 /GPH2_2
LED4	XEINT19 /GPH2_3
LED5	XEINT24 /GPH3_0
LED6	XEINT25 /GPH3_1
LED7	XEINT26 /GPH3_2
LED8	XEINT27 /GPH3_3

如表 4-3 所示,GPH2 相关的寄存器有 GPH2CON、GPH2DAT、GPH2PUD 以及 GPH2DRV。通过对不同寄存器的操作,可以配置 GPIO 的功能。各寄存器如表 4-3～表 4-7 所示。

表 4-3　GPH2 寄存器族

寄 存 器	物 理 地 址	读/写属性	描　　　述	初　始　值
GPH2CON	0xE020_0C40	R/W	端口配置寄存器	0x00000000
GPH2DAT	0xE020_0C44	R/W	端口数据寄存器	0x00
GPH2PUD	0xE020_0C48	R/W	端口上拉寄存器	0x5555
GPH2DRV	0xE020_0C4C	R/W	端口驱动能力控制寄存器	0x0000

表 4-4　GPH2CON 端口配置寄存器

GPH2CON	位	描　　　述	初　始　值
GPH2CON[0]	[3:0]	0000＝Input 0001＝Output 0010＝Reserved 0011＝KP_COL[0] 0100～1110＝ Reserved 1111＝EXT_INT[16]	0000

表 4-5　GPH2DAT 端口数据寄存器

GPH2DAT	位	描　　　述	初　始　值
GPH2DAT[7:0]	[7:0]	8 位数据输入或者输出	0x00

表 4-6　GPH2PUD 端口上拉寄存器

GPH2PUD	位	描　　　述	初　始　值
GPH2PUD[n]	[2n+1:2n] n=0～7	00＝禁止上拉/下拉 01＝下拉使能 10＝上拉使能 11＝ Reserved	0x5555

表 4-7　GPH2DRV 端口驱动能力控制寄存器

GPH2DRV	位	描　　　述	初　始　值
GPH2DRV[n]	[2n+1:2n] n=0～7	00＝1x 01＝2x 10＝3x 11＝4x	0x00

　　本例通过使用 mmap 方法实现不经过内核驱动直接在用户区映射的方式来控制寄存器,从而最终控制 LED 灯的功能。由于在应用程序中不能直接操作物理地址,所以通过 mmap 将一个文件或者其他对象映射进物理地址,应用程序就可以直接操作地址,从而达到控制寄存器的目的。在向端口写函数 port_write 中可以看到 mmap 方法。

```
int port_write( unsigned int n,
        unsigned int fd,
        volatile unsigned int ADDR_CON_OFFSET,
        volatile unsigned int GPIO_WR_CON,
        volatile unsigned int GPIO_WR_DAT)
{
    ADDR_START = (volatile unsigned char * )mmap(NULL, 1024 * n, PROT_READ|PROT_
WRITE, MAP_SHARED, fd, 0xE0200000);
    if(ADDR_START == NULL)
    {
      printf("mmap err!\n");
      return-1;
    }
    * (volatile unsigned int * )(ADDR_START + ADDR_CON_OFFSET)=GPIO_WR_CON;
    GPIO_DAT = (volatile unsigned int * )(ADDR_START + ADDR_CON_OFFSET + 0x04);
    * (volatile unsigned char * )GPIO_DAT=GPIO_WR_DAT;
    return 0;
    }
```

port_write 中的 mmap 函数有如下说明。

void * mmap(void * start, size_t length, int prot, int flags, int fd, off_t offset);

➤ start：映射到进程空间的虚拟地址。

➤ length：映射空间的大小。

➤ prot：映射到内存的读/写权限。

➤ flags：可取 MAP_SHARED, MAP_PRIVATE, MAP_FIXED。 如果是 MAP_SHARED,此进程对映射空间的内容修改会影响到其他的进程,即对其他的进程可见；而对 MAP_PRIVATE,此进程修改的内容对其他的进程不可见。

➤ fd：要映射文件的文件标识符。

➤ offset：映射文件的位置,一般从头开始。而在设备文件中,表示映射物理地址的起始地址。

程序中另外的主要调用的函数定义分别如下：

```
int open_port_device(void)
{
    int fd;
    fd = open(DEV_NAME, O_RDWR);
    if(fd < 0)
    {
      printf("Open device err!\n");
      return −1;
    }
    return fd;
}

int close_port_device(int fd)
```

```
{
close(fd);
return 0;
}

int free_port_device(void)
{
    munmap((void * )ADDR_START,1024 * 16);
    return 0;
}
```

LED 灯分别用 8 个 GPIO 接口进行独立控制,实现一个一个连续单独亮起,程序名称
为 led8,工程文件列表 makefile 文件内容如下:

```
CC          = arm-linux-gcc
INSTALL         = install
TARGET          = led8
all: $(TARGET)
$(TARGET): led8.c led8.h
    $(CC)-static $<-o $@
clean:
    rm-rf * .o $(TARGET)
```

主程序如下:

```
//CORTEX-A8 LED TEST
#include < stdio.h >
#include < stdlib.h >
#include < string.h >
#include < fcntl.h >
#include < sys/mman.h >
#include < unistd.h >
#include "led8.h"
int main(void)
{
    int fd;
    if (
        (fd = open_port_device())< 0
        )
        exit(0);
while(1)
{
    if (
        (port_write(16,fd,GPH2CON_OFFSET,0x00001111,0xff))< 0
        )
        exit(0);
    else
    {
    * (volatile unsigned char * )GPIO_DAT = 0x0e;
    printf("LED 1 \n");
```

```
        sleep(1);
        * (volatile unsigned char * )GPIO_DAT = 0x0d;
        printf("LED 2 \n");
        sleep(1);
        * (volatile unsigned char * )GPIO_DAT = 0x0b;
        printf("LED 3 \n");
        sleep(1);
        * (volatile unsigned char * )GPIO_DAT = 0x07;
        printf("LED 4 \n");
        sleep(1);
        * (volatile unsigned char * )GPIO_DAT = 0x0f;
        }
        if(
            (port_write(16,fd,GPH3CON_OFFSET,0x00001111,0xff))< 0
        )
            exit(0);
        else
        {
        * (volatile unsigned char * )GPIO_DAT = 0x0e;
        printf("LED 5 \n");
        sleep(1);
        * (volatile unsigned char * )GPIO_DAT = 0x0d;
        printf("LED 6 \n");
        sleep(1);
        * (volatile unsigned char * )GPIO_DAT = 0x0b;
        printf("LED 7 \n");
        sleep(1);
        * (volatile unsigned char * )GPIO_DAT = 0x07;
        printf("LED 8 \n");
        sleep(1);
        * (volatile unsigned char * )GPIO_DAT = 0x0f;
        }
    }
//
    free_port_device();
    close_port_device(fd);
    return 0;
}
```

除嵌入式开发板之外,在终端中显示结果如图 4-9 所示。

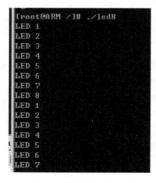

图 4-9   终端显示结果

4.5　串行通信接口

在数据通信中有两种常用的通信方式：串行通信和并行通信。并行通信是指数据的各位同时进行传送(例如数据和地址总线)，其优点是传送速度快，缺点是有多少位数据就需要多少根传输线，这在数据位数较多、传送距离较远时不宜采用。串行通信是指数据一位一位地按顺序传送，其突出优点是只需一根传输线，特别适宜于远距离传输，缺点是传送速度较慢。

串行通信中又分为异步传送和同步传送。异步传送时，数据在线路上是以一个字(或称字符)为单位来传送的，各个字符之间可以是连续传送，也可以是间断传送，这完全由发送方根据需要来决定。另外，在异步传送时，发送方和接收方各用自己的时钟源来控制发送和接收。

4.5.1　串行通信方式

S5PV210处理器中采用的是异步串行通信(UART)方式。异步串行通信通常以字符(或者字节)为单位组成字符帧传送。

1. 异步串行通信数据格式

异步串行通信发送的数据帧(字符帧)由4部分组成，分别是起始位、数据位、奇偶校验位、停止位。数据帧格式如图4-10所示。

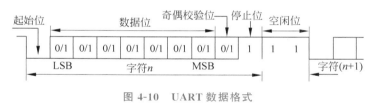

图 4-10　UART 数据格式

- 起始位：位于字符帧的开头，只占1位，始终为逻辑"0"低电平，表示发送端开始发送一帧数据。
- 数据位：紧跟起始位后，可取5、6、7、8位，低位在前，高位在后。
- 奇偶校验位：占1位，用于对字符传送作正确性检查。奇偶校验位是可选择的，共有3种可能，即奇偶校验、偶校验和无校验，由用户根据需要选定。
- 停止位：末尾，为逻辑"1"高电平，可取1、1.5、2位，表示一帧字符传送完毕。
- 空闲位：处于逻辑"1"高电平，表示当前线路上没有数据传输。

2. 波特率

串行通信的速率用波特率来表示，所谓波特率就是指一秒钟传送数据位的个数。每秒传送一个数据位就是1波特，即1波特=1b/s(位/秒)。

在串行通信中，数据位的发送和接收分别由发送时钟脉冲和接收时钟脉冲进行定时控制。时钟频率高，则波特率高，通信速度就快；反之，时钟频率低，波特率就低，通信速度就慢。

例如每秒传送的速率为960字符/秒，而每个字符又包含10位，(1位起始位,7位数据

位,1位奇偶校验位,1位停止位),则波特率为

$$960\ \text{字符}/\text{秒}\times10\ \text{位}/\text{字符}=9600\ \text{位}/\text{秒}=9600\ \text{波特}$$

4.5.2 RS-232C 串行接口

RS-232C 标准(协议)的全称是 EIA-RS-232C 标准,其中 EIA(Electronic Industry Association)代表美国电子工业协会,RS(Recommended Standard)代表推荐标准,232 是标识号,C 代表 RS232 的最新一次修改(1969),在这之前,有 RS-232B、RS-232A。它规定连接电缆和机械、电气特性、信号功能及传送过程。常用物理标准还有 EIA-RS-422A、EIA-RS-423A、EIA-RS-485。这里只介绍 EIA-RS-232C(简称 232,RS-232)。

1. RS-232C 串行接口引脚定义

由于 RS-232C 标准并未定义连接器的物理特性,因此,出现了 DB-25、DB-15 和 DB-9 各种类型的连接器,其引脚的定义也各不相同。现在常用的是 9 针的 DB-9 接口,DB-9 串口引脚图和定义如图 4-11 和表 4-8 所示。

图 4-11 DB-9 串口引脚图

表 4-8 DB-9 引脚定义

引　　脚	信　　号	定　　义
1	DCD	载波检测
2	RXD	接收数据
3	TXD	发送数据
4	DTR	数据终端准备好
5	SGND	信号地
6	DSR	数据准备好
7	RTS	请求发送
8	CTS	清除发送
9	RI	振铃提示

2. RS-232C 串行接口电气特性

EIA-RS-232C 对电气特性、逻辑电平和各种信号线功能都作了规定。

➢ 在 TXD 和 RXD 上:逻辑 1 即为 $-3\sim-15\mathrm{V}$,逻辑 0 即为 $+3\sim+15\mathrm{V}$。

➢ 在 RTS、CTS、DSR、DTR 和 DCD 等控制线上:信号有效(接通,ON 状态,正电压)即为 $+3\sim+15\mathrm{V}$;信号无效(断开,OFF 状态,负电压)即为 $-3\sim-15\mathrm{V}$。

以上规定说明了 RS-232C 标准对逻辑电平的定义。对于数据(信息码):逻辑 1 的电平低于 $-3\mathrm{V}$,逻辑 0 的电平高于 $+3\mathrm{V}$;对于控制信号:接通状态(ON)即信号有效的电平高于 $+3\mathrm{V}$,断开状态(OFF)即信号无效的电平低于 $-3\mathrm{V}$,也就是当传输电平的绝对值大于 3V 时,电路可以有效地检查出来。$-3\sim+3\mathrm{V}$ 的电压无意义,低于 $-15\mathrm{V}$ 或高于 $+15\mathrm{V}$ 的电压也认为无意义。因此,实际工作时,应保证电平在 $-3\sim-15\mathrm{V}$ 或 $+3\sim+15\mathrm{V}$。

EIA-RS-232C 与 TTL 转换:EIA RS-232C 是用正负电压来表示逻辑状态,与 TTL 以高低电平表示逻辑状态的规定不同。因此,为了能够同计算机接口或终端的 TTL 器件连接,必须在 EIA-RS-232C 与 TTL 电路之间进行电平和逻辑关系的变换。实现这种变换的

方法可用分立元件,也可用集成电路芯片。目前较为广泛使用集成电路转换器件(如 MAX232 芯片)完成 TTL←→EIA 双向电平转换。

4.5.3　S5PV210 的异步串行通信

　　S5PV210 处理器的 UART 模块提供了 4 个独立的异步串行输入/输出端口。每个端口都支持中断模式或 DMA 模式,UART 可产生一个中断或发出一个 DMA 请求,来传输 CPU 和 UART 之间的数据。UART 支持最高 3Mb/s 的传输速度。每个 UART 通道都包含两个 FIFO 用来接收和发送数据,其中 UART0 的 FIFO 为 256 字节,UART1 为 64 字节,UART2 和 UART3 为 16 字节。

　　S5PV210 处理器的 UART 每个通道的结构如图 4-12 所示。每个 UART 包含一个波特率发生器、一个发送器、一个接收器和一个控制单元。波特率发生器使用 PCLK 或 SCLK_UART,发送器和接收器包含 FIFO 和数据移位寄存器。要发送的数据被写入 TX FIFO,然后被复制到发送移位寄存器,随后被发送引脚 TXDn 移出。接收数据时,数据通过 RXDn 引脚移位进入接收移位寄存器中,最后被复制到 RX FIFO。

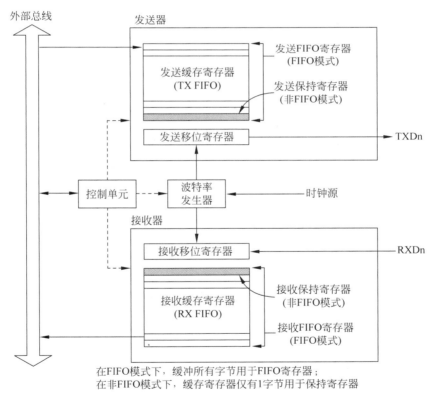

在FIFO模式下,缓冲所有字节用于FIFO寄存器;
在非FIFO模式下,缓存寄存器仅有1字节用于保持寄存器

图 4-12　UART 结构图

　　在数据通信过程中,有一个状态寄存器 UTRSTATn 来描述当前状态下的发送状态和接收状态,通过查看状态寄存器中的相应位的值就可以确定当前状态下发送和接收的状态,从而判断是否可以发送数据,是否有新的数据到来。

每个 UART 波特率发生器为发送器和接收器提供串行时钟。波特率发生器的时钟源可以通过 UCONn 寄存器中的时钟选择位来选择 PCLK 或 SCLK_UART。波特率是将时钟源和波特率除数寄存器(UBRDIVn)的值相除得到的。计算公式为

$$UBRDIVn=[PCLK/(波特率\times16)]-1$$

4.5.4 S5PV210 的 UART 寄存器

S5PV210 处理器的 UART 功能寄存器如下。

➢ UART 线控寄存器(ULCONn)。
➢ UART 控制寄存器(UCONn)。
➢ UART FIFO 控制寄存器(UFCONn)。
➢ UART MODEM 控制寄存器(UMCONn)。
➢ UART 接收发送状态寄存器(UTRSTATn)。
➢ UART 错误状态寄存器(UERSTATn)。
➢ UART FIFO 状态寄存器(UFSTATn)。
➢ UART MODEM 状态寄存器(UMSTATn)。
➢ UART 发送缓存寄存器(UTXHn)。
➢ UART 接收缓存寄存器(URXHn)。
➢ UART 波特率除数寄存器(UBRDIVn)。

UART 初始化用到的寄存器有 ULCONn、UCONn、UFCONn、UMCONn、UBRDIVn 等；收发数据用到的寄存器有 UTRSTATn、UTXHn、URXHn 等。详细的寄存器说明和初始化设置方法请参阅 S5PV210 处理器的芯片手册。

4.5.5 UART 通信示例

在 UART 通信之前,在 uart_init()函数中完成对 UART 的初始化,即设置 UART 的时钟源、传输波特率和传输数据的格式等；在 getc()和 putc()函数中实现串口数据的接收和发送。

1. 涉及的相关寄存器

本例涉及的相关 UART 寄存器如表 4-9~表 4-15 所示。

表 4-9 UART 线控寄存器(ULCONn)

ULCONn	位	描　　述	初始值
保留	[31:7]	保留	0
红外模式	[6]	是否使用红外模式。0：正常模式；1：红外模式	0
校验	[5:3]	UART 发送/接收中的校验码类型。 0xx：没有校验码；100：奇校验；101：偶校验；110：强制校验位为 1；111：强制校验位为 0	000
停止位	[2]	每帧停止位位数。0：1 位停止位；1：2 位停止位	0
数据位数	[1:0]	每帧数据位数。00：5 位；01：6 位；10：7 位；11：8 位	00

表 4-10　UART 控制寄存器（UCONn）

UCONn	位	描　　述	初始值
保留	[31:21]	保留	0
TX 突发 DMA 长度	[20]	发送 DMA burst 长度。0：1 字节；1：4 字节	0
保留	[19:17]	保留	000
RX 突发 DMA·长度	[16]	接收 DMA burst 长度。0：1 字节；1：4 字节	0
保留	[15:11]	保留	00000
时钟选择	[10]	为 UART 波特率选择时钟源。0：PCLK，DIV_VAL1 = [PCLK/(波特率×16)]−1；1：SCLK_UART，DIV_VAL1 = [SCLK_UART /(波特率×16)]−1	0
TX 中断类型	[9]	发送中断类型。0：脉冲；1：电平	0
RX 中断类型	[8]	接收中断类型。0：脉冲；1：电平	0
RX 超时使能	[7]	如果 UART FIFO 启用，使能/禁止接收超时中断。0：使能；1：禁止	0
RX 错误中断使能	[6]	使能 UART 在接收发生异常时产生中断,如接收时发生帧错误、校验错误或溢出错误等。0：不产生接收错误中断；1：产生接收错误中断	0
Loop-Back 模式	[5]	是否进入 Loop-Back 模式,该模式仅用于测试。0：正常；1：回环模式	0
发送中断模式	[4]	在一帧中设置此位触发 UART 发送中断,发送后该位自动清零。0：正常发送；1：发送中断信号	0
发送模式	[3:2]	决定使用哪种方式发送数据至 UART 发送缓冲寄存器。00：禁止；01：中断或轮询模式；10：DMA 模式；11：保留	00
接收模式	[1:0]	决定使用哪种方式从 UART 接收缓冲寄存器读取数据。00：禁止；01：中断或轮询模式；10：DMA 模式；11：保留	00

表 4-11　FIFO 控制寄存器（UFCONn）

UFCONn	位	描　　述	初始值
保留	[31:11]	保留	0
TX FIFO 触发值	[10:8]	TX FIFO 触发值,如果 TX FIFO 的数据数量少于或等于该值时,产生发送中断 [通道 0] 000：32B；001：64B；010：96B；011：128B；100：160B；101：192B；110：224B；111：256B [通道 1] 000：8B；001：16B；010：24B；011：32B；100：40B；101：48B；110：56B；111：64B [通道 2 和通道 3] 000：0B；001：2B；010：4B；011：6B；100：8B；101：10B；110：12B；111：14B	000
保留	[7]	保留	0

续表

UFCONn	位	描　述	初始值
RX FIFO 触发值	[6:4]	RX FIFO 触发值,如果 RX FIFO 的数据数量多于或等于该值时,产生接收中断 [通道 0] 000: 32B; 001: 64B; 010: 96B; 011: 128B; 100: 160B; 101: 192B; 110: 224B; 111: 256B [通道 1] 000: 8B; 001: 16B; 010: 24B; 011: 32B; 100: 40B; 101: 48B; 110: 56B; 111: 64B	000
保留	[3]	保留	0
TX FIFO 重置	[2]	重置 FIFO 后自动清空 0:正常;1:TX FIFO 重置	0
RX FIFO 重置	[1]	重置 FIFO 后自动清空 0:正常;1:RX FIFO 重置	0
FIFO 使能	[0]	0:禁止;1:使能	0

表 4-12　UART 波特率除数寄存器(UBRDIVn)

UBRDIVn	位	描　述	初始值
保留	[31:16]	保留	0
UBRDIVn 值	[15:0]	波特率分频值 UART 的时钟源是 PCLK 时,该值必须大于 0	0

表 4-13　UART 接收发送状态寄存器(UTRSTATn)

UTRSTATn	位	描　述	初始值
保留	[31:3]	保留	0
发送器空	[2]	如果发送缓冲寄存器没有有效传输数据,且发送移位寄存器为空,该位自动置1 0:发送器不为空;1:发送器为空(包括发送缓冲寄存器和发送移位寄存器)	1
发送缓冲空	[1]	如果发送缓冲寄存器为空,该位自动置1 0:发送缓冲寄存器不为空;1:发送缓冲寄存器为空(在非FIFO 模式下,产生中断和 DMA 请求;在 FIFO 模式下,如果TX FIFO 触发值为 0,则产生中断和 DMA 请求) 如果 UART 使用 FIFO,检查 USFTAT 寄存器中 TX FIFO计数位和 TX FIFO 溢出位,来替代该位	0
接收缓存数据就绪	[0]	如果接收缓冲寄存器从 RXDn 端口接收到有效数据,该位自动置1 0:接收缓冲寄存器为空;1:接收缓冲寄存器接收到有效数据(在非 FIFO 模式下,产生中断和 DMA 请求) 如果 UART 使用 FIFO,检查 USFTAT 寄存器中 RX FIFO计数位和 RX FIFO 溢出位,来替代该位	0

表 4-14   UART 发送缓存寄存器(UTXHn)

UTXHn	位	描　　述	初始值
保留	[31:8]	保留	—
UTXHn	[7:0]	为 UARTn 的 8 位发送数据	—

表 4-15   UART 接收缓存寄存器(URXHn)

URXHn	位	描　　述	初始值
保留	[31:8]	保留	—
URXHn	[7:0]	为 UARTn 的 8 位接收数据	—

2. 示例程序

UART 初始化函数 uart_init()、串口接收函数 getc()和串口发送函数 putc()都放在 uart.c 文件中供 main.c 文件的主程序调用。

UART 初始化函数 uart_init():

```
# define GPA0CON           ( * ((volatile unsigned long * )0xE0200000))
# define GPA1CON           ( * ((volatile unsigned long * )0xE0200020))
//UART 相关寄存器地址
# define ULCON0            ( * ((volatile unsigned long * )0xE2900000))
# define UCON0             ( * ((volatile unsigned long * )0xE2900004))
# define UFCON0            ( * ((volatile unsigned long * )0xE2900008))
# define UMCON0            ( * ((volatile unsigned long * )0xE290000C))
# define UTRSTAT0          ( * ((volatile unsigned long * )0xE2900010))
# define UERSTAT0          ( * ((volatile unsigned long * )0xE2900014))
# define UFSTAT0           ( * ((volatile unsigned long * )0xE2900018))
# define UMSTAT0           ( * ((volatile unsigned long * )0xE290001C))
# define UTXH0             ( * ((volatile unsigned long * )0xE2900020))
# define URXH0             ( * ((volatile unsigned long * )0xE2900024))
# define UBRDIV0           ( * ((volatile unsigned long * )0xE2900028))
# define UDIVSLOT0         ( * ((volatile unsigned long * )0xE290002C))
# define UINTP             ( * ((volatile unsigned long * )0xE2900030))
# define UINTSP            ( * ((volatile unsigned long * )0xE2900034))
# define UINTM             ( * ((volatile unsigned long * )0xE2900038))
//波特率分频值
# define UART_UBRDIV_VAL         35
# define UART_UDIVSLOT_VAL       0x1
//串口初始化函数
void uart_init()
{
    / ************** 配置引脚用于 RX/TX 功能 ***************** /
    GPA0CON = 0x22222222;
    GPA1CON = 0x2222;
    / ************** 设置数据格式等 ***************** /
    //使能 FIFO
    UFCON0 = (1 << 0);
    //无流控
    UMCON0 = 0x0;
```

```
    //数据位：8，无校验，停止位：1
    ULCON0 = (0x11 << 0);
    //时钟：PCLK，禁止中断，使能 UART 发送、接收
    UCON0 = (0x01 << 2) | (0x01 << 0);
    /*************** 设置波特率 ****************/
    UBRDIV0 = UART_UBRDIV_VAL;
    UDIVSLOT0 = UART_UDIVSLOT_VAL;
}
//串口接收一个字符
char getc(void)
{
    //如果 RX FIFO 空，等待
    while (!(UTRSTAT0 & (1 << 0)));
    //读取数据
    return URXH0;
}
//串口发送一个字符
void putc(char c)
{
    //如果 TX FIFO 满，等待
    while (!(UTRSTAT0 & (1 << 2)));
    //发送数据
    UTXH0 = c;
}
```

main.c 文件中，主函数 main()调用函数 uart_init()初始化 UART 串口。在 while 循环中，调用 getc()函数接收一个字符，在将该字符的 ASCII 码值加 1 后通过调用函数 putc()发送出去。

```
void uart_init(void);
int main()
{
    char c;
    //初始化串口
    uart_init();
    while (1)
    {
        //开发板接收字符
        c = getc();
        //开发板发送字符 c+1
        putc(c+1);
    }
    return 0;
}
```

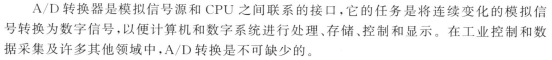

4.6　A/D 转换器

　　A/D 转换器是模拟信号源和 CPU 之间联系的接口,它的任务是将连续变化的模拟信号转换为数字信号,以便计算机和数字系统进行处理、存储、控制和显示。在工业控制和数据采集及许多其他领域中,A/D 转换是不可缺少的。

　　根据转换原理的不同,A/D 转换器可以分为以下类型:逐位比较型、积分型、计数型、并行比较型、电压-频率型等。在应用中主要应根据使用场合的具体要求,按照转换速度、精度、价格、功能以及接口条件等因素而决定选择何种类型。A/D 转换器可以以独立芯片或设备形式存在,如 ADC0809 等;也可以在片上系统的芯片内部出现,而这一点在现在的嵌入式系统中十分常见。如基于 Cortex-A8 内核的处理器 S5PV210 具有 10 通道多路复用 ADC,支持最大 500KSPS 采样率和 12 位的分辨率。

　　A/D 转换器的主要指标如下所示。

1. 分辨率

　　分辨率反映 A/D 转换器对输入微小变化响应的能力,通常用数字输出最低位(LSB)所对应的模拟输入的电平值表示。n 位 A/D 能反映 $1/2n$ 满量程的模入电平。由于分辨率直接与转换器的位数有关,所以一般也可简单地用数字量的位数来表示分辨率,即 n 位二进制数,最低位所具有的权值就是它的分辨率。

　　值得注意的是,分辨率与精度是两个不同的概念,不要把两者相混淆。即使分辨率很高,也可能由于温度漂移、线性度等原因而使其精度不够高。

2. 精度

　　精度有绝对精度(Absolute Accuracy)和相对精度(Relative Accuracy)两种表示方法。

　　(1) 绝对误差

　　在一个转换器中,对应于一个数字量的实际模拟输入电压和理想的模拟输入电压之差并非是一个常数。我们把它们之间的差的最大值,定义为"绝对误差"。通常以数字量的最小有效位(LSB)的分数值来表示绝对误差,例如,±1LSB 等。绝对误差包括量化误差和其他所有误差。

　　(2) 相对误差

　　指整个转换范围内,任一数字量所对应的模拟输入量的实际值与理论值之差,用模拟电压满量程的百分比表示。例如,满量程为 10V,10 位 A/D 芯片,若其绝对精度为 $\pm\frac{1}{2}$LSB,则其最小有效位的量化单位为 9.77mV,其绝对误差为 4.88mV,其相对误差为 0.048%。

3. 转换时间

　　转换时间是指完成一次 A/D 转换所需的时间,即由发出启动转换命令信号到转换结束信号开始有效的时间间隔。转换时间的倒数称为转换速率。例如 AD570 的转换时间为 $25\mu s$,其转换速率为 40kHz。

4. 电源灵敏度

　　电源灵敏度是指 A/D 转换芯片的供电电源的电压发生变化时,产生的转换误差。一般用电源电压变化 1% 时相当的模拟量变化的百分数来表示。

5. 量程

量程是指所能转换的模拟输入电压范围,分单极性、双极性两种类型。例如,单极性量程为0~+5V,0~+10V或者0~+20V;双极性量程为−5~+5V或者−10~+10V。

6. 输出逻辑电平

多数A/D转换器的输出逻辑电平与TTL电平兼容。在考虑数字量输出与微处理的数据总线接口时,应注意是否要三态逻辑输出,是否要对数据进行锁存等。

7. 工作温度范围

由于温度会对比较器、运算放大器、电阻网络等产生影响,故只在一定的温度范围内才能保证额定精度指标。一般A/D转换器的工作温度范围为0~70℃。

图4-13是基于A8内核的处理器S5PV210的两路A/D转换器端口连接原理图。图中可以看到,AIN0、AIN1是该处理器的两路A/D转换器端口。S5PV210中关于A/D转换器的主要操作的寄存器是ADCCON、ADCDAT0。表4-16和表4-17反映了这两个寄存器的位组成情况。

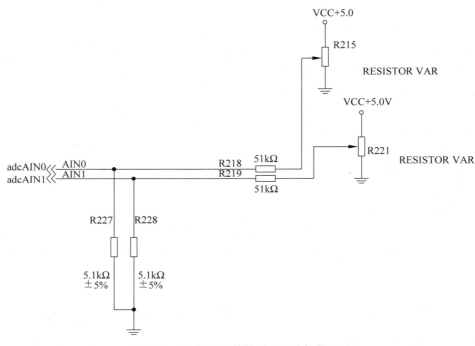

图 4-13　两路 A/D 转换器端口连接原理图

表 4-16　寄存器 ADCCON 位组成

寄存器 ADCCON	位	描　述	初始化状态
ECFLG	[15]	转换结束标志(只读) 0:转换中;1:A/D转换结束	0
PRSCEN	[14]	预分频器使能 0:禁止;1:使能	0

寄存器 ADCCON	位	描　述	初始化状态
PRSCVL	[13:6]	预分频器值,范围为 0～255	0xFF
SEL_MUX	[5:3]	模拟信号输入信道选择 000：AIN0；001：AIN1；010：AIN2；011：AIN3； 100：YM；101：YP；110：XM；111：XP	0
STDBM	[2]	STADN BY MODEL 选择 0：正常操作模式；1：STADN BY 模式	1
READ_START	[1]	读开始 0：禁止；1：使能	0
ENABLE_START	[0]	A/D 转换器开始使能标志 0：没有操作；1：开始	0

表 4-17　寄存器 ADCDAT0

寄存器 ADCDAT0	位	描　述	初始化状态
UPDOWN	[15]	中断模式下的上拉或者下拉 0：下拉定位；1：上拉定位	—
AUTO_PST	[14]	X 点和 Y 点自动序列转换 0：正常 A/D 转换器模式； 1：X 点和 Y 点序列测量	—
XY_PST	[13:12]	X 点和 Y 点手动测量 00：无操作模式；01：X 点测量； 10：Y 点测量；11：等待中断模式	—
RESEVERD	[11:10]	保留	—
XPDATA	[9:0]	X 点转换数据值,范围为 0～3FF	—

将 AIN0、AIN1 作为普通 A/D 转换器使用,部分控制代码如下：

```
int main(int argc, char * argv[])
{
int temp12 = 0;
    bsp_init();
unsigned int tmp=0,i=0,flag=0,a[20],aa[20],b[20],bb[20],cc[20],j=0,k=0,max;
    float c;
    * (volatile unsigned int * )(CORTEX_A8_BASE_ADC) = 0x5041;   //TSADCCON0
    * (volatile unsigned int * )(CORTEX_A8_BASE_ADC+4) = 0;      //TSCON0
    int count=0,count1=0;
    while (1)
    {
        * (volatile unsigned int * )(CORTEX_A8_BASE_ADC+0x1c) = 0x0; //ADCMUX,
                                                                //选择通道 0
        * (volatile unsigned int * )(CORTEX_A8_BASE_ADC+0x4) = * (volatile unsigned int
* )(CORTEX_A8_BASE_ADC+0x4) & 0;
        * (volatile unsigned int * )(CORTEX_A8_BASE_ADC) = * (volatile unsigned int * )
(CORTEX_A8_BASE_ADC) | (/ * 0x5049 */0x5041);   //0x5049--AIN1--,,,,0x5041--AIN0;
        temp12 = * (volatile unsigned int * )(CORTEX_A8_BASE_ADC);
```

```
        while((temp12 & 0x8000)==0) { temp12 = * (volatile unsigned int * )(CORTEX_A8_
BASE_ADC); usleep(/ * 1000 * /1000); }
//printf("temp12 = 0x%x\r\n",temp12);
    }
        if(temp12 & 0x8000)    //end conversion
        {
            * (volatile unsigned int * )(CORTEX_A8_BASE_ADC) |= (1 << 1);
            tmp= * (volatile unsigned int * )(CORTEX_A8_BASE_ADC+0xC) & (0x3FF);
    //TSDATX0
            * (volatile unsigned int * )(CORTEX_A8_BASE_ADC)  &= ~(1 << 1);
            a[count++]=tmp;
        }
        * (volatile unsigned int * )(CORTEX_A8_BASE_ADC+0x1c)  = 0x1;
                                                    //ADCMUX,选择通道1
        * (volatile unsigned int * )(CORTEX_A8_BASE_ADC+0x4)   = * (volatile unsigned int
 * )(CORTEX_A8_BASE_ADC+0x4) & 0;
        * (volatile unsigned int * )(CORTEX_A8_BASE_ADC)  = * (volatile unsigned int * )
(CORTEX_A8_BASE_ADC) | (/ * 0x5049 * /0x5041);    //0x5049--AIN1--,,,,0x5041--AIN0;
        temp12 = * (volatile unsigned int * )(CORTEX_A8_BASE_ADC);
        while((temp12 & 0x8000)==0) {temp12 = * (volatile unsigned int * )(CORTEX_A8_
BASE_ADC); usleep(/ * 1000 * /1000); }
        //        printf("temp12 = 0x%x\r\n",temp12);
        if(temp12 & 0x8000)    //end conversion
        ...
}
```

4.7 本章小结

本章首先介绍了三星公司的 S5PV210 处理器的特点和硬件结构。该处理器内部集成了丰富的常用外设模块,对其内部的 6 个主要模块的功能做了简要说明;随后,详细介绍了 S5PV210 处理器的地址空间分配以及虚拟地址和物理地址的映射,并简要介绍了处理器的启动流程,对处理器的时钟系统构成进行了解析;最后详细介绍了最常用的外设:GPIO 和 UART。通过这两种接口的介绍,读者可以初步掌握嵌入式处理器外设的控制、驱动方法,在今后学习到其他接口外设时能够举一反三。

【本章思政案例:探索精神】 详情请见本书配套资源。

习题

1. 尝试阅读三星 S5PV210 数据手册,了解更详细的芯片构成情况。

2. GPIO 接口是嵌入式系统中最常见的接口,尝试通过该接口连接 4×4 键盘并驱动该外设,请选择器件画出原理图,并编写相关驱动程序。

3. 本节介绍了 A8 处理器片内 A/D 转换器的构成与驱动,其实 D/A 转换器也是嵌入式系统中十分常见的外设,请查阅资料了解 A8 处理器的 D/A 转换器的构成和驱动。

4. S5PV210 的外部时钟源有哪几种? 它们可分别为芯片中的哪些外设提供所需的时钟信号?

5. 参考图 4-13,试编写程序将 A/D 转换的值以字符串的形式通过串口输出。要求串口波特率为 115200b/s,数据位 8 位,1 位停止位,无奇偶校验。

第5章 ARM-Linux内核

操作系统的诞生是计算机软件发展历史上的最重要事件之一。从层次上看,操作系统不光管理计算机硬件资源,也为各种应用程序提供了服务。与桌面操作系统不同的是,嵌入式系统由于面向特定应用,同时嵌入式系统容量较小,资源有限,这就对嵌入式操作系统提出了相应的要求。本章介绍基于 ARM 处理器的 Linux 内核的相关知识。

Linux 操作系统诞生于 1991 年,可安装在各种计算机硬件设备中,例如各种智能移动终端、路由器、台式计算机、大型机和超级计算机等。Linux 支持包括 x86、ARM、MIPS 和 Power PC 等在内的多种硬件体系结构。Linux 存在着许多不同的版本,但它们都使用了 Linux 内核。Linux 是一个一体化内核(monolithic kernel)系统。这里的"内核"指的是一个提供硬件抽象层、磁盘及文件系统控制、多任务等功能的系统软件,一个内核不是一套完整的操作系统。一套建立在 Linux 内核的完整操作系统叫作 Linux 操作系统,或是 GNU/Linux。

Linux 操作系统的灵魂是 Linux 内核,内核为系统其他部分提供系统服务。ARM-Linux 内核是专门适应 ARM 体系结构设计的 Linux 内核,它负责整个系统的进程管理和调度、内存管理、文件管理、设备管理和网络管理等主要系统功能。

5.1　ARM-Linux 概述

5.1.1　GNU/Linux 操作系统的基本体系结构

GNU/Linux 操作系统的基本体系结构如图 5-1 所示。从图中可以看到,GNU/Linux 被分成了两个空间。

相对于操作系统其他部分,Linux 内核具有很高的安全级别和严格的保护机制。这种机制确保应用程序只能访问许可的资源,而不许可的资源是拒绝被访问的。因此系统设计者将内核和上层的应用程序进行抽象隔离,分别称之为内核空间和用户空间,如图 5-1 所示。

用户空间包括用户应用程序和 GNU C 库(glibc 库),负责执行用户应用程序。在该空间,一般的应用程序是由 glibc 库间接调用系统调用接口而不是直接调用内核的系统调用接口去访问系统资源。这样做的主要理由是内核空间和用户空间的应用程序使用的是不同的保护地址空间。每个用户空间的进程都使用自己的虚拟地址空间,而内核则占用单独的地址空间。从面向对象的思想出发,glibc 库对内核的系统调用接口做了一层封装。

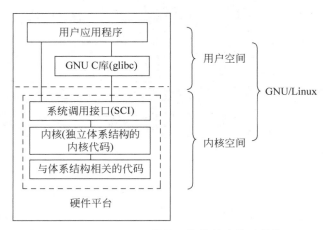

图 5-1　GNU/Linux 操作系统的基本体系结构

用户空间的下面是内核空间。Linux 内核空间可以进一步划分成 3 层。最上面是系统调用接口(System Call Interface,SCI),它是用户空间与内核空间的桥梁,用户空间的应用程序通过这个统一接口来访问系统中的硬件资源,通过此接口,所有的资源访问都是在内核的控制下执行,以免导致用户程序对系统资源的越权访问,从而保障了系统的安全和稳定。系统调用接口从功能上来看实际上是一个非常有用的函数调用多路复用器和多路分解服务器。用户可以在. /linux/kernel 中找到系统调用接口的实现代码。系统调用接口之下是内核代码部分,实际可以更精确地定义为独立于体系结构的内核代码。这些代码是 Linux 所支持的所有处理器体系结构所通用的。在这些代码之下是依赖于体系结构的代码,构成了通常称为板级支持包(Board Support Package,BSP)的部分。这些代码用作给定体系结构的处理器和特定于平台的代码,一般位于内核的 arch 目录(. /linux/arch 目录)和 drivers 目录中。arch 目录含有诸如 x86、ia64、arm 等体系结构的支持; drivers 目录含有块设备、字符设备、网络设备等不同硬件驱动的支持。

5.1.2　ARM-Linux 内核版本及特点

据前所述,ARM-Linux 内核是基于 ARM 处理器的 Linux 内核,因而 ARM-Linux 内核版本的变化与 Linux 内核版本的变化保持同步。由于 Linux 标准内核是针对 x86 处理器架构设计的,并不能保证在其他架构(如 ARM)上能正常运行。因而嵌入式 Linux 系统内核(如 ARM_Linux 内核)往往在标准 Linux 基础上通过安装 patch 实现。例如,ARM_Linux 内核就是对 Linux 安装 rmk 补丁形成的,只有安装了这些补丁,内核才能顺利地移植到 ARM_Linux 上。当然,也可以通过已经安装好补丁的内核源代码包实现。

在 2.6 版本之前,Linux 内核版本的命名格式为 A. B. C。数字 A 是内核版本号。版本号只有在代码和内核的概念有重大改变的时候才会改变。历史上有两次变化:第一次是 1994 年的 1.0 版,第二次是 1996 年的 2.0 版。2011 年的 3.0 版发布,但这次在内核的概念上并没有发生大的变化。数字 B 是内核主版本号。主版本号根据传统的奇-偶系统版本编号来分配:奇数为开发版,偶数为稳定版。数字 C 是内核次版本号。次版本号在内核增加安全补丁、修复 bug、实现新的特性或者驱动时都会改变。

2004 年 2.6 版本发布之后,内核开发者觉得基于更短的时间为发布周期更有益,所以在大约 7 年的时间里,内核版本号的前两个数字一直保持是"2.6",第三个数字随着发布次数增加,发布周期大约是两三个月。考虑对某个版本的 bug 和安全漏洞的修复,有时也会出现第四个数字。2011 年 5 月 29 日,设计者 Linus Torvalds 宣布:为了纪念 Linux 发布 20 周年,在 2.6.39 版本发布之后,内核版本将升到 3.0。Linux 继续使用在 2.6.0 版本引入的基于时间的发布规律,但是使用第二个数字——例如在 3.0 发布的几个月之后发布 3.1,同时当需要修复 bug 和安全漏洞的时候,增加一个数字(现在是第三个数)来表示,如 3.0.18。

如图 5-2 所示,在 Linux 内核官网上会看到主要有三种类型的内核版本。

Protocol	Location					
HTTP	https://www.kernel.org/pub/		Latest Release			
GIT	https://git.kernel.org/		6.3.8 ⬇			
RSYNC	rsync://rsync.kernel.org/pub/					

mainline:	6.4-rc6	2023-06-11	[tarball]		[patch] [inc. patch]	[view diff]
stable:	6.3.8	2023-06-14	[tarball]	[pgp] [patch]	[inc. patch]	[view diff]
stable:	6.2.16 [EOL]	2023-05-17	[tarball]	[pgp] [patch]	[inc. patch]	[view diff]
longterm:	6.1.34	2023-06-14	[tarball]	[pgp] [patch]	[inc. patch]	[view diff]
longterm:	5.15.117	2023-06-14	[tarball]	[pgp] [patch]	[inc. patch]	[view diff]
longterm:	5.10.184	2023-06-14	[tarball]	[pgp] [patch]	[inc. patch]	[view diff]
longterm:	5.4.247	2023-06-14	[tarball]	[pgp] [patch]	[inc. patch]	[view diff]
longterm:	4.19.286	2023-06-14	[tarball]	[pgp] [patch]	[inc. patch]	[view diff]
longterm:	4.14.318	2023-06-14	[tarball]	[pgp] [patch]	[inc. patch]	[view diff]
linux-next:	next-20230616	2023-06-16				

图 5-2　Linux 内核当前可支持版本一览

➤ mainline 是主线版本,目前主线版本为 6.3。

➤ stable 是稳定版,由 mainline 在时机成熟时发布,稳定版也会在相应版本号的主线上提供 bug 修复和安全补丁。

➤ longterm 是长期支持版,目前还处在长期支持版的有 5 个版本的内核,长期支持版的内核等到不再支持时,也会标记 EOL(停止支持)。

操作系统内核主要可以分为两大体系结构:单内核和微内核。单内核中所有的部分都集中在一起,而且所有的部件在一起编译连接。这样做的好处比较明显,系统各部分直接沟通,系统响应速度高和 CPU 利用率好,而且实时性好;但是单内核的不足也显而易见,当系统较大时体积也较大,不符合嵌入式系统容量小、资源有限的特点。

微内核是将内核中的功能划分为独立的过程,每个过程被定义为一个服务器,不同的服务器都保持独立并运行在各自的地址空间。这种体系结构在内核中只包含了一些基本的内核功能,如创建删除任务、任务调度、内存管理和中断处理等部分,而文件系统、网络协议栈等部分是在用户内存空间运行的。这种结构虽然执行效率不如单内核,但是大大减小了内核体积,同时也有利于系统的维护、升级和移植。

Linux 是一个内核运行在单独的内核地址空间的单内核,但是汲取了微内核的精华,如模块化设计、抢占式内核、支持内核线程以及动态装载内核模块等特点。以 2.6 版本为例,其主要特点有:

① 支持动态加载内核模块机制。

② 支持对称多处理机制(SMP)。

③ O(1)的调度算法。

④ Linux 内核可抢占,Linux 内核具有允许在内核运行的任务优先执行的能力。

⑤ Linux 不区分线程和其他一般的进程,对内核来说,所有的进程都一样(仅部分共享资源)。

⑥ Linux 提供具有设备类的面向对象的设备模块、热插拔事件,以及用户空间的设备文件系统。

视频讲解

5.1.3 ARM-Linux 内核的主要架构及功能

Linux 内核主要架构如图 5-3 所示。根据内核的核心功能,Linux 内核具有 5 个主要的子系统,分别负责如下的功能:进程管理、内存管理、虚拟文件系统、进程间通信和网络管理。

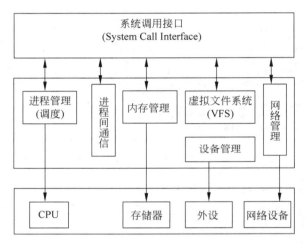

图 5-3　Linux 内核主要架构

1. 进程管理

进程管理负责管理 CPU 资源,以便让各个进程能够以尽量公平的方式访问 CPU。进程管理负责进程的创建和销毁,并处理它们和外部世界之间的连接(输入/输出)。除此之外,控制进程如何共享的调度器也是进程管理的一部分。概括来说,内核进程管理活动就是在单个或多个 CPU 上实现了多个进程的抽象。进程管理源代码可参考. /linux/kernel 目录。

2. 内存管理

Linux 内核所管理的另外一个重要资源是内存。内存管理策略是决定系统性能好坏的一个关键因素。内核在有限的可用资源之上为每个进程都创建了一个虚拟空间。内存管理的源代码可以在. /linux/mm 中找到。

3. 虚拟文件系统

文件系统在 Linux 内核中具有十分重要的地位,用于对外设的驱动和存储,隐藏了各种硬件的具体细节。Linux 引入了虚拟文件系统(Virtual File System,VFS)为用户提供了统一、抽象的文件系统界面,以支持越来越繁杂的具体的文件系统。Linux 内核将不同功能的外部设备,例如 Disk 设备(硬盘、磁盘、NAND Flash、NOR Flash 等)、输入/输出设备、显示设备等,抽象为可以通过统一的文件操作接口来访问。Linux 中的绝大部分对象都可被视为文件并可对其进行相关操作。

4. 进程间通信

不同进程之间的通信是操作系统的基本功能之一。Linux 内核通过支持 POSIX 规范中标准的 IPC(Inter Process Communication,相互通信)机制和其他许多广泛使用的 IPC 机制实现进程间通信。IPC 不管理任何的硬件,它主要负责 Linux 系统中进程之间的通信。例如 UNIX 中最常见的管道、信号量、消息队列和共享内存等。另外,信号(signal)也常被用来作为进程间的通信手段。Linux 内核支持 POSIX 规范的信号及信号处理并广泛应用。

5. 网络管理

网络管理提供了各种网络标准的存取和各种网络硬件的支持,负责管理系统的网络设备,并实现多种多样的网络标准。网络接口可以分为网络设备驱动程序和网络协议。

这 5 个系统相互依赖,缺一不可,但是相对而言,进程管理处于比较重要的地位,其他子系统的挂起和恢复进程运行都必须依靠进程调度子系统的参与。当然,其他子系统的地位也非常重要:调度程序的初始化及执行过程中需要内存管理模块分配其内存地址空间并进行处理;进程间通信需要内存管理实现进程间的内存共享;而内存管理利用虚拟文件系统支持数据交换,交换进程(swapd)定期由调度程序调度;虚拟文件系统需要使用网络接口实现网络文件系统,而且使用内存管理子系统实现内存设备管理,同时虚拟文件系统实现了内存管理中内存的交换。

除了这些依赖关系外,内核中的所有子系统还要依赖于一些共同的资源。这些资源包括所有子系统都用到的过程。例如分配和释放内存空间的过程,打印警告或错误信息的过程,还有系统的调试例程等。

5.1.4 Linux 内核源码目录结构

为了实现 Linux 内核的基本功能,Linux 内核源码的各个目录也大致与此相对应,其组成如下。

- ➢ arch 目录包括了所有和体系结构相关的核心代码。它下面的每一个子目录都代表一种 Linux 支持的体系结构,例如 ARM 就是 ARM CPU 及与之相兼容体系结构的子目录。
- ➢ include 目录包括编译核心所需要的大部分头文件,例如与平台无关的头文件在 include/linux 子目录下。
- ➢ init 目录包含核心的初始化代码。需要注意的是,该代码不是系统的引导代码。
- ➢ mm 目录包含了所有的内存管理代码。与具体硬件体系结构相关的内存管理代码位于 arch/ ∗ /mm 目录下。
- ➢ drivers 目录中是系统所有的设备驱动程序。它又进一步划分成几类设备驱动,如字符设备、块设备等。每一种设备驱动均有对应的子目录。
- ➢ ipc 目录包含了核心进程间的通信代码。
- ➢ modules 目录存放了已建好的、可动态加载的模块。
- ➢ fs 目录存放 Linux 支持的文件系统代码。不同的文件系统有不同的子目录对应,如 jffs2 文件系统对应的就是 jffs2 子目录。

> ➤ kernel 目录存放内核管理的核心代码,另外与处理器结构相关的代码都放在 arch/
>   ＊/kernel 目录下。
> ➤ net 目录里是核心的网络部分代码。
> ➤ lib 目录包含了核心的库代码,但是与处理器结构相关的库代码被放在 arch/＊/lib/
>   目录下。
> ➤ scripts 目录包含用于配置核心的脚本文件。
> ➤ documentation 目录下是一些文档,是对目录作用的具体说明。

5.2 ARM-Linux 进程管理

进程是处于执行期的程序以及它所管理的资源的总称,这些资源包括打开的文件、挂起的信号、进程状态、地址空间等。程序并不是进程,实际上两个或多个进程不仅有可能执行同一程序,而且还有可能共享地址空间等资源。

进程管理是 Linux 内核中最重要的子系统,它主要提供对 CPU 的访问控制。由于计算机中,CPU 资源是有限的,而众多的应用程序都要使用 CPU 资源,所以需要"进程调度子系统"对 CPU 进行调度管理。进程管理调度子系统包括 4 个子模块,如图 5-4 所示,它们的功能如下。

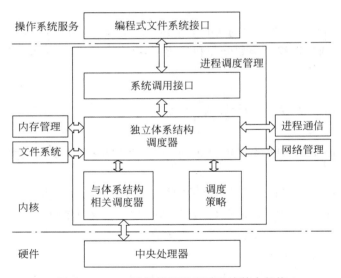

图 5-4 Linux 进程管理调度子系统基本架构

> ➤ 调度策略(Scheduling Policy)模块。该模块实现进程调度的策略,它决定哪个(或者哪几个)进程将拥有 CPU 资源。
> ➤ 与体系结构相关调度器(Architecture-specific Scheduler)模块。该模块涉及体系结构相关的部分,用于将对不同 CPU 的控制抽象为统一的接口。这些控制功能主要在 suspend 和 resume 进程时使用,包含 CPU 的寄存器访问、汇编指令操作等。
> ➤ 独立体系结构调度器(Architecture-independent Scheduler)模块。该模块涉及体系结构无关的部分,会和 Scheduling Policy 模块沟通,决定接下来要执行哪个进程,然

后通过 Architecture-specific Schedulers 模块指定的进程予以实现。

➤ 系统调用接口(System Call Interface)。进程调度子系统通过系统调用接口将需要
提供给用户空间的接口开放出去,同时屏蔽掉不需要用户空间程序关心的细节。

5.2.1　进程的表示和切换

Linux 内核通过一个被称为进程描述符的 task_struct 结构体(也叫进程控制块)来管理进程,这个结构体记录了进程的最基本的信息,它的所有域按其功能可以分为状态信息、链接信息、各种标识符、进程间通信信息、时间和定时器信息、调度信息、文件系统信息、虚拟内存信息、处理器环境信息等。进程描述符中不仅包含了许多描述进程属性的字段,而且还包含一系列指向其他数据结构的指针。内核把每个进程的描述符放在一个叫作任务队列的双向循环链表当中,它定义在. /include/linux/sched. h 文件中。

```
struct task_struct {
    volatile long state;                    / * 进程状态, −1 unrunnable, 0 runnable, > 0 stopped  * /
    void  * stack;
    atomic_t usage;
    unsigned int flags;                     / *  每个进程的标志  * /
    unsigned int ptrace;
#ifdef CONFIG_SMP
    struct task_struct  * wake_entry;
    int on_cpu;
#endif
    int on_rq;
    int prio, static_prio, normal_prio;     / *优先级和静态优先级 * /
    unsigned int rt_priority;
    const struct sched_class  * sched_class;
    struct sched_entity se;
    struct sched_rt_entity rt;
...
#define TASK_RUNNING              0
#define TASK_INTERRUPTIBLE        1
#define TASK_UNINTERRUPTIBLE      2
#define __ TASK_STOPPED           4
#define __ TASK_TRACED            8
#define EXIT_ZOMBIE               16
#define EXIT_DEAD                 32
#define TASK_DEAD                 64
#define TASK_WAKEKILL             128
#define TASK_WAKING               256
...
```

系统中的每个进程都必然处于以上所列进程状态中的一种。这里对进程状态给予说明。

➤ TASK_RUNNING 表示进程要么正在执行,要么正要准备执行。

➤ TASK_INTERRUPTIBLE 表示进程被阻塞(睡眠),直到某个条件变为真。条件一旦达成,进程的状态就被设置为 TASK_RUNNING。

➤ TASK_UNINTERRUPTIBLE 的意义与 TASK_INTERRUPTIBLE 基本类似,除了

不能通过接收一个信号来唤醒以外。

> __ TASK_STOPPED 表示进程被停止执行。

> __ TASK_TRACED 表示进程被 debugger 等进程监视。

> TASK-WAKEKILL 状态是当进程收到致命错误信号时唤醒进程。

> TASK_WAKING 状态说明该任务正在唤醒,其他唤醒操作均会失败。都被置为 TASK_DEAD 状态。

> TASK_DEAD 表示一个进程在退出时,state 字段都被置于该状态。

> EXIT_ZOMBIE 表示进程的执行被终止,但是其父进程还没有使用 wait()等系统调用来获知它的终止信息。

> EXIT_DEAD 状态表示进程的最终状态,进程在系统中被删除时将进入该状态。

> EXIT_ZOMBIE 和 EXIT_DEAD 也可以存放在 exit_state 成员中。

调度程序负责选择下一个要运行的进程,它在可运行态进程之间分配有限的处理器时间资源,使系统资源最大限度地发挥作用,实现多进程并发执行的效果。进程状态的切换过程如图 5-5 所示。

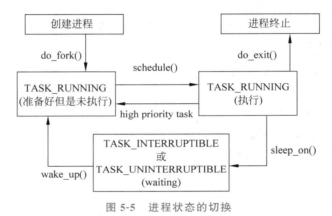

图 5-5　进程状态的切换

5.2.2　进程、线程和内核线程

在 Linux 内核中,内核是采用进程、线程和内核线程统一管理的方法实现进程管理的。内核将进程、线程和内核线程一视同仁,即内核使用唯一的数据结构 task_struct 来分别表示它们;内核使用相同的调度算法对这三者进行调度;并且内核也使用同一个函数 do_fork()来分别创建这三种执行线程(thread of execution)。执行线程通常是指任何正在执行的代码实例,例如一个内核线程,一个中断处理程序或一个进入内核的进程。Linux 内核的这种处理方法简捷方便,并且内核在统一处理这三者之余保留了它们本身所具有的特性。

本小节首先介绍进程、线程和内核线程的概念,然后结合进程、线程和内核线程的特性分析进程在内核中的功能。

进程是系统资源分配的基本单位,线程是程序独立运行的基本单位。线程有时候也被称作小型进程,这是因为多个线程之间是可以共享资源的,而且多个线程之间的切换所花费的代价远比进程低。在用户态下,使用最广泛的线程操作接口即为 POSIX 线程接口,即 pthread。通过这组接口可以进行线程的创建以及多线程之间的并发控制等。

如果内核要对线程进行调度,那么线程必须如同进程那样在内核中对应一个数据结构。进程在内核中有相应的进程描述符,即 task_struct 结构。事实上,从 Linux 内核的角度而言,并不存在线程这个概念。内核对线程并没有设立特别的数据结构,而是与进程一样使用 task_struct 结构进行描述。也就是说,线程在内核中也是以一个进程存在的,只不过它比较特殊,它和同类的进程共享某些资源,例如进程地址空间、进程的信号、打开的文件等。这类特殊的进程称为轻量级进程(Light Weight Process)。

按照这种线程机制的定义,每个用户态的线程都和内核中的一个轻量级进程相对应。多个轻量级进程之间共享资源,从而体现了多线程之间资源共享的特性。同时这些轻量级进程跟普通进程一样由内核进行独立调度,从而实现了多个进程之间的并发执行。

在内核中还有一种特殊的线程,称为内核线程(Kernel Thread)。由于在内核中进程和线程不做区分,因此也可以将其称为内核进程。内核线程在内核中也是通过 task_struct 结构来表示的。

内核线程和普通进程一样也是内核调度的实体,但是有着明显的不同:首先,内核线程永远都运行在内核态,而不同进程既可以运行在用户态也可以运行在内核态。从地址空间的使用角度来讲,内核线程只能使用大于 3GB 的地址空间,而普通进程则可以使用整个 4GB 的地址空间。其次,内核线程只能调用内核函数但无法使用用户空间的函数,而普通进程必须通过系统调用才能使用内核函数。

5.2.3 进程描述符 task_struct 的几个特殊字段

上述三种执行线程在内核中都使用统一的数据结构 task_struct 来表示。这里简单介绍进程描述符中几个比较特殊的字段,它们分别指向代表进程所拥有的资源的数据结构。

① mm 字段。指向 mm_struct 结构的指针,该类型用来描述进程整个的虚拟地址空间。其数据结构如下:

```
struct mm_struct  * mm, * active_mm;
# ifdef CONFIG_COMPAT_BRK
  unsigned brk_randomized: 1;
# endif
# if defined(SPLIT_RSS_COUNTING)
  struct task_rss_stat    rss_stat;
# endif
```

② fs 字段。指向 fs_struct 结构的指针,该字段用来描述进程所在文件系统的根目录和当前进程所在的目录信息。

③ files 字段。指向 files_struct 结构的指针,该字段用来描述当前进程所打开文件的信息。

④ signal 字段。指向 signal_struct 结构(信号描述符)的指针,该字段用来描述进程所能处理的信号。其数据结构如下:

```
/ *  signal handlers  * /
  struct signal_struct  * signal;
  struct sighand_struct  * sighand;
```

```
    sigset_t blocked, real_blocked;
    sigset_t saved_sigmask;                    /* 如果 set_restore_sigmask()被使用,则存储该值 */
    struct sigpending pending;
    unsigned long sas_ss_sp;
    size_t sas_ss_size;
  int ( * notifier)(void * priv);
   void * notifier_data;
   sigset_t * notifier_mask;
```

对于普通进程来说,上述字段分别指向具体的数据结构以表示该进程所拥有的资源。对应每个线程而言,内核通过轻量级进程与其进行关联。轻量级进程之所以轻量,是因为它与其他进程共享上述所提及的进程资源。例如进程 A 创建了线程 B,则 B 线程会在内核中对应一个轻量级进程。这个轻量级进程对应一个进程描述符,而且 B 线程的进程描述符中的某些代表资源指针会和 A 进程中对应的字段指向同一个数据结构,这样就实现了多线程之间的资源共享。

内核线程只运行在内核态,并不需要像普通进程那样的独立地址空间。因此内核线程的进程描述符中的 mm 指针即为 NULL。

5.2.4 do_fork()函数

进程、线程以及内核线程都有对应的创建函数,不过这三者所对应的创建函数最终在内核都是由 do_fork()进行创建的,具体的调用关系如图 5-6 所示。

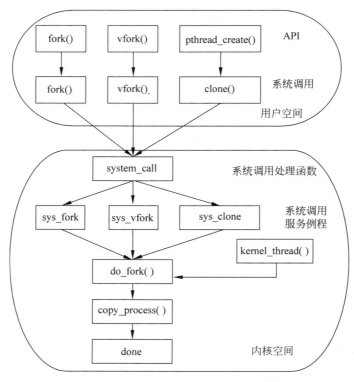

图 5-6 do_fork()函数对于进程、线程以及内核线程的应用

从图 5-6 中可以看出，内核中创建进程的核心函数即为 do_fork()，该函数的原型如下：

```
long do_fork(unsigned long clone_flags,
             unsigned long stack_start,
             struct pt_regs * regs,
             unsigned long stack_size,
             int __ user * parent_tidptr,
             int __ user * child_tidptr)
```

该函数的参数说明如下。

➢ clone_flags：代表进程各种特性的标志。低字节指定子进程结束时发送给父进程的信号代码，一般为 SIGCHLD 信号，剩余 3 字节是若干标志或运算的结果。

➢ stack_start：子进程用户态堆栈的指针，该参数会被赋值给子进程的 esp 寄存器。

➢ regs：指向通用寄存器值的指针，当进程从用户态切换到内核态时通用寄存器中的值会被保存到内核态堆栈中。

➢ stack_size：未被使用，默认值为 0。

➢ parent_tidptr：该子进程的父进程用户态变量的地址，仅当 CLONE_PARENT_SETTID 被设置时有效。

➢ child_tidptr：该子进程用户态变量的地址，仅当 CLONE_CHILD_SETTID 被设置时有效。

既然进程、线程和内核线程在内核中都是通过 do_fork() 完成创建的，那么 do_fork() 如何体现其功能的多样性呢？其实，clone_flags 参数在这里起到了关键作用，通过选取不同的标志，从而保证了 do_fork() 函数实现多角色——创建进程、线程和内核线程——功能的实现。clone_flags 参数可取的标志很多，下面只介绍其中几个主要的标志。

➢ CLONE_VIM：子进程共享父进程内存描述符和所有的页表。

➢ CLONE_FS：子进程共享父进程所在文件系统的根目录和当前工作目录。

➢ CLONE_FILES：子进程共享父进程打开的文件。

➢ CLONE_SIGHAND：子进程共享父进程的信号处理程序、阻塞信号和挂起的信号。使用该标志必须同时设置 CLONE_VM 标志。

如果创建子进程时设置了上述标志，那么子进程会共享这些标志所代表的父进程资源。

5.2.5 进程的创建

在用户态程序中，可以通过 fork()、vfork() 和 clone() 三个接口函数创建进程，这三个函数在库中分别对应同名的系统调用。系统调用函数通过 128 号软中断进入内核后，会调用相应的系统调用服务例程。这三个函数对应的服务例程分别是 sys_fork()、sys_vfork() 和 sys_clone()。

视频讲解

```
int sys_fork(struct pt_regs * regs)
{
    return do_fork(SIGCHLD, regs-> sp, regs, 0, NULL, NULL);
}
int sys_vfork(struct pt_regs * regs)
```

```
{
        return do_fork(CLONE_VFORK | CLONE_VM | SIGCHLD, regs-> sp, regs, 0, NULL,
NULL);
}
long
sys_clone(unsigned long clone_flags, unsigned long newsp,
void __ user * parent_tid, void __ user * child_tid, struct pt_regs * regs)
{
        if (!newsp)
                newsp = regs-> sp;
        return do_fork(clone_flags, newsp, regs, 0, parent_tid, child_tid);
}
```

通过上述系统调用服务例程的源代码可以发现,三个系统服务例程内部都调用了 do_fork(),主要差别在于第一个参数所传的值不同。这也正好导致由这三个进程创建函数所创建的进程有不同的特性。下面予以简单说明。

(1) fork()

由于 do_fork()中 clone_flags 参数除了子进程结束时返回给父进程的 SIGCHLD 信号外并无其他特性标志,因此由 fork()创建的进程不会共享父进程的任何资源。子进程会完全复制父进程的资源,也就是说父子进程相对独立。不过,由于写时复制(Copy on Write)技术的引入,子进程可以只读父进程的物理页,只有当父进程或者子进程去写某个物理页时,内核此时才会将这个页的内容复制到一个新的物理页,并把这个新的物理页分配给正在写的进程。

(2) vfork()

do_fork()中的 clone_flags 使用了 CLONE_VFORK 和 CLONE_VM 两个标志。CLONE_VFORK 标志使得子进程先于父进程执行,父进程会阻塞到子进程结束或执行新的程序。CLONE_VM 标志使得子进程可以共享父进程的内存地址空间(父进程的页表项除外)。在写时复制技术引入之前,vfork()适用子进程形成后立即执行 execv()的情形。因此,vfork()现如今已经没有特别的使用之处,因为写时复制技术完全可以取代它创建进程时所带来的高效性。

(3) clone()

clone()通常用于创建轻量级进程。通过传递不同的标志可以对父子进程之间数据的共享和复制进行精确的控制,一般 flags 的取值为 CLONE_VM|CLONE_FS|CLONE_FILES|CLONE_SIGHAND。由上述标志可以看到,轻量级进程通常共享父进程的内存地址空间、父进程所在文件系统的根目录以及工作目录信息、父进程当前打开的文件以及父进程所拥有的信号处理函数。

5.2.6 线程和内核线程的创建

视频讲解

每个线程在内核中对应一个轻量级进程,两者的关联是通过线程库完成的。因此通过 pthread_create()创建的线程最终在内核中是通过 clone()完成创建的,而 clone()最终调用 do_fork()。

一个新内核线程的创建是通过在现有的内核线程中使用 kernel_thread()而创建的,其本质也是向 do_fork()提供特定的 flags 标志而创建的。

```
Int kernel_thread(int ( * fn)(void * ),void * arg,unsigned long flags)
{
return do_fork(flags|CLONE_VM|CLONE_UNTRACED,0,&regs,0,NULL,NULL);
}
```

从上面的组合的 flags 标志可以看出,新的内核线程至少会共享父内核线程的内存地址空间。这样做其实是为了避免赋值调用线程的页表,因为内核线程无论如何都不会访问用户地址空间。CLONE_UNTRACED 标志保证内核线程不会被任何进程所跟踪。

5.2.7 进程的执行——exec 函数族

fork()函数用于创建一个子进程,该子进程几乎复制了父进程的所有内容。但是这个新创建的进程是如何执行的呢? 在 Linux 中使用 exec 函数族来解决这个问题,exec 函数族提供了一个在进程中启动另一个程序执行的方法。它可以根据指定的文件名或目录名找到可执行文件,并用它来取代原调用进程的数据段、代码段和堆栈段,在执行完之后,原调用进程的内容除了进程号外,其他全部被新的进程替换了。

在 Linux 中使用 exec 函数族主要有两种情况。

① 当进程认为自己不能再为系统和用户做出任何贡献时,就可以调用 exec 函数族中的任意一个函数让自己重生。

② 如果一个进程希望执行另一个程序,那么它就可以调用 fork()函数新建一个进程,然后调用 exec 函数族中的任意一个函数,这样看起来就像通过执行应用程序而产生了一个新进程。

相对来说,第二种情况非常普遍。实际上,在 Linux 中并没有 exec()函数,而是有 6 个以 exec 开头的函数,表 5-1 列举了 exec 函数族的 6 个成员函数的语法。

表 5-1 exec 函数族成员函数语法

所需头文件	#include < unistd. h >
函数原型	int execl(const char * path, const char * arg,…)
	int execv(const char * path, char * const argv[])
	int execle(const char * path, const char * arg,…, char * const envp[])
	int execve(const char * path, char * const argv[], char * const envp[])
	int execlp(const char * file, const char * arg,…)
	int execvp(const char * file, char * const argv[])
函数返回值	—1: 出错

事实上,这 6 个函数中真正的系统调用只有 execve(),其他 5 个都是库函数,它们最终都会调用 execve()这个系统调用。这里简要介绍 execve()执行的流程。

① 打开可执行文件,获取该文件的 file 结构。

② 获取参数区长度,将存放参数的页面清零。

③ 对 linux_binprm 结构的其他项作初始化。这里的 linux_binprm 结构用来读取并存

储运行可执行文件的必要信息。

5.2.8 进程的终止

当进程终结时,内核必须释放它所占有的资源,并告知其父进程。进程的终止可以通过以下三个事件驱动:正常的进程结束、信号和 exit() 函数的调用。进程的终结最终都要通过 do_exit() 来完成(linux/kernel/exit.c 中)。进程终结后,与进程相关的所有资源都要被释放,进程不可运行并处于 TASK_ZOMBIE 状态,此时进程存在的唯一目的就是向父进程提供信息。当父进程检索到信息后,或者通知内核该信息是无关信息后,进程所持有的剩余内存被释放。

exit() 函数所需的头文件为 #include < stdlib.h >,函数原型是:

void exit(int status)

其中 status 是一个整型的参数,可以利用这个参数传递进程结束时的状态。一般来说,0 表示正常结束;其他的数值表示出现了错误,进程非正常结束。在实际编程时,可以用 wait() 系统调用接收子进程的返回值,从而针对不同的情况进行不同的处理。

下面简要介绍 do_exit() 的执行过程。

① 将 task_struct 中的标志成员设置为 PF_EXITING,表明该进程正在被删除,释放当前进程占用的 mm_struct,如果没有别的进程使用,即没有被共享,就彻底释放它们。

② 如果进程排队等候 IPC 信号,则离开队列。

③ 分别递减文件描述符、文件系统数据、进程名字空间的引用计数。如果这些引用计数的数值降为 0,则表示没有进程在使用这些资源,可以释放。

④ 向父进程发送信号,将当前进程的子进程的父进程重新设置为线程组中的其他线程或者 init 进程,并把进程状态设成 TASK_ZOMBIE。

⑤ 切换到其他进程,处于 TASK_ZOMBIE 状态的进程不会再被调用。此时进程占用的资源就是内核堆栈、thread_info 结构、task_struct 结构。此时进程存在的唯一目的就是向它的父进程提供信息。父进程检索到信息后,或者通知内核那是无关的信息后,由进程所持有的剩余内存被释放,归还给系统使用。

5.2.9 进程的调度

由于进程、线程和内核线程使用统一数据结构来表示,因此内核对这三者并不作区分,也不会为其中某一个设立单独的调度算法。内核将这三者一视同仁,进行统一的调度。

1. Linux 调度时机

Linux 进程调度分为主动调度和被动调度两种方式。

主动调度随时都可以进行,内核里可以通过 schedule() 启动一次调度,当然也可以将进程状态设置为 TASK_INTERRUPTIBLE、TASK_UNINTERRUPTIBLE,暂时放弃运行而进入睡眠,用户空间也可以通过 pause() 达到同样的目的;如果为这种暂时的睡眠放弃加上时间限制,内核态有 schedule_timeout,用户态有 nanosleep() 用于此目的。注意,内核中这种主动放弃是不可见的,其隐藏在每一个可能受阻的系统调用中,如 open()、read()、select() 等。被动调度发生在系统调用返回的前夕、中断异常处理返回前或者用户态处理软中断返回前。

从 Linux 2.6 内核后,Linux 实现了抢占式内核,即处于内核态的进程也可能被调度出去。比如一个进程正在内核态运行,此时一个中断发生使另一个高权值进程就绪,在中断处理程序结束之后,Linux 2.6 内核之前的版本会恢复原进程的运行,直到该进程退出内核态才会引发调度程序;而 Linux 2.6 抢占式内核,在处理完中断后,会立即引发调度,切换到高权值进程。为支持内核代码可抢占,在 2.6 版内核中通过采用禁止抢占的自旋锁(spin_unlock_mutex)来保护临界区。在释放自旋锁时,同样会引发调度检查。而对那些长期持锁或禁止抢占的代码片段插入了抢占点,此时检查调度需求,以避免不合理的延时发生。而在检查过程中,调度进程很可能就会中止当前的进程来让另外一个进程运行,只要新的进程不需要持有该锁。

2. 进程调度的一般原理

调度程序运行时,要在所有可运行的进程中选择最值得运行的进程。选择进程的依据主要有进程的调度策略(policy)、静态优先级(priority)、动态优先级(counter),以及实时优先级(rt-priority)4 部分。policy 是进程的调度策略,用来区分实时进程和普通进程,Linux 从整体上区分为实时进程和普通进程,二者调度算法不同,实时进程优先于普通进程运行。进程依照优先级的高低被依次调用,实时优先级级别最高。

counter 是实际意义上的进程动态优先级,它是进程剩余的时间片,起始值就是 priority 的值。从某种意义上讲,所有位于当前队列的任务都将执行并且都将移到"过期"队列之中(实时进程则例外,交互性强的进程也可能例外)。当这种事情发生时,情况就会有所变化,队列就会进行切换,原来的"过期"队列成为当前队列,而空的当前队列也就变成了过期队列。

在 Linux 中,用函数 googness() 综合四项依据及其他因素,赋予各影响因素权重(weight),调度程序以权重作为选择进程的依据。

3. Linux O(1)调度

内核实现了一种新型的调度算法,不管有多少个线程在竞争 CPU,这种算法都可以在固定时间内进行操作。这种算法就称为 O(1)调度程序,这个名字就表示它调度多个线程所使用的时间和调度一个线程所使用的时间是相同的。Linux 2.6 实现 O(1)调度,每个 CPU 都有两个进程队列,采用优先级为基础的调度策略。内核为每个进程计算出一个反映其运行"资格"的权值,然后挑选权值最高的进程投入运行。在运行过程中,当前进程的资格随时间而递减,从而在下一次调度的时候原来资格较低的进程可能就有资格运行了。到所有进程的资格都为零时,就重新计算。

schedule() 函数是完成进程调度的主要函数,并完成进程切换的工作。schedule()用于确定最高优先级进程的代码非常快捷高效,其性能的好坏对系统性能有着直接影响,它在 /kernel/sched.c 中的定义如下:

```
asmlinkage void __sched schedule(void)
{
    struct task_struct * prev, * next;
    unsigned long  * switch_count;
    struct rq * rq;
```

```
        int cpu;
   need_resched:
        preempt_disable();
        cpu = smp_processor_id();
        rq = cpu_rq(cpu);
        rcu_sched_qs(cpu);
        prev = rq->curr;
        switch_count = &prev->nivcsw;
        release_kernel_lock(prev);
```

在上述代码中可以发现 schedule 函数中的两个重要变量：prev 指向当前正在使用 CPU 的进程；next 指向下一个将要使用 CPU 的进程。进程调度的一个重要的任务就是找到 next。

schedule()的主要工作可以分为两步。

(1) 找到 next

➤ schedule()检查 prev 的状态。如果不是可运行状态，而且它没有在内核态被抢占，就应该从运行队列删除 prev 进程。不过，如果它是非阻塞挂起信号，而且状态为 TASH_INTERRUPTIBLE，函数就把该进程状态设置为 TASK_RUNNING，并将它插入运行队列。这个操作与把处理器分配给 prev 是不同的，它只是给 prev 一次选中执行的机会。在内核抢占的情况下，该步不会被执行。

➤ 检查本地运行队列中是否有进程。如果没有则在其他 CPU 的运行队列中迁移一部分进程过来。如果在单 CPU 系统或在其他 CPU 的运行队列中迁移进程失败，next 只能选择 swapper 进程，然后马上跳去 switch_tasks 执行进程切换。

➤ 若本地运行队列中有进程，但没有活动进程队列为空集，也就是说运行队列中的进程都在过期进程队列中。这时把活动进程队列改为过期进程队列，把原过期进程队列改为活动进程队列。空集用于接收过期进程。

➤ 在活动进程队列中搜索一个可运行进程。首先，schedule()搜索活动进程队列的集合位掩码的第一个非 0 位。当对应的优先级链表不空时，就把位掩码的相应位置 1。因此，第一个非 0 位下标对应包含最佳运行进程的链表。随后，返回该链表的第一个进程。值得一提的是，在 Linux 2.6 下这步能在很短的固定时间内完成。这时 next 找到了。

➤ 检查 next 是否是实时进程以及是否从 TASK_INTERRUPTIBLE 或 TASK_STOPPED 状态中被唤醒。如果这两个条件都满足，重新计算其动态优先级。然后把 next 从原来的优先级撤销插入新的优先级中。也就是说，实时进程是不会改变其优先级的。

(2) 切换进程

找到 next 后，就可以实施进程切换了。

➤ 把 next 的进程描述符第一部分字段的内容装入硬件高速缓存。

➤ 清除 prev 的 TIF_NEED_RESCHED 的标志。

➤ 设置 prev 的进程切换时刻。

➤ 重新计算并设置 prev 的平均睡眠时间。

➢ 如果 prev！=next，切换 prev 和 next 硬件上下文。

这时，CPU 已经开始执行 next 进程了。

5.3 ARM-Linux 内存管理

5.3.1 ARM-Linux 内存管理概述

视频讲解

内存管理是 Linux 内核中最重要的子系统之一，它主要提供对内存资源的访问控制机制。这种机制主要涵盖了：

➢ 内存的分配和回收。内存管理记录每个内存单元的使用状态，为运行进程的程序段和数据段等需求分配内存空间，并在不需要时回收它们。

➢ 地址转换。当程序写入内存执行时，如果程序中编译时生成的地址（逻辑地址）与写入内存的实际地址（物理地址）不一致，就要把逻辑地址转换成物理地址。这种地址转换通常是由内存管理单元（Memory Management Unit，MMU）完成的。

➢ 内存扩充。由于计算机资源的迅猛发展，内存容量在不断变大。同时，当物理内存容量不足时，操作系统需要在不改变物理内存的情况下通过对外存的借用实现内存容量的扩充。最常见的方法包括虚拟存储、覆盖和交换等。

➢ 内存的共享与保护。内存共享是指多个进程能共同访问内存中的同一段内存单元。内存保护是指防止内存中各程序执行中相互干扰，并保证对内存中信息访问的正确。

Linux 系统会在硬件物理内存和进程所使用的内存（称作虚拟内存）之间建立一种映射关系，这种映射是以进程为单位，因而不同的进程可以使用相同的虚拟内存，而这些相同的虚拟内存，可以映射到不同的物理内存上。

内存管理子系统包括 3 个子模块（见图 5-7），其结构如下。

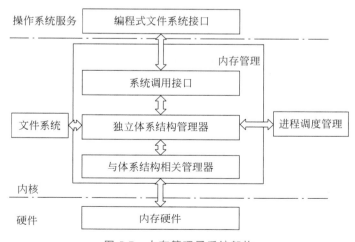

图 5-7 内存管理子系统架构

➢ 与体系结构相关管理器（Architecture Specific Manager）模块。该模块涉及体系结构相关部分，提供用于访问硬件存储器的虚拟接口。

> 独立体系结构管理器（Architecture Independent Manager)模块,涉及体系结构无关部分,提供所有的内存管理机制,包括以进程为单位的存储器映射、虚拟内存的交换技术映射等。

> 系统调用接口(System Call Interface)。通过该接口,向用户空间的应用程序提供内存的分配、释放和文件的映射等功能。

ARM-Linux 内核的内存管理功能是采用请求调页式的虚拟存储技术实现的。ARM-Linux 内核根据内存的当前使用情况动态换进换出进程页,通过外存上的交换空间存放换出页。内存与外存之间的相互交换信息是以页为单位进行的,这样的管理方法具有良好的灵活性,并具有很高的内存利用率。

视频讲解

5.3.2 ARM-Linux 虚拟存储空间及分布

32 位的 ARM 处理器具有 4GB 大小的虚拟地址容量,即每个进程的最大虚拟地址空间为 4GB,如图 5-8 所示。ARM-Linux 内核处于高端的 3～4GB 空间处,而低端的 3GB 属于用户空间,被用户程序所使用。所以在系统空间,即在内核中,虚拟地址与物理地址在数值上是相同的。用户空间的地址映射是动态的,根据需要分配物理内存,并且建立起具体进程的虚拟地址与所分配的物理内存间的映射。需要注意的是,系统空间的一部分不是映射到物理内存,而是映射到一些 I/O 设备,包括寄存器和一些小块的存储器。

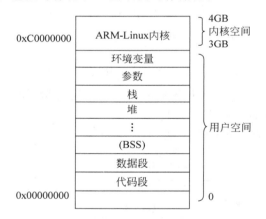

图 5-8　Linux 进程的虚拟内存空间及其组成(32 位平台)

这里简单说明进程对应的内存空间中所包含的 5 种不同的数据区。

> 代码段:代码段是用来存放可执行文件的操作指令,即可执行程序在内存中的镜像。代码段需要防止在运行时被非法修改,所以只允许读取操作,而不允许写入(修改)操作。

> 数据段:数据段用来存放可执行文件中已初始化的全局变量,换句话说,就是存放程序静态分配的变量和全局变量。

> BSS 段:BSS 段包含了程序中未初始化的全局变量,在内存中 BSS 段全部清零。

> 堆(heap):堆是用于存放进程运行中被动态分配的内存段,它的大小并不固定,可动态扩张或缩减。当进程调用 malloc 等函数分配内存时,新分配的内存就被动态添加到堆上(堆被扩张);当利用 free 等函数释放内存时,被释放的内存从堆中被剔除(堆被缩减)。

> 栈：栈是用户存放程序临时创建的局部变量，也就是函数括号"{}"中定义的变量（但不包括 static 声明的变量，static 意味着在数据段中存放变量）。除此以外，在函数被调用时，其参数也会被压入发起调用的进程栈中，并且待到调用结束后，函数的返回值也会被存放回栈中。由于栈的先进先出特点，所以栈特别方便用来保存/恢复调用现场。从这个意义上讲，堆栈也被看作一个寄存、交换临时数据的内存区。

视频讲解

5.3.3　进程空间描述

1. 关键数据结构描述

一个进程的虚拟地址空间主要由两个数据结构来描述：一个是最高层次的 mm_struct；另一个是较高层次的 vm_area_struct。最高层次的 mm_struct 结构描述了一个进程的整个虚拟地址空间。每个进程只有一个 mm_struct 结构，在每个进程的 task_struct 结构中，有一个指向该进程的 mm_struct 结构的指针，每个进程与用户相关的各种信息都存放在 mm_struct 结构体中，其中包括本进程的页目录表的地址和本进程的用户区的组成情况等重要信息。可以说，mm_struct 结构是对整个用户空间的描述。

mm_struct 用来描述一个进程的整个虚拟地址空间，在 ./include/linux/mm_types.h 中描述如下：

```
struct mm_struct {
    struct vm_area_struct * mmap;              /* 指向虚拟区间（VMA）链表 */
struct rb_root mm_rb;                          /* 指向 red_black 树 */
    struct vm_area_struct * mmap_cache;        /* 指向最近找到的虚拟区间 */
#ifdef CONFIG_MMU
    unsigned long ( * get_unmapped_area) (struct file * filp,
                unsigned long addr, unsigned long len,
                unsigned long pgoff, unsigned long flags);
    void ( * unmap_area) (struct mm_struct * mm, unsigned long addr);
#endif
    unsigned long mmap_base;
    unsigned long task_size;
    unsigned long cached_hole_size;
    unsigned long free_area_cache;
    pgd_t * pgd;                                /* 指向进程的页目录 */
    atomic_t mm_users;                          /* 用户空间有多少用户 */
    atomic_t mm_count;                          /* 对"struct mm_struct"有多少引用 */
int map_count;
    spinlock_t page_table_lock;                 /* 保护任务页表和 mm-> rss     */
struct rw_semaphore mmap_sem;
    struct list_head mmlist;                    /* 所有活动(active)mm 的链表 */
    unsigned long hiwater_rss;
    unsigned long hiwater_vm;
    unsigned long total_vm, locked_vm, shared_vm, exec_vm;
    unsigned long stack_vm, reserved_vm, def_flags, nr_ptes;
    unsigned long start_code, end_code, start_data, end_data; /* start_code 代码段起始地址,end_
code 代码段结束地址,start_data 数据段起始地址,start_end 数据段结束地址 */
```

```
        unsigned long start_brk, brk, start_stack; /* start_brk 和 brk 记录有关堆的信息,start_brk 是用户
虚拟地址空间初始化时堆的结束地址,brk 是当前堆的结束地址,start_stack 是栈的起始地址 */
        unsigned long arg_start, arg_end, env_start, env_end; /* arg_start 参数段的起始地址,arg_end
参数段的结束地址,env_start 环境段的起始地址,env_end 环境段的结束地址 */
        unsigned long saved_auxv[AT_VECTOR_SIZE];
        struct mm_rss_stat rss_stat;
        struct linux_binfmt * binfmt;
        cpumask_var_t cpu_vm_mask_var;
        mm_context_t context; /* Architecture-specific MM context 是与平台相关的结构 */
        unsigned int faultstamp;
        unsigned int token_priority;
        unsigned int last_interval;
        atomic_t oom_disable_count;
        unsigned long flags;
        };
```

Linux 内核中对应进程内存区域的数据结构是 vm_area_struct。内核将每个内存区域作为一个单独的内存对象管理,相应的操作也都一致。每个进程的用户区是由一组 vm_area_struct 结构体组成的链表来描述的。用户区的每个段(如代码段、数据段和栈等)都由一个 vm_area_struct 结构体描述,其中包含了本段的起始虚拟地址和结束虚拟地址,也包含了当发生缺页异常时如何找到本段在外存上的相应内容(如通过 nopage 函数)。

vm_area_struct 是描述进程地址空间的基本管理单元,如上所述,vm_area_struct 结构以链表形式链接,不过为了方便查找,内核又以红黑树(red_black tree)的形式组织内存区域,以便降低搜索耗时。值得注意的是,并存的两种组织形式并非冗余:链表用于需要遍历全部节点的时候用,而红黑树适用于在地址空间中定位特定内存区域的时候。内核为了内存区域上的各种不同操作都能获得高性能,所以同时使用了这两种数据结构。

进程地址空间的管理模型如图 5-9 所示。

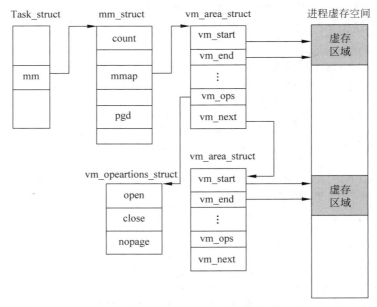

图 5-9　Linux 进程地址空间的管理模型

图中的内存映射(mmap)是 Linux 操作系统的一个很大特色,它可以将系统内存映射到一个文件(设备)上,以便可以通过访问文件内容来达到访问内存的目的。这样做的最大好处是提高了内存访问速度,并且可以利用文件系统的接口编程(设备在 Linux 中作为特殊文件处理)访问内存,降低了开发难度。许多设备驱动程序便是利用内存映射功能将用户空间的一段地址关联到设备内存上,无论何时,只要内存在分配的地址范围内进行读/写,实际上就是对设备内存的访问。同时对设备文件的访问也等同于对内存区域的访问,也就是说,通过文件操作接口可以访问内存。vm_area_struct 结构体描述如下:

```
struct vm_area_struct {
    struct mm_struct * vm_mm;           / * vm_mm 定义 * /
    unsigned long vm_start;             / * vm_mm 起始地址 * /
    unsigned long vm_end;               / * vm_mm 终止地址 * /
    struct vm_area_struct * vm_next, * vm_prev;
    pgprot_t vm_page_prot;              / * 该 vm 区域访问权限定义 * /
    unsigned long vm_flags;             / * 标识,可见于 mm.h * /
    struct rb_node vm_rb;
    union {
        struct {
            struct list_head list;
            void * parent;
            struct vm_area_struct * head;
        } vm_set;
        struct raw_prio_tree_node prio_tree_node;
    } shared;
}
```

2. Linux 的分页模型

分段机制和 Intel 处理器相关联,在其他的硬件系统上,可能并不支持分段式内存管理,因此在 Linux 中,操作系统使用分页的方式管理内存。在 Linux 2.6 中,Linux 采用了通用的四级页表结构,四级页表分别称为页全局目录、页上级目录、页中间目录、页表。

为了实现跨平台运行 Linux 的目标(如在 ARM 平台上),设计者提供了一系列转换宏,使得 Linux 内核可以访问特定进程的页表。该系列转换宏实现逻辑页表和物理页表在逻辑上的一致。这样,内核无须知道页表入口的结构和排列方式。采用这种方法后,在使用不同级数页表的处理器架构中,Linux 就可以使用相同的页表操作代码了。

分页机制将整个线性地址空间及整个物理内存看成由许多大小相同的存储块组成的,并把这些块作为页(虚拟空间分页后每个单位称为页)或页帧(物理内存分页后每个单位称为页帧)进行管理。不考虑内存访问权限时,线性地址空间的任何一页理论上可以映射为物理地址空间中的任何一个页帧。Linux 内核的分页方式是一般以 4KB 单位划分页,并且保证页地址边界对齐,即每一页的起始地址都应被 4K 整除。在 4KB 的页单位下,32 位机的整个虚拟空间就被划分成了 2^{20} 个页。操作系统按页为每个进程分配虚拟地址范围,理论上根据程序需要最大可使用 4GB 的虚拟内存。但由于操作系统需要保护内核进程内存,所以将内核进程虚拟内存和用户进程虚拟内存分离,前者可用空间为 1GB 虚拟内存,后者为 3GB 虚拟内存。

创建进程 fork()、程序载入 execve()、映射文件 mmap()、动态内存分配 malloc()/brk()

等进程相关操作都需要分配内存给进程。而此时进程申请和获得的内存实际为虚拟内存，获得的是虚拟地址。值得注意的是，进程对内存区域的分配最终都会归结到 do_mmap()函数上来(brk 调用被单独以系统调用实现，不用 do_mmap()函数)。同样，释放一个内存区域应使用函数 do_ummap()，它会销毁对应的内存区域。

由于进程所能直接操作的地址都是虚拟地址。进程需要内存时，从内核获得的仅仅是虚拟的内存区域，而不是实际的物理地址，进程并没有获得物理内存(物理页面)，而只是对一个新的线性地址区间的使用权。实际的物理内存只有当进程实际访问新获取的虚拟地址时，才会由"请求页机制"产生"缺页"异常，从而进入分配实际页面的例程。这个过程可以借助 nopage()函数。该函数实现当访问的进程虚拟内存并未真正分配页面时，该操作便被调用来分配实际的物理页，并为该页建立页表项的功能。

这种"缺页"异常是虚拟内存机制赖以存在的基本保证——它会告诉内核去真正为进程分配物理页，并建立对应的页表，然后虚拟地址才真正地映射到了系统的物理内存上。当然，如果页被换出到外存，也会产生缺页异常，不用再建立页表了。这种请求页机制利用了内存访问的"局部性原理"，请求页带来的好处是节约了空闲内存，提高了系统的吞吐率。

5.3.4 物理内存管理

视频讲解

Linux 内核管理物理内存是通过分页机制实现的，它将整个内存划分成无数个固定大小的页，从而分配和回收内存的基本单位便是内存页了。在此前提下，系统可以拼凑出所需要的任意内存供进程使用。但是实际上系统使用内存时还是倾向于分配连续的内存块，因为分配连续内存时，页表不需要更改，因此能降低 TLB(页地址快表)的刷新率(频繁刷新会在很大程度上降低访问速度)。

鉴于上述需求，内核分配物理页面时为了尽量减少不连续情况，采用了"伙伴"(buddy)算法来管理空闲页面。Linux 系统采用伙伴算法管理系统页框的分配和回收，该算法对不同的管理区使用单独的伙伴系统管理。伙伴算法把内存中的所有页框按照大小分成 10 组不同大小的页块，每块分别包含 1,2,4,…,512 个页框。每种不同的页块都通过一个 free_area_struct 结构体来管理。系统将 10 个 free_area_struct 结构体组成一个 free_area[]数组。其核心数据结构如下：

```
typedef struct free __ area __ struct
{
struct list __ head free __ list; / * 空闲块双向链表 * /
unsigned long  * map;
} free __ area __ t;
```

当向内核请求分配一定数目的页框时，若所请求的页框数目不是 2 的幂，则按稍微大于此数目的 2 的幂在页块链表中查找空闲页块，如果对应的页块链表中没有空闲页块，则在更大的页块链表中查找。当分配的页块中有多余的页框时，伙伴系统将根据多余的页框大小插入对应的空闲页块链表中。向伙伴系统释放页框时，伙伴系统会将页框插入对应的页框链表中，并且检查新插入的页框能否和原有的页块组合构成一个更大的页块，如果有两个块的大小相同且这两个块的物理地址连续，则合并成一个新页块并加入对应的页块链表中，并迭代此过程直到不能合并为止,这样可以极大限度地减少内存的碎片。

内核空间物理页分配技术如图 5-10 所示。ARM-Linux 内核中分配空闲页面的基本函数是 get_free_page/get_free_pages,它们或是分配单页或是分配指定的页面(2,4,8,…,512页)。值得注意的是:get_free_page 是在内核中分配内存,不同于 malloc 函数在用户空间中分配方法。malloc 函数利用堆动态分配,实际上是调用系统调用 brk(),该调用的作用是扩大或缩小进程堆空间(它会修改进程的 brk 域)。如果现有的内存区域不够容纳堆空间,则会以页面大小的倍数为单位,扩张或收缩对应的内存区域,但 brk 值并非以页面大小为倍数修改,而是按实际请求修改。因此 malloc 在用户空间分配内存可以以字节为单位分配,但内核在内部仍然会是以页为单位分配的。

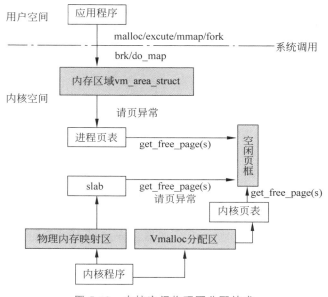

图 5-10　内核空间物理页分配技术

另外需要注意的是,物理页在系统中由页结构 struct_page 描述,系统中所有的页面都存储在数组 mem_map[]中,可以通过该数组找到系统中的每一页(空闲或非空闲)。而其中的空闲页面则可由上述提到的以伙伴关系组织的空闲页链表(free_area[MAX_ORDER])来索引。

5.3.5　基于 slab 分配器的管理技术

伙伴算法采用页面作为分配内存的基本单位,虽然有利于解决外部碎片问题,但却只适合大块内存的请求,而且伙伴算法的充分条件较高也容易产生内存浪费。内核自身最常使用的内存往往是很小(远远小于一页)的内存块。比如,存放文件描述符、进程描述符、虚拟内存区域描述符等行为所需的内存都不足一页。这些用来存放描述符的内存大小与页面大小相比差距是非常大的。一个整页可以聚集多个这样的小块内存,而且这些小块的内存块一样可以频繁地生成或者销毁。

为了满足内核对这种小内存块的需要,Linux 系统采用了一种被称为 slab 分配器(slab allocator)的技术。slab 并非是脱离伙伴关系而独立存在的一种内存分配方式,而仍然是建立在页面基础之上。slab 分配器的主要功能就是对频繁分配和释放的小对象提供高效的内存管理。它的核心思想是实现一个缓存池,分配对象的时候从缓存池中取,释放对象的时候再放入缓存池。slab 分配器是基于对象类型进行内存管理的,每一种对象被划分为一类,例如索引节点对象是一类,而进程描述符又是一类等。每当需要申请一个特定的对象时,就从相应的类中分配一个空白的对象出去;当这个对象被使用完毕时,就重新"插入"到相应的类中(其实并不存在插入的动作,仅仅是将该对象重新标记为空闲而已)。下面是 slab 的结构体定义:

```
struct slab {
    union {
        struct {
            struct list_head list;
            unsigned long colouroff;
            void * s_mem;
            unsigned int inuse;
            kmem_bufctl_t free;
            unsigned short nodeid;
        };
        struct slab_rcu __ slab_cover_slab_rcu;
    };
};
```

与传统的内存管理模式相比,slab 分配器有很多优点。首先,内核通常依赖于对小对象的分配,它们会在系统生命周期内进行无数次分配,slab 分配器通过对类似大小的对象进行缓存,可以大大减少内部碎片。同时,slab 分配器还支持通用对象的初始化,从而避免了为同一目的而对一个对象重复进行初始化。事实上,内核中常用的 kmalloc()函数(类似于用户态的 malloc)就使用了 slab 分配器来尽可能地优化。

slab 分配器不仅仅只用来存放内核专用的结构体,它还被用来处理内核对小块内存的请求,在 8.1.2 节中有介绍。一般来说,内核程序中对小于一页的小块内存的请求才通过slab 分配器提供的接口 kmalloc 来完成(虽然它可分配 32 到 131072 字节的内存)。从内核内存分配的角度来讲,kmalloc 可被看成 get_free_page(s)的一个有效补充,内存分配粒度更灵活了。

关于 kmalloc()与 kfree()的具体实现,可参考内核源程序中的 include/linux/slab.h 文件。如果希望分配大一点的内存空间,内核会利用一个更好的面向页的机制。分配页的相关函数有以下 3 个,这 3 个函数定义在 mm/page_alloc.c 文件中。

➤ get_zeroed_page(unsigned int gfp_mask)函数的作用是申请一个新的页,初始化该页的值为 0,并返回页的指针。

➤ __ get_free_page(unsigned int flags)函数与 get_zeroed_page 类似,但是它不初始化页的值为 0。

➤ __ get_free_pages(unsigned int flags,unsigned int order)函数类似 __ get_free_page,但是它可以申请多个页,并且返回的是第一个页的指针。

5.3.6 内核非连续内存分配（vmalloc）

伙伴关系也好，slab 技术也好，从内存管理理论角度而言其目的基本是一致的，即都是为了防止"分片"。分片分为外部分片和内部分片：内部分片是系统为了满足一小段内存区连续的需要，不得不分配了一大区域连续内存给它，从而造成了空间浪费；外部分片是指系统虽有足够的内存，但却是分散的碎片，无法满足对大块"连续内存"的需求。无论哪种分片都是系统有效利用内存的障碍。由前文可知，slab 分配器使得一个页面内包含的众多小块内存可独立被分配使用，避免了内部分片，节约了空闲内存。伙伴关系把内存块按大小分组管理，一定程度上减轻了外部分片的危害，但并未彻底消除。所以避免外部分片的最终解决思路还是落到了如何利用不连续的内存块组合成"看起来很大的内存块"。这里的情况很类似于用户空间分配虚拟内存——内存在逻辑上连续，其实只是映射到并不一定连续的物理内存上。Linux 内核借用了这种技术，允许内核程序在内核地址空间中分配虚拟地址，同样也利用页表（内核页表）将虚拟地址映射到分散的内存页上。以此完美地解决了内核内存使用中的外部分片问题。内核提供 vmalloc 函数分配内核虚拟内存，该函数不同于 kmalloc，它可以分配较 kmalloc 大得多的内存空间（可远大于 128KB，但必须是页大小的倍数），但相比 kmalloc 来说，vmalloc 需要对内核虚拟地址进行重映射，必须更新内核页表，因此分配效率相对较低。

与用户进程相似，内核也有一个名为 init_mm 的 mm_struct 结构来描述内核地址空间，其中页表项 pdg＝swapper_pg_dir 包含了系统内核空间的映射关系。因此 vmalloc 分配内核虚拟地址必须更新内核页表，而 kmalloc 或 get_free_page 由于分配的连续内存，所以不需要更新内核页表。

vmalloc 分配的内核虚拟内存与 kmalloc/get_free_page 分配的内核虚拟内存位于不同的区间，不会重叠。因为内核虚拟空间被分区管理，各司其职。进程用户空间地址分布从 0 到 3GB（即 PAGE_OFFSET），从 3GB 到 vmalloc_start 这段地址是物理内存映射区域（该区域中包含了内核镜像、物理页面表 mem_map 等）。

vmalloc()函数被包含在 include/linux/vmalloc.h 头文件中。

主要函数说明如下。

① void * vmalloc(unsigned long size)：该函数的作用是申请 size 大小的虚拟内存空间，发生错误时返回 0，成功时返回一个指向大小为 size 的线性地址空间的指针。

② void vfree(void * addr)：该函数的作用是释放一个由 vmalloc()函数申请的内存，释放内存的基地址为 addr。

③ void * vmap(struct page ** pages, unsigned int count, unsigned long flags, pgport_t prot)：该函数的作用是映射一个数组（其内容为页）到连续的虚拟空间中。第一个参数 pages 为指向页数组的指针；第二个参数 count 为要映射页的个数；第三个参数 flags 为传递 vm_area-> flags 值；第四个参数 prot 为映射时页保护。

④ void vunmap(void * addr)：该函数的作用是释放由 vmap 映射的虚拟内存，释放从 addr 开始的连续虚拟区域。

关于 Linux 内存分配技术，除了上述介绍的知识之外，还有很多，有兴趣的读者可以在参考文献中找到相关内容。

5.3.7 页面回收简述

有页面分配,就会有页面回收。页面回收的方法大体上可分为两种。

一是主动释放。就像用户程序通过 free()函数释放曾经通过 malloc()函数分配的内存一样,页面的使用者明确知道页面的使用时机。前文所述的伙伴算法和 slab 分配器机制,一般都是由内核程序主动释放的。对于直接从伙伴系统分配的页面,这是由使用者使用 free_pages 之类的函数主动释放的,页面释放后被直接放归伙伴系统;从 slab 中分配的对象(使用 kmem_cache_alloc()函数),也是由使用者主动释放的(使用 kmem_cache_free()函数)。

二是通过 Linux 内核提供的页框回收算法(PFRA)进行回收。页面的使用者一般将页面当作某种缓存,以提高系统的运行效率。缓存一直存在固然好,但是如果缓存没有了也不会造成什么错误,仅仅是效率受影响而已。页面的使用者不需要知道这些缓存页面什么时候最好被保留,什么时候最好被回收,这些都交由 PFRA 来负责。

简单来说,PFRA 要做的事就是回收可以被回收的页面。PFRA 的使用策略是主要在内核线程中周期性地被调用运行,或者当系统已经页面紧缺,试图分配页面的内核执行流程因得不到需要的页面而同步地调用 PFRA。内核非连续内存分配方式一般是由 PFRA 进行回收,也可以通过类似"删除文件""进程退出"这样的过程来同步回收。

▉ 5.4　ARM_Linux 模块　◆

自 Linux 1.2 版本之后,Linux 引进了模块这一重要特性,该特性提供内核可在运行时进行扩展的功能。可装载模块(Loadable Kernel Module,LKM)也被称为模块,即可在内核运行时加载到内核的一组目标代码(并非一个完整的可执行程序)。这样做的最明显好处就是在重构和使用可装载模块时并不需要重新编译内核。

LKM 最重要的功能包括内核模块在操作系统中的加载和卸载两部分。内核模块是一些在启动操作系统内核时如有需要可以载入内核执行的代码块,这些代码块在不需要时由操作系统卸载。模块扩展了操作系统的内核功能却不需要重新编译内核和启动系统。这里需要注意的是,如果只是认为可装载模块就是外部模块或者认为在模块与内核通信时模块是位于内核外部的,那么这在 Linux 下均是错误的。当模块被装载到内核后,可装载模块已是内核的一部分。

5.4.1 LKM 的编写和编译

1. 内核模块的基本结构

视频讲解

一个内核模块至少包含两个函数,模块被加载时执行的初始化函数 init_module()和模块被卸载时执行的结束函数 cleanup_module()。在 2.6 版本中,两个函数可以起任意的名字,通过宏 module_init()和 module_exit()实现。唯一需要注意的地方是函数必须在宏的使用前定义。例如:

```
static int __ init hello_init(void){}
static void __ exit hello_exit(void ){}
module_init(hello_init);
module_exit(hello_exit);
```

这里声明函数为 static 的目的是使函数在文件以外不可见,宏 __ init 的作用是在完成初始化后收回该函数占用的内存,宏 __ exit 用于模块被编译进内核时忽略结束函数。这两个宏只针对模块被编译进内核的情况,而对动态加载模块是无效的。这是因为编译进内核的模块是没有清理结束工作的,而动态加载模块却需要自己完成这些工作。

2. 内核模块的编译

内核模块编译时需要提供一个 makefile 来隐藏底层大量的复杂操作,使用户通过 make 命令就可以完成编译的任务。下面列举一个简单的编译 hello. c 的 makefile 文件。有关 makefile 的相关知识在 7.4.4 节予以介绍。

```
obj-m += hello.ko
KDIR: = /lib/modules/ $ (shell uname-r)/build
PWD: = $ (shell pwd)
default:
 $ (MAKE)-C $ (KDIR) SUBDIRS = $ (PWD) modules
```

编译后获得可加载的模块文件 hello. ko。

5.4.2　LKM 版本差异比较

LKM 虽然在设备驱动程序的编写和扩充内核功能中扮演着非常重要的角色,但它仍有许多不足的地方,其中最大的缺陷就是 LKM 对于内核版本的依赖性过强,每一个 LKM 都是靠内核提供的函数和数据结构组织起来的。当这些内核函数和数据结构因为内核版本变化而发生变动时,原先的 LKM 不经过修改就可能无法正常运行。如 LKM 在 Linux 2.6 与 2.4 之间就存在巨大差异,其最大区别就是模块装载过程变化,在 Linux 2.6 中 LKM 是在内核中完成连接的。其他一些变化大致如下。

> 模块的后缀及装载工具的变化。对于使用模块的授权用户而言,模块最直观的改变应是模块后缀由原先的.o 文件(即 object)变成了.ko 文件(即 kernel object)。同时,在 Linux 2.6 中,模块使用了新的装卸载工具集 module-init-tools(工具 insmod 和 rmmod 被重新设计)。模块的构建过程改变巨大,在 Linux 2.6 中代码先被编译成.o 文件,再从.o 文件生成.ko 文件,构建过程会生成如.mod.c、.mod.o 等文件。

> 模块信息附加过程的变化。在 Linux 2.6 中,模块的信息在构建时完成了附加;这与 Linux 2.4 不同,先前模块信息的附加是在模块装载到内核时进行的(在 Linux 2.4 时,这一过程由工具 insmod 完成)。

> 模块的标记选项的变化。在 Linux 2.6 中,针对管理模块的选项做了一些调整,如取消了 can_unload 标记(用于标记模块的使用状态),添加了 CONFIG_MODULE_ UNLOAD 标记(用于标记禁止模块卸载)等。还修改了一些接口函数,如模块的引用计数。

发展到 Linux 2.6 后,内核中越来越多的功能被模块化。这是由于 LKM 相对内核有着易维护、易调试的特点。由于模块一般是在真正需要时才被加载,因而 LKM 还为内核节省了内存空间。根据模块的功能作用不同,LKM 还可分三大类型:设备驱动模块、文件系统模块、系统调用模块。另外值得注意的是,虽然 LKM 是从用户空间加载到内核空间的,但其并非用户空间的程序。

5.4.3 模块的加载与卸载

1. 模块的加载

模块的加载一般有两种方法：一种是使用 insmod 命令加载；另一种是当内核发现需要加载某个模块时，请求内核后台进程 kmod 加载适当的模块。当内核需要加载模块时，kmod 被唤醒并执行 modprobe，同时传递需加载模块的名字作为参数。modprobe 像 insmod 一样将模块加载进内核，不同的是在模块被加载时查看它是否涉及当前没有定义在内核中的任何符号。如果有，在当前模块路径的其他模块中查找；如果找到，它们也会被加载到内核中。但在这种情况下使用 insmod，会以"未解析符号"信息结束。

LKM 加载的简要说明如图 5-11 所示。

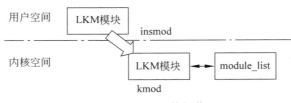

图 5-11 LKM 的加载

insmod 程序必须找到要求加载的内核模块，这些内核模块是已链接的目标文件。与其他文件不同的是，它们被链接成可重定位映像，这里的重定位映像首先强调的是映像没有被链接到特定地址上。insmod 将执行一个特权级系统调用来查找内核的输出符号，这些符号都以符号名和数值形式如地址值成对保存。内核输出符号表被保存在内核维护的模块链表的第一个 module 结构中。只有特殊符号才被添加，并且在内核编译与链接时确定。insmod 将模块读入虚拟内存并通过使用内核输出符号来修改其未解析的内核函数和资源的引用地址。这些工作采取由 insmod 程序直接将符号的地址写入模块中相应地址来进行。

当 insmod 修改完模块对内核输出符号的引用后，它将再次使用特权级系统调用申请足够的空间容纳新模块。内核将为其分配一个新的 module 结构以及足够的内核内存来保存新模块，并将其插入内核模块链表的尾部，最后将新模块标志为 UNINITIALIZED。insmod 将模块复制到已分配空间中，如果为它分配的内核内存已用完，将再次申请，但模块被多次加载必然处于不同的地址。

另外，此重定位工作包括使用适当地址来修改模块映像。如果新模块也希望将其符号输出到系统中，insmod 将为其构造输出符号映像表。每个内核模块必须包含模块初始化和结束函数，所以，为了避免冲突，它们的符号被设计成不输出，但是 insmod 必须知道这些地址，这样可以将它们传递给内核。在所有这些工作完成以后，insmod 将调用初始化代码并执行一个特权级系统调用将模块的初始化和结束函数地址传递给内核。

当将一个新模块加载到内核中时，内核必须更新其符号表并修改那些被新模块使用的老模块。那些依赖于其他模块的模块必须在其符号表尾部维护一个引用链表并在其 module 数据结构中指向它。

2. 模块的卸载

可以使用 rmmod 命令删除模块,这里有个特殊情况是请求加载模块在其使用计数为 0 时,会自动被系统删除。LKM 卸载可以用图 5-12 来描述。

图 5-12 LKM 的卸载

内核中其他部分还在使用的模块不能被卸载。例如,系统中安装了多个 VFAT 文件系统则不能卸载 VFAT 模块。执行 lsmod 将看到每个模块的引用计数。模块的引用计数被保存在其映像的第一个字中,这个字还包含 autoclean 和 visited 标志。如果模块被标记成 autoclean,则内核知道此模块可以自动卸载;visited 标志表示此模块正被一个或多个文件系统部分使用,只要有其他部分使用此模块,则这个标志被置位。当系统要删除未被使用的请求加载模块时,内核就扫描所有模块,一般只查看那些被标志为 autoclean 并处于 running 状态的模块。如果某模块的 visited 标志被清除,则该模块就将被删除,并且此模块占有的内核内存将被回收。其他依赖于该模块的模块将修改各自的引用域,表示它们间的依赖关系不复存在。

5.4.4 工具集 module-init-tools

在 Linux 2.6 中,工具 insmod 被重新设计并作为工具集 module-init-tools 中的一个程序,其通过系统调用 sys_init_module(可查看头文件 include/asm-generic/unistd.h)衔接了模块的版本检查、模块的加载等功能。module-init-tools 是为 2.6 内核设计的运行在 Linux 用户空间的模块加卸载工具集,其包含的程序 rmmod 用于卸载当前内核中的模块。表 5-2 是工具集 module-init-tools 中的部分程序。

表 5-2 工具集 module-init-tools 中的部分程序

名 称	说 明	使用方法示例
insmod	装载模块到当前运行的内核中	# insmod [/full/path/module_name] [parameters]
rmmod	从当前运行的内核中卸载模块	# rmmod [-fw] module_name -f: 强制将该模块删除掉,不论是否正在被使用 -w: 若该模块正在被使用,则等待该模块被使用完毕再删除
lsmod	显示当前内核已加装的模块信息,可以和 grep 指令结合使用	# lsmod 或者 # lsmod | grep XXX

续表

名　称	说　明	使用方法示例
modinfo	检查与内核模块相关联的目标文件,并打印出所有得到的信息	# modinfo [-adln] [module_name|filename] -a:仅列出作者名 -d:仅列出该 module 的说明 -l:仅列出授权 -n:仅列出该模块的详细路径
modprobe	利用 depmod 创建的依赖关系文件自动加载相关的模块	# modprobe [-lcfr] module_name -c:列出目前系统上面所有的模块 -l:列出目前在/lib/modules/'uname-r'/kernel 中所有模块的完整文件名 -f:强制加载该模块 -r:删除某个模块
depmod	创建一个内核可装载模块的依赖关系文件,modprobe 用它来自动加载模块	# depmod [-Ane] -A:不加任何参数时,depmod 会主动去分析目前内核的模块,并且重新写入/lib/modules/ $ (uname-r)/modules.dep 中。如果加-A 参数,则会查找比 modules.dep 内还要新的模块;如果真找到,才会更新 -n:不写入 modules.dep,而是将结果输出到屏幕上 -e:显示出目前已加载的不可执行的模块名称

　　注意:module-init-tools 中可用于模块装载的程序 modprobe,其内部函数调用过程与 insmod 类似,只是其装载过程会查找一些模块装载的配置文件,且 modprobe 在装载模块时可解决模块间的依赖性。也就是说,如果有必要,程序 modprobe 会在装载一个模块时自动加载该模块依赖的其他模块。

5.5　ARM-Linux 中断管理

视频讲解

5.5.1　ARM_Linux 中断的基本概念

1. 设备、中断控制器和 CPU

　　完整设备中与中断相关的硬件可以划分为 3 类:设备、中断控制器和 CPU 本身。图 5-13 展示了一个 SMP 系统(对称多处理器系统)中的中断硬件组成结构。

➢ 设备:设备是发起中断的源,当设备需要请求某种服务的时候,它会发起一个硬件中断信号,通常,该信号会连接至中断控制器,由中断控制器做进一步的处理。在现代移动设备中,发起中断的设备可以位于 SoC 芯片的外部,也可以位于 SoC 的内部。

➢ 中断控制器:中断控制器负责收集所有中断源发起的中断,现有的中断控制器几乎都是可编程的,通过对中断控制器的编程,用户可以控制每个中断源的优先级、中断的电器类型,还可以打开和关闭某一个中断源,在 SMP 系统中,甚至可以控制某个中断源发往哪一个 CPU 进行处理。对 ARM 架构的 SoC 芯片,使用较多的向量中断控制器是 VIC(Vector Interrupt Controller),进入多核时代以后,GIC(General Interrupt Controller)

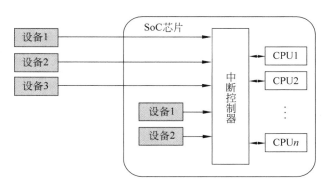

图 5-13　SMP 系统中的中断硬件组成结构

的应用也开始逐渐变多。

➤ CPU：CPU 是最终响应中断的部件，它通过对可编程中断控制器的编程操作，控制和管理系统中的每个中断。当中断控制器最终判定一个中断可以被处理时，它会根据事先的设定，通知其中一个或者是某几个 CPU 对该中断进行处理，虽然中断控制器可以同时通知数个 CPU 对某一个中断进行处理，实际上，最后只会有一个 CPU 响应这个中断请求，但具体是哪个 CPU 进行响应可能是随机的，中断控制器在硬件上对这一特性进行了保证，不过这也依赖于操作系统对中断系统的软件实现。在 SMP系统中，CPU 之间也通过 IPI(Inter Processor Interrupt)中断进行通信。

2. IRQ 编号

系统中每一个注册的中断源，都会被分配一个唯一的编号用于识别该中断，称之为IRQ 编号。IRQ 编号贯穿在整个 Linux 的通用中断子系统中。在移动设备中，每个中断源的 IRQ 编号都会在 arch 相关的一些头文件中，例如 arch/xxx/mach-xxx/include/irqs.h。驱动程序在请求中断服务时，它会使用 IRQ 编号注册该中断，中断发生时，CPU 通常会从中断控制器中获取相关信息，然后计算出相应的 IRQ 编号，然后把该 IRQ 编号传递到相应的驱动程序中。

5.5.2　内核异常向量表的初始化

ARM-Linux 内核启动时，首先运行的是 arch/arm/kernel/head.S，进行一些初始化工作，然后调用 main.c-> start_kernel()函数，进而调用 trap_init()(或者调用 early_trap_init()函数)以及 init_IRQ()函数进行中断初始化，建立异常向量表。

```
asmlinkage void __ init start_kernel(void)
{
...
    trap_init();
...
    early_irq_init();
    init_IRQ();
...
}
```

接着系统会建立异常向量表。首先会将 ARM 处理器异常中断处理程序的入口安装到各自对应的中断向量地址中。在 ARM v4 及 v4T 以后的大部分处理器中,中断向量表的位置可以有两个位置:一个是 0x00000000;另一个是 0xFFFF0000。此外要说明的是,Cortex-A8 处理器支持通过设置协处理 CP15 的 C12 寄存器将异常向量表的首地址设置在任意地址。可以通过 CP15 协处理器 C1 寄存器中的 V 位(bit[13])控制。V 位和中断向量表的对应关系如下:

```
V=0        —        0x00000000~0x0000001C
V=1        —        0xFFFF0000~0xFFFF001C
```

在 Linux 中,中断向量地址的复制由 trap_init()函数(或者调用 early_trap_init()函数)完成。对于 ARM 平台来说,trap_init()在 arch/arm/kernel/traps.c 中定义,为一个空函数。本节所使用的内核版本使用了 early_trap_init()代替 trap_init()来初始化异常。代码如下:

```c
void __init trap_init(void)
{
    return;
}
void __init early_trap_init(void)
{
    unsigned long vectors = CONFIG_VECTORS_BASE;
    extern char __stubs_start[], __stubs_end[];
    extern char __vectors_start[], __vectors_end[];
    extern char __kuser_helper_start[], __kuser_helper_end[];
    int kuser_sz = __kuser_helper_end- __kuser_helper_start;
/* __vectors_end 至 __vectors_start 之间为异常向量表。__stubs_end 至 __stubs_start 之间是异常
处理的位置。这些变量定义都在 arch/arm/kernel/entry-armv.S 中 */
    memcpy((void *)vectors, __vectors_start, __vectors_end- __vectors_start);
    memcpy((void *)vectors + 0x200, __stubs_start, __stubs_end- __stubs_start);
    memcpy((void *)vectors + 0x1000- kuser_sz, __kuser_helper_start, kuser_sz);
    memcpy((void *)KERN_SIGRETURN_CODE, sigreturn_codes,
        sizeof(sigreturn_codes));
    memcpy((void *)KERN_RESTART_CODE, syscall_restart_code,
        sizeof(syscall_restart_code));

    flush_icache_range(vectors, vectors + PAGE_SIZE);
    modify_domain(DOMAIN_USER, DOMAIN_CLIENT);
}
```

early_trap_init 函数的主要功能就是将中断处理程序的入口复制到中断向量地址。其中:

```c
extern char __stubs_start[], __stubs_end[];
extern char __vectors_start[], __vectors_end[];
extern char __kuser_helper_start[], __kuser_helper_end[];
```

这 3 个变量是在汇编源文件中定义的,在源代码包里定义在 entry-armv.S 中。

```
__vectors_start:
    swi    SYS_ERROR0
    b      vector_und + stubs_offset
    ldr    pc, .LCvswi + stubs_offset
    b      vector_pabt + stubs_offset
    b      vector_dabt + stubs_offset
    b      vector_addrexcptn + stubs_offset
    b      vector_irq + stubs_offset
    b      vector_fiq + stubs_offset
    .globl __vectors_end
__vectors_end:
```

本节关注中断处理(vector_irq)。这里要说明的是,在采用了 MMU 内存管理单元后,异常向量表放在哪个具体物理地址已经不那么重要了,而只需要将它映射到 0xFFFF0000 的虚拟地址即可。在中断前期的处理函数中,会根据 IRQ 产生时所处的模式来跳转到不同的中断处理流程中。

init_IRQ(void)函数是一个特定于体系结构的函数,对于 ARM 体系结构来说该函数定义如下:

```
void __init init_IRQ(void)
{
    int irq;
    for (irq = 0; irq < NR_IRQS; irq++)
        irq_desc[irq].status |= IRQ_NOREQUEST | IRQ_NOPROBE;

    init_arch_irq();
}
```

这个函数将 irq_desc[NR_IRQS]结构数组各个元素的状态字段设置为 IRQ_NOREQUEST | IRQ_NOPROBE,也就是未请求和未探测状态。然后调用特定机器平台的中断初始化 init_arch_irq()函数。而 init_arch_irq()实际上是一个函数指针,在 arch/arm/kernel/irq.c 中,其定义如下:

```
void ( * init_arch_irq)(void) __initdata = NULL;
```

5.5.3　Linux 中断处理

从系统的角度来看,中断是一个流程,一般来说,它要经过如下几个环节:中断申请并响应,保存现场,中断处理及中断返回。

1. 中断申请并响应

ARM 处理器的中断由处理器内部或者外部的中断源产生,通过 IRQ 或者 FIQ 中断请求线传递给处理器。在 ARM 模式下,中断可以配成 IRQ 模式或者 FIQ 模式。但是在 Linux 系统里面,所有的中断源都被配成了 IRQ 中断模式。要想使设备的驱动程序能够产生中断,则首先需要调用 request_irq()来分配中断线。在通过 request_irq()函数注册中断服务程序时,将会把设备中断处理程序添加进系统,使在中断发生的时候调用相应的中断处理程序。下面是 request_irq() 函数的定义:

```
include/linux/interrupt. h
static inline int __must_check
request_irq(unsigned int irq,irq_handler_t handler,unsigned long flags,
        const char * name,void * dev)
{
    return request_threaded_irq(irq,handler,NULL,flags,name,dev);
}
```

request_irq() 函数是 request_threaded_irq() 函数的封装,内核用这个函数来完成分配中断线的工作。

内核用这个函数来完成分配中断线的工作,其主要参数说明如下。

➢ irq:要注册的硬件中断号。

➢ handler:向系统注册的中断处理函数。它是一个回调函数,在相应的中断线发生中断时,系统会调用这个函数。

➢ irqflags:中断类型标志,IRQF_*,是中断处理的属性。

➢ devname:一个声明设备的 ASCII 名字,与中断号相关联的名称,在/proc/interrupts 文件中可以看到此名称。

➢ dev_id:I/O 设备的私有数据字段,典型情况下,它标识 I/O 设备本身(例如,它可能等于其主设备号和次设备号),或者它指向设备驱动程序的数据,这个参数会被传回给 handler() 函数。在中断共享时会用到,一般设置为这个设备的驱动程序中任何有效的地址值或者 NULL。

➢ thread_fn:由 irq handler 线程调用的函数,如果为 NULL,则不会创建线程。这个函数调用分配中断资源,并使能中断线和 IRQ 处理。当调用完成之后,则注册的中断处理函数随时可能被调用。由于中断处理函数必须清除开发板产生的一切中断,故必须注意初始化的硬件和设置中断处理函数的正确顺序。

如果希望针对目标设备设置线程化的 irq 处理程序,则需要同时提供 handler 和 thread_fn。handler 仍然在硬中断上下文被调用,所以它需要检查中断是否是由它服务的设备产生的。如果是,它返回 IRQ_WAKE_THREAD,这将会唤醒中断处理程序线程并执行 thread_fn。这种分开的中断处理程序设计是支持共享中断所必需的。dev_id 必须全局唯一。通常是设备数据结构的地址。如果要使用共享中断,则必须传递一个非 NULL 的 dev_id,这是在释放中断的时候需要的。

request_threaded_irq() 函数返回 0 表示成功,返回-EINVAL 表示中断号无效或处理函数指针为 NULL,返回-EBUSY 表示中断号已经被占用且不能共享。

2. 保存现场

处理中断时要保存现场,然后才能处理中断,处理完之后还要把现场状态恢复后才能返回到被中断的地方继续执行。这里说明在指令跳转到中断向量的地方开始执行之前,由 CPU 自动完成了必要工作之后,每当中断控制器发出产生一个中断请求,则 CPU 总是到异常向量表的中断向量处取指令来执行。将中断向量中的宏解开,代码如下:

```
       .macro vector_stub, name, mode, correction＝0
       .align 5
vector_irq:
    sub     lr, lr, ＃4
       @ Save r0, lr_＜exception＞(parent PC) and spsr_＜exception＞
       @ (parent CPSR)
    stmia  sp, {r0, lr}    @ 保存 r0, lr
    mrs     lr, spsr
    str     lr, [sp, ＃8]   @ 保存 spsr
       @ 为 SVC32 mode 做准备, 此时 IRQs 应保持使能
    mrs     r0, cpsr
    eor     r0, r0, ＃(IRQ_MODE ^ SVC_MODE | PSR_ISETSTATE)
    msr     spsr_cxsf, r0
    and     lr, lr, ＃0x0f
    mov     r0, sp
    ldr     lr, [pc, lr, lsl ＃2]
movs   pc, lr                @ branch to handler in SVC mode
    .long __irq_usr        @   0   (USR_26 / USR_32)
    .long __irq_invalid    @   1   (FIQ_26 / FIQ_32)
    .long __irq_invalid    @   2   (IRQ_26 / IRQ_32)
    .long __irq_svc        @   3   (SVC_26 / SVC_32)
    .long __irq_invalid    @   4
    .long __irq_invalid    @   5
    .long __irq_invalid    @   6
    .long __irq_invalid    @   7
    .long __irq_invalid    @   8
    .long __irq_invalid    @   9
    .long __irq_invalid    @   a
    .long __irq_invalid    @   b
    .long __irq_invalid    @   c
    .long __irq_invalid    @   d
    .long __irq_invalid    @   e
    .long __irq_invalid    @   f
```

可以看到,该汇编代码主要是把被中断的代码在执行过程中的状态(cpsr)、返回地址(lr)等保存在中断模式下的栈里,然后进入管理模式下去执行中断,同时令 r0 ＝ sp,这样可以在管理模式下找到该地址,进而获取 spsr 等信息。该汇编代码最终根据被中断的代码所处的模式跳转到相应的处理程序中去。另外值得注意的是,管理模式下的栈和中断模式下的栈不是同一个。

另外还可以看出,这是一段很巧妙的、与位置无关的代码,它将中断产生时 CPSR 的模式位的值作为相对于 PC 值的索引来调用相应的中断处理程序。如果在进入中断时是用户模式,则调用 __irq_usr 例程;如果为系统模式,则调用 __irq_svc;如果是其他模式,说明出错了,则调用 __irq_invalid。接下来分别简要说明这些中断处理程序。

3. 中断处理

ARM Linux 对中断的处理主要分为内核模式下的中断处理模式和用户模式下的中断处理模式。这里首先介绍内核模式下的中断处理。

内核模式下的中断处理,也就是调用__irq_svc例程,__irq_svc例程在文件 arch/arm/kernel/entry-armv.S中定义,首先来看这个例程的定义:

```
__irq_svc:
    svc_entry
# ifdef CONFIG_PREEMPT
    get_thread_info tsk
    ldr    r8,[tsk,# TI_PREEMPT]           @取得 preempt 计数值
    add    r7,r8,# 1
    str    r7,[tsk,# TI_PREEMPT]
# endif
     irq_handler
# ifdef CONFIG_PREEMPT
    str    r8,[tsk,# TI_PREEMPT]           @保存 preempt 计数值
    ldr    r0,[tsk,# TI_FLAGS]             @得到 flags 标识
    teq    r8,# 0                          @如果 preempt 计数值不为 00
    movne  r0,# 0                          @将 flags 置位 0
    tst    r0,# _TIF_NEED_RESCHED
    blne   svc_preempt
# endif
    ldr    r4,[sp,# S_PSR]                 @ irqs 被设为 disabled
# ifdef CONFIG_TRACE_IRQFLAGS
    tst    r4,# PSR_I_BIT
    bleq   trace_hardirqs_on
# endif
    svc_exit r4                            @异常中返回
UNWIND( .fnend)
ENDPROC(__irq_svc)
```

程序中用到了 irq_handler,它在文件 arch/arm/kernel/entry-armv.S中定义:

```
    . macro irq_handler
    get_irqnr_preamble r5,lr
get_irqnr_and_base r0,r6,r5,lr
    movne r1,sp
    @
    @ 下列例程的前提 r0 = irq number,r1 = struct pt_regs *
    @
# ifdef CONFIG_SMP
    test_for_ipi r0,r6,r5,lr
    movne r0,sp
    adrne lr,BSYM(1b)
    bne    do_IPI
 # ifdef CONFIG_LOCAL_TIMERS
    test_for_ltirq r0,r6,r5,lr
    movne r0,sp
    adrne lr,BSYM(1b)
    bne    do_local_timer
# endif
# endif
    . endm
```

对于 ARM 平台来说,get_irqnr_preamble 是空的宏。irq_handler 首先通过宏 get_irqnr_and_base 获得中断号并存入 r0。然后把上面建立的 pt_regs 结构的指针,也就是 sp 值赋给 r1,把调用宏 get_irqnr_and_base 的位置作为返回地址。最后调用 asm_do_IRQ 进一步处理中断。get_irqnr_and_base 是平台相关的,这个宏查询 ISPR(IRQ 挂起中断服务寄存器,该寄存器与具体芯片类型有关,这里只是统称,当有需要处理中断时,这个寄存器的相应位会置位,任意时刻,最多一个位会置位),计算出的中断号放在 irqnr 指定的寄存器中。该宏结束后,r0 = 中断号。这个宏在不同的 ARM 芯片上是不一样的,它需要读/写中断控制器中的寄存器。

在上述汇编语言代码中可以发现,系统在保存好中断现场,获得中断号之后,调用了函数 asm_do_IRQ(),从而进入中断处理的 C 程序部分。在 arch/arm/kernel/irq.c 中 asm_do_IRQ()函数定义如下:

```
asmlinkage void __ exception asm_do_IRQ(unsigned int irq, struct pt_regs * regs)
{
    struct pt_regs * old_regs = set_irq_regs(regs);

    irq_enter();
    if (unlikely(irq >= NR_IRQS)) {
        if (printk_ratelimit())
            printk(KERN_WARNING "Bad IRQ%u\n", irq);
        ack_bad_irq(irq);
    } else {
        generic_handle_irq(irq);
    }

    /* AT91 specific workaround */
    irq_finish(irq);

    irq_exit();
    set_irq_regs(old_regs);
}
```

这个函数完成如下操作。

① 调用 set_irq_regs 函数更新处理器的当前帧指针,并在局部变量 old_regs 中保存老的帧指针。

② 调用 irq_enter()进入一个中断处理上下文。

③ 检查中断号的有效性,有些硬件会随机给一些错误的中断,做一些检查以防止系统崩溃。如果不正确,就调用 ack_bad_irq(irq),该函数会增加用来表征发生的错误中断数量的变量 irq_err_count。

④ 若传递的中断号有效,则会调用 generic_handle_irq(irq)来处理中断。

⑤ 调用 irq_exit()来推出中断处理上下文。

⑥ 调用 set_irq_regs(old_regs)来恢复处理器的当前帧指针。

接下来介绍用户模式下的中断处理流程。中断发生时,CPU 处于用户模式下,则会调用 __ irq_usr 例程。

```
    . align 5
__irq_usr:
    usr_entry
    kuser_cmpxchg_check
    get_thread_info tsk
# ifdef CONFIG_PREEMPT
    ldr    r8,[tsk, # TI_PREEMPT]        @ 取得 preempt 计数值
    add    r7,r8, # 1
    str    r7,[tsk, # TI_PREEMPT]
# endif
    irq_handler
# ifdef CONFIG_PREEMPT
    ldr    r0,[tsk, # TI_PREEMPT]
    str    r8,[tsk, # TI_PREEMPT]
    teq    r0,r7
ARM(strne r0,[r0,-r0])
THUMB(movne r0, # 0)
THUMB(strne r0,[r0])
# endif
# ifdef CONFIG_TRACE_IRQFLAGS
    bl trace_hardirqs_on
# endif
    mov    why, # 0
    b   ret_to_user
UNWIND(.fnend)
ENDPROC(__irq_usr)
```

由该汇编代码可知,如果在用户模式下产生中断,则在返回时会根据需要进行进程调度,而如果中断发生在管理等内核模式下是不会进行进程调度的。

4. 中断返回

中断返回在前文已经分析过,这里不再赘述。这里只补充说明一点：如果是从用户态中断进入的则先检查是否需要调度,然后返回；如果是从系统态中断进入的则直接返回。

5.5.4 内核版本 2.6.38 后的中断处理系统的一些改变 ——通用中断子系统

在通用中断子系统(generic irq)出现之前,内核使用_do_IRQ 处理所有的中断,这意味着_do_IRQ 中要处理各种类型的中断,这会导致软件的复杂性增加,层次不分明,而且代码的可重用性也不好。事实上,到了内核版本 2.6.38 以后,_do_IRQ 这种方式已经逐步在内核的代码中消失或者不再起决定性作用。通用中断子系统的原型最初出现于 ARM 体系中,一开始内核的开发者们把 3 种中断类型区分出来,它们分别是电平触发中断(Level type)、边缘触发中断(Edge type)和简易的中断(Simple type)。

后来又针对某些需要回应 EOI(End of Interrupt)的中断控制器加入了 fast eoi type,针对 SMP 系统加入了 per cpu type 等中断类型。把这些不同的中断类型抽象出来后,成为了中断子系统的流控层。为了使所有的体系架构都可以重用这部分的代码,中断控制器也被

进一步地封装起来,形成了中断子系统中的硬件封装层。图 5-14 表示通用中断子系统的层次结构。

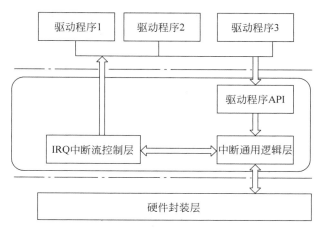

图 5-14　通用中断子系统的层次结构

硬件封装层:包含了体系架构相关的所有代码,包括中断控制器的抽象封装,arch 相关的中断初始化,以及各个 IRQ 的相关数据结构的初始化工作,CPU 的中断入口也会在 arch 相关的代码中实现。中断通用逻辑层通过标准的封装接口(实际上就是 struct irq_chip 定义的接口)访问并控制中断控制器的行为,体系相关的中断入口函数在获取 IRQ 编号后,通过中断通用逻辑层提供的标准函数,把中断调用传递到中断流控制层中。

中断流控制层:是指合理并正确地处理连续发生的中断,例如一个中断在处理中,同一个中断再次到达时如何处理,何时应该屏蔽中断,何时打开中断,何时回应中断控制器等一系列的操作。该层实现了与体系和硬件无关的中断流控制处理操作,它针对不同的中断电气类型(电平、边缘等),实现了对应的标准中断流控处理函数,在这些处理函数中,最终会把中断控制权传递到驱动程序注册中断时传入的处理函数或者是中断线程中。

中断通用逻辑层:该层实现了对中断系统几个重要数据的管理,并提供了一系列的辅助管理函数。同时,该层还实现了中断线程的实现和管理,共享中断和嵌套中断的实现和管理,另外还提供了一些接口函数,它们将作为硬件封装层和中断流控层以及驱动程序 API 层之间的桥梁,例如以下 API: generic_handle_irq(); irq_to_desc(); irq_set_chip(); irq_set_chained_handler()。

驱动程序 API:该部分向驱动程序提供了一系列的 API,用于向系统申请/释放中断,打开/关闭中断,设置中断类型和中断唤醒系统的特性等操作。驱动程序的开发者通常只会使用到这一层提供的这些 API 即可完成驱动程序的开发工作,其他的细节都由另外几个软件层较好地"隐藏"起来了,驱动程序开发者无须再关注底层的实现。

5.6　ARM-Linux 系统调用

系统调用是操作系统提供给用户的一组接口,每个系统调用都有一个对应的系统调用函数来完成相应的工作。用户通过这个接口向操作系统申请服务,如访问硬件、管理进程等。但是因为用户程序运行在用户空间,而系统调用运行在内核空间,因此用户程序不能直接调用系统调用函数,我们经常看到的如 fork、open、write 等函数实际上并不是真正的系统调用函数,它们都只是 libc 经过包装后的函数,在这些函数里将执行一个软中断 SWI 指令,产生一个软中断,使 CPU 陷入内核态,接着在内核中判断系统调用类型,再转到真正的系统调用函数,完成相应的功能。

Linux 系统利用 SWI 指令来从用户空间进入内核空间。SWI 指令用于产生软件中断,从而实现从用户模式到管理模式的转换,CPSR 保存到管理模式的 SPSR,执行转移到 SWI 向量。在其他模式下也可使用 SWI 指令,处理器同样切换到管理模式。指令格式如下:

SWI{cond} immed_24

> cond 域:可选的条件码。
> immed_24 域:范围为 $0 \sim 2^{24}-1$ 的表达式(即 $0 \sim 16\,777\,215$),immed_24 为软中断号(服务类型)。

使用 SWI 指令时,通常使用以下两种方法传递参数。

① 指令中的 24 位立即数指定了用户请求的服务类型,参数通过通用寄存器传递。

```
mov   r0,#34    ; 设置子功能号位 34
SWI   12        ; 调用 12 号软中断
```

② 指令中的 24 位立即数被忽略,用户请求的服务类型由寄存器 r0 的值决定,参数通过其他的通用寄存器传递,如:

```
mov r0,#12      ; 调用 12 号软中断
mov r1,#34      ; 设置子功能号位 34
SWI    0
```

下面举一个简单的例子说明从用户态调用一个"系统调用"到内核处理的整个执行流程。

用户态程序如下:

```
void testexample()
{
    __asm__(
    "ldr   r7   =365 \n"
    "swi 0\n"
    );
}
int main()
{
    testexample();
    return 0;
}
```

　　函数 testexample()事实上可以类比 open()等函数,这个函数只做了一件简单的事:将系统调用号传给 r7,然后产生软中断。接着 CPU 陷入内核态,CPU 响应这个软中断以后,PC 指针会到相应的中断向量表中取指,中断向量表在内核代码 arch/arm/kernel/entry-armv.S 中定义。当 PC 取到相应的指令后,会跳到 vector_swi 这个标号,这个标号在 arch/arm/kernel/entry-commen.S 中定义。

　　当 CPU 从中断向量表转到 vector_swi 之后,完成了以下几件事情。

　　① 取出系统调用号。

　　② 根据系统调用号取出系统调用函数在系统调用表的基地址,得到一个系统调用函数的函数指针。

　　③ 根据系统调用表的基地址和系统调用号,得到这个系统调用表里的项,每一个表项都是一个函数指针,把这个函数指针赋给 PC,则实现了跳转到系统调用函数。

5.7　本章小结

　　本章主要介绍了 ARM-Linux 内核的相关知识。内核是操作系统的灵魂,是了解和掌握 Linux 操作系统的最核心所在。ARM-Linux 内核是基于 ARM 处理器的 Linux 内核。Linux 内核具有 5 个子系统,分别负责如下功能:进程管理、内存管理、虚拟文件系统、进程间通信和网络接口。本章主要从进程管理、模块机制、内存管理、中断管理、系统调用这几方面阐述了 ARM-Linux 内核。限于篇幅,本章只是简要对内核的主要子模块进行了阐述,更多详细的信息可参考 Linux 官网和阅读内核源代码。

　　【本章思政案例:科学精神】　详情请见本书配套资源。

习题

　　1. 什么是内核? 内核的主要组成部分有哪些?

　　2. Linux 内核的五大主要组成模块之间存在什么关系? 请简要描述。

　　3. 请在 Linux 官网上查阅当前内核主线版本和可支持版本情况,并比较最新版本与主线版本的差异。

　　4. Linux 内核 2.6 版本的主要特点有哪些?

　　5. 进程、线程和内核线程之间的主要区别是什么? 什么是轻量级进程?

　　6. Linux 内核的进程调度策略是什么?

　　7. 什么是 LKM? 它的加载和卸载是如何进行的?

　　8. 可加载模块的最大优点是什么?

　　9. 进程空间的关键数据结构是如何定义的? 什么是内存映射技术?

　　10. 内核空间物理页分配技术主要使用了哪些方法?

　　11. 什么是内核非连续分配技术? 其最大特点是什么?

　　12. 简要描述 ARM-Linux 中断处理过程。

13. 在一个单 CPU 的计算机系统中,采用可剥夺式(也称抢占式)优先级的进程调度方案,且所有任务可以并行使用 I/O 设备。表 5-3 列出了三个任务 T1、T2、T3 的优先级和独立运行时占用 CPU 与 I/O 设备的时间。如果操作系统的开销忽略不计,这三个任务从同时启动到全部结束的总时间为多少毫秒? CPU 的空闲时间共有多少毫秒?

表 5-3　单 CPU 的任务优先级分配

任　　务	优　先　级	每个任务独立运行时所需的时间
T1	最高	对每个任务:
T2	中等	占用 CPU 12ms,I/O 使用 8ms,再占用 CPU 5ms
T3	最低	

14. 下面的声明都是什么意思?

```
const int noa;
int const noa;
const int * noa;
int * const noa;
int const * noa const;
```

15. 在某工程中,要求设置一绝对地址为 0x987A 的整型变量的值为 0x3434。编译器是一个纯粹的 ANSI 编译器。编写代码去完成这一任务。

16. 下段代码是一段简单的 C 循环函数,在循环中含有数组指针调用。

```
CodeA
    void increment(int * restrict b, int * restrict c)
    {       int i;
        for(i = 0; i < 100; i++)
        {
            c[i] = b[i] + 1;
        }
    }
```

请改写上述代码段,以实现如下功能:

➢ 循环 100 次变成了循环 50 次(loop unrolling),减少了跳转次数。
➢ 数组变成了指针,减少每次计算数组偏移量的指令。
➢ 微调了不同代码操作的执行顺序,减少了流水线 stall 的情况。
➢ 循环从++循环变成了--循环。这样可以使用 ARM 指令的条件位,为每次循环减少了一条判断指令。

17. 请按要求写出一个 makefile 文件,要求包括:采用 arm-linux-gcc 交叉编译器,源文件为 led8.c,目标文件为 led8,使用 led8.h 头文件,使用相应宏变量。

18. 某计算机中断系统有 4 级中断 I1、I2、I3、I4,中断响应的优先次序为 I1>I2>I3>I4。每一级中断对应一个屏蔽码,屏蔽码中某位是 1,表示禁止中断(关中断);若为 0,则表示允许中断(开中断)。各级中断处理程序与屏蔽码的关系如表 5-4 所示。

表 5-4 各级中断处理程序与屏蔽码的关系

中断处理程序	屏 蔽 码			
	I1 级	I2 级	I3 级	I4 级
I1 级	1	1	1	1
I2 级	0	1	1	1
I3 级	0	0	1	1
I4 级	0	0	0	1

若将中断优先次序设置为 I1＞I4＞I3＞I2,即响应 I1,再响应 I4,然后是 I3,最后是 I2。请重新设置各级的屏蔽码。

19. 实时操作系统必须在多长时间内处理来自外部的事件?

第6章 嵌入式Linux 文件系统

文件系统是操作系统用于确认磁盘或分区上的文件的方法和数据结构。文件系统是负责存取和管理文件信息的机构,用于对数据、文件以及设备的存取控制,它提供对文件和目录的分层组织形式、数据缓冲以及对文件存取权限的控制功能。

文件系统是一种系统软件,是操作系统的重要组成部分。文件系统可以位于系统内核,也可以作为操作系统的一个服务组件而存在。信息以文件的形式存储在磁盘或外部介质上,需要使用时进程可以读取这些信息或者写入新的信息。外存上的文件不会因为进程的创建和终止而受到影响,只有通过文件系统提供的系统调用删除它时才会消失。文件系统必须提供创建文件、删除文件、读文件、写文件等功能的系统调用为文件操作服务。用户程序建立在文件系统上,通过文件系统访问数据,而不需要直接对物理存储设备进行操作。文件的存放通过目录完成,所以对目录的操作就成了文件系统功能的一部分。目录本身也是一种文件,也有相应的创建目录、删除目录和层次结构组织系统调用。

文件系统具有以下主要功能:

- 对文件存储设备进行管理,分别记录空闲区和被占用区,以便于用户创建、修改以及删除文件时对空间的操作。
- 对文件和目录的按名访问、分层组织功能。
- 创建、删除及修改文件功能。
- 数据保护功能。
- 文件共享功能。

6.1 Linux 文件系统基础

6.1.1 概述

尽管内核是 Linux 的核心,但文件却是用户与操作系统交互所使用的主要工具。这对 Linux 来说尤其重要,因为在 UNIX 传统中,它使用文件 I/O 机制管理硬件设备和数据文件。最初的操作系统一般都只支持单一的文件系统,而且文件系统和操作系统内核紧密关联在一起,而 Linux 操作系统的文件系统结构是树状的,在根目录"/"下有许多子目录,每个目录都可以采用各自不同的文件系统类型。

Linux 中的文件不仅指的是普通的文件和目录,而且将设备也当作一种特殊的文件,因此，每种不同的设备从逻辑上都可以看成一种不同的文件系统。Linux 支持多种文件系统，除了常见的 ext2、ext3、reiserfs 和 ext4 之外，还支持苹果的 HFS，也支持其他 UNIX 操作系统的文件系统，如 XFS、JFS、MINIX 及 UFS 等。在 Linux 操作系统中，为了支持多种不同的文件系统，采用了虚拟文件系统(Virtual File System，VFS)技术。虚拟文件系统是对多种实际文件系统的共有功能的抽象，它屏蔽了各种不同文件系统在实现细节上的差异，为用户程序提供了统一的、抽象的、标准的接口以便对文件系统进行访问，如打开、读、写等操作。这样用户程序就不需要关心所操作的具体文件是属于哪种文件系统，以及这种文件系统是如何设计与实现的。虚拟文件系统 VFS 确保了对所有文件的访问方式都是完全相同的。

我们可以从磁盘、硬盘、Flash 等存储设备中读取或写入数据，因而最初的文件系统都是构建在这些设备之上的。这个概念也可以推广到其他的硬件设备，例如内存、显示器、键盘、串口等。我们对硬件设备的访问控制，也可以归纳为读取或者写入数据，因而可以用统一的文件操作接口实现访问。Linux 内核就是这样做的，除了传统的磁盘文件系统之外，它还抽象出了设备文件系统、内存文件系统等，这些逻辑都是由 VFS 子系统实现的。

图 6-1 是 VFS 子系统的子模块构成图。

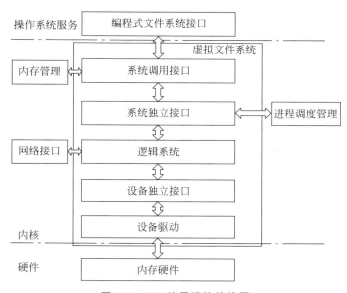

图 6-1　VFS 的子模块结构图

➢ 设备驱动(Device Drivers)。设备驱动用于控制所有的外部设备及控制器。由于存在大量不能相互兼容的硬件设备(特别是嵌入式产品)，所以也必须有众多的设备驱动与之匹配。值得注意的是，Linux 内核中将近一半的源码都是设备驱动。

➢ 设备独立接口(Device Independent Interface)。该模块定义了描述硬件设备的统一方式(统一设备模型)，所有的设备驱动都遵守这个规则，同时可以用一致的形式向上提供接口。这样做可以有效降低开发难度。

➢ 逻辑系统(Logical Systems)。每一种文件系统都会对应一个逻辑文件系统，它会实现具体的文件系统逻辑。

➢ 系统独立接口(System Independent Interface)。该模块主要面向块设备和字符设备，负责以统一的接口表示硬件设备和逻辑文件系统,这样上层软件就不再关心具体的硬件形态了。

> 系统调用接口(System Call Interface)。向用户空间提供访问文件系统和硬件设备的统一的接口。

从第 5 章可以得知,用户空间包含应用程序和 GNU C 库(glibc),它们为文件系统调用(打开、读、写和关闭等)提供用户接口。系统调用接口的作用就像是交换器,它将系统调用从用户空间发送到内核空间中的适当端点。

VFS 是底层文件系统的主要组件(接口)。这个组件导出一组接口,然后将它们抽象到行为可能差异很大的各个文件系统。VFS 具有两个针对文件系统对象的缓存:inode 索引节点对象和 dentry 目录项对象,它们缓存最近使用过的文件系统对象。

每个文件系统实现(如 ext2、JFFS2 等)可以导出一组通用接口供 VFS 使用。缓冲区缓存会缓存文件系统和相关块设备之间的请求。例如,对底层设备驱动程序的读/写请求会通过缓冲区缓存来传递。这就允许在其中缓存请求,减少访问物理设备的次数,加快访问速度。VFS 以最近使用(LRU)列表的形式管理缓冲区缓存。

综合看来,Linux 虚拟文件系统采用了面向对象设计思想,文件系统中定义的 VFS 相当于面向对象系统中的抽象基类,从它出发可以派生出不同的子类,以支持多种具体文件系统,但从效率考虑内核纯粹使用 C 语言编程,故没有直接利用面向对象的语义。

6.1.2　ext2 文件系统

The Second Extended File System(ext2)文件系统是 Linux 系统中的标准文件系统,主要包括普通文件、目录文件、特殊文件和符号链接文件。ext2 文件系统是通过对 Minix 的文件系统进行扩展而得到的,其存取文件的性能良好,可以管理特大磁盘分区,文件系统最大可达 4TB。早期 Linux 都使用 ext2 文件系统。

在 ext2 文件系统中,文件由包含有文件所有信息的节点 inode 进行唯一标识。一个文件可能对应多个文件名,只有在所有文件名都被删除后,该文件才会被删除。同一文件在磁盘中存放和被打开时所对应的 inode 是不同的,并由内核负责同步。

ext2 文件系统采用三级间接块来存储数据块指针,并以块(默认为 1KB)为单位分配空间。其磁盘分配策略是尽可能将逻辑相邻的文件分配到磁盘上物理相邻的块中,并尽可能将碎片分配给尽量少的文件,从而在全局上提高性能。ext2 文件系统将同一目录下的文件尽可能地放在同一个块组中,但目录则分布在各个块组中以实现负载均衡。在扩展文件时,会给文件以预留空间的形式尽量一次性扩展 8 个连续块。

在 ext2 系统中,所有元数据结构的大小均基于“块”,而不是“扇区”。块的大小随文件系统的大小而有所不同。而一定数量的块又组成一个块组,每个块组的起始部分有多种描述该块组各种属性的元数据结构。每个块组依次包括超级块、块组描述符、块位图和节点inode 位图、inode 表及数据块区。ext2 系统中对各个结构的定义都包含在源码 include/linux/ext2_fs. h 文件中。

1. 超级块

每个 ext2 文件系统都必须包含一个超级块,其中存储了该文件系统的大量基本信息,如块的大小、每块组中包含的块数等。同时系统会对超级块进行备份,备份被存放在块组的第一个块中。超级块的起始位置为其所在分区的第 1024 字节,占用 1KB 的空间。

2. 块组描述符

一个块组描述符用以描述一个块组的属性。块组描述符组由若干块组描述符组成,描述了文件系统中所有块组的属性,存放于超级块所在块的下一个块中。

3. 块位图和节点 inode 位图

块位图和 inode 位图的每一位分别指出块组中对应的哪个块或 inode 是否被使用。

4. 节点 inode 表

节点 inode 表用于跟踪定位每个文件,包括位置、大小等,不包括文件名。一个块组只有一个节点 inode 表。

5. 数据块

数据块中存放文件的内容,包括目录表、扩展属性、符号链接等。

在 ext2 文件系统中,目录是作为文件存储的。根目录总是在 inode 表的第二项,而其子目录则在根目录文件的内容中定义。目录项在 include/linux/ext2_fs.h 文件中定义,其结构如下:

```
struct ext2_dir_entry_2 {
    __le32    inode;                        /* 节点编号 */
    __le16    rec_len;
    __u8      name_len;                     /* 名称长度 */
    __u8      file_type;
    char      name[EXT2_NAME_LEN];          /* 文件名称 */
};
```

6.1.3 ext3 和 ext4 文件系统

1. ext3 文件系统

ext3 是第三代扩展文件系统,ext3 是在 ext2 基础上增加日志形成的一个日志文件系统,常用于 Linux 操作系统。它是很多 Linux 发行版的默认文件系统。该文件系统从 2.4.15 版本的内核开始,合并到内核主线中。

如果在文件系统尚未关闭前就关机,下次重开机后会造成文件系统的信息不一致,因而此时必须重整文件系统,修复不一致和错误。然而该重整工作存在两个较大缺陷:一是耗时较多,特别是容量大的文件系统;二是不能确保信息的完整性。日志文件系统(Journal File System)可以较好地克服此问题。日志文件系统最大的特点是会将整个磁盘的写入动作完整记录在磁盘的某个区域上,以便有需要时可以回溯追踪。由于信息的写入动作包含许多的细节,例如改变文件标头信息、搜寻磁盘可写入空间、一个个写入信息区段等,每一个细节进行到一半若被中断,就会造成文件系统的不一致,因而需要重整。然而,在日志文件系统中,由于详细记录了每个细节,故当在某个过程中被中断时,系统可以根据这些记录直接回溯并重整被中断的部分,而不必花时间去检查其他的部分,故重整的工作速度相当快,几乎不需要花时间。

除日志文件系统所具有的优点,ext3 的特点还有:

① ext3 文件系统在非正常关机状况下,系统无须检查文件系统,而且 ext3 的恢复时间

也极短。

② ext3 文件系统能够极大地提高文件系统的完整性,避免了意外死机对文件系统的破坏。

③ ext3 文件系统可以不经任何更改,而直接加载成为 ext2 文件系统。由 ext2 文件系统转换成 ext3 文件系统也非常容易。

④ 3 种日志模式可选:日记、顺序、回写。可适应不同场合对日志模式的要求。

⑤ 便于移植,无论是硬件体系或是内核修改,其移植工作均较容易。

2. ex4 文件系统

第四代扩展文件系统 ext4 是 Linux 系统下的日志文件系统,是 ext3 文件系统的后继版本。2008 年 12 月 25 日,Linux Kernel 2.6.28 的正式版本发布。随着这一内核的发布,ext4 文件系统也结束实验期,成为稳定版。

ext4 文件系统的特点主要包括:ext4 的文件系统容量达到 1EB,而文件容量则达到 16TB;ext4 理论上支持无限数量的子目录;ext4 文件系统具有 64 位空间记录块数量;ext4 在文件系统层面实现了持久预分配并提供相应的 API,比应用软件自己实现更有效率;ext4 支持更大的 inode 和支持快速扩展属性和 inode 保留;ext4 给日志数据添加了校验功能,日志校验功能可以很方便地判断日志数据是否损坏;ext4 支持在线碎片整理,并将提供 e4defrag 工具进行个别文件或整个文件系统的碎片整理。

6.2 嵌入式文件系统

6.2.1 概述

视频讲解

嵌入式文件系统是指嵌入式系统中实现文件存取、管理等功能的模块,这些模块提供一系列文件输入输出等文件管理功能,为嵌入式系统和设备提供文件系统支持。在嵌入式系统中,文件系统是嵌入式系统的一个组成模块。它是作为系统的一个可加载选项提供给用户,由用户决定是否需要加载它。嵌入式文件系统具有结构紧凑、使用简单便捷、安全可靠及支持多种存储设备、可伸缩、可裁剪、可移植等特点。

国内外流行的嵌入式操作系统中,多数均具有可根据应用需求而进行定制的文件系统组件,下面对几个主流的嵌入式操作系统的文件系统做简要阐述。

QNX 提供多种资源管理器,包括各种文件系统和设备管理;支持多个文件系统同时运行,包括提供完全的 POSIX 以及 UNIX 语法的文件系统;支持多种闪存设备的嵌入式文件系统;支持对多种文件服务器 Windows、LANManager 等的透明访问的 SMB 文件系统、FAT 文件系统、CD-ROM 文件系统等,并支持多种外部设备。

VxWorks 的文件系统提供的组件——FFS(快速文件系统)非常适合于实时系统的应用。它包括几种支持使用块设备(如磁盘)的本地文件系统,这些设备都使用一个标准的接口,从而使得文件系统能够灵活地在设备驱动程序上移植。另外,也支持 SCSI 磁带设备的本地文件系统。VxWorks 的 I/O 的体系结构甚至还支持一个单独的从系统上同时并存几个不同的文件系统,支持 4 种文件系统 FAT、RT11FS、RAWFS、TAPES。

YAFFS(Yet Another Flash File System)/YAFFS2 是专为嵌入式系统使用 NAND 型

闪存而设计的日志型文件系统。与 JFFS2 相比,它减少了一些功能,如不支持数据压缩,所以速度更快,挂载时间很短,对内存的占用较小。另外它还是跨平台的文件系统,除了 Linux 和 eCos,还支持 Windows CE、pSOS 和 ThreadX 等。YAFFS/YAFFS2 自带 NAND 芯片的驱动,并且为嵌入式系统提供了直接访问文件系统的 API,用户可以不使用 Linux 中的 MTD 与 VFS,直接对文件系统操作。当然,YAFFS 也可与 MTD 驱动程序配合使用。YAFFS 与 YAFFS2 的主要区别在于,前者仅支持小页(512B)NAND 闪存,后者则可支持大页(2KB) NAND 闪存。同时,YAFFS2 在内存空间占用、垃圾回收速度、读/写速度等方面均有大幅提升。

　　CRAMFS(Compressed ROM File System)是 Linux 的创始人 Linus Torvalds 参与开发的一种只读的压缩文件系统。在 CRAMFS 文件系统中,每一页(4KB)被单独压缩,可以随机页访问,其压缩比高达 2∶1,为嵌入式系统节省大量的 Flash 存储空间,使系统可通过更低容量的 Flash 存储相同的文件,从而降低系统成本。

　　网络文件系统(Network File System,NFS)是由 Sun 公司开发并发展起来的一项在不同机器、不同操作系统之间通过网络共享文件的技术。在嵌入式 Linux 系统的开发调试阶段,可以利用该技术在主机上建立基于 NFS 的根文件系统,挂载到嵌入式设备,可以很方便地修改根文件系统的内容。

　　嵌入式 Linux 文件系统结构如图 6-2 所示,自下而上主要由硬件层、驱动层、内核层和用户层组成。虚拟文件系统 VFS 层为内核中的各种文件系统(如 JFFS2、RAMFS 等)提供了统一、抽象的系统总线,并为上层用户提供了具有统一格式的接口函数,用户程序可以使用这些函数来操作各种文件系统下的文件。MTD(Memory Technology Device)是用于访问 Flash 设备的 Linux 子系统,其主要目的是使 Flash 设备的驱动程序更加简单。MTD 子系统整合底层芯片驱动,为上层文件系统提供了统一的 MTD 设备接口,MTD 设备可以分为 MTD 字符设备和 MTD 块设备,通过这两个接口,就可以像读/写普通文件一样对 Flash 设备进行读/写操作,经过简单的配置后,MTD 在系统启动以后可以自动识别支持 CFI 或 JEDEC 接口的 Flash 芯片,并自动采用适当的命令参数对 Flash 进行读/写或擦除。

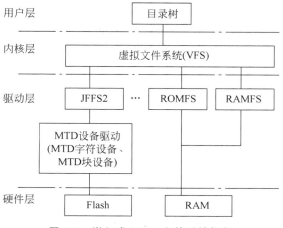

图 6-2　嵌入式 Linux 文件系统框架

　　在文件系统框架底层,Flash 和 RAM 都在嵌入式系统中得到广泛应用。由于具有高可靠性、高存储密度、低价格、非易失、擦写方便等优点,Flash 存储器取代了传统的 EPROM

和 EEPROM ,在嵌入式系统中得到了广泛的应用。Flash 存储器可以分为若干块,每块又由若干页组成,对 Flash 的擦除操作以块为单位进行,而读/写操作以页为单位进行。Flash 存储器在进行写入操作之前必须先擦除目标块。

根据所采用的制造技术不同,Flash 存储器主要分为 NOR Flash 和 NAND Flash 两种。NOR Flash 通常容量较小,其主要特点是程序代码可以直接在 Flash 内运行。NOR Flash 具有 RAM 接口,易于访问,缺点是擦除电路复杂,写速度和擦除速度都比较慢,最大擦写次数约 10 万次,典型的块大小是 128KB。NAND Flash 通常容量较大,具有很高的存储密度,从而降低了单位价格。NAND Flash 的块尺寸较小,典型大小为 8KB,擦除速度快,使用寿命也更长,最大擦写次数可以达到 100 万次,但是其访问接口是复杂的 I/O 口,并且坏块和位反转现象较多,对驱动程序的要求较高。由于 NOR Flash 和 NAND Flash 各具特色,因此它们的用途也各不相同,NOR Flash 一般用来存储体积较小的代码,而 NAND Flash 则用来存放体积大的数据。

在嵌入式系统中,Flash 上也可以运行传统的文件系统,如 ext2 等,但是这类文件系统没有考虑 Flash 存储器的物理特性和使用特点,例如 Flash 存储器中各个块的最大擦除次数是有限的。

为了延长 Flash 的整体寿命需要均匀地使用各个块,这就需要磨损均衡的功能;为了提高 Flash 存储器的利用率,还应该有对存储空间的碎片收集功能;在嵌入式系统中,需要考虑出现系统意外掉电的情况,所以文件系统还应该有掉电保护的功能,保证系统在出现意外掉电时也不会丢失数据。因此在 Flash 存储设备上,目前主要采用了专门针对 Flash 存储器的要求而设计的 JFFS2(Journaling Flash File System Version 2)文件系统。

6.2.2　JFFS2 嵌入式文件系统

1. JFFS2 文件系统简介

JFFS(Journaling Flash File System)是瑞典的 Axis Communications 公司专门针对嵌入式系统中的 Flash 存储器的特性而设计的一种日志文件系统。如上节所述,在日志文件系统中,所有文件系统的内容变化,如写文件操作等,都被记录到一个日志中,每隔一段时间,文件系统会对文件的实际内容进行更新,然后删除这部分日志,重新开始记录。如果对文件内容的变更操作由于系统出现意外而中断,如系统掉电等,则系统重新启动时,会根据日志恢复中断以前的操作,这样系统的数据就更加安全,文件内容将不会因为系统出现意外而丢失。

Redhat 公司的 David Woodhouse 在 JFFS 的基础上进行了改进,从而发布了 JFFS2。和 JFFS 相比,JFFS2 支持更多节点类型,提高了磨损均衡和碎片收集的能力,增加了对硬链接的支持。JFFS2 还增加了数据压缩功能,这更利于在容量较小的 Flash 中使用。和传统的 Linux 文件系统如 ext2 相比,JFFS2 处理擦除和读/写操作的效率更高,并且具有完善的掉电保护功能,使存储的数据更加安全。

2. JFFS2 文件系统有关原理

JFFS2 在内存中建立超级块信息 jffs2_sb_info 管理文件系统操作,建立索引节点信息 jffs2_inode_info 管理打开的文件。VFS 层的超级块 super_block 和索引节点 inode 分别包含 JFFS2 文件系统的超级块信息 jffs2_sb_info 和索引节点信息 jffs2_inode_info,它们是 JFFS2 和 VFS 间通信的主要接口。JFFS2 文件系统的超级块信息 jffs2_sb_info 包含底层

MTD 设备信息 mtd_info 指针，文件系统通过该指针访问 MTD 设备，实现 JFFS2 和底层 MTD 设备驱动之间的通信。图 6-3 显示 JFFS2 文件系统层次。

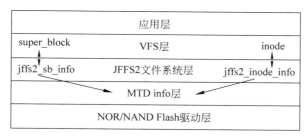

图 6-3　JFFS2 文件系统层次

JFFS2 在 Flash 上只存储两种类型的数据实体，分别为用于描述数据节点的 jffs2_raw_inode 和描述目录项 jffs2_raw_dirent。

jffs2_raw_dirent 主要包括文件名、节点编号、父节点编号、版本号、校验码等信息，它用来形成整个文件系统的层次目录结构。

```
struct jffs2_raw_dirent
{
    jint16_t magic;
    jint16_t nodetype;          /* 节点类型设置为 JFFS2_NODETYPE_DIRENT */
    jint32_t totlen;
    jint32_t hdr_crc;           /* jffs2_unknown_node 部分的 CRC 校验 */
    jint32_t pino; ;            /* 上层目录节点(父节点)的标号 */
    jint32_t version;           /* 版本号 */
    jint32_t ino; ;             /* 节点编号,如果是 0 表示没有链接的节点 */
    jint32_t mctime; ;          /* 创建时间 */
    __u8 nsize; ;               /* 大小 */
    __u8 type;
    __u8 unused[2];
    jint32_t node_crc;
    jint32_t name_crc;
    __u8 name[0];
};
```

jffs2_raw_inode 主要包括文件编号、版本号、访问权限、修改时间、本节点所包含的数据文件中的起始位置及本节点所包含的数据大小等信息，它用来管理文件的所有数据。一个目录文件由多个 jffs2_raw_dirent 组成。而普通文件、符号链接文件、设备文件、FIFO 文件等都由一个或多个 jffs2_raw_inode 数据实体组成。

```
struct jffs2_raw_inode
{
    jint16_t magic;
    jint16_t nodetype;              /* 设置为 JFFS_NODETYPE_inode */
    jint32_t totlen;
    jint32_t hdr_crc;
```

```
    jint32_t ino;            /* 节点编号 */
    jint32_t version;        /* 版本号 */
    jmode_t mode;
    jint16_t uid;            /* 文件拥有者 */
    jint16_t gid;            /* 文件组 */
    jint32_t isize;
    jint32_t atime;          /* 最后访问时间 */
    jint32_t mtime;          /* 最后修改时间 */
    jint32_t ctime;
    jint32_t offset;         /* 写的起始位置 */
    jint32_t csize;          /* (Compressed) 数据大小 */
    jint32_t dsize;
    __u8 compr;
    __u8 usercompr;
    jint16_t flags;
    jint32_t data_crc;       /* (compressed) data 的 CRC 校验算法    */
    jint32_t node_crc;
    __u8 data[0];
};
```

JFFS2 文件系统在挂载时扫描整个 Flash,每个 jffs2_raw_inode 数据实体都会记录其所属的文件的 inode 号及其他元数据,以及数据实体中存储的数据的长度及在文件内部的偏移。而 jffs2_raw_dirent 数据实体中存有目录项对应的文件的 inode 号及目录项所在的目录的 inode 号等信息。JFFS2 在扫描时根据 jffs2_raw_dirent 数据实体中的信息在内存中建立文件系统的目录树信息,类似地,根据 jffs2_raw_inode 数据实体中的信息建立起文件数据的寻址信息。为了提高文件数据的寻址效率,JFFS2 将属于同一个文件的 jffs2_raw_inode 数据实体组织为一棵红黑树,在挂载扫描过程中检测到的每一个有效的 jffs2_raw_inode 都会被添加到所属文件的红黑树。在文件数据被更新的情况下,被更新的旧数据所在的 jffs2_raw_inode 数据实体会被标记为无效,同时从文件的红黑树中删除。然后将新的数据组织为 jffs2_raw_inode 数据实体写入 Flash 并将新的数据实体加入红黑树。

与磁盘文件系统不同,JFFS2 文件系统不在 Flash 设备上存储文件系统结构信息,所有的信息都分散在各个数据实体节点之中,在系统初始化的时候,扫描整个 Flash 设备,从中建立起文件系统在内存中的映像,系统在运行期间,就利用这些内存中的信息进行各种文件操作。JFFS2 系统使用结构 jffs2_sb_info 来管理所有的节点链表和内存块,这个结构相当于 Linux 中的超级块。Struct jffs2_sb_info 是一个控制整个文件系统的数据结构,它存放文件系统对 Flash 设备的块利用信息(包括块使用情况、块队列指针等)和碎片收集状态信息等。

通过以下这个数据结构,文件系统维护了几个重要的链表,这几个链表构成了整个文件系统的骨架,如下所示。

```
struct jffs2_sb_info {
    struct mtd_info * mtd;
    uint32_t highest_ino;
    uint32_t checked_ino;
```

```
        unsigned int flags;
        struct task_struct * gc_task;              /* GC 任务结构 */
        struct completion gc_thread_start;
        struct completion gc_thread_exit;
        struct mutex alloc_sem;
        uint32_t cleanmarker_size;
        uint32_t flash_size;
        uint32_t used_size;
        uint32_t dirty_size;
        uint32_t wasted_size;
        uint32_t free_size;
        uint32_t erasing_size;
        uint32_t bad_size;
        uint32_t sector_size;
        uint32_t unchecked_size;
        uint32_t nr_free_blocks;
        uint32_t nr_erasing_blocks;
        uint8_t resv_blocks_write;                 /* 允许常规文件写 */
        uint8_t resv_blocks_deletion;              /* 允许常规文件删除 */
        uint8_t resv_blocks_gctrigger;             /* 唤醒 GC 线程 */
        uint8_t resv_blocks_gcbad;
        uint8_t resv_blocks_gcmerge;
        uint8_t vdirty_blocks_gctrigger;
        uint32_t nospc_dirty_size;
        uint32_t nr_blocks;
        struct jffs2_eraseblock * blocks;
        struct jffs2_eraseblock * nextblock;       /* 正在处理的块 */
        struct jffs2_eraseblock * gcblock;         /* 正在进行垃圾收集的块 */
        struct list_head clean_list;               /* 完全具有 clean 数据的块 */
        struct list_head very_dirty_list;
        struct list_head dirty_list;
        struct list_head erasable_list;            /* 完全 dirty 需要擦除的块 */
        struct list_head erasable_pending_wbuf_list;
        struct list_head erasing_list;             /* 正在擦除的块 */
        struct list_head erase_checking_list;      /* 需要检查和标记的块 */
        struct list_head erase_pending_list;       /* 需要擦除的块 */
        struct list_head erase_complete_list;
        struct list_head free_list;                /* 空闲并准备使用的块 */
        struct list_head bad_list;                 /* 坏块 */
        struct list_head bad_used_list;            /* 无效数据坏块 */
        spinlock_t erase_completion_lock;
        wait_queue_head_t erase_wait;              /* 等待擦除完成 */
        wait_queue_head_t inocache_wq;
        int inocache_哈希 size;
        struct jffs2_inode_cache ** inocache_list;
        spinlock_t inocache_lock;
        struct mutex erase_free_sem;
        uint32_t wbuf_pagesize;
#ifdef CONFIG_JFFS2_FS_WBUF_VERIFY
```

```
    unsigned char * wbuf_verify;              /* 为验证定义的写回缓冲 */
# endif
# ifdef CONFIG_JFFS2_FS_WRITEBUFFER
    unsigned char * wbuf;
    uint32_t wbuf_ofs;
    uint32_t wbuf_len;
    struct jffs2_inodirty * wbuf_inodes;
    struct rw_semaphore wbuf_sem;             /* 写缓冲保护 */
    unsigned char * oobbuf;
    int oobavail; /* How many bytes are available for JFFS2 in OOB */
# endif
    struct jffs2_summary * summary;           /* 信息概要 */

# ifdef CONFIG_JFFS2_FS_XATTR
# define XATTRINDEX_HASH SIZE(57)
    uint32_t highest_xid;
    uint32_t highest_xseqno;
    struct list_head xattrindex[XATTRINDEX_HASH SIZE];
    struct list_head xattr_unchecked;
    struct list_head xattr_dead_list;
    struct jffs2_xattr_ref * xref_dead_list;
    struct jffs2_xattr_ref * xref_temp;
    struct rw_semaphore xattr_sem;
    uint32_t xdatum_mem_usage;
    uint32_t xdatum_mem_threshold;
# endif
        void * os_priv;
};
```

下面介绍 JFFS2 的主要设计思想,包括 JFFS2 的操作实现方法、垃圾收集机制和平均磨损技术。

(1) 操作实现

当进行写入操作时,在块还未被填满之前,仍然按顺序进行写操作,系统从 free_list 取得一个新块,而且从新块的开始部分不断地进行写操作,一旦 free_list 大小不够时,系统将会触发"碎片收集"功能回收废弃节点。

在介质上的每个 inode 节点都有一个 jffs2_inode_cache 结构用于存储其 inode 号、inode 当前链接数和指向 inode 的物理节点链接列表开始的指针,该结构体的定义如下:

```
struct jffs2_inode_cache{
struct jffs2_scan_info * scan; //在扫描链表的时候存放临时信息,在扫描结束以后设置成 NULL
struct jffs2_inode_cache * next;
struct jffs2_raw_node_ref * node;
_u32 ino;
int nlink;
};
```

这些结构体存储在一个哈希表上,每一个哈希表都包括一个链接列表。哈希表的操作十分简单,它的 inode 号是以哈希表长度为模来获取它在哈希表中的位置。每个 Flash 数据

是实体在 Flash 分区上的位置、长度都由内核数据结构 jffs2_raw_node_ref 描述。它的定义
如下：

```
struct jfffs2_raw_node_ref {
    struct jffs2_raw_node_ref * next_in_ino;
    struct jffs2_raw_node_ref next_phys;
    _u32 flash_offset;
    _u32 totlen;
    };
```

当进行 mount 操作时，系统会为节点建立映射表，但是这个映射表并不全部存放在内
存里面，存放在内存中的节点信息是一个缩小尺寸的 jffs2_raw_inode 结构体，即 struct
jffs2_raw_node_ref 结构体。

上述结构体中 flash_offset 表示相应数据实体在 Flash 分区上的物理地址，totlen 表示
包括后继数据的总长度。同一个文件的多个 jffs2_raw_node_ref 由 next_in_ino 组成一个
循环链表，链表首为文件的 jffs2_inode_cache 数据结构的 node 域，链表末尾元素的 next_in_ino
则指向 jffs2_inode_cache，这样任何一个 jffs2_raw_node_ref 元素就都知道自己所在的文
件了。

每个节点包含两个指向具有自身结构特点的指针变量，一个指向物理相邻的块，另一个
指向 inode 链表的下一节点。用于存储这个链表最后节点的 jffs2_inode_cache 结构类型节
点，其 scan 域设置为 NULL，而 nodes 域指针指向链表的第一个节点。

当某个 jffs2_raw_node_ref 型节点无用时，系统将通过 jffs2_mark_mode_obsolete()函
数对其 flash_offset 域标记为废弃标志，并修改相应 jffs2_sb_info 结构与 jffs2_eraseblock
结构变量中的 used_size 和 dirty_size 大小。然后，把这个废弃的节点从 clean_list 移到
dirty_list 中。

在正常运行期间，inode 号通过文件系统的 read_inode()函数进行操作，用合适的信息
填充 struct inode。JFFS2 利用 inode 号在哈希表上查找合适的 jffs2_inode_cache 结构，然
后使用节点链表之间读取重要 inode 的每个节点，从而建立 inode 数据区域在物理位置上的
一个完整映射。一旦用这种方式填充了所有的 inode 结构，它会保留在内存中直到内核内存
不够的情况下裁剪 jffs2_inode_cache 为止，对应的额外信息也会被释放，剩下的只有 jffs2_
raw_node_ref 节点和 JFFS2 中最小限度的 jffs2_node_cache 结构初始化形式。

（2）垃圾收集

在 JFFS 中，文件系统与队列类似，每一个队列都存在唯一的头指针和尾指针。最先写
入日志的节点作为头指针，而每次写入一个新节点时，这个节点作为日志的尾指针。每个节
点存在一个与节点写入的顺序有关的 version 节点，它专门用来存放节点的版本号。该节
点每写入一个节点其版本号加 1。

节点写入总是从日志的尾部进行，而读/写点则没有任何限制。但是擦除和碎片收集操
作总是在头部进行。当用户请求写操作时发现存储介质上没有足够的空余空间，也就表明
空余空间已经符合"碎片收集"的启动条件。如果有垃圾空间能够被回收，碎片收集进程启
动将收集垃圾空间中的垃圾块，否则，碎片收集线程就处于睡眠状态。

JFFS2 的碎片收集技术与 JFFS 有很多类似的地方，但 JFFS2 对 JFFS 的碎片收集技术

做了一些改进：如在 JFFS2 中，所有的存储节点都不可以跨越 Flash 的块界限，这样就可以在回收空间时以 Flash 的各个块为单位进行选择，将最应擦除的块擦除之后作为新的空闲块，这样可以提高效率与利用率。

JFFS2 使用了多个级别的待收回块队列。在垃圾收集的时候先检查 bad_used_list 链表中是否有节点，如果有，则先回收该链表的节点。当完成了 bad_used_list 链表的回收后，然后进行回收 dirty_list 链表的工作。垃圾收集操作的主要工作是将数据块里面的有效数据移动到空间块中，然后清除脏数据块，最后将数据块从 dirty_list 链表中摘除并且放入空间块链表。此外可以回收的队列还包括 erasable_list、very_dirty_list 等。

碎片收集由专门相应的碎片收集内核线程负责处理，一般情况下碎片收集进程处于睡眠状态，一旦 thread_should_wake() 操作发现 jffs2_sb_info 结构变量中的 nr_free_blocks 与 nr_erasing_blocks 总和小于触发碎片收集功能特定值 6，且 dirty_size 大于 sector_size 时，系统将调用 thread_should_wake() 来发送 SIGHUP 信号给碎片收集进程并且将其唤醒。每次碎片收集进程只回收一个空闲块，如果空闲块队列的空闲块数仍小于 6，那么碎片收集进程再次被唤醒，一直到空闲数等于或大于 6。

由于 JFFS2 中使用了多种节点，所以在进行垃圾收集的时候也必须对不同的节点进行不同的操作。JFFS2 进行垃圾收集时也对内存文件系统中的不连续数据块进行整理。

（3）数据压缩

JFFS2 提供了数据压缩技术，数据存入 Flash 之前，JFFS2 会自动对其进行压缩。目前，内嵌 JFFS2 的压缩算法很多，最常见的是 zlib 算法，这种算法仅对 ASCII 和二进制数据文件进行压缩。在嵌入式文件系统中引入数据压缩技术，使其数据能够得到最大限度的压缩，可以提高资源的利用率，有利于提高性能和节省开发成本。

（4）平均磨损

为了提高 Flash 芯片的使用寿命，用户希望擦除循环周期在 Flash 上均衡分布，这种处理技术称为"平均磨损"。

在 JFFS 中，碎片收集总是对文件系统队列头所指节点的块进行回收。如果该块填满了数据就将该数据后移，这样该块就成为空闲块。通过这种处理方式可以保证 Flash 中每块的擦除次数相同，从而提高了整个 Flash 芯片的使用寿命。

在 JFFS2 中进行碎片收集时，随机将干净块的内容移到空闲块，随后擦除干净块内容再写入新的数据。在 JFFS2 中，它单独处理每个擦除块，由于每次回收的是一块，碎片收集程序能够提高回收的工作效率，并且能够自动地决定接下来该回收哪一块。每个擦除块可能是多种状态中的一种状态，基本上是由块的内容决定。JFFS2 保留了结构列表的链接数，它用来描述单个擦除块。

碎片收集过程中，一旦从 clean_list 中取得一个干净块，那么该块中的所有数据要被全部移到其他的空闲块，然后对该块进行擦除操作，最后将其挂接到 free_list。这样，它保证了 Flash 的平均磨损而提高了 Flash 的利用率。

（5）断电保护技术

JFFS2 是一个稳定性高、一致性强的文件系统，不论电源以何种方式在哪个时刻停止供电，JFFS2 都能保持其完整性，即不需要为 JFFS2 配备像 ext2 拥有的那些文件系统。断电保护技术的实现依赖于 JFFS2 的日志式存储结构，当系统遭受不正常断电后重新启动时，

JFFS2自动将系统恢复到断电前最后一个稳定状态,由于省去了启动时的检查工作,所以JFFS2的启动速度相当快。

3. JFFS2 的不足之处

① 挂载时间过长。JFFS2的挂载过程需要对闪存从头到尾扫描,这个过程比较花费时间。

② 磨损平衡具有较大随意性。JFFS2对磨损平衡是用概率的方法来解决的,这很难保证磨损平衡的确定性。在某些情况下,可能造成对擦写块不必要的擦写操作;在某些情况下,又会引起对磨损平衡调整的不及时。

③ 扩展性很差。首先,闪存越大,闪存上节点数目越多挂载时间就越长。其次,虽然JFFS2尽可能减少内存的占用,但实际上对内存的占用量是同i节点数和闪存上的节点数成正比的。

6.3　YAFFS 与 YAFFS2 文件系统简介

6.3.1　YAFFS 文件系统

YAFFS(Yet Another Flash File System)是第一个专门为 NAND Flash 存储器设计的嵌入式文件系统,适用于大容量的存储设备。YAFFS 遵守 GPL(General Public License)协议并且可以免费使用。

YAFFS 是基于日志的文件系统,提供磨损平衡和掉电恢复的健壮性。它还为大容量的 Flash 芯片进行了优化设计,针对启动时间和 RAM 的使用做了改进。YAFFS 适用于大容量的存储设备,已经在 Linux 和 Windows CE 商业产品中使用。

YAFFS 中,文件是以固定大小的数据块进行存储的,块的大小可以是 512 字节、1024字节或者 2048 字节。这种实现取决于它能够将一个数据块头和每个数据块关联起来。每个文件都有一个数据块头与之相对应,数据块头中保存了 ECC(纠错码)和文件系统的组织信息,用于错误检测和坏块处理。YAFFS 充分考虑了 NAND Flash 的特点,YAFFS 把这个数据块头存储在 Flash 的 16 字节备用空间中。当文件系统被挂载时,只须扫描存储器的备用空间就能将文件系统信息读入内存,并且驻留在内存中,不仅加快了文件系统的加载速度,也提高了文件的访问速度,但是增加了内存的消耗。

为了在节省内存的同时提高文件数据块的查找速度,YAFFS 利用更高效的映射结构把文件位置映射到物理地址。文件的数据段被组织成树型结构,这个树状结构具有 32 字节的节点,每个内部节点都包括 8 个指向其他节点的指针,叶节点包括 16 个 2 字节的指向物理地址的指针。YAFFS 在文件进行改写时总是先写入新的数据块,然后将旧的数据块从文件中删除。这样即使在修改文件时意外掉电,丢失的也只是这一次修改数据的最小写入单位,从而实现了掉电保护,保证了数据完整性。

结合贪心算法的高效性和随机选择的平均性,YAFFS 实现了兼顾损耗平均和减小系统开销的目的。当满足特定的小概率条件时,就会尝试随机选择一个可回收的页面;而在其他情况下,则使用贪心算法来回收最“脏”的块。

6.3.2 YAFFS2 文件系统简介

和 YAFFS 文件系统一样,YAFFS2 用 yaffs_objectHeader(文件头)结构统一描述了文件系统中的文件、目录、链接、设备文件等,其中包括了这个文件的类型、模式、所有者、创建时间、父目录的 ID 等。YAFFS2 文件系统分区内的所有文件用 objectID 来唯一标识,每个文件头存放在 NAND Flash 某页的数据区内,而文件的数据被组织成固定的大小(512B 或 2KB)并存放在某页中。NAND Flash 每页的 oob 区存放一些文件系统组织信息(如文件 ID、页 ID、有效字节数等)。YAFFS2 文件组织结构及其存储组织与 YAFFS 基本相同,下面只介绍 YAFFS2 所做的两点重要改进。

(1)垃圾回收策略

对 NAND Flash 的页写数据之前必须先对其擦除,且擦除是以块为单位的,而 YAFFS2 是以页为使用单位,这样当 NAND Flash 的所有块内既有有效的数据页又有无效(如被删除)的数据页时,如果要向 NAND Flash 写入数据,就必须有一种机制清理出一个只含有无效数据页或未使用页的块,对其擦除从而能向其中的页写数据,这就是垃圾回收器的工作。YAFFS 删除数据页是通过将 NAND Flash 的相应页的一个标志位字节写为 0 实现的,而 YAFFS2 为了能支持某些特殊的 NAND Flash,不再和 YAFFS 一样重写标志位以实现目的,而是通过其他的一些处理方式实现,这样其垃圾回收器也就不能通过读 NAND Flash 某页的标志位来确认此页是否为无效页,所以垃圾回收策略需要改进。

在 YAFFS2 中,两个文件操作(删除和压缩)会产生无效数据页,所以 YAFFS2 的垃圾回收策略可以针对它们的实现来识别无效数据页和进行相应的处理。对前者的处理比较简单,垃圾回收器读 NAND Flash 每页的 oob 区,得到这个数据页所属的文件 ID,若此文件在 YAFFS2 虚拟创建的 unlink 目录下,则此数据页无效;对应后者,YAFFS2 添加了几个新的变量使垃圾回收器能正确工作,如 yaffs_object 结构中的 sequenceNumber 表示 NAND Flash 页的使用顺序、blockinfo 结构中的 hasShrinkHeader 表示此块中是否有被压缩的新文件头页。垃圾回收器在回收块时若发现此块内有被压缩的新文件头页且此块的 sequenceNumber 大于含有被压缩的数据页的块的相应 sequenceNumber 时,则此块不能先擦除。垃圾回收实现流程如图 6-4 所示,具体可参阅 YAFF2 的相关源代码。

虽然 YAFFS2 的垃圾回收器比 YAFFS 复杂,但由于 NAND Flash 的写入次数有限,YAFFS2 实现了零重写,这便延长了 NAND Flash 的使用寿命。

(2)checkdata 的引入

由于 YAFFS 在安装时要扫描整个 NAND Flash 的 oob 区得到设备上所有文件的信息,这可能使它的安装时间比其他使用超级块的文件系统慢。针对此问题,YAFFS2 提供一种机制解决这个问题,即在卸载 YAFFS2 或执行 yaffs_sync_fs(Linux 2.6 内核后使用)时将内存中的一些结构组织成相应的 checkdata 的形式写入 NAND Flash。这样,下次安装时只要读出这些内容所在块的 oob 区,而不需读所有的块便在内存中可完整建立相应数据结构,从而完成扫描。

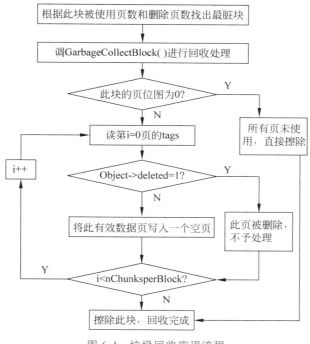

图 6-4　垃圾回收实现流程

6.4　根文件系统

6.4.1　根文件系统概述

视频讲解

　　根文件系统是一种特殊的文件系统,该文件系统不仅具有普通文件系统的存储数据文件的功能,它还是内核启动时所挂载(mount)的第一个文件系统,内核代码的映像文件保存在根文件系统中,系统引导启动程序会在根文件系统挂载之后从中把一些初始化脚本和服务加载到内存中去运行。

　　Linux 启动时,第一个必须挂载的是根文件系统;若系统不能从指定设备上挂载根文件系统,则系统会出错而退出启动。成功之后可以自动或手动挂载其他的文件系统。因此,一个系统中可以同时存在不同的文件系统。

　　在 Linux 中将一个文件系统与一个存储设备关联起来的过程称为挂载。使用 mount 命令将一个文件系统附着到当前文件系统层次结构中。在执行挂载时,要提供文件系统类型、文件系统和一个挂载点。根文件系统被挂载到根目录下“/”上后,在根目录下就有根文件系统的各个目录和文件:/bin、/sbin、/mnt 等。再将其他分区挂接到/mnt 目录上,/mnt 目录下就有这个分区的各个目录和文件。

　　Linux 根文件系统中一般有如下目录。

　　(1)/bin 目录

　　该目录下的命令可以被 root 与一般账号所使用,由于这些命令在挂接其他文件系统之前就可以使用,所以/bin 目录必须和根文件系统在同一个分区中。

/bin 目录下常用的命令有 cat、chgrp、chmod、cp、ls、sh、kill、mount、umount、mkdir、[、test 等。其中"["命令就是 test 命令,在利用 Busybox 制作根文件系统时,在生成的 bin 目录下,可以看到一些可执行的文件,也就是可用的一些命令。

（2）/sbin 目录

该目录下存放系统命令,即只有系统管理员能够使用的命令,系统命令还可以存放在 /usr/sbin、/usr/local/sbin 目录下,/sbin 目录中存放的是基本的系统命令,它们用于启动系统和修复系统等,与/bin 目录相似,在挂接其他文件系统之前就可以使用/sbin,所以/sbin 目录必须和根文件系统在同一个分区中。

/sbin 目录下常用的命令有 shutdown、reboot、fdisk、fsck、init 等,本地用户自己安装的系统命令放在/usr/local/sbin 目录下。

（3）/dev 目录

该目录下存放的是设备与设备接口的文件,设备文件是 Linux 中特有的文件类型,在 Linux 系统下,以文件的方式访问各种设备,即通过读/写某个设备文件操作某个具体硬件。例如通过/dev/ttySAC0 文件可以操作串口 0,通过/dev/mtdblock1 可以访问 MTD 设备的第 2 个分区。比较重要的文件有/dev/null、/dev/zero、/dev/tty、/dev/lp * 等。

（4）/etc 目录

该目录下存放着系统主要的配置文件,例如人员的账号密码文件、各种服务的起始文件等。一般来说,此目录的各文件属性是可以让一般用户查阅的,但是只有 root 有权限修改。对于个人计算机上的 Linux 系统,/etc 目录下的文件和目录非常多,这些目录文件是可选的,它们依赖于系统中所拥有的应用程序,依赖于这些程序是否需要配置文件。在嵌入式系统中,这些内容可以大为精简。

（5）/lib 目录

该目录下存放共享库和可加载驱动程序,共享库用于启动系统。

（6）/home 目录

系统默认的用户文件夹,它是可选的,对于每个普通用户,在/home 目录下都有一个以用户名命名的子目录,里面存放用户相关的配置文件。

（7）/root 目录

系统管理员（root）的主文件夹,即是根用户的目录,与此对应,普通用户的目录是 /home 下的某个子目录。

（8）/usr 目录

/usr 目录的内容可以存在另一个分区中,在系统启动后再挂接到根文件系统中的/usr 目录下。里面存放的是共享、只读的程序和数据,这表明/usr 目录下的内容可以在多个主机间共享,这些设置也符合文件系统层次 FHS 标准（File System Hierarchy Standard）。FHS 规范了在根目录"/"下各个主要的目录应该放置什么样的文件。/usr 目录在嵌入式系统中可以精简。

（9）/var 目录

与/usr 目录相反,/var 目录中存放可变的数据,例如 spool 目录（mail、news）、log 文件、临时文件。

（10）/proc 目录

这是一个空目录，常作为 proc 文件系统的挂接点，proc 文件系统是个虚拟的文件系统，它没有实际的存储设备，里面的目录、文件都是由内核临时生成的，用来表示系统的运行状态，也可以操作其中的文件控制系统。

（11）/mnt 目录

用于临时挂载某个文件系统的挂接点，通常是空目录，也可以在里面创建一个引起空的子目录，例如/mnt/cdram、/mnt/hda1。用来临时挂载光盘、移动存储设备等。

（12）/tmp 目录

用于存放临时文件，通常是空目录，由于一些需要生成临时文件的程序用到/tmp 目录，所以/tmp 目录必须存在并可以访问。

对于嵌入式 Linux 系统的根文件系统来说，一般可能没有上面所列出的那么复杂，例如嵌入式系统通常都不是针对多用户的，所以/home 这个目录在一般嵌入式 Linux 中可能就很少用到。一般说来，只有/bin、/dev、/etc、/lib、/proc、/var、/usr 这些是需要的，而其他都是可选的。

根文件系统一直以来都是所有类 UNIX 操作系统的一个重要组成部分，也可以认为是嵌入式 Linux 系统区别于其他一些传统嵌入式操作系统的重要特征，它给 Linux 带来了许多强大和灵活的功能，同时也带来了一些复杂性。

6.4.2 根文件系统的制作工具——BusyBox

根文件系统的制作就是生成包含上述各种目录和文件的文件系统的过程，可以通过直接复制宿主机上交叉编译器处的文件来制作根文件系统，但是这种方法制作的根文件系统一般过于庞大。也可以通过一些工具如 BusyBox 来制作根文件系统，用 BusyBox 制作的根文件系统可以做到短小精悍并且运行效率较高。

BusyBox 被形象地称为"嵌入式 Linux 的瑞士军刀"，它是一个 UNIX 工具集。它可提供一百多种 GNU 常用工具、shell 脚本工具等。虽然 BusyBox 中的这些工具相对于 GNU 提供的完全工具有所简化，但是它们都很实用。BusyBox 的特色是所有命令都编译成一个文件——busybox，其他命令工具（如 sh、cp、ls 等）都是指向 BusyBox 文件的连接。在使用 BusyBox 生成的工具时，会根据工具的文件名散转到特定的处理程序。这样，所有这些程序只需被加载一次，而所有的 BusyBox 工具组件都可以共享相同的代码段，这在很大程度上节省了系统的内存资源和提高了应用程序的执行速度。BusyBox 仅需用几百千字节的空间就可以运行，这使得 BusyBox 很适合嵌入式系统使用。同时，BusyBox 的安装脚本也使得它很容易建立基于 BusyBox 的根文件系统。通常只需要添加/dev、/etc 等目录以及相关的配置脚本，就可以实现一个简单的根文件系统。BusyBox 源码开放，遵守 GPL 协议。它提供了类似 Linux 内核的配置脚本菜单，很容易实现配置和裁剪，通常只需要指定编译器即可。

嵌入式系统用到的一些库函数和内核模块在嵌入式 Linux 的根目录结构中的/lib 目录中，比如嵌入式系统中常用到的 Qt 库文件。在嵌入式 Linux 中，应用程序与外部函数的链接方式共两种：第一种是在构建时与静态库进行静态链接，此时在应用程序的可执行文件中包含所用到的库代码；第二种是在运行时与共享库进行动态链接，与第一种方式不同在于动态库是通过动态链接映射进应用程序的可执行内存中的。

当在开发或者是构建文件系统时,需要注意嵌入式 Linux 系统对动态链接库在命令和链接时的规则。一个动态库文件既包含实际动态库文件又包含指向该库文件的符号链接,复制时必须一起复制才会依然保持链接关系。

BusyBox 的源码可以从官方网站 www. busybox. net 下载,然后解压源码包进行配置安装,操作如下:

```
# tar-xjvf busybox-1.24.1 .tar .bz2
# cd busybox-1 .24 .1
# make menuconfig
# make
# make install
```

最常用的配置命令是 make menuconfig,也可以根据自己的需要来配置 BusyBox,如果希望选择尽可能多的功能,可以直接用 make defconfig,它会自动配置为最大通用的配置选项,从而使得配置过程变得更加简单、快速。在执行 make 命令之前应该修改顶层 makefile 文件(ARCH?=arm,CROSS COMPLIE?=arm-linux-)。执行完 make install 命令后会在当前目录的 install 目录下生成 bin、sbin、linuxrc 三个文件(夹)。其中包含的就是可以在目标平台上运行的命令。除了 BusyBox 是可执行文件外,其他都是指向 BusyBox 的链接。当用户在终端执行一个命令时,会自动的执行 busybox,最终由 busybox 根据调用的命令进行相应的操作。

这里展开对 BusyBox 的配置和编译部分说明。对 BusyBox 进行相关配置,在 busybox 目录下执行 make menuconfig,一般默认 BusyBox 将采用动态连接方式,使用 mdev 进行设备文件支持。执行界面如图 6-5 所示。

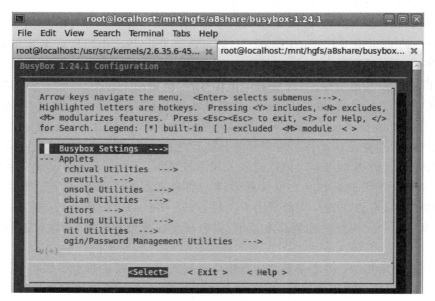

图 6-5 BusyBox 设置

由于嵌入式设备与宿主机之间存在较大差异，因而 BusyBox 的配置选择要根据目标板的需求进行。这种裁剪完毕后就可以用上述的 make 进行交叉编译，在当前目录下生成 BusyBox 文件。BusyBox 的主要配置选项如表 6-1 所示。

表 6-1　BusyBox 主要配置选项

菜单命令	说　　明
Busybox Settings-> general configuration	通用配置
Busybox Settings-> build options	链接方式，编译选项
Busybox Settings-> debugging options	调试选项，打印调试信息
Busybox Settings-> installation options	安装路径
Busybox Settings-> library tuning	性能微调设置
Archival Utilities	压缩和解压缩工具，可选
Console Utilities	控制台相关命令
Editors	编辑命令，常用的如 vi
Login/Password Management Utilities	登录相关
Coreutils	核心命令部分，如 ls、cp 等

6.4.3　YAFFS2 文件系统的创建

创建 YAFFS2 根文件系统的步骤如下：

① 创建根目录 myrootfs，把 BusyBox 生成的三个文件复制到 myrootfs 目录下，并在此目录下分别建立 dev、lib、mnt、etc、sys、proc、usr、home、tmp、var 等目录（只有 dev、lib、sys、usr、etc 是不可或缺的，其他的目录可根据需要选择）。在 etc 目录下建立 init.d 目录。

② 建立系统配置文件 inittab、fstab、rcS，其中 inittab、fstab 放在 etc 目录下，rcS 放在 /etc/init.d 目录中。

③ 创建必需的设备节点，该文件必须在/etc 目录下创建。

④ 如果 BusyBox 采用动态链接的方式编译，还需要把 BusyBox 所需要的动态库：libcrypt.so.1、libc.so.6、ldlinux.so.2 放到 lib 目录中。为了节约嵌入式设备的 Flash 空间，通常会采用动态链接方式，而不采用静态链接方式。如目前国内较有名气的厂商"友善之臂"官方提供了动态链接库的下载，直接将库文件复制至 rootfs/lib 目录下即可：

```
# cp-a /tmp/Friendly ARM-lib/ * .so. *  $ {ROOTFS}/lib
```

另外，在某些版本的 Linux 系统中还需要为 bin/busybox 加上 SUID 和 SGID 特殊权限，否则某些命令（如 passwd 等）会出现权限问题：

```
# chmod 675 $ {ROOTFS}/bin/busybox
```

⑤ 改变 rcS 的属性。

⑥ 上面已经建立了根文件目录 myrootfs，然后使用 mkyaffs2image-128M 工具，把目标文件系统目录制作成 yaffs2 格式的映像文件，当它被烧写入 NAND Flash 中启动时，整个根目录将会以 yaffs2 文件系统格式存在，这里假定默认的 Linux 内核已经支持该文件系统。

6.5　本章小结

文件系统是操作系统的重要组成部分,Linux 采用 VFS 虚拟文件系统技术支持多种类型的文件系统。Linux 虚拟文件系统采用了面向对象设计思想,VFS 相当于面向对象系统中的抽象基类,从它出发可以派生出不同的子类,以支持多种具体文件系统。嵌入式操作系统由于自身系统的特点,对文件系统提出了不同的要求。本章介绍的基于 Flash 存储体的 JFFS2/YAFFS2 文件系统在嵌入式系统中有较大的运用范围,限于篇幅只引用列举了部分源码,读者可以阅读相关目录下源码获得更多信息。

【本章思政案例:实证精神】 详情请见本书配套资源。

习题

1. 什么是文件系统? 文件系统的主要功能是什么?
2. 什么是虚拟文件系统? 其主要构成模块有哪些?
3. 简要说明主流嵌入式操作系统的文件系统类型。
4. 嵌入式操作系统所支持的文件系统应该具备哪些特点?
5. 简要说明嵌入式 Linux 文件系统的层次结构。
6. 简要叙述 JFFS 与 YAFFS 的主要区别。
7. JFFS2 的主要不足是什么?
8. 什么是根文件系统? 其主要配置目录有哪些?
9. 尝试使用 BusyBox 制作一个 Linux 根文件系统。
10. 红黑树在嵌入式文件系统中有着十分重要的地位,请结合所学的数据结构知识,分析红黑树对文件系统平均磨损的影响。

第7章 嵌入式Linux系统移植及调试

本章将完整地分析嵌入式 Linux 系统的构成情况。一个嵌入式 Linux 系统通常由引导程序及参数、Linux 内核、文件系统和用户应用程序组成。由于嵌入式系统与开发主机运行的环境不同,这就为开发嵌入式系统提出了开发环境特殊化的要求。交叉开发环境正是在这种背景下应运而生,本章还将介绍其原理及主机、目标机的环境搭建方法。

Linux 内核的运行需要引导程序的加载,在嵌入式操作系统中的这一小段引导程序被定义为 BootLoader。它不光能初始化相关硬件设备,还能建立内存空间映射关系,并配置内核正确运行环境,具有十分重要的地位。U-Boot 是 BootLoader 中最常见、应用最广泛的一种,在 ARM9 中以开源形式出现,获得巨大成功。完整的嵌入式 Linux 开发过程不光包括内核的编译、链接,还需要后期的调试。链接过程需要使用交叉编译工具链,主要由 glibc、GCC、binutils 和 GDB 四部分组成。在嵌入式 Linux 调试技术环节主要介绍 GDB 调试器的相关知识以及远程调试的原理与方法,并对内核调试也做相关介绍。

7.1 BootLoader 基本概念与典型结构

7.1.1 BootLoader 基本概念

在嵌入式操作系统中,BootLoader 是在操作系统内核运行之前运行的一小段程序,可以初始化硬件设备、建立内存空间映射图,从而将系统的软硬件环境带到一个适合的状态,以便为最终调用操作系统内核准备好正确的环境。在嵌入式系统中,通常并没有像通用计算机中 BIOS 那样的固件程序,因此整个系统的加载启动任务就完全由 BootLoader 来完成。

BootLoader 是嵌入式系统在加电后执行的第一段代码,在它完成 CPU 和相关硬件的初始化之后,再将操作系统映像或固化的嵌入式应用程序装载到内存中,然后跳转到操作系统所在的空间,启动操作系统运行。

对于嵌入式系统而言,BootLoader 是基于特定硬件平台来实现的。因此,几乎不可能为所有的嵌入式系统建立一个通用的 BootLoader,不同的处理器架构都有不同的 BootLoader。BootLoader 不仅依赖于 CPU 的体系结构,而且依赖于嵌入式系统板级设备的相关配置。对于两块不同的嵌入式开发板而言,即使它们使用同一种处理器,要想让运行在一块开发板上的 BootLoader 程序也能运行在另一块开发板上,一般也都需要修改部分 BootLoader 的源程序。

但是从另一个角度来说,大部分 BootLoader 仍然具有很多共性,某些 BootLoader 也能够支持多种体系结构的嵌入式系统。例如,U-Boot 就同时支持 PowerPC、ARM、MIPS 和 x86 等体系结构,支持的具体嵌入式开发板有上百种之多。一般来说,这些 BootLoader 都能够自动从存储介质上启动,都能够引导操作系统启动,并且大部分都可以支持串口和以太网接口。

专用的嵌入式开发板运行 Linux 系统已经变得越来越流行。如图 7-1 所示,一个嵌入式 Linux 系统通常可以分为以下几部分。

图 7-1　嵌入式 Linux 系统构成

① 引导加载程序及其环境参数。这里通常是指 BootLoader 以及相关环境参数。
② Linux 内核。基于特定嵌入式开发板的定制内核以及内核的相关启动参数。
③ 文件系统。主要包括根文件系统和一般建立于 Flash 内存设备之上的文件系统。
④ 用户应用程序。基于用户的应用程序。有时在用户应用程序和内核层之间可能还会包括一个嵌入式图形用户界面程序(GUI)。常见的嵌入式 GUI 有 Qt 和 MiniGUI 等。

7.1.2　BootLoader 的操作模式

大多数 BootLoader 都包含两种不同的操作模式:自启动模式和交互模式。这种划分仅仅对于开发人员才有意义。但从最终用户使用嵌入式系统的角度来看,BootLoader 的作用就是加载操作系统,故并不存在这两种模式的区别。

(1) 自启动模式

自启动模式也叫启动加载模式。在这种模式下,BootLoader 自动从目标机上的某个固态存储设备上将操作系统加载到 RAM 中运行,整个过程并没有用户的介入。这种模式是 BootLoader 的正常工作模式,在嵌入式产品发布的时候,BootLoader 显然是必须工作在这种模式下的。

(2) 交互模式

交互模式也叫下载模式。在这种模式下,目标机上的 BootLoader 将通过串口或网络等通信手段从开发主机上下载内核映像、根文件系统到 RAM 中。然后再被 BootLoader 写到目标机上的固态存储介质(如 Flash)中,或者直接进入系统的引导。交互模式也可以通过接口(如串口)接收用户的命令。这种模式在初次固化内核、根文件系统时或者更新内核及根文件系统时都会用到。

7.1.3　BootLoader 的典型结构

BootLoader 启动大多数都分为两个阶段。第一阶段主要包含依赖于 CPU 的体系结构硬件初始化的代码,通常都用汇编语言来实现。这个阶段的任务有:

➤ 基本的硬件设备初始化(屏蔽所有的中断、关闭处理器内部指令/数据 Cache 等)。
➤ 为第二阶段准备 RAM 空间。
➤ 如果是在某个固态存储介质中,则复制 BootLoader 的第二阶段代码到 RAM。

➢ 设置堆栈。

➢ 跳转到第二阶段的 C 程序入口点。

第二阶段通常用 C 语言完成，以便实现更复杂的功能，也使程序有更好的可读性和可移植性。这个阶段的任务有：

➢ 初始化本阶段要使用到的硬件设备。

➢ 检测系统内存映射。

➢ 将内核映像和根文件系统映像从 Flash 读到 RAM。

➢ 为内核设置启动参数。

➢ 调用内核。

7.1.4　常见的 BootLoader

嵌入式系统领域已经有各种各样的 BootLoader，种类划分也是多种方式，如按照处理器体系结构不同划分、按照功能复杂程度的不同划分等。表 7-1 列举了常见的开源 BootLoader 及其支持的体系结构。

表 7-1　常见开源 BootLoader

BootLoader	描　　述	x86	ARM	PowerPC
LILO	Linux 磁盘引导程序	是	否	否
GRUB	GNU 的 LILO 替代程序	是	否	否
BLOB	LART 等硬件平台的引导程序	否	是	否
U-Boot	通用引导程序	是	是	是
Redboot	基于 eCos 的引导程序	是	是	是

（1）Redboot

Redboot（Red Hat Embedded Debug and Bootstrap）是 Red Hat 公司开发的一个独立运行在嵌入式系统上的 BootLoader 程序，是目前比较流行的一个功能强、可移植性好的 BootLoader。Redboot 是一个采用 eCos 开发环境开发的应用程序，并采用了 eCos 的硬件抽象层作为基础，但它完全可以摆脱 eCos 环境运行，可以用来引导任何其他的嵌入式操作系统，如 Linux、Windows CE 等。

Redboot 支持的处理器构架有 ARM、MIPS、MN10300、PowerPC、Renesas SHx、v850、x86 等，是一个完善的嵌入式系统 BootLoader。

（2）U-Boot

U-Boot（Universal BootLoader）于 2002 年 12 月 17 日发布第一个版本 U-Boot-0.2.0。U-Boot 自发布以后已更新多次，其支持具有持续性。U-Boot 是在 GPL 下资源代码最完整的一个通用 BootLoader。

（3）Blob

Blob（BootLoader Object）是由 Jan-Derk Bakker 和 Erik Mouw 发布的，是专门为 StrongARM 构架下的 LART 设计的 BootLoader。Blob 的最后版本是 Blob-2.0.5。

Blob 功能比较齐全，代码较少，比较适合做修改移植，用来引导 Linux，目前大部分 S3C44B0 板都用 Blob 修改移植后加载 μCLinux。

7.2　U-Boot

视频讲解

7.2.1　U-Boot 概述

U-Boot(Universal BootLoader)是遵循 GPL 条款的开放源码项目,从 FADSROM、8xxROM、PPCBOOT 逐步发展演化而来。其源码目录、编译形式与 Linux 内核很相似,事实上,不少 U-Boot 源码就是根据相应的 Linux 内核源程序进行简化而形成的,尤其是一些设备的驱动程序。

U-Boot 支持多种嵌入式操作系统,主要有 OpenBSD、NetBSD、FreeBSD、4.4BSD、Linux、SVR4、Esix、Solaris、Irix、SCO、Dell、NCR、VxWorks、LynxOS、pSOS、QNX、RTEMS、ARTOS、Android 等。同时,U-Boot 除了支持 PowerPC 系列的处理器外,还能支持 MIPS、x86、ARM、NIOS、XScale 等诸多常用系列的处理器。这种广泛的支持度正是 U-Boot 项目的开发目标,即支持尽可能多的嵌入式处理器和嵌入式操作系统。

U-Boot 的主要特点如下。

➢ 源码开放,目前有些版本未开源。

➢ 支持多种嵌入式操作系统内核和处理器架构。

➢ 可靠性和稳定性均较好。

➢ 功能设置高度灵活,适合调试、产品发布等。

➢ 设备驱动源码十分丰富,支持绝大多数常见硬件外设;并将对于与硬件平台相关的代码定义成宏并保留在配置文件中,开发者往往只需要修改这些宏的值就能成功使用这些硬件资源,简化了移植工作。

U-Boot 的源码包含上千个文件,它们主要分布在下列目录中,如表 7-2 所示。

表 7-2　U-Boot 主要目录

目　　录	说　　明
board	目标机相关文件,主要包含 SDRAM、Flash 驱动等
common	独立于处理器体系结构的通用代码,如内存大小探测与故障检测
arch/../cpu	与处理器相关的文件,如 s5p1cxx 子目录下含串口、网口、LCD 驱动及中断初始化等文件
driver	通用设备驱动
doc	U-Boot 的说明文档
examples	可在 U-Boot 下运行的示例程序,如 hello_world.c、timer.c
include	U-Boot 头文件,尤其 configs 子目录下与目标机相关的配置头文件是移植过程中经常要修改的文件
lib_xxx	处理器体系相关的文件,如 lib_ppc、lib_arm 目录分别包含与 PowerPC、ARM 体系结构相关的文件
net	与网络功能相关的文件目录,如 bootp、nfs、tftp
post	上电自检文件目录
rtc	RTC 驱动程序
tools	用于创建 U-Boot、S-record 和 BIN 镜像文件的工具

在 U-Boot 的这些源文件中,以 S5PV210 为例,几个比较重要的源文件如下所示。

(1) start. S(arch\arm\cpu\armv7\start. S)

通常情况下 start. S 是 U-Boot 上电后执行的第一个源文件。该汇编文件包括定义了异常向量入口、相关的全局变量、禁用 L2 缓存、关闭 MMU 等,之后跳转到 lowlevel_init() 函数中继续执行。

(2) lowlevel_init. S(board\samsung\smdkv210\lowlevel_init. S)

该源文件用汇编代码编写,其中只定义了一个函数 lowlevel_init()。该函数实现对平台硬件资源的一系列初始化过程,包括关看门狗、初始化系统时钟、内存和串口。

(3) board. c(arch\arm\lib\board. c)

board. c 主要实现了 U-Boot 第二阶段启动过程,包括初始化环境变量、串口控制台、Flash 和打印调试信息等,最后调用 main_loop() 函数。

(4) smdkv210. h(include\configs\smdkv210. h)

该文件与具体平台相关,比如这里就是 S5PV210 平台的配置文件,该源文件采用宏定义了一些与 CPU 或者外设相关的参数。

7.2.2　U-Boot 启动的一般流程

视频讲解

1. 第一阶段初始化

跟大多数 BootLoader 的启动过程相似,U-Boot 的启动过程分为两个阶段:第一阶段主要由汇编语言实现,负责对 CPU 及底层硬件资源的初始化;第二阶段用 C 语言实现,负责使能 Flash、网卡等重要硬件资源和引导操作系统等。第一阶段启动流程如图 7-2 所示。

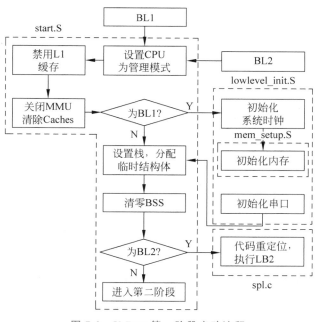

图 7-2　U-Boot 第一阶段启动流程

从图 7-2 可以发现,与 U-Boot 第一阶段有关的文件主要有 start. S 和 lowlevel_init. S。上电后,U-Boot 首先会设置 CPU 为管理模式、禁用 L1 缓存、关闭 MMU 和清除 Caches,之后调用底层初始化函数 lowlevel_init()。该函数部分实现如下：

```
.globl lowlevel_init
lowlevel_init:
push{lr}
#if defined(CONFIG_SPL_BUILD)
/* 初始化时钟 */
blsystem_clock_init
/* 初始化内存 */
blmem_ctrl_asm_init
/* 初始化串口 */
bluart_asm_init
#endif
pop{pc}
```

上述代码中 system_clock_init()、mem_ctrl_asm_init()、uart_asm_init()这三个函数需要开发者结合具体硬件环境进行修改和实现。

初始化完成之后，U-Boot 首先调用一个如下所示的复制函数将 BL2 复制到内存地址为 0x3FF00000 处，然后跳转到该位置执行 BL2。在 U-Boot 中，BL1 和 BL2 是基于相同的一些源文件编译生成的。开发者在编写代码时需要使用预编译宏 CONFIG_SPL_BUILD 来实现 BL1 和 BL2 不同的功能。

```
void copy_code_2_sdram_and_run(void)
    {
    unsigned long ch;
    void (*u_boot)(void);
    ch = *(volatile unsigned int *)(0xD0037488);          /* 根据该地址的值判断传输通道 */
     copy_sd_mmc_to_mem copy_bl2 = (copy_sd_mmc_to_mem)(*(unsigned int *)
(0xD0037F98));
    unsigned int ret;
    if (ch == 0xEB000000) { /* CONFIG_SYS_TEXT_BASE = 0x3FF00000 */
    ret = copy_bl2(0, 49, 1024,(unsigned int *)CONFIG_SYS_TEXT_BASE, 0);
    } else if (ch == 0xEB200000) {
    ret = copy_bl2(2, 49, 1024,(unsigned int *)CONFIG_SYS_TEXT_BASE, 0);
    } else {
    return;
    }
    u_boot = (void *)CONFIG_SYS_TEXT_BASE;
    (*u_boot)();                                          /* 跳转到该地址执行 */
    }
```

值得注意的是以上代码中，copy_bl2()函数不需要开发者去实现，S5PV210 在出厂时已经将该函数固化在了 0xD0037F98 地址处。其函数原型如下：

```
u32 (*copy_sd_mmc_to_mem)(u32 channel, u32 start_block, u16 block_size, u32 *trg, u32 init); /*
```

下面对主要参数做简要介绍。

➢ channel：通道数，该值通过读取 0xD0037488 地址上的值判断。

➢ start_block：从第几个扇区开始复制，一个扇区为 512B。

➢ block_size：复制多少个扇区。

➢ trg：目的地址为 0x3FF00000，即离内存顶部 1MB 的位置。

➢ init：是否需要初始化 SD 卡，写 0 即可。

2. 第二阶段初始化

进入第二阶段后，U-Boot 首先声明一个 gd_t 结构体类型的指针指向内存地址（0x40000000～GD_SIZE）处。0x40000000 为内存结束地址，GD_SIZE 为结构体 gd_t 的大小，这样相当于在内存最顶端分配了一段空间用于存放一个临时结构体 gd_t。该结构体在 global_data.h 中被定义，U-Boot 用它来存储所有的全局变量。之后 U-Boot 会调用 board_init_f() 和 board_init_r() 两个函数进一步对底板进行初始化。

（1）board_init_f()

进入 board_init_f() 之后，U-Boot 首先设置之前分配的临时结构体，然后开始划分内存空间，其内存分配状态如图 7-3 所示。

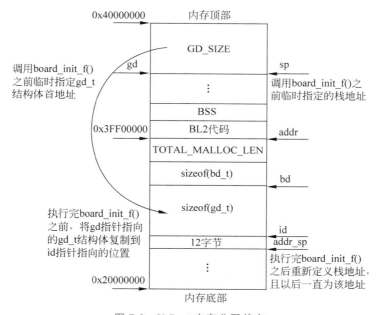

图 7-3　U-Boot 内存分配状态

从图 7-3 中可以发现，gd 指针指向的临时结构体存放于内存的最顶部。BL2 代码存放在内存地址 0x3FF00000 处，即距离内存顶部 1MB 空间的位置，接下来依次分配 malloc 空间、bd_t 结构体空间和 gd_t 结构体空间，并且重新设置栈，最后将临时结构体复制到 ID 指针所指向的位置。board_init_f() 部分实现过程如下：

```
unsigned int board_init_f(ulong bootflag) {
memset((void * )gd, 0, sizeof(gd_t));
⋮
/* 设置 gd 结构体；*/
```

```
          ⋮
    addr = CONFIG_SYS_TEXT_BASE;          /* CONFIG_SYS_TEXT_BASE ; /* 基址 */
    addr_sp = addr- TOTAL_MALLOC_LEN;
    addr_sp-= sizeof (bd_t);
    bd = (bd_t *) addr_sp;
    gd-> bd = bd;
    addr_sp-= sizeof (gd_t);
    id = (gd_t *) addr_sp;
          ⋮ .
    memcpy(id, (void *)gd, sizeof(gd_t));
    base_sp = addr_sp;
    return (unsigned int)id;
    }
```

（2）board_init_r()

board_init_r()负责对其他硬件资源进行初始化，如网卡、Flash、MMC、中断等，最后调用 main_loop()，等待用户输入命令。U-Boot 第二阶段在 board_init_r()函数控制下的流程如图 7-4 所示。

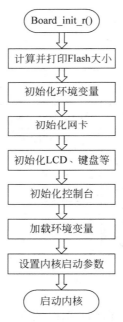

图 7-4　U-Boot 第二阶段流程图

7.2.3　U-Boot 环境变量

U-Boot 的环境变量是使用 U-Boot 的关键，它可以由用户定义并遵守约定俗成的一些用法，也有部分是 U-Boot 定义的且不得更改。表 7-3 列举了一些常用的环境变量。

表 7-3　U-Boot 常用环境变量

环境变量名称	相 关 描 述
bootdelay	执行自动启动的等候秒数
baudrate	串口控制台的波特率
netmask	以太网接口的掩码
ethaddr	以太网卡的物理地址
bootfile	默认的下载文件
bootargs	传递给内核的启动参数
bootcmd	自动启动时执行的命令
serverip	服务器端的 IP 地址
ipaddr	本地 IP 地址
stdin	标准输入设备
stdout	标准输出设备
stderr	标准出错设备

值得注意的是,在未初始化的开发板中并不存在环境变量。U-Boot 在默认的情况下会存在一些基本的环境变量,当用户执行了 saveenv 命令之后,环境变量会第一次保存到 Flash 中,之后用户对环境变量的修改和保存都是基于保存在 Flash 中的环境变量的操作。

U-Boot 的环境变量中最重要的两个变量是 bootcmd 和 bootargs。bootcmd 是自动启动时默认执行的一些命令,因此用户可以在当前环境中定义各种不同配置、不同环境的参数设置,然后通过 bootcmd 配置好参数。

bootargs 是环境变量中的重中之重,甚至可以说整个环境变量都是围绕着 bootargs 来设置的。bootargs 的种类非常多,普通用户平常只是使用了几种而已。bootargs 非常灵活,内核和文件系统的不同搭配就会有不同的设置方法,甚至也可以不设置 bootargs,而直接将其写到内核中去(在配置内核的选项中可以进行这样的设置),正是这些原因导致了 bootargs 使用上的困难。

7.2.4　U-Boot 命令

U-Boot 上电启动后,按任意键退出自启动状态,进入命令行状态。在提示符下,可以输入 U-Boot 特有的命令完成相应的功能。U-Boot 提供了更加周详的命令帮助,通过 help 命令不仅可以得到当前 U-Boot 的所有命令列表,还能够查看每个命令的参数说明。接下来,通过表 7-4 简要说明 U-Boot 的常用命令功能、格式及其参数说明。

表 7-4　U-Boot 常用命令

命　令	使 用 格 式	用　途	说　明
bootm	bootm〔addr〔arg …〕〕	bootm 命令能够引导启动存储在内存中的程式映像。这些内存包括 RAM 和能够永久保存的 Flash	第 1 个参数 addr 是程式映像的地址,这个程式映像必须转换成 U-Boot 的格式 第 2 个参数对于引导 Linux 内核有用,通常作为 U-Boot 格式的 RAMDISK 映像存储地址;也能够是传递给 Linux 内核的参数(默认情况下传递 bootargs 环境变量给内核)

续表

命　　令	使 用 格 式	用　　途	说　　明
bootp	bootp [loadAddress] [bootfilename]	bootp 命令通过 bootp 请求,需要 DHCP 服务器分配 IP 地址,然后通过 TFTP 协议下载指定的文档到内存	第 1 个参数是下载文档存放的内存地址 第 2 个参数是要下载的文档名称,这个文档应该在研发主机上准备好
cp	cp [.b, .w, .l] source target count	cp 命令能够在内存中复制数据块,包括对 Flash 的读/写操作	第 1 个参数 source 是要复制的数据块起始地址 第 2 个参数 target 是数据块要复制到的地址。这个地址假如在 Flash 中,那么会直接调用写 Flash 的函数操作。所以 U-Boot 写 Flash 就使用这个命令,当然需要先把对应 Flash 区域擦干净 第 3 个参数 count 是要复制的数目,根据 cp.b、cp.w、cp.l 分别以字节、字、长字为单位
crc32	crc32 address count [addr]	crc32 命令能够计算存储数据的校验和	第 1 个参数 address 是需要校验的数据起始地址 第 2 个参数 count 是要校验的数据字节数 第 3 个参数 addr 用来指定保存结果的地址
go	go addr [arg …]	go 命令能够执行应用程式	第 1 个参数是要执行程式的入口地址 第 2 个可选参数是传递给程式的参数,可以不使用
loadb	loadb [off] [baud]	loadb 命令能够通过串口线下载二进制格式文档	
loads	loads [off]	loads 命令能够通过串口线下载 S-Record 格式文档	
mw	mw [.b, .w, .l] address value [count]	mw 命令能够按照字节、字、长字写内存,.b、.w、.l 的用法和 cp 命令相同	第 1 个参数 address 是要写的内存地址 第 2 个参数 value 是要写的值 第 3 个可选参数 count 是要写单位值的数目
nfs	nfs [loadAddress] [host ip addr: bootfilename]	nfs 命令能够使用 NFS 网络协议通过网络启动映像	
nm	nm [.b, .w, .l] address	nm 命令能够修改内存,能够按照字节、字、长字操作	参数 address 是要读出并且修改的内存地址
printenv	printenv/printenv name …	printenv 命令打印环境变量	能够打印全部环境变量,也能够只打印参数中列出的环境变量

续表

命　　令	使用格式	用　　途	说　　明
rarpboot	rarpboot [loadAddress] [bootfilename]	rarpboot 命令能够使用 TFTP 协议通过网络启动映像。也就是把指定的文档下载到指定地址，然后执行	第 1 个参数是映像文档下载到的内存地址 第 2 个参数是要下载执行的映像文档
run	run var [⋯]	run 命令能够执行环境变量中的命令，后面参数能够跟几个环境变量名	
setenv	setenv name value/ setenv name	setenv 命令能够配置环境变量	第 1 个参数是环境变量的名称 第 2 个参数是要配置的值，假如没有第 2 个参数，表示删除这个环境变量
tftpboot	tftpboot [loadAddress] [bootfilename]	tftpboot 命令能够使用 TFTP 协议通过网络下载文档。按照二进制文档格式下载。另外，使用这个命令，必须配置好相关的环境变量。例如 serverip 和 ipaddr	第 1 个参数 loadAddress 是下载到的内存地址 第 2 个参数是要下载的文档名称，必须放在 TFTP 服务器相应的目录下

　　这些 U-Boot 命令为嵌入式系统提供了丰富的研发和调试功能。在 Linux 内核启动和调试过程中，都能够用到 U-Boot 的命令。但是一般情况下，无须使用全部命令。

7.3　交叉开发环境的建立

　　嵌入式系统是一种专用计算机系统，从普遍定义上来讲，以应用为中心、以计算机技术为基础、软件硬件可裁剪、适应应用系统，对功能、可靠性、成本、体积、功耗严格要求的专用计算机系统都叫嵌入式系统。与通用计算机相比，嵌入式系统具有明显的硬件局限性，很难将通用计算机(如 PC)的集成开发环境完全直接移植到嵌入式平台上，这就使得设计者开发了一种新的模式：主机-目标机交叉开发环境模式(Host/Target)，如图 7-5 所示。

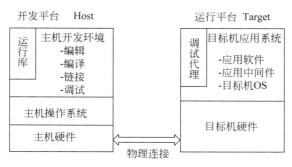

图 7-5　主机-目标机交叉开发环境

主机-目标机交叉开发环境模式是由开发主机和目标机两套计算机系统组成的。开发主机一般指通用计算机,如 PC 等,目标机指嵌入式开发板(系统)。通过交叉开发环境,在主机上使用开发工具(如各种 SDK),针对目标机设计应用系统进行设计,然后下载到目标机上运行。在此之后的嵌入式系统应用程序的设计,都可以在主机上编辑,通过设置好的交叉编译工具链生成针对目标机运行的嵌入式应用程序,然后下载到目标机上测试执行,并可对该程序进行调试。

交叉开发模式一般采用以下 3 个步骤。

① 在主机上编译 BootLoader(引导加载程序),然后通过 JTAG 接口烧写到目标板。这种方式速度较慢,一般在目标板上还未运行起可用的 BootLoader 时采用。如果开发板上已经运行起可用 BootLoader,并且支持烧写 Flash 功能,则可利用 BootLoader 通过网络下载映像文件并烧写,速度较快。

② 在主机上编译 Linux 内核,然后通过 BootLoader 下载到目标板以启动或烧写到 Flash。为了方便调试,内核应该支持网络文件系统(Network File System,NFS),这样,目标板启动 Linux 内核后,可以通过 NFS 方式或其他方式挂载根文件系统。

③ 在主机上编译各类应用程序,通过 NFS 或其他方式运行、调试这些程序,验证无误后再将制作好的文件系统映像烧写到目标板。

下面简要介绍主机-目标机交叉开发环境中的几个概念。

1. 主机与目标机的连接方式

主机与目标机的连接方式主要有串口、以太网接口、USB 接口、JTAG 接口等方式连接。主机可以使用 minicom、kermit 或者 Windows 超级终端等工具,通过串口发送文件。目标机亦可以把程序运行结果通过串口返回并显示。以太网接口方式使用简单、配置灵活、支持广泛、传输速率快,缺点是网络驱动的实现比较复杂。

JTAG(Joint Test Action Group,联合测试行动小组)是一种国际标准测试协议(IEEE 1149.1 标准),主要用于对目标机系统中各芯片的简单调试,以及对 BootLoader 的下载。JTAG 连接器中,其芯片内部封装了专门的测试电路 TAP(Test Access Port,测试访问口),通过专用的 JTAG 测试工具对内部节点进行测试。因而该方式是开发调试嵌入式系统的一种简洁高效的手段。JTAG 有两种标准,14 针接口和 20 针接口。

JTAG 接口一端与 PC 并口相连,另一端是面向用户的 JTAG 测试接口,通过本身具有的边界扫描功能便可以对芯片进行测试,从而达到处理器的启动和停滞、软件断点、单步执行和修改寄存器等功能的调试目的。其内部主要是由 JTAG 状态机和 JTAG 扫描链组成。

虽然 JTAG 调试不占用系统资源,能够调试没有外部总线的芯片,代价也非常小,但是 JTAG 只能提供一种静态的调试方式,不能提供处理器实时运行时的信息。它是通过串行方式依次传递数据的,所以传送信息速度比较慢。

2. 主机-目标机的文件传输方式

主机-目标机的文件传输方式主要有串口传输方式、网络传输方式、USB 接口传输方式、JTAG 接口传输方式、移动存储设备方式。

串口传输协议常见的有 kermit、Xmodem、Ymoderm、Zmoderm 等。串口驱动程序的实现相对简单,但是速度慢,不适合较大文件的传输。

USB 接口方式通常将主机设为主设备端,目标机设为从设备端。与其他通信接口相比,USB 接口方式速度快,配置灵活,易于使用。如果目标机上有移动存储介质如 U 盘等,可以制作启动盘或者复制到目标机上,从而引导启动。

网络传输方式一般采用 TFTP(Trivial File Transport Protocol)协议。TFTP 是一个传输文件的简单协议,是 TCP/IP 协议族中的一个用来在客户机与服务器之间进行简单文件传输的协议,提供不复杂、开销不大的文件传输服务,端口号为 69。此协议只能从文件服务器上获得或写入文件,不能列出目录,不进行认证,它传输 8 位数据。传输中有三种模式: netascii,这是 8 位的 ASCII 码形式;另一种是 octet,这是 8 位源数据类型;最后一种 mail 已经不再支持,它将返回的数据直接返回给用户而不是保存为文件。

3. 根文件系统的挂接-配置网络文件系统 NFS

在开发过程中,一般从主机会采用 NFS 向目标机挂载根文件系统。NFS(Network File System,网络文件系统)是 FreeBSD 支持的文件系统中的一种,它允许网络中的计算机之间通过 TCP/IP 网络共享资源。在 NFS 的应用中,本地 NFS 的客户端应用可以透明地读/写位于远端 NFS 服务器上的文件,就像访问本地文件一样。

NFS 的优点主要有:

① 节省本地存储空间,将常用的数据存放在一台 NFS 服务器上且可以通过网络访问,那么本地终端将可以减少自身存储空间的使用。

② 用户不需要在网络中的每个机器上都建有 Home 目录,Home 目录可以放在 NFS 服务器上且可以在网络上被访问使用。

③ 一些存储设备如软驱、CD-ROM 和 Zip 等都可以在网络上被别的机器使用。这可以减少整个网络上可移动介质设备的数量。

NFS 体系至少有两个主要部分:一台 NFS 服务器和若干台客户机。客户机通过 TCP/IP 网络远程访问存放在 NFS 服务器上的数据。在 NFS 服务器正式启用前,需要根据实际环境和需求,配置一些 NFS 参数。

4. 交叉编译环境的建立

开发 PC 上的软件时,可以直接在 PC 上进行编辑、编译、调试、运行等操作。对于嵌入式开发,最初的嵌入式设备是一个空白的系统,需要通过主机为它构建基本的软件系统,并烧写到设备中;另外,嵌入式设备的资源并不足以用来开发软件,所以需要用到交叉开发模式:主机编辑,编译软件,然后到目标机上运行。

交叉编译是在一个平台上生成另一个平台上的执行代码。在宿主机上对即将运行在目标机上的应用程序进行编译,生成可在目标机上运行的代码格式。交叉编译环境是由一个编译器、链接器和解释器组成的综合开发环境。交叉编译工具主要包括针对目标系统的编译器、目标系统的二进制工具、目标系统的标准库和目标系统的内核头文件。

7.4　交叉编译工具链

7.4.1　交叉编译工具链概述

在一种计算机环境中运行的编译程序,能编译出在另外一种环境下运行的代码,我们就称这种编译器支持交叉编译。这个编译过程就叫交叉编译。简单地说,就是在一个平台上

视频讲解

生成另一个平台上的可执行代码。这里需要注意的是所谓平台实际上包含两个概念：体系结构和操作系统。同一个体系结构可以运行不同的操作系统；同样,同一个操作系统也可以在不同的体系结构上运行。

交叉编译这个概念的出现和流行是和嵌入式系统的广泛发展同步的。我们常用的计算机软件,都需要通过编译的方式,把使用高级计算机语言编写的代码编译成计算机可以识别和执行的二进制代码。以常见的 Windows 平台为例,使用 Visual C++ 开发环境,编写程序并编译成可执行程序。这种方式下,我们使用 PC 平台上的 Windows 工具开发针对 Windows 本身的可执行程序,这种编译过程称为本地编译。然而,在进行嵌入式系统的开发时,运行程序的目标平台通常具有有限的存储空间和运算能力,比如常见的 ARM 平台。这种情况下,在 ARM 平台上进行本机编译就不太适合,因为一般的编译工具链需要足够大的存储空间和很强的 CPU 运算能力。为了解决这个问题,交叉编译工具就应运而生了。通过交叉编译工具,我们就可以在 CPU 能力很强、存储空间足够的主机平台上(比如个人计算机上)编译出针对其他平台(如 ARM)的可执行程序。

要进行交叉编译,我们需要在主机平台上安装对应的交叉编译工具链(cross compilation tool chain),然后用这个交叉编译工具链编译链接源代码,最终生成可在目标平台上运行的程序。常见的交叉编译例子如下：

① 在 Windows PC 上,利用诸如类似 ADS、RVDS 等软件,使用 armcc 编译器,则可编译出针对 ARM CPU 的可执行代码。

② 在 Linux 系统,利用 arm-linux-gcc 编译器,可编译出针对 Linux ARM 平台的可执行代码。

③ 在 Windows 系统,利用 cygwin 环境,运行 arm-elf-gcc 编译器,可编译出针对 ARM CPU 的可执行代码。

图 7-6 演示了嵌入式软件生成阶段的三个过程：源代码程序的编写、编译成各个目标模块、链接成可供下载调试或固化的目标程序。从中可以看到交叉编译工具链的各项作用。

从图 7-6 可以看出,交叉开发工具链就是为了编译、链接、处理和调试跨平台体系结构的程序代码。每次执行工具链软件时,通过带有不同的参数,可以实现编译、链接、处理或者调试等不同的功能。从工具链的组成上来说,它一般由多个程序构成,分别对应着各个功能。

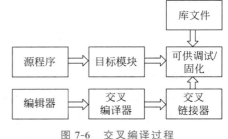

图 7-6　交叉编译过程

7.4.2　工具链的构建方法

通常构建交叉工具链有如下三种方法。

方法一：分步编译和安装交叉编译工具链所需要的库和源代码,最终生成交叉编译工具链。该方法相对比较困难,适合想深入学习构建交叉工具链的读者及用户。如果只是想使用交叉工具链,建议使用下列的方法二构建交叉工具链。

方法二：通过 Crosstool 脚本工具来实现一次编译,生成交叉编译工具链,该方法相对于方法一要简单许多,并且出错的机会也非常少,建议大多数情况下使用该方法构建交叉编译工具链。

　　方法三：直接通过网上下载已经制作好的交叉编译工具链。该方法的优点是简单可靠；缺点也比较明显，扩展性不足，对特定目标没有针对性，而且也存在许多未知错误的可能，建议读者慎用此方法。

7.4.3　交叉编译工具链的主要工具

视频讲解

　　交叉编译工具主要包括针对目标系统的编译器、目标系统的二进制工具、调试器、目标系统的标准库和目标系统的内核头文件，主要由 glibc、gcc、binutils 和 gdb 提供。gdb 调试器将在 7.6 节介绍。

1. GCC

　　通常所说的 GCC 是 GUN Compiler Collection 的简称，除了编译程序之外，它还含其他相关工具，所以它能把高级语言编写的源代码构建成计算机能够直接执行的二进制代码。GCC 是 Linux 平台下最常用的编译程序，它是 Linux 平台编译器实际上的事实标准。同时，在 Linux 平台下的嵌入式开发领域，GCC 也是用得最普遍的一种编译器。GCC 之所以被广泛采用，是因为它能支持各种不同的目标体系结构。例如，它既支持基于主机的开发，也支持交叉编译。目前，GCC 支持的体系结构有四十余种，常见的有 x86 系列、ARM、PowerPC 等。同时，GCC 还能运行在多种操作系统上，如 Linux、Solaris、Windows 等。

　　在开发语言方面，GCC 除了支持 C 语言外，还支持多种其他语言，如 C++、Ada、Java、Objective-C、Fortran、Pascal 等。

　　对于 GUN 编译器来说，GCC 的编译要经历 4 个相互关联的步骤：预处理（也称预编译，Preprocessing）、编译（Compilation）、汇编（Assembly）和链接（Linking）。

　　GCC 首先调用命令 cpp 进行预处理，在预处理过程中，对源代码文件中的文件包含（include）、预编译语句进行分析。然后调用命令 cc 进行编译，这个阶段根据输入文件生成以 .o 为后缀的目标文件。当所有的目标文件都生成之后，GCC 就调用命令 ld 来完成最后的关键性工作，这个阶段就是链接。在链接阶段，所有的目标文件被安排在可执行程序中的合理位置，同时该程序所调用到的库函数也从各自所在的库中连到合适的地方。

　　源代码（这里以 file.c 为例）经过 4 个步骤后产生一个可执行文件，各部分对应不同的文件类型，具体如下：

- ➤ file.c　C 程序源文件。
- ➤ file.i　C 程序预处理后文件。
- ➤ file.cxx　C++ 程序源文件，也可以是 file.cc、file.cpp、file.c++。
- ➤ file.ii　C++ 程序预处理后文件。
- ➤ file.h　C/C++ 头文件。
- ➤ file.s　汇编程序文件。
- ➤ file.o　目标代码文件。

　　下面以 hello 程序为例具体介绍 GCC 是如何完成这 4 个步骤的。

```
#include <stdio.h>
int main()
{
    printf("Hello World!\n");
    return 0;
}
```

（1）预处理阶段

在该阶段，编译器将上述代码中的 stdio.h 编译进来，并且用户可以使用 GCC 的选项 -E 进行查看，该选项的作用是让 GCC 在预处理结束后停止编译过程。

预处理器(cpp)根据以字符♯开头的命令(directives)，修改原始的 C 程序。如 hello.c 中♯include <stdio.h>指令通知预处理器读系统头文件 stdio.h 的内容，并把它直接插入程序文本中。这样就得到一个以.i 作为文件扩展名的程序。需要注意的是，GCC 指令的一般格式为：

```
GCC [选项]要编译的文件[选项] [目标文件]
```

其中，目标文件可默认，GCC 默认生成可执行的文件名为：编译文件.out。

```
[king@localhost gcc]♯ gcc-E hello.c-o hello.i
```

选项-o 是指目标文件，.i 文件为已经过预处理的 C 原始程序。

（2）编译阶段

接下来进行的是编译，在这个阶段中，GCC 首先要检查代码的规范性及语法是否有错误等，在检查无误后，GCC 把代码翻译成汇编语言。用户可以使用-S 选项来进行查看，该选项只进行编译而不进行汇编生成汇编代码。汇编语言是非常有用的，它为不同高级语言不同编译器提供了通用的语言。如 C 编译器和 FORTRAN 编译器产生的输出文件用的都是一样的汇编语言。

```
[king@localhost gcc]♯ gcc-S hello.i-o hello.S
```

以下列出了 hello.S 的内容，可见 GCC 已经将其转化为汇编代码了，感兴趣的读者可以分析一下这一行简单的 C 语言小程序是如何用汇编代码实现的。

```
.file "hello.c"
.section .rodata
.align 4
.LC0:
.string "Hello World!"
.text
.globl main
.type main, @function
main:
pushl %ebp
movl %esp, %ebp
subl $8, %esp
andl $-16, %esp
movl $0, %eax
addl $15, %eax
addl $15, %eax
shrl $4, %eax
sall $4, %eax
subl %eax, %esp
```

```
subl $12, %esp
pushl $.LC0
call puts
addl $16, %esp
movl $0, %eax
leave
ret
.size main, .-main
.section .note.GNU-stack,"",@progbits
```

（3）汇编阶段

汇编阶段是把编译阶段生成的.S文件转成目标文件，读者在此可使用选项-c就可看到汇编代码已转换为.o的二进制目标代码了。

```
[king@localhost gcc]# gcc -c hello.s -o hello.o
```

（4）链接阶段

在成功编译之后，就进入了链接阶段。在这里涉及一个重要的概念：函数库。

在这个源程序中并没有定义 printf 的函数实现，且在预编译中包含的 stdio.h 中也只有该函数的声明，而没有定义该函数的实现，那么是在哪里实现 printf 函数的呢？其实系统把这些函数实现都做到名为 libc.so.6 的库文件中去了，在没有特别指定时，GCC 会到系统默认的搜索路径如/usr/lib下进行查找，也就是链接到 libc.so.6 库函数中去，这样就能实现函数 printf 了，而这也就是链接的作用。

函数库一般分为静态库和动态库两种。静态库是指编译链接时，把库文件的代码全部加入可执行文件中，因此生成的文件比较大，但在运行时也就不再需要库文件了。其后缀名一般是.a。而动态库与之相反，在编译链接时并没有把库文件的代码加入可执行文件中，而是在程序执行时由运行时链接文件加载库，这样能够节省系统的开销。动态库的后缀名一般是.so，如前面所述的 libc.so.6 就是动态库。GCC 在编译时默认使用动态库。Linux 下动态库文件的扩展名为.so（Shared Object）。按照约定，动态库文件名的形式一般是 libname.so，如线程函数库被称作 libthread.so，某些动态库文件可能在名字中加入版本号。静态库的文件名形式是 libname.a，比如共享 archive 的文件名形式是 libname.sa。

完成了链接工作之后，GCC 就可以生成可执行文件，如下所示：

```
[king@localhost gcc]# gcc hello.o -o hello
```

运行该可执行文件，出现结果如下：

```
[root@localhost Gcc]# ./hello
Hello World!
```

GCC 功能十分强大，具有多项命令选项。表 7-5 列出部分常见的编译选项。

表 7-5　GCC 常见编译选项

参　　数	说　　明
-c	仅编译或汇编,生成目标代码文件,将.c、.i、.S 等文件生成.o 文件,其余文件被忽略
-S	仅编译,不进行汇编和链接,将.c、.i 等文件生成.S 文件,其余文件被忽略
-E	仅预处理,并发送预处理后的.i 文件到标准输出,其余文件被忽略
-o file	创建可执行文件并保存在 file 中,而不是默认文件 a.out
-g	产生用于调试和排错的扩展符号表,用于 GDB 调试,注意-g 和-o 通常不能一起使用
-w	取消所有警告
-O [num]	优化,可以指定 0~3 作为优化级别,级别 0 表示没有优化
-L dir	将 dir 目录加到搜索-lname 选项指定的函数库文件的目录列表中去,并优先于 GCC 默认的搜索目录,有多个-L 选项时,按照出现顺序搜索
-I dir	将 dir 目录加到搜寻头文件的目录中去,并优先于 GCC 中默认的搜索目录,有多个-I 选项时,按照出现顺序搜索
-U macro	类似于源程序开头定义 #undef macro,也就是取消源程序中的某个宏定义
-lname	在链接时使用函数库 libname.a,链接程序在-L dir 指定的目录和/lib、/usr/lib 目录下寻找该库文件,在没有使用-static 选项时,如果发现共享函数库 libname.so,则使用 libname.so 进行动态链接
-fPIC	产生位置无关的目标代码,可用于构造共享函数库
-static	禁止与共享函数库链接
-shared	尽量与共享函数库链接(默认)

2. Binutils

Binutils 提供了一系列用来创建、管理和维护二进制目标文件的工具程序,如汇编(as)、连接(ld)、静态库归档(ar)、反汇编(objdump)、elf 结构分析工具(readelf)、无效调试信息和符号的工具(strip)等。通常 Binutils 与 GCC 是紧密相集成的,如果没有 Binutils,GCC 是不能正常工作的。

Binutils 包括如表 7-6 所示的常见工具。

表 7-6　Binutils 常见工具

工具名称	说　　明
addr2line	将程序地址翻译成文件名和行号;给定地址和可执行文件名称,它使用其中的调试信息判断与此地址有关联的源文件和行号
ar	创建、修改和提取归档
as	一个汇编器,将 GCC 的输出汇编为对象文件 into object files
c++filt	被链接器用于修复 C++和 Java 符号,防止重载的函数相互冲突
elfedit	更新 ELF 文件的 ELF 头
gprof	显示分析数据的调用图表
ld	一个链接器,将几个对象和归档文件组合成一个文件,重新定位它们的数据并且捆绑符号索引
ld.bfd	到 ld 的硬链接
nm	列出给定对象文件中出现的符号
objcopy	将一种对象文件翻译成另一种

续表

工具名称	说　明
objdump	显示有关给定对象文件的信息,包含指定显示信息的选项;显示的信息对编译工具开发者很有用
ranlib	创建一个归档的内容索引并存储在归档内;索引列出其成员中可重定位的对象文件定义的所有符号
readelf	显示有关 ELF 二进制文件的信息
size	列出给定对象文件每个部分的尺寸和总尺寸
strings	对每个给定的文件输出不短于指定长度(默认为 4)的所有可打印字符序列;对于对象文件默认只打印初始化和加载部分的字符串,否则扫描整个文件
strip	移除对象文件中的符号
libiberty	包含多个 GNU 程序会使用的途径,包括 getopt、obstack、strerror、strtol 和 strtoul
libbfd	二进制文件描述器库

以下是使用例子。

(1) 编译单个文件

```
vi hello.c              //创建源文件 hello.c
gcc-o hello hello.c     //编译为可执行文件 hello,在默认情况下产生的可执行文件名为 a.out
./hello                 //执行文件,如果只写 hello 是错误的,因为系统会将 hello 当指令来执行,然
                        //后报错
```

(2) 编译多个源文件

```
vi message.c
gcc-c message.c              //输出 message.o 文件,是一个已编译的目标代码文件
vi main.c
gcc-c main.c                 //输出 main.o 文件
gcc-o all main.o message.o  //执行链接阶段的工作,然后生成 all 可执行文件
./all
```

注意:GCC 对如何将多个源文件编译成一个可执行文件有内置的规则,所以前面的多个单独步骤可以简化为一个命令。

```
vi message.c
vi main.c
gcc-o all message.c main.c
./all
```

(3) 使用外部函数库

GCC 常常与包含标准例程的外部软件库结合使用,几乎每一个 Linux 应用程序都依赖于 GNU C 函数库 glibc。

```
vi trig.c
gcc-o trig-lm trig.c
```

GCC 的-lm 选项,告诉 GCC 查看系统提供的数学库 libm。函数库一般会位于目录/lib 或者/usr/lib 中。

(4) 共享函数库和静态函数库

静态函数库:每次当应用程序和静态连接的函数库一起编译时,任何引用的库函数的代码都会被直接包含进最终二进制程序。

共享函数库:包含每个库函数的单一全局版本,它在所有应用程序之间共享。

```
vi message. c
vi hello. c
gcc-c hello. c
gcc-fPIC-c message. c
gcc-shared-o libmessge. so message. o
```

其中,PIC 命令行标记告诉 GCC 产生的代码不要包含对函数和变量具体内存位置的引用,这是因为现在还无法知道使用该消息代码的应用程序会将它链接到哪一段地址空间。这样,编译输出的文件 message. o 可以被用于建立共享函数库。-shared 标记将某目标代码文件变换成共享函数库文件。

```
gcc-o all-lmessage-L. hello. o
```

-lmessage 标记来告诉 GCC 在连接阶段使用共享数据库 libmessage. so,-L. 标记告诉 GCC 函数库可能在当前目录中,首先查找当前目录,否则 GCC 链接器只会查找系统函数库目录,在本例情况下,就找不到可用的函数库了。

3. glibc

视频讲解

glibc 是 GNU 发布的 libc 库,也即 c 运行库。glibc 是 Linux 系统中最底层的应用程序开发接口,几乎其他所有的运行库都依赖于 glibc。glibc 除了封装 Linux 操作系统所提供的系统服务外,它本身也提供了许多其他一些必要功能服务的实现,比如 open、malloc、printf 等。glibc 是 GNU 工具链的关键组件,用于和二进制工具及编译器一起使用,为目标架构生成用户空间应用程序。

7.4.4 Makefile

视频讲解

随着应用程序的规模变大,对源文件的处理也越来越复杂,单纯靠手工管理源文件的方法已经力不从心。例如采用 GCC 对数量较多的源文件依次编译,特别是某些源文件已经做了修改,必须要重新编译。为了提高开发效率,Linux 为软件编译提供了一个自动化管理工具 GNU make。GNU make 是一种常用的编译工具,通过它,开发人员可以很方便地管理软件编译的内容、方式和时机,从而能够把主要精力集中在代码的编写上。GNU make 的主要工作是读取一个文本文件 makefile。这个文件里主要是有关目的文件是从哪些依赖文件中产生的,以及用什么命令来进行这个产生过程。有了这些信息,make 会检查磁盘上的文件,如果目的文件的时间戳(该文件生成或被改动时的时间)至少比它的一个依赖文件旧,make 就执行相应的命令,以便更新目的文件。这里的目的文件不一定是最后的可执行档,它可以是任何一个文件。

Makefile 一般被叫作 makefile 或 Makefile。当然也可以在 make 的命令行指定别的文件名,如果不特别指定,它会寻找 makefile 或 Makefile,因此使用这两个名字是最简单的。

一个 makefile 主要含有一系列的规则,如下:

```
:...
(tab)<command>
(tab)<command>
⋮
```

例如,考虑以下的 makefile:

```
===makefile 开始===
Myprog: foo.o bar.o
Gcc foo.o bar.o - o myprog
foo.o: foo.c foo.h bar.h
gcc - c foo.c - o foo.o
bar.o bar.c bar.h
gcc - c bar.c - o bar.o
===makefile 结束===
```

这是一个非常基本的 makefile,make 从最上面开始,把上面第一个目的 myprog 作为它的主要目标(一个它需要保证其总是最新的最终目标)。给出的规则说明只要文件 myprog 比文件 foo.o 或 bar.o 中的任何一个旧,下一行的命令将会被执行。但是,在检查文件 foo.o 和 bar.o 的时间戳之前,会往下查找那些把 foo.o 或 bar.o 作为目标文件的规则。但找到一个关于 foo.o 的规则,该文件的依赖文件是 foo.c、foo.h 和 bar.h。再从下面找生成这些依赖文件的规则,于是开始检查磁盘上这些依赖文件的时间戳。如果这些文件中任何一个的时间戳比 foo.o 的新,命令 gcc-o foo.o-c foo.c 将会执行,从而更新文件 foo.o。

接下来对文件 bar.o 做类似的检查,依赖文件在这里是文件 bar.c 和 bar.h。现在 make 回到 myprog 的规则。如果刚才两个规则中的任何一个被执行,myprog 就需要重建(因为其中一个.o 档就会比 myprog 新),因而链接命令将被执行。

由此可以看出使用 make 工具来建立程序的好处,所有烦琐的检查步骤都由 make 完成了检查时间戳。源码文件里一个简单改变都会造成那个文件被重新编译(因为.o 文件依赖.c 文件),进而可执行文件被重新连接(因为.o 文件被改变了)。这在管理大的工程项目时将非常高效。

如前文所述,Makefile 里主要包含了一系列规则,综合来看有 5 方面内容:显式规则、隐含规则、变量定义、文件指示和注释。

① 显式规则。显式规则说明了,如何生成一个或多个目标文件。这是由 Makefile 的书写者明确指出的:要生成的文件,文件的依赖文件以及生成的命令。

② 隐含规则。由于 make 有自动推导的功能,所以隐晦的规则可以让我们比较简略地书写 Makefile,这是由 make 所支持的。

③ 变量的定义。在 Makefile 中我们要定义一系列的变量,变量一般都是字符串,这个有点像 C 语言中的宏,当 Makefile 被执行时,其中的变量都会被扩展到相应的引用位置上。

④ 文件指示。其包括 3 部分：一是在一个 Makefile 中引用另一个 Makefile,就像 C 语言中的 include 一样；二是指根据某些情况指定 Makefile 中的有效部分,就像 C 语言中的预编译"♯if"一样；三是定义一个多行的命令。

⑤ 注释。Makefile 中只有行注释,和 UNIX 的 Shell 脚本一样,其注释是用"♯"字符,这个就像 C/C++、Java 中的"//"一样。

值得注意的是,在 Makefile 中的命令,必须要以 Tab 键开始。

下面着重说明定义变量和引用变量。

变量的定义和应用与 Linux 环境变量一样,变量名要大写,变量一旦定义后,就可以通过将变量名用圆括号括起来,并在前面加上"＄"符号来进行引用。

变量的主要作用：

➤ 保存文件名列表。

➤ 保存可执行命令名,如编译器。

➤ 保存编译器的参数。

变量一般都在 Makefile 的头部定义。按照惯例,所有的 Makefile 变量都应该是大写。

GNU make 的主要预定义变量有：

➤ ＄ ＊ 不包括扩展名的目标文件名称。

➤ ＄＋ 所有的依赖文件,以空格分开,并以出现的先后为序,可能包含重复的依赖文件。

➤ ＄＜ 第一个依赖文件的名称。

➤ ＄？ 所有的依赖文件,以空格分开,这些依赖文件的修改日期比目标的创建日期晚。

➤ ＄＠ 目标的完整名称。

➤ ＄＾ 所有的依赖文件,以空格分开,不包含重复的依赖文件。

➤ ＄％ 如果目标是归档成员,则该变量表示目标的归档成员名称。

7.5 嵌入式 Linux 系统移植过程

移植就是把程序从一个运行环境转移到另一个运行环境。在主机-开发机的交叉模式下,即是把主机上的程序下载到目标机上运行。嵌入式 Linux 系统的移植主要针对 BootLoader(最常用的是 U-Boot)、Linux 内核、文件系统这三部分展开。U-Boot 是在系统上电时开始执行,初始化硬件设备,准备好软件环境,然后才调用 Linux 操作系统内核。文件系统是 Linux 操作系统中用来管理用户文件的内核软件层。文件系统包括根文件系统和建立于 Flash 内存设备之上文件系统。根文件系统包括系统使用的软件和库,以及所有用来为用户提供支持架构和用户使用的应用软件,并作为存储数据读/写结果的区域。

嵌入式 Linux 系统移植的一般流程是：首先构建嵌入式 Linux 开发环境,包括硬件环境和软件环境；其次,移植引导加载程序 BootLoader；然后,移植 Linux 内核和构建根文件系统；最后,一般还要移植或开发设备驱动程序。这几个步骤完成之后,嵌入式 Linux 已经可以在目标板上运行起来,开发人员能够在串口控制台进行命令行操作。如果需要图形界面支持,还需要移植位于用户应用程序层次的 GUI(Graphical User Interface),比如

Qtopia、Mini GUI 等。本节介绍针对 ARM 处理器的嵌入式 Linux 移植过程。

7.5.1　U-Boot 移植

开始移植 U-Boot 之前,要先熟悉处理器和开发板。确认 U-Boot 是否已经支持新开发板的处理器和 I/O 设备,如果 U-Boot 已经支持该开发板或者十分相似的开发板,那么移植的过程就将非常简单。整体看来,移植 U-Boot 就是添加开发板硬件需要的相关文件、配置选项,然后编译和烧写到开发板。开始移植前,要先检查 U-Boot 已经支持的开发板,比较选择硬件配置最接近的板子。选择的原则是最先比较处理器,其次是比较处理器体系结构,最后是外围接口等。另外还需要验证参考开发板的 U-Boot,确保能够顺利编译通过。

U-Boot 的移植过程主要包括以下 4 个步骤。

1. 下载 U-Boot 源码

U-Boot 的源码包可以从 SourceForge 网站下载,具体地址为 http://sourceforge.net/project/U-Boot。

2. 修改相应的文件代码

U-Boot 源码文件包括一些目录文件和文本文件,这些文件可分为"与平台相关的文件"和"与平台无关的文件",其中 common 文件夹下的文件就是与平台无关的文件。与平台相关的文件又分为 CPU 级相关的文件和与板级相关的文件:arch 目录下的文件就是与 CPU 级相关的文件,而 board、include 等文件夹下的文件都是与板级相关的文件。我们在移植的过程中,需要修改的文件也就是这些与平台相关的文件。

检查源代码里面是否有 CPU 级相关代码,如 S5PV210 是 ARM v7 架构,查看 CPU 目录下面是否有 ARM v7 的目录,由于 U-Boot 在嵌入式平台里的广泛性,所以基本上都已经具备 CPU 级相关代码。

下一步就是查看板级相关代码了。一款主流 CPU 发布的时候,厂商一般都会提供官方开发板,比如 S5PV210 发布时三星公司提供了官方开发板,使用的 U-Boot 是 1.3.4 版本,三星公司在 U-Boot 官方提供的 1.3.4 基础上面进行了改进,比如增加 SD 卡启动和 NAND Flash 启动相关代码等。在移植新版本的 U-Boot 到开发板时,我们需要看一下 U-Boot 代码里面是否已经含有了板级代码,如果已经有了,就不需要自己改动了,编译以后就可以使用。而有时在较新的 U-Boot 代码里面是不含这些板级支持包的,这时就需要增加自己的板级包了。

下面举例简要列举移植 2014.07 版本到 S5PV210 处理器上时修改(或添加)的文件。

以下文件均为与 CPU 级相关的文件:

➢ U-Boot2014.07/arch/arm/cpu/armv7/start.S
➢ U-Boot2014.07/arch/arm/cpu/armv7/Makefile
➢ U-Boot2014.07/arch/arm/include/asm/arch-s5pc1xx/hardware.h
➢ U-Boot2014.07/arch/arm/lib/board.c
➢ U-Boot2014.07/arch/arm/lib/Makefile
➢ U-Boot2014.07/arch/arm/config.mk

以下文件均为与板级相关的文件:

➢ U-Boot2014.07/board/samsung/SMDKV210/tools/mkv210_image.c

➢ U-Boot2014.07/board/samsung/SMDKV210/lowlevel_init.S
➢ U-Boot2014.07/board/samsung/SMDKV210/mem_setup.S
➢ U-Boot2014.07/board/samsung/SMDKV210/SMDKV210.c
➢ U-Boot2014.07/board/samsung/SMDKV210/SMDKV210_val.h
➢ U-Boot2014.07/board/samsung/SMDKV210/mmc_boot.c
➢ U-Boot2014.07/board/samsung/SMDKV210/Makefile
➢ U-Boot2014.07/drivers/mtd/nand/s5pc1xx_nand.c
➢ U-Boot2014.07/drivers/mtd/nand/Makefile
➢ U-Boot2014.07/include/configs/SMDKV210.h
➢ U-Boot2014.07/include/s5pc110.h
➢ U-Boot2014.07/include/s5pc11x.h
➢ U-Boot2014.07/Makefile

移植过程中最主要的就是代码的修改与文件的配置。国内嵌入式厂商研发的S5PV210开发板大都基于SMDKV210评估板做了减法和调整,所以三星公司提供的U-Boot、内核、文件系统大都适用于这些S5PV210开发板,因而开发者在此基础上只需要根据相应的makefile文件修改配置即可。

3. 编译 U-Boot

U-Boot编译工程通过Makefile来组织编译。顶层目录下的Makefile和boards.cfg中包含开发板的配置信息。从顶层目录开始递归地调用各级子目录下的Makefile,最后链接成U-Boot映像。U-Boot的编译命令比较简单,主要分两步进行。第一步是配置,如make smdkv210_config;第二步是编译,执行make就可以了。如果一切顺利,则可以得到U-Boot镜像。为避免不必要的错误,一开始可以尽量与参考评估板保持一致。表7-7是U-Boot编译生成的不同映像文件格式。

表 7-7　U-Boot 编译生成的映像文件

文 件 名 称	说　明
System.map	U-Boot映像的符号表
U-Boot	U-Boot映像的ELF格式
U-Boot.bin	U-Boot映像原始的二进制格式
U-Boot.src	U-Boot映像的S-Record格式

由于上述编译U-Boot往往针对的是最小功能的U-Boot,目的是让U-Boot能够运行起来即可,所以只需要抓最关键的代码,比如系统时钟的配置、内存的初始化代码、调试串口的初始化等,这些代码可以参考U-Boot评估板源码以确保U-Boot的顺利运行。但是该U-Boot功能有限,需要开发者添加如Flash擦写、以太网接口等关键功能。下面简要叙述这些功能的相关情况。更多信息请读者阅读U-Boot文档。

NAND Flash是嵌入式系统中重要的存储设备,存储对象包括BootLoader、操作系统内核、环境变量、根文件系统等,所以使能NAND Flash读/写是U-Boot移植过程中必须完成的一个步骤。U-Boot中NAND Flash初始化函数调用关系为:

board_init_r()-> nand_init()-> nand_init_chip()-> board_nand_init()

board_nand_init()完成两件事：

① 对 ARM 处理器如 S5PV210 关于 NAND Flash 控制器的相关寄存器进行设置。

② 对 nand_chip 结构体进行设置。

需要设置的成员项有 IO_ADDR_R 和 IO_ADDR_W，这两个成员都指向地址 0xB0E00010，即 NAND Flash 控制器的数据寄存器的地址。此外还需要实现以下 3 个成员函数：

➤ void(* select_chip)(struct mtd_info * mtd, int chip);

该函数实现 NAND Flash 设备选中或取消选中。

➤ void(* cmd_ctrl)(struct mtd_info * mtd, int dat, unsigned int ctrl);

该函数实现对 NAND Flash 发送命令或者地址。

➤ int(* dev_ready)(struct mtd_info * mtd);

该函数实现检测 NAND Flash 设备状态。最后将成员 ecc. mode 设置为 NAND_ECC_SOFT，即 ECC 软件校验。

支持 NFS 或 TFTP 网络下载会极大地方便从 Linux 服务器上下载文件或镜像到硬件平台上，所以使能网卡在 U-Boot 移植过程中就显得非常重要。以网卡 DM9000 为例，U-Boot 已经抽象出一套完整的关于 DM9000 的驱动代码(其源码路径为 drivers\\net\\dm9000x. c)，用户只需要根据具体的硬件电路配置相应的宏即可。U-Boot 中 DM9000 网卡初始化函数的调用关系为：

board_init_r()-> eth_initialize()-> board_eth_init()-> dm9000_initialize()

为了方便用户配置，U-Boot 将一部分变量，如串口波特率、IP 地址、内核参数、启动命令等存在 Flash 或 SD 卡上，这部分数据称为环境变量。每次上电启动时，U-Boot 会检查 Flash 或 SD 卡上是否存放有环境变量。如果有则将其读取出来并使用，如果没有就使用默认的环境变量。默认的环境变量定义在 env_default. h 中，用户也可以随时修改或保存环境变量到 Flash 或 SD 卡中。

环境变量的移植非常简单。以 NAND Flash 为例，针对此项目，开发人员在 smdkv210. h 源文件中只需要添加如下的宏定义：

```
# define CONFIG_ENV_IS_IN_NAND
/ * 通知 Makefile 环境变量保存在 NAND Flash 中 * /
# define CONFIG_ENV_OFFSET 0x80000/ * 环境变量保存的 NAND Flash 中的偏移地址 * /
# define CONFIG_ENV_SIZE 0x20000/ * 环境变量的大小 * /
# define CONFIG_ENV_OVERWRITE
/ * 规定环境变量和覆盖 * /
```

4. 烧写到开发板上，运行和调试

新开发的板子没有任何程序可以执行，也不能启动，需要先将 U-Boot 烧写到 Flash 或者 SD 卡中。这里使用最为广泛的硬件设备就是前文介绍过的 JTAG 接口。下面首先以烧写到 SD 卡中说明烧写的一些注意事项。U-Boot 编译的过程中会生成两个重要的文件，

BL1 文件和 BL2 文件。编译完成之后将这些内容烧写到 SD 卡中,这里列举其中的一种烧写命令,如下:

```
1. dd bs=512 seek=1 if=/dev/zero of=/dev/sdb count=2048
2. dd bs=512 iflag=dsync oflag=dsync if=spl/smdkv210-spl.bin of=/dev/sdb seek=1
3. dd bs=512 iflag=dsync oflag=dsync if=U-Boot.bin of=/dev/sdb seek=49
```

SD 卡引导的特点是,需要保留前 512B 的数据位以及包含 ECC 校验头,这部分代码有别于 NAND Flash 的 BL1 部分。需要进行特殊处理。

在这里说明几点:dd 命令是 Linux 下非常有用的一个命令,作用就是用指定大小的块复制一个文件,并在复制的同时进行指定的转换;命令中的 sdb 是 SD 卡的设备名称,在不同的主机上可能名称是不一样的,所以在烧写的过程中一定要注意这个设备名称;注意这里的命令是在源码的目录文件下输入的,否则找不到对应的文件。

烧写到 SD 卡中,一定要了解一下 SD 卡的分区。图 7-7 是 SD 卡分区示意图。

Reserved 512B	BL1 8KB	EN 16KB	U-Boot。bin(BL2) 512KB	其他

1Block=512B

1Block 16Block 32Block

图 7-7 SD 卡分区示意图

在这里可以看到,SD 卡一块的大小为 512B,第一块为保留块,紧接着的 8KB 存放 BL1,所以 BL1 烧写的起始块标号为 1,这也就是第二条烧写命令中 seek=1 的来源了;接下来存放环境变量,有的资料中将环境变量与 BL1 文件总结为 BL1 文件,不过这时的 BL1 文件就不再是 8KB 大小了,而是加上环境变量的大小共 24KB 了,也就是 48 块;之后存放 BL2 文件,也就是 U-Boot.bin,起始块标号 49;最后的部分是开发者的复制空间了。

烧写完成,将 SD 卡插到开发板上,设置板子为 SD 卡启动,然后打开超级终端或者 minicom,配置好之后将板子上电,如果板子正常启动了,说明移植工作顺利完成了。如果没有启动起来,那么就要检查一下哪一步出现了问题,然后继续开始回去查看相应的 U-Boot 源码。NAND Flash 存储顺序见图 7-8。

(OneNAND/NAND)
Page0~(N−1) PageN~(M−1) PageM~   EB(End of Block)

Mandatory	Recommendation		User File System
BL1	BL2	Kernel	

图 7-8 NAND Flash 存储顺序

Flash 的烧写亦比较简单,前面说过,CPU 引导需要 BL1 部分,这部分需要在 U-Boot 中实现,即 U-Boot 的前 16KB 数据。查看 U-Boot 的 Makefile 发现,BL1 部分在 U-Boot 中被定义为 U-Boot-spl-16K,这部分代码是在 nand_spl 目录下的代码实现。表 7-8 是 U-Boot 常用的工具。

表 7-8　U-Boot 常用工具

工 具 名 称	说　　明
bmp_logo	制作标记的位图结构体
envcrc	检验 U-Boot 内部嵌入的环境变量
gen_eth_addr	生成以太网接口 MAC 地址
Img2srec	转换 SREC 格式映像
mkimage	转换 U-Boot 格式映像
updater	U-Boot 自动更新升级工具

7.5.2　内核的配置、编译和移植

视频讲解

1. Makefile

内核 Linux-2.6.35 的文件数目总共 3 万多个,分布在顶层目录下的共 21 个子目录中。就 Linux 内核移植而言,最常接触到的子目录是 arch、drivers 目录。其中 arch 目录下存放所有和体系结构有关的代码,比如 ARM 体系结构的代码就在 arch/arm 目录下;而 drivers 是所有驱动程序所在的目录(声卡驱动单独位于根目录下的 sound 目录),修改或者新增驱动程序都需要在 drivers 目录下进行。

Linux 内核中的哪些文件将被编译? 怎样编译这些文件? 连接这些文件的顺序如何? 其实所有这些都是通过 Makefile 来管理的。在内核源码的各级目录中含有很多个 Makefile 文件,有的还要包含其他的配置文件或规则文件。所有这些文件一起构成了 Linux 的 Makefile 体系,如表 7-9 所示。

表 7-9　Linux 内核源码 Makefile 体系的 5 部分

名　　称	描　　述
顶层 Makefile	Makefile 体系的核心,从总体上控制内核的编译、链接
.config	配置文件,在配置内核时生成。所有的 Makefile 文件都根据 .config 的内容来决定使用哪些文件
Arch/ $(ARCH)/Makefile	与体系结构相关的 Makefile,用来决定由哪些体系结构相关的文件参与生成内核
Scripts/Makefile. *	所有 Makefile 共用的通用规则、脚本等
Kbuild Makefile	各级子目录下的 Makefile,它们被上一层 Makefile 调用以编译当前目录下的文件

Makefile 编译、链接的大致工作流程如下所述。

① 内核源码根目录下的 .config 文件中定义了很多变量,Makefile 通过这些变量的值来决定源文件编译的方式(编译进内核、编译成模块、不编译),以及涉及哪些子目录和源文件。

② 根目录下顶层的 Makefile 决定根目录下有哪些子目录将被编译进内核,arch/ $(ARCH)/Makefile 决定 arch/ $(ARCH)目录下哪些文件和目录被编译进内核。

③ 各级子目录下的 Makefile 决定所在目录下源文件的编译方式,以及进入哪些子目录继续调用它们的 Makefile。

④ 在顶层 Makefile 和 arch/$(ARCH)/Makefile 中还设置了全局的编译、链接选项：CFLAGS(编译 C 文件的选项)、LDFLAGS(连接文件的选项)、AFLAGS(编译汇编文件的选项)、ARFLAGS(制作库文件的选项)。

⑤ 各级子目录下的 Makefile 可设置局部的编译、连接选项：EXTRA_CFLAGS、EXTRA_LDFLAGS、EXTRA_AFLAGS、EXTRA_ARFLAGS。

⑥ 最后，顶层 Makefile 按照一定的顺序组织文件，根据连接脚本生成内核映像文件。

在第①步中介绍的.config 文件是通过配置内核生成的，.config 文件中定义了很多变量，这些变量的值也是在配置内核的过程中设置的。而用来配置内核的工具则是根据 Kconfig 文件来生成各个配置项的。

2. 内核的 Kconfig 分析

为了理解 Kconfig 文件的作用，需要先了解内核配置界面。在内核源码的根目录下运行命令：

```
# make menuconfig ARCH=arm CROSS_COMPILE=arm-linux-
```

这样会出现一个菜单式的内核配置界面，通过它就可以对支持的芯片类型和驱动程序进行选择，或者去除不需要的选项等，这个过程就称为"配置内核"。

这里需要说明的是，除了 make menuconfig 这样的内核配置命令之外，Linux 还提供了 make config 和 make xconfig 命令，分别实现字符接口和 X-window 图形窗口的配置接口。字符接口配置方式需要回答每一个选项提示，逐个回答内核上千个选项几乎是行不通的。X-window 图形窗口的配置接口很出色，方便使用。本节主要介绍 make menuconfig 实现的光标菜单配置接口。

在内核源码的绝大多数子目录中，都具有一个 Makefile 文件和 Kconfig 文件。Kconfig 就是内核配置界面的源文件，它的内容被内核配置程序读取用以生成配置界面，从而供开发人员配置内核，并根据具体的配置在内核源码根目录下生成相应的配置文件 config。

内核的配置界面以树状的菜单形式组织，菜单名称末尾标有"--->"的表明其下还有其他的子菜单或者选项。每个子菜单或选项可以有依赖关系，用来确定它们是否显示，只有依赖的父项被选中，子项才会显示。

Kconfig 文件的基本要素是 config 条目(entry)，它用来配置一个选项，或者可以说，它用于生成一个变量，这个变量会连同它的值一起被写入配置文件.config 中。以 fs/jffs2/Kconfig 为例：

```
tristate "Journalling Flash File System v2 (JFFS2) support"
select CRC32
depends on MTD
help
    JFFS2 is the second generation of the Journalling Flash File System
    for use on diskless embedded devices. It provides improved wear
    levelling, compression and support for hard links. You cannot use
    this on normal block devices, only on 'MTD' devices.
```

config JFFS2_FS 用于配置 CONFIG_JFFS2_FS，根据用户的选择，在配置文件.config

中会出现下面 3 种结果之一：

```
CONFIG_JFFS2_FS=y
CONFIG_JFFS2_FS=m
# CONFIG_JFFS2_FS is not set
```

之所以会出现这 3 种结果是由于该选项的变量类型为 tristate(三态)，它的取值有 3 种：y、m 或空，分别对应编译进内核、编译成内核模块、没有使用。如果变量类型为 bool (布尔)，则取值只有 y 和空。除了三态和布尔型，还有 string(字符串)、hex(十六进制整数)、int(十进制整数)。变量类型后面所跟的字符串是配置界面上显示的对应该选项的提示信息。

第 2 行的 select CRC32 表示如果当前配置选项被选中，则 CRC32 选项也会被自动选中。第 3 行的 depends on MTD 则表示当前配置选项依赖于 MTD 选项，只有 MTD 选项被选中时，才会显示当前配置选项的提示信息。help 及之后的都是帮助信息。

菜单对应于 Kconfig 文件中的 menu 条目，它包含多个 config 条目。还有一个 choice 条目，它将多个类似的配置选项组合在一起，供用户单选或多选。comment 条目用于定义一些帮助信息，这些信息出现在配置界面的第一行，并且还会出现在配置文件.config 中。最后，还有 source 条目用来读入另一个 Kconfig 文件。

3. 内核的配置选项

Linux 内核配置选项非常多，如果从头开始一个个地进行选择既耗费时间，也对开发人员的要求比较高(必须要了解每个配置选项的作用)。一般是在某个默认配置文件的基础上进行修改。

在运行命令配置内核和编译内核之前，必须要保证为 Makefile 中的变量 ARCH 和 CROSS_COMPILE 赋上正确的值，当然，也可以每次都通过命令行给它们赋值，但是一劳永逸的办法是直接在 Makefile 中修改这两个变量的值。

```
ARCH ?= arm
CROSS_COMPILE ?= arm-linux-
```

这样，以后命令行上运行命令配置或者编译时就不用再去操心 ARCH 和 CROSS_ COMPILE 这两个变量的值了。注意编译 2.6 版的内核需要设置交叉编译器为 4.5.1 版，请确认主机端的 Linux 下面是否正确安装了 4.5.1 版的交叉编译器。

原生的内核源码根目录下是没有配置文件.config 的，一般通过加载某个默认的配置文件来创建.config 文件，然后再通过命令 make menuconfig 来修改配置。

内核配置的基本原则是把不必要的功能都去掉，不仅可以减小内核大小，还可以节省编译内核和内核模块的时间。图 7-9 是内核配置的主界面。

菜单项 Device Drivers 是有关设备驱动的选项。设备驱动部分的配置最为繁杂，有多达 42 个一级子菜单，每个子菜单都有一个 drivers/目录下的子目录与其一一对应，如表 7-10 所示。在配置过程中可以参考这个表格找到对应的配置选项，查看选项的含义和功能。

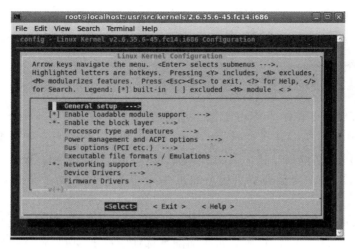

图 7-9　内核配置的主界面

对于表 7-10 中比较复杂的几个子菜单项,需要根据实际情况进行配置,其原则是去掉不必要的选项以减小内核体积,如果不清楚是不是必要,保险起见就把它选中。另外,在配置完成后可将配置文件.config 进行备份。

表 7-10　Device Drivers 子菜单描述

Device Drivers 子菜单	描　　述
Generic Driver Options	对应 drivers/base 目录,这是设备驱动程序中的一些基本和通用的配置选项
Connector- unified userspace <-> kernelspace linker	对应 drivers/connector 目录,一般不需要此功能,清除选中
Memory Technology Device (MTD) support	对应 drivers/mtd 目录,它用于支持各种新型的存储技术设备,比如 NOR Flash、NAND Flash 等
Parallel port support	对应 drivers/parport 目录,它用于支持各种并口设备
Block devices	对应 drivers/block 目录,块设备支持,包括回环设备、RAMDISK 等的驱动
Misc devices	对应 drivers/misc 目录,用来支持一些不好分类的设备,成为杂项设备。保持默认选择即可
ATA/ATAPI/MFM/ RLL support	对应 drivers/ide 目录,它用来支持 ATA/ATAPI 等接口的硬盘、软盘、光盘等,默认不选中
SCSI device support	对应 driver/scsi 目录,支持各种 SCSI 接口的设备,保持默认选择即可
Serial ATA（prod）and Parallel ATA（experimental）drivers	对应 drivers/ata 目录,支持 SATA 与 PATA 设备,默认不选中
Multiple devices driver support (RAID and LVM)	对应 drivers/md 目录,表示多设备支持(RAID 和 LVM)。RAID 和 LVM 的功能是使多个物理设备组建成一个单独的逻辑磁盘,默认不选中
Network device support	对应 drivers/net 目录,用来支持各种网络设备
ISDN support	对应 drivers/isdn 目录,用来提供综合业务数字网的驱动程序,默认不选中

续表

Device Drivers 子菜单	描 述
Telephony support	对应 drivers/telephony 目录,拨号支持。可用来支持 IP 语音技术 (Vo IP),默认不选中
Input device support	对应 drivers/input 目录,支持各类输入设备
Character devices	对应 drivers/char 目录,它包含各种字符设备的驱动程序
I^2C support	对应 drivers/i2c 目录,支持各类 I^2C 设备
SPI support	对应 drivers/spi 目录,支持各类 SPI 总线设备
PPS support	对应 drivers/pps 目录,每秒脉冲数支持,用户可以利用它获得高精度时间基准
GPIO support	对应 drivers/gpio 目录,支持通用 GPIO 库
Dallas's 1-wire support	对应 drivers/w1 目录,支持一线总线,默认不选中
Power supply class support	对应 drivers/power 目录,电源供应类别支持,默认不选中
Hardware Monitoring support	对应 drivers/hwmon 目录。用于主板的监控硬件健康功能,嵌入式中一般清除选中
Generic Thermal sysfs deriver	对应与 drivers/thermal 目录,用于散热管理,嵌入式一般用不到,清除选中
Watchdog Timer support	对应于 drivers/watchdog,看门狗定时器支持,保持默认选择即可
Sonics Silicon Backplane	对应 drivers/ssb 目录,SSB 总线支持,默认不选中
Multifunction device drivers	对应 drivers/mfd 目录,用来支持多功能的设备,比如 SM501,它既可用于显示图像又可用作串口,默认不选中
Voltage and Current Regulator support	对应 drivers/regulator 目录,它用来支持电压和电流调节,默认不选中
Multimedia support	对应 drivers/media 目录,包含多媒体驱动,比如 V4L(Video for Linux),它用于向上提供统一的图像、声音接口。摄像头驱动会用到此功能
Graphics support	对应 drivers/video 目录,提供图形设备/显卡的支持
Sound card support	对应 sound/目录(不在 drivers/目录下),用来支持各种声卡
HID Devices	对应 drivers/hid 目录,用来支持各种 USB-HID 目录,或者符合 USB-HID 规范的设备(比如蓝牙设备)。HID 表示 human interface device,比如各种 USB 接口的鼠标/键盘/游戏杆/手写板等输入设备
USB support	对应 drivers/usb 目录,包括各种 USB Host 和 USB Device 设备
MMC/SD/SDIO card support	对应 drivers/mmc 目录,用来支持各种 MMC/SD/SDIO 卡
LED Support	对应 drivers/leds 目录,包含各种 LED 驱动程序
Real Time Clock	对应 drivers/rtc 目录,用来支持各种实时时钟设备
Userspace I/O drivers	对应 drivers/uio 目录,用户空间 I/O 驱动,默认不选中

4. 内核移植

对于内核移植而言,主要是添加开发板初始化和驱动程序的代码,这些代码大部分是跟体系结构相关。具体到 Cortex-A8 型开发板来说,Linux 已经有了较好的支持。比如从 Kernel 官方维护网站 kernel.org 上下载到 2.6.35 的源代码,解压后查看 arch/arm/目录下已经包含了三星 S5PV210 的支持,即三星官方评估开发板 SMDK210 的相关文件 mach-smdkv210。移植 Kernel 只需要修改两个开发板之间的差别之处就可以了。下面举几个常见的修改例子。

(1) NAND Flash 移植

Linux-2.6.35 对 NAND Flash 的支持比较完善,已经自带了大部分的 NAND Flash 驱动,drivers/mtd/nand/nand_ids.c 中定义了所支持的各种 NAND Flash 类型。

```
struct nand_manufacturers nand_manuf_ids[] = {
    {NAND_MFR_TOSHIBA, "Toshiba"},
    {NAND_MFR_SAMSUNG, "Samsung"},
    {NAND_MFR_FUJITSU, "Fujitsu"},
    {NAND_MFR_NATIONAL, "National"},
    {NAND_MFR_RENESAS, "Renesas"},
    {NAND_MFR_STMICRO, "ST Micro"},
    {NAND_MFR_HYNIX, "Hynix"},
    {NAND_MFR_MICRON, "Micron"},
    {NAND_MFR_AMD, "AMD"},
    {0x0, "Unknown"}
};
```

以核心板采用三星 K9F2G08 这款 Flash 芯片为例,这款 Flash 芯片的每页里可以保存 (2K+64)B 的数据,其中 2KB 存放数据信息,后面的 64B 存放前 2KB 数据的存储链表以及 ECC 校验信息。每个块包含了 64 页,整片 NAND Flash 包含 2048 个块。这里将 NAND Flash 的信息添加到/driver/mtd/nand/nand_ids.c 文件中的 nand_flash_ids 结构体中。

```
{"NAND 256Mi B 3,3V 8-bit",   0x DA, 0, 256, 0, LP_OPTIONS}
```

修改分区表 s3c_nand.c。

```
struct mtd_partition s3c_partition_info[] = {
    {
     .name = "misc",
     .offset = (768 * SZ_1K),              /* for BootLoader */
     .size = (256 * SZ_1K),
     .mask_flags = MTD_CAP_NANDFlash,
    },
    {
     .name = "kernel",
     .offset = MTDPART_OFS_APPEND,
     .size = (5 * SZ_1M),
    },
    {
     .name = "system",
     .offset = MTDPART_OFS_APPEND,
     .size = MTDPART_SIZ_FULL,
    },
};
```

这样 BootLoader 占用 1MB 空间,kernel 占用 5MB 空间,剩下空间留给文件系统。

这款 Flash 是 SLC NAND Flash,因此其 obb 区的 ECC 校验部分配置需要更改,如下所示:

```
static struct nand_ecclayout s3c_nand_oob_64 = {
    .eccbytes = 16,
    .eccpos = {40, 41, 42, 43, 44, 45, 46, 47,
               48, 49, 50, 51, 52, 53, 54, 55},
    .oobfree = {
      {.offset = 2,
        .length = 38}}
};
```

(2) 添加对 YAFFS2 文件系统的支持

YAFFS2 是专门针对嵌入式设备(特别是使用 NAND Flash 作为存储器的嵌入式设备)而创建的一种文件系统。如果默认 Linux 内核没有对 YAFFS2 文件类型的支持,则需要通过打上补丁的方式实现内核支持。

首先到 YAFFS2 官方网站下载源码包,并解压到 ${PROJECT} 目录下。

```
# cd ${PROJECT}
# tar zxvf /tmp/soft/yaffs2-20100316.tar.gz
```

然后进入 yaffs2 源代码目录,运行命令给内核打上 yaffs2 补丁。

```
# cd ${PROJECT}/yaffs2
# ./patch-ker.sh c ${LINUX_SRC}
```

补丁打上之后就可以进入内核配置界面进行 YAFFS2 的配置了。进入 File systems,再按回车键进入子菜单 Miscellaneous filesystems,选中 YAFFS2 file system support,这样就在内核中添加了对 YAFFS2 的支持。

经过前面的几个步骤,基本的内核已经移植好了,运行命令编译内核。

```
# make uImage
```

经过编译、链接之后,会在 arch/arm/boot/目录下生成 uImage 文件。uImage 是 U-Boot 格式的内核二进制映像,是专用于 U-Boot 引导程序的,如果是由其他引导程序(如 vivi、Red Boot 等),则一般编译成 zImage。制作 uImage 映像需要用到 U-Boot 工具 mkimage 程序,${U-BOOT_SRC}/tools 目录下的 mkimage 程序复制到/bin、/usr/bin 或 /usr/local/bin 等目录即可。

将 uImage 文件复制到 TFTP 服务器目录以供下载到开发板。一般在调试阶段时先不把内核烧写到开发板的 NAND Flash,而是下载到开发板内存运行,根文件系统也是使用 NFS 方式挂载,等调试好了之后,再烧写到 NAND Flash。

将内核下载到开发板内存并运行,命令如下:

```
@# tftp 0x30100000 u Image    //加载内核时,不要使用默认的 0x30008000
@# bootm 0x30100000           //否则会启动失败
```

视频讲解

当然,还需要根文件系统的支持,Linux 才能最终成功启动进入命令行操作界面。U-Boot 的环境变量 bootargs 中的命令行参数指定以何种方式挂载根文件系统。文件系统的移植见第 6 章,这里不再赘述。

7.6 GDB 调试器

调试是软件开发过程中的一个必不可少的组成部分。当程序完成编译之后,它很可能无法正常运行,或者会彻底崩溃,或者不能实现预期的功能。此时如何通过调试找到问题的症结所在,就变成了摆在开发人员面前最严峻的问题。通常来说,软件项目的规模越大,调试起来就会越困难,越需要一个强大而高效的调试器作为后盾。对于 Linux 程序员来讲,目前可供使用的调试器非常多,GDB(GNU DeBugger)就是其中较为优秀的调试器。

GDB 是自由软件基金会(Free Software Foundation,FSF)的软件工具之一。它的作用是协助程序员找到代码中的错误。如果没有 GDB 的帮助,程序员要想跟踪代码的执行流程,唯一的办法就是添加大量的语句来产生特定的输出。但这一手段本身就可能会引入新的错误,从而也就无法对那些导致程序崩溃的错误代码进行分析。GDB 的出现减轻了开发人员的负担,他们可以在程序运行的时候单步跟踪代码,或者通过断点暂时中止程序的执行。此外,GDB 还提供随时察看变量和内存的当前状态等功能,并可以监视关键的数据结构是如何影响代码的运行的。

GDB 是一个在 UNIX 环境下的命令行调试工具。如果需要使用 GDB 调试程序,在使用 GCC 时加上-g 选项。GDB 的命令很多,分成许多个种类。help 命令只是列出 GDB 的命令种类,如果要看种类中的命令,可以使用 help < class >命令,如 help breakpoints,查看设置断点的所有命令。也可以直接使用 help < command >来查看命令的帮助。下面的命令部分是简化版本,如使用 l 代替 list 等。

下面首先介绍基本命令。

(1) 进入 GDB

```
Gdb test
```

test 是要调试的程序,由 gcc test. c-g-o test 生成。进入后提示符变为(Gdb)。

(2) 查看源码

```
(Gdb) l
```

源码会进行行号提示。

如果需要查看在其他文件中定义的函数,在 l 后加上函数名即可定位到这个函数的定义及查看附近的其他源码。或者使用断点或单步运行,到某个函数处使用 s 进入这个函数。

(3) 设置断点

```
(Gdb) b 6
```

这样会在运行到源码第 6 行时停止,可以查看变量的值、堆栈情况等;这个行号是 GDB

的行号。

（4）查看断点处情况

```
(Gdb) info b
```

可以键入 info b 来查看断点处情况，可以设置多个断点。

（5）运行代码

```
(Gdb) r
```

（6）显示变量值

```
(Gdb) p n
```

在程序暂停时，键入“p 变量名”（print）即可。

GDB 在显示变量值时都会在对应值之前加上 $N 标记，它是当前变量值的引用标记，以后若想再次引用此变量，就可以直接写作 $N，而无须写冗长的变量名。

（7）观察变量

```
(Gdb) watch n
```

在某一循环处，往往希望能够观察一个变量的变化情况，这时就可以键入命令 watch 来观察变量的变化情况，GDB 在 n 设置了观察点。

（8）单步运行

```
(Gdb) n
```

（9）程序继续运行

```
(Gdb) c
```

使程序继续往下运行，直到再次遇到断点或程序结束。

（10）退出 GDB

```
(Gdb) q
```

表 7-11 列出了常用断点调试命令。

表 7-11　常用断点调试命令

命令格式	例　子	作　用
break ＋设置断点的行号	break n	在 n 行处设置断点
tbreak ＋行号或函数名	tbreak n/func	设置临时断点，到达后被自动删除
break ＋ filename ＋行号	break main. c：10	用于在指定文件对应行设置断点

续表

命 令 格 式	例 子	作 用
break ＋ <0x…>	break 0x3400A	用于在内存某一位置处暂停
break ＋行号＋ if ＋条件	break 10 if i＝＝3	用于设置条件断点,循环中使用非常方便
clear ＋要清除的断点行号	clear 10	用于清除对应行的断点,要给出断点的行号,清除时 GDB 会给出提示
delete ＋要清除的断点编号	delete 3	用于清除断点和自动显示的表达式的命令,要给出断点的编号,清除时 GDB 不会给出任何提示
disable/enable ＋断点编号	disable 3	让所设断点暂时失效/使能,如果要让多个编号处的断点失效/使能,可将编号之间用空格隔开
awatch/watch ＋变量	awatch/watch i	设置一个观察点,当变量被读出或写入时程序被暂停
catch		设置捕捉点来捕捉程序运行时的一些事件。如载入共享库(动态链接库)或是 C++的异常

表 7-12 列出了常用调试运行环境的相关命令。

表 7-12　常用调试运行环境的相关命令

命 令	例 子	作 用
set args	set args arg1 arg2	设置运行参数
show args	show args	参看运行参数
cd ＋工作目录	cd ../	切换工作目录
run	r/run	程序开始执行
step(s)	s	进入时(会进入所调用的子函数中)单步执行,进入函数的前提是,此函数被编译有 debug 信息
next(n)	n	非进入时(不会进入所调用的子函数中)单步执行
until ＋行数	u 3	运行到函数某一行
continue(c)	c	执行到下一个断点或程序结束
return <返回值>	return 5	改变程序流程,直接结束当前函数,并将指定值返回
call ＋函数	call func	在当前位置执行所要运行的函数

7.7　远程调试

在通用计算机系统中,调试器与被调试的程序在同一台机器相同操作系统之上作为两个进程运行,而在嵌入式系统开发中,调试器与被调试的程序通常运行在不同机器不同操作系统之上,因此通用计算机系统与嵌入式系统的调试方式和技术有很大的差别。在嵌入式软件调试过程中,调试器通常运行于主机环境中,被调试的软件则运行于基于特定硬件平台的目标机上。主机上的调试器通过串口、并口或网卡接口等通信方式与目标机进行通信,控制目标机上程序的运行,实现对目标程序的调试,这种调试方式称为远程调试。

常用的远程调试技术主要有插桩(stub)和片上调试(On Chip Debugging,OCD)两种。前者指在目标操作系统和调试器内分别加入某些软件模块实现调试;后者指在微处理器芯片内嵌入额外的控制电路实现对目标程序的调试。片上调试方式不占用目标平台的通信端口,但它依赖于硬件。插桩方式仅需要一个用于通信的端口,其他全部由软件实现。本节主要针对插桩方式对远程调试工具进行阐述。

7.7.1　远程调试工具的构成

在插桩方式下,调试用的符号表信息存放在主机端,它在调试器加载被调试程序时一起加载到内存中,而运行于目标机上,启动后将等待主机发来的联络信号。当主机上的调试器向目标机发送联络信号后,目标机立即回应,主机上的调试器接到回应信号后就开始通过目标机上的插桩控制模块控制被调试程序的活动。主机上的调试器的使用和一般的调试器的使用方法完全一致,可以设置断点,查看和修改变量、寄存器、内存单元,查看栈和栈帧等信息。从使用体验上看,用户感觉不到嵌入式调试器与非嵌入式调试器有什么区别。从物理装置上看,调试工具由主机、目标机和用于主机与目标机通信的电缆构成。从逻辑上看,其构成如图 7-10 所示。它采用三层结构,第一层是物理层,实现主机与目标机之间的数据交换;第二层是通信层,实现远程通信协议,传输调试命令或调试信息;第三层是调试层,实现对目标机进行跟踪调试。当用户通过调试器发布调试命令后,调试器将调试命令传送给远程通信模块,远程通信模块将用户的调试命令按照远程通信协议的格式封装数据包,并通过硬件接口将数据包送往目标机。目标机收到数据包后拆解数据包,将调试命令取出,由插桩控制模块分析调试命令并交给执行单元执行,执行的结果再按相反的顺序送回主机。

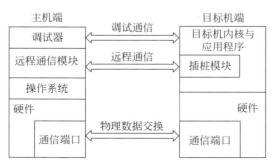

图 7-10　插桩方式下的调试环境构成

从上述分析可知,远程调试工具由 3 部分构成:主机端的调试器、远程通信协议和插桩模块。前两部分可采用 GDB(GNU DeBugger)调试器来解决。GDB 在嵌入式系统开发中能够方便地以远程调试的方式单步执行目标平台上的程序代码、设置断点、查看内存,并同目标平台交换信息。GDB 同目标机交换信息的能力相当强,胜过绝大多数的商业调试工具,甚至可以与某些低端仿真器媲美。

使用 GDB 进行远程调试时,运行在宿主机上的 GDB 通过串口或 TCP 连接与运行在目标机上的调试插桩以 GDB 标准远程串行协议协同工作,从而实现对目标机上系统内核和上层应用的监控和调试功能。调试插桩运行在目标系统中,作为宿主机 GDB 和目标机调试程序间的一个中间媒介存在。

为了监控和调试程序,主机 GDB 通过串行协议使用内存读/写命令,无损害地将目标程序原指令用一个 trap 指令代替,从而完成断点设置动作。当目标系统执行该 trap 指令时,stub 就可以顺利获得控制权。此时主机 GDB 可以通过 stub 来跟踪和调试目标机程序了。调试 stub 会将当前现场传送给主机 GDB,然后接收其控制命令;stub 按照命令在目标系统上进行相应动作,从而实现单步执行、读/写内存、查看寄存器内容和显示变量值等调试功能。从函数实现功能上来看,调试 stub 由 sets_debug_traps()、handle. exception()等一系列功能函数组合而成。

7.7.2 通信协议——RSP

在远程调试过程中,调试器要对目标机上的被调试程序进行有效控制必须采用一定的通信协议才可实现双方的正常通信。在 GDB 调试器中采用了远程串口通信协议(Remote Serial Protocol,RSP),在该协议中,所有的调试命令和调试应答信息被翻译成易于阅读的字符串。如果将每次通信的所有信息看作一个数据包,则该数据包分为 4 部分:第一部分是包头,由字符"$"构成;第二部分是数据包内容,对应调试信息,它可以是调试器发布的命令串,也可以是目标机的应答信息,数据包中应该至少有 1 字节;第三部分是字符"#",它是调试信息的结束标志;第四部分是由两位十六进制数的 ASCII 码字符构成的校验码,该值是将调试信息中所有字符的 ASCII 码值相加后取 256 的模,再转换成相应的十六进制 ASCII 码字符串。在接收到数据包后,对数据包进行校验,若正确回应"+";若错误则回应"-",发送方再次发送数据包。协议交换数据的格式如下:

    $ < data > # [chksum]

目标机响应从 GDB 传来的消息方式有两种:一种是表示命令执行成功(或者消息发送正确)的符号 OK;另一种是目标机自己定义的错误代码。当 GDB 接收到错误代码时,可以通过 GDB 控制台向用户报告该错误码的代码。

7.7.3 远程调试的实现方法及设置

远程调试环境由宿主机 GDB 和目标机调试 stub 通过串口或 TCP 连接共同构成,使用 GDB 标准远程串行协议协同实现远程调试功能。若双方环境建立无误,则 stub 会首先中断程序的正常执行,等待宿主机 GDB 的连接。此时宿主机在 GDB 提示符下,运行 target remote 命令连接到目标机调试程序。若连接成功,开发者就可以在主机使用 GDB 调试命令对运行在目标系统中的程序进行远程调试了。

宿主机环境的设置只需要有一个可以运行 GDB 的系统环境即可,大多数情况下选择一个较好的 Linux 发行版就可以达到要求。但值得注意的是,开发者不能直接使用该发行版中的 GDB 来做远程调试,而是要首先获取 GDB 的源文件包,然后针对特定目标平台进行相应配置后,重新编译链接得到相应的 GDB。

相对于宿主机远程调试环境的建立过程,目标机调试 stub 的实现要更复杂,它要提供一系列实现与主机 GDB 的通信和对被调试程序的控制功能的函数。这些功能函数 GDB 有的已经提供,如 GDB 文件包中的 m68k-stub. c、i386-stub. c 等文件提供了一些相应目标平台的 stub 子函数,有的函数需要开发者根据特定目标平台自行设计实现。下面介绍关于 stub 的主要子函数。

➢ sets_debug_traps()　函数指针初始化,捕捉调试中断进入 handle. exception()函数。

➢ Handle_exception()　该函数是 stub 的核心部分。程序运行中断时,首先发送一些主机的状态信息,如寄存器的值,然后在主机 GDB 的控制下执行程序,并检索和发送 GDB 需要的数据信息,直到主机 GDB 要求程序继续运行,handle_exception()交还控制权给程序。handle_exception()函数具体执行流程图如图 7-11 所示。

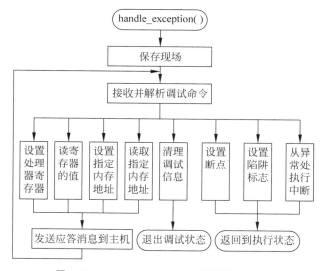

图 7-11　**handle_exception()**函数执行流程

➢ breakpoint()　该功能函数可以在被调试程序中设置断点。

除以上函数外,开发人员需要针对特定目标平台,为 stub 实现以下底层功能函数,才能使调试 stub 正常与主机 GDB 协同工作,比如:

➢ getDebugChar()、putDebugChar()　读/写通过 GDB 远程串行协议与主机交互的数据。

➢ exceptionHandler()　各目标平台对系统中断向量的组织安排是不一样的,该函数使得在系统中断发生时,程序可以正常获得中断服务程序的入口地址。

➢ memset()　标准库函数,保证对特定目标平台的内存操作。

有了上述关键功能函数的实现,开发者就可以按以下步骤使用 stub 对目标程序进行远程调试。

① 在被调试程序开始处,插入两个函数调用:sets_debug_traps()和 handle. exception()。

② 将被调试程序、GDB 提供的 stub 功能函数和上述目标系统中实现的 stub 底层子函数一起编译链接生成一个包含调试 stub 的目标程序。

③ 建立主机与目标机的串口或以太口连接,保证通信物理链路的顺畅。

④ 将被调试目标代码下载到目标系统并运行该程序,它会被内部 stub 函数中断在开始处,等待宿主机 GDB 的连接请求。

⑤ 在宿主机运行针对目标平台编译连接 GDB。用 target remote 命令连接目标机 stub,然后使用相应 GDB 命令对目标程序进行跟踪和调试。

上述是设计和实现联调 stub 的一般方法,不同调试场合的 stub 的实现形式会有所不同,但是调试的过程和原则大致是相同的。

7.7.4　远程调试应用实例方法

目前嵌入式 Linux 系统中,主要有 3 种远程调试方法,分别适合不同场合的调试工作:用 ROM Monitor 调试内核装载程序、用 KGDB 调试系统内核和用 GDBserver 调试用户空间程序。这 3 种调试方法的区别主要在于目标机远程调试 stub 的存在形式不同,而设计思路和实现方法则大致相同,并且它们配合工作的主机 GDB 是同一个程序。

1. 用 ROM Monitor 调试目标机程序

在嵌入式 Linux 内核运行前的状态中,程序的装载、运行和调试一般都由 ROM Monitor 实现。系统一旦加电后,包含了远程调试 stub 的 ROM Monitor 即可首先获得系统控制权,对 CPU、内存、中断、串口、网络等重要硬件资源进行初始化并下载、运行和监控目标代码,内核的装载和引导也由 ROM Monitor 完成。

开发人员可以使用 GDB 像调试桌面系统程序一样对目标程序进行跟踪调试,如用 list 察看代码,用 break 设置断点,用 continue 恢复程序的运行直至断点处。完成上述操作后开发人员就可以清晰地查看程序所使用的目标机资源的状态,如变量值、内存值、CPU 寄存器等重要参数。

2. 用 KGDB 调试系统内核

系统内核与硬件体系关系密切,因而其调试 stub 的实现也会因具体目标平台的差异而存在一些不同,嵌入式 Linux 开发团队针对大多数流行的目标平台采用源码补丁形式对 Linux 内核远程调试 stub 给予了实现及发布。用户只需正确编译链接打好补丁的内核,就可对内核代码进行灵活的调试。

基于 PC 平台的 Linux 内核开发人员所熟知的 KGDB 就是这种实现形式,该方法也同样用于嵌入式 Linux 系统中。

3. 用 GDBserver 调试用户空间程序

在 Linux 内核已经正常运行的基础上,用户可以使用 GDBserver 作为远程调试 stub 的实现工具。GDBserver 是 GDB 自带的、针对用户程序的远程调试 stub,它具有良好的可移植性,可交叉编译到多种目标平台上运行。开发者可以在宿主机上用 GDBserver 方便地监控目标机用户空间程序的运行过程。由于有操作系统的支持,所以它的实现要比一般的调试 stub 简单很多。

7.8　内核调试

调试是软件开发过程中一个必不可少的环节,在 Linux 内核开发的过程中也不可避免地会面对如何调试内核的问题。但是,Linux 系统的开发者出于保证内核代码正确性的考虑,不愿意在 Linux 内核源代码树中加入一个调试器。他们认为内核中的调试器会误导开发者,从而引入不良的修正。所以对 Linux 内核进行调试一直是个令内核程序员感到棘手的问题,调试工作的艰苦性是内核级的开发区别于用户级开发的一个显著特点。

　　尽管缺乏一种内置的调试内核的有效方法,但是 Linux 系统在内核发展的过程中也逐渐形成了一些监视内核代码和错误跟踪的技术。同时许多的补丁程序也应运而生,它们为标准内核附加了内核调试的支持。尽管这些补丁有些并不被 Linux 官方组织认可,但它们确实功能完备和强大。调试内核问题时,利用这些工具与方法跟踪内核执行情况,并查看其内存和数据结构将是非常行之有效的。

7.8.1　printk()

　　printk()是调试内核代码时最常用的一种技术。在内核代码中的特定位置加入 printk()调试调用,可以直接把所关心的信息打印到屏幕上,从而可以观察程序的执行路径和所关心的变量、指针等信息。printk()是内核提供的格式化打印函数。健壮性是 printk 最容易被接受的一个特质,几乎在任何地方,任何时候内核都可以调用它(如中断上下文、进程上下文、持有锁时、多处理器处理时等)。表 7-13 给出了 printk()函数的语法格式。

表 7-13　printk 类函数语法要点

所需头文件	# include < linux/kernel >	
函数原型	int printk(const char ＊ fmt,…)	
函数传入值	fmt: 日志级别	KERN_EMERG:紧急时间消息
		KERN_ALERT:需要立即采取动作的情况
		KERN_CRIT:临界状态,通常涉及严重的硬件或软件操作失败
		KERN_ERR:错误报告
		KERN_WARNING:对可能出现的问题提出警告
		KERN_NOTICE:有必要进行提示的正常情况
		KERN_INFO:提示性信息
		KERN_DEBUG:调试信息
	…:与 printf()相同	
函数返回值	成功:0 失败:-1	

　　这些不同优先级的信息输出到系统日志文件(例如/var/log/messages),有时也可以输出到虚拟控制台上。其中,对输出给控制台的信息有一个特定的优先级 console_loglevel。只有打印信息的优先级小于这个整数值,信息才能被输出到虚拟控制台上,否则,信息仅仅被写入系统日志文件中。若不加任何优先级选项,则消息默认输出到系统日志文件中。

7.8.2　KDB

　　Linux 内核调试器(Kernel DeBugger,KDB)是 Linux 内核的补丁,它提供了一种在系统能运行时对内核内存和数据结构进行检查的办法。KDB 是一个功能较强的工具,它允许进行多个重要操作,如内存和寄存器修改、应用断点和堆栈跟踪等。下面列举一些最常用的 KDB 命令。

　　1. 内存显示和修改
　　这一类别中最常用的命令是 md、mdr、mm 和 mmW。

md 命令以一个地址/符号和行计数为参数,显示从该地址开始的 line-count 行的内存。如果没有指定 line-count,那么就使用环境变量所指定的默认值。如果没有指定地址,那么 md 就从上一次打印的地址继续。地址打印在开头,字符转换打印在结尾。

mdr 命令带有地址/符号以及字节计数,显示从指定地址开始的 byte-count 字节数的初始内存内容。它本质上和 md 一样,但是它不显示起始地址并且不在结尾显示字符转换。mdr 命令较少使用。

mm 命令修改内存内容。它以地址/符号和新内容作为参数,用 new-contents 替换地址处的内容。

mmW 命令更改从地址开始的 W 字节。与 mm 的差别在于 mm 更改一个机器字。

这里给出几个示例。

显示从 0xC000000 开始的 15 行内存:

```
[0]kdb > md 0xc000000 15
```

将内存位置为 0xC000000 上的内容更改为 0x10:

```
[0]kdb > mm 0xc000000 0x10
```

2. 寄存器显示和修改

这一类别中的命令有 rd、rm 和 ef。

不带任何参数的 rd 命令显示处理器寄存器的内容。它也可以有选择地带 3 个参数:如果带有 c 参数,则 rd 显示处理器的控制寄存器;如果带有 d 参数,那么就显示调试寄存器;如果带有 u 参数,则显示上一次进入内核的当前任务的寄存器组。

rm 命令修改寄存器的内容。它以寄存器名称和 new-contents 作为参数,用 new-contents 修改寄存器。寄存器名称与特定的体系结构有关。另要注意的是,目前尚不能修改控制寄存器。

ef 命令以一个地址作为参数,它显示指定地址处的异常帧。

这里给出一个示例:

```
[0]kdb > rd
[0]kdb > rm %ebx 0x25
```

其作用是显示通用寄存器组。

3. 断点

常用的断点命令有 bp、bc、be 和 bl。

bp 命令以一个地址/符号作为参数,它在相应地址处应用断点。当遇到该断点时则停止执行程序并将控制权交予 KDB。该命令有几个有用的变体,如 bpa 命令对 SMP 系统中的所有处理器应用断点,bph 命令强制支持硬件寄存器的系统上必须使用,bpha 命令类似于 bpa 命令,差别在于它强制使用硬件寄存器。

be 命令的作用是启用断点。断点号是该命令的参数。

bl 命令列出当前启用和禁用的断点集。

bc 命令从断点表中除去断点。它以具体的断点号或 * 作为参数，在后一种情况下它将除去所有断点。

这里给出几个示例。

对函数 sys_write() 设置断点：

```
[0]kdb > bp sys_write
```

列出断点表中的所有断点：

```
[0]kdb > bl
```

4. 堆栈跟踪

主要的堆栈跟踪命令有 bt、btp 和 btc。

bt 命令的功能是提供有关当前线程的堆栈信息。它可以有选择地将堆栈帧地址作为参数。如果内核编译期间设置了 CONFIG_FRAME_POINTER 选项，那么就用帧指针寄存器来维护堆栈，从而就可以正确地执行堆栈回溯。如果没有设置 CONFIG_FRAME_POINTER，那么 bt 命令可能会产生错误的结果。

btp 命令将进程标识作为参数，并对这个特定进程进行堆栈回溯。

btc 命令对每个活动 CPU 上正在运行的进程执行堆栈回溯。它从第一个活动 CPU 开始执行 bt，然后切换到下一个活动 CPU，以此类推。

7.8.3　Kprobes

Kprobes 是一款功能强大的内核调试工具。它提供了一个可以强行进入任何内核的例程及从中断处理器无干扰地收集信息的接口。使用 Kprobes 可以轻松地收集处理器寄存器和全局数据结构等调试信息，无须对 Linux 内核频繁编译和启动。从实现方法上来看，Kprobes 向运行的内核中给定地址写入断点指令并插入一个探测器，执行被探测的指令会产生断点错误，从而勾住（hook in）断点处理器并收集调试信息。Kprobes 吸引人的另一个重要之处在于它甚至可以单步执行被探测的指令。

以上介绍了进行 Linux 内核调试和跟踪时的常用技术和方法。当然，内核调试与跟踪的方法还不止以上提到的这些。这些调试技术的一个共同的特点在于，它们都不能提供源代码级的有效内核调试手段，有些只能称之为错误跟踪技术，因此这些方法都只能提供有限的调试能力。下面介绍的 KGDB 是一种实用的源代码级的内核调试方法。

7.8.4　KGDB

KGDB 提供了一种使用 GDB 调试 Linux 内核的机制。使用 KGDB 可以像调试普通的应用程序那样，在内核中进行设置断点、检查变量值、单步跟踪程序运行等操作。KGDB 调试时需要两台机器：一台作为主机（或开发机），另一台作为目标机。两台机器之间通过串口或者以太网口相连。调试过程中，被调试的内核运行在目标机上，GDB 调试器运行在主机上。KGDB 已经发布了支持 i386、x86_64、32 位 PPC、SPARC 等几种体系结构的调试器，从 Linux 2.6 版本后也开始支持 ARM。Linux 从 2.6.26 开始已经集成了 KGDB，只需要重新编译 2.6.26(或更高)内核即可。

KGDB 补丁的主要作用是在 Linux 内核中添加了一个调试 stub。调试 stub 是 Linux 内核中的一小段代码,提供了运行 GDB 的开发机和所调试内核之间的一个媒介。GDB 和调试 stub 之间通过 GDB 串行协议进行通信。当设置断点时,KGDB 负责在设置断点的指令前增加一条 trap 指令,当执行到断点时控制权就转移到调试 stub 中去。此时,调试 stub 的任务就是使用远程串行通信协议将当前环境传送给 GDB,然后从 GDB 处接收命令。GDB 命令告诉 stub 下一步该做什么,当 stub 收到继续执行的命令时,将恢复程序的运行环境,把对 CPU 的控制权重新交还给内核。KGDB 构成环境如图 7-12 所示。

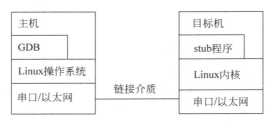

图 7-12 KGDB 构成环境

使用 KGDB 作为内核调试环境最大的不足在于对 KGDB 硬件环境的要求较高,必须使用两台计算机分别作为目标机和主机。尽管使用虚拟机的方法可以只用一台计算机即能搭建调试环境,但是对系统其他方面的性能也提出了一定的要求,同时也增加了搭建调试环境时的复杂程度。KGDB 内核的编译、配置也比较复杂,对调试人员的技术功底有较高的要求。另外当调试过程结束后,还需要重新制作所要发布的内核,这也给开发工作增加了一定的负担。最后,使用 KGDB 并不能进行全程调试,也就是说 KGDB 并不能用于调试系统一开始的初始化引导过程。不过,KGDB 是一个不错的内核调试工具,使用它可以进行对内核的全面调试,甚至可以调试内核的中断处理程序。如果在一些图形化的开发工具的帮助下,对内核的调试将更方便。

7.9 本章小结

本章知识点众多,涉及面很广,需要读者结合教材、文档和相关工具多阅读多实践。图 7-13 给出了本章讲述的嵌入式 Linux 系统的基本组成和开发流程。要说明的是,这里并没有列出应用程序的设计阶段和调试部分,只是给出一种经典的设计流程,其他的设计方法与本流程有众多相似之处。

在嵌入式操作系统中,BootLoader 是在操作系统内核运行之前运行的一小段程序,可以初始化硬件设备、建立内存空间映射图。U-Boot 是嵌入式系统中最常用的一种 BootLoader,目前针对 Cortex-A8 处理器尚未完全开源。在结合具体目标开发板的基础上,建立交叉编译模式,修改目标板与参考板的差异处,形成特定目标的引导程序。内核是操作系统的灵魂,这里以目前常见的嵌入式 Linux 操作系统 2.6 版本为例,与过往版本相比,2.6 版本在很多方面做了改进和变化。2.6 版本以后的高阶版本亦适用于图 7-13。由于主机和目标机运行环境不一样,要求建立交叉开发环境,在此基础上,对内核进行修改、编译和下载。文件系统是 Linux 的重要组成部分,在嵌入式系统中通过制作根文件系统实现目标机的文件管理功能。在系统完备的基础上进行用户界面程序等其他应用程序的开发以及对系统的调试。

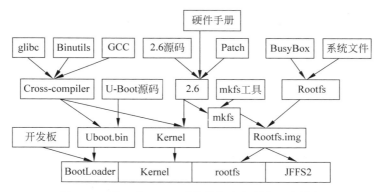

图 7-13　嵌入式 Linux 系统的基本组成和开发流程

【本章思政案例:求实精神】　详情请见本书配套资源。

习题

1. BootLoader 的功能是什么? 它的主要组成部分有哪些?
2. 简要说明 BootLoader 的普遍工作流程,并列举常用的 BootLoader。
3. 尝试阅读 U-Boot 源码,找出与目标板相对应的文件及内容。
4. 简要叙述 S5PV210 的启动过程。
5. 什么是 U-Boot 的环境变量? 常用的 U-Boot 命令有哪些?
6. 什么是主机-目标机交叉开发模式? 主机-目标机的文件传输方式有哪些?
7. 嵌入式软件生成阶段主要包括哪三个过程?
8. 什么是交叉编译工具链? 工具链的构建方法有哪些?
9. GCC 的编译经历了哪几个相互关联的步骤?
10. 简要说明嵌入式 Linux 系统移植过程。
11. U-Boot 的移植过程主要包括哪几个步骤?
12. 什么叫远程调试? 远程调试工具是如何构成的?
13. 简要描述远程调试的实现方法。
14. 什么是内核调试? 内核调试的主要方法有哪些?
15. 查找关于 ARM 公司的 RDI 协议资料,与 GDB 的 RSP 对比。分析这两种协议的异同。
16. 假设目标机 ARM 开发板的 IP 地址为 192.168.1.165,主机 IP 地址为 192.168.1.10,请首先在主机上编写程序实现对 10 个整数由大到小进行排序(请写出完整源码),然后简述将该程序编译、下载至目标机、修改文件权限以及执行该程序的过程。

第8章 设备驱动程序设计

管理外部设备是操作系统的重要功能之一。Linux 管理设备的目标是为设备的使用提供简单方便的统一接口，支持连接的扩充特性及优化 I/O 操作，并实现最优化并发性控制。Linux 的一个重要特性就是将所有的设备都视为文件进行处理，这类文件被定义为设备文件。Linux 自从 2.4 版本在内核中加入了设备文件系统以后，所有设备文件均可作为一个能挂接的文件系统而存在。设备文件可以挂接到任何需要的地方，用户可以像操作普通文件一样操作设备文件。为了方便 Linux 内核对设备的管理，一般根据设备的控制复杂性和数据传输大小等特性将 Linux 系统设备分为 3 种类型：字符设备（char device）、块设备（block device）和网络设备（network device）。

设备驱动程序是应用程序和硬件设备之间的一个软件层，它向下负责和硬件设备的交互，向上通过一个通用的接口挂接到文件系统上，从而使用户或应用程序可以无须考虑具体的硬件实现环节。由于设备驱动程序为应用程序屏蔽了硬件细节，在用户或者应用程序看来，硬件设备只是一个透明的设备文件，应用程序对该硬件进行操作就像是对普通的文件进行访问和控制硬件设备（如打开、关闭、读和写等）。作为 Linux 内核的重要组成部分，设备驱动程序主要完成以下的功能。

① 对设备初始化和释放。
② 把数据从内核传送到硬件和从硬件读取数据。
③ 读取应用程序传送给设备文件的数据和回送应用程序请求的数据。
④ 检测错误和处理中断。

8.1 设备驱动程序开发概述

设备驱动程序是内核的一部分，在软件上的层次结构图如图 8-1 所示。从图中可以发现，除了用户空间的用户进程在运行时处于进程的用户空间，其他层次均位于内核空间。用户空间的用户进程可以实现 I/O 调用及 I/O 格式化，它以系统调用的方式使用下层相关功能，并实现对于硬件设备的访问控制。设备无关软件是指与设备硬件操作无关的 I/O 管理软件，也叫逻辑 I/O 层。其功能大部分由文件系统去完成，其基本功能就是执行适用于所有设备的常用的输入/输出功能，向用户软件提供一个一致的接口。设备驱动程序也叫设备 I/O 层，通常包括设备服务子程序和中断服务子程序两部分：设备服务子程序包含设备操作相关代码，中断处理程序负责处理设备通过中断方式向设备驱动程序发出的 I/O 请求，实现了硬件与软件的接口功能。这种层次结构很好地体现了设计的一个关键概念——设备无关性，就是说使程序员写的软件无须修改就能读出不同外设上的文件。

Linux 设备驱动程序可以分为两个主要组成部分。

① 对子程序进行自动配置和初始化，检测驱动的硬件设备是否正常，能否正常工作。如果该设备正常，则要进一步初始化该设备及相关设备驱动程序需要的软件状态。这部分驱动程序仅在初始化时被调用一次。

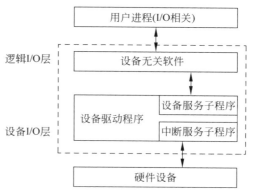

图 8-1　驱动层次结构图

② 设备服务子程序和中断服务子程序，这两者分别是驱动程序的上下两部分。驱动程序的上半部分即设备服务子程序的执行是系统调用的结果，并且伴随着用户态向核心态的演变，在此过程中还可以调用与进程运行环境有关的函数，比如 sleep() 函数。驱动程序的下半部分即中断服务子程序。在 Linux 环境下，系统并不是直接从中断向量表中调用设备驱动程序的中断服务子程序，而是接收硬件中断，然后再调用中断服务子程序。中断可以产生于任何一个进程运行的过程中。

设备驱动程序和设备间不是一对一的关系，一个设备驱动程序一般支持属于同一类型的若干设备，为了能在系统调用中断服务子程序时，正确区分属于同一类型的不同若干设备，需要多个参数进行标识服务的设备。

Linux 设备驱动程序可以静态加载到内核二进制代码中，统一编译后执行，但是为了节省内存空间，一般会根据设备的具体要求通过动态加载模块（LKM）的方式动态加载设备驱动程序。

8.1.1　Linux 设备驱动程序分类

视频讲解

1. 字符设备

字符设备是以字符为单位进行数据传输的设备，字符设备驱动程序通常实现 open、close、read 和 write 等系统调用函数，常见的字符设备有键盘、串口、控制台等。通过文件系统节点可以访问字符设备，比如/dev/tty1 和/dev/lp1。字符设备和普通文件系统之间唯一的区别是普通文件允许往复读/写，而大多数字符设备驱动仅是数据通道，只能顺序读/写。此外，字符设备驱动程序不需要缓冲且不以固定大小进行操作，它与用户进程之间直接相互传输数据。

2. 块设备

所谓块设备是指对其信息的存取以"块"为单位。常见的光盘、硬磁盘、软磁盘、磁带等，块大小通常取 512B、1024B 或 4096B 等。块设备和字符设备一样可以通过文件系统节点来访问。在大多数 Linux 系统中，只能将块设备看作多个块进行访问，一个块设备通常是 1024B 数据。块设备的特点是对设备的读/写是以块为单位的，并且对设备的访问是随机的。为了使高速的 CPU 同低速块设备能够匹配速度工作，提高读/写效率，操作系统设计了缓冲机制。当进行读/写时，首先对缓冲区读/写，只有当缓冲区中没有需要读数据或数据没有空间写时,才真正启动设备控制器去控制设备本身进行数据交换,而对于设备本身的数据交换同样运用缓冲区机制。

Linux 允许像字符设备那样读取块设备,即允许一次传输任意数目的字节。块设备和字符设备的区别主要在于对内核内部的管理,其中应用程序对于字符设备的每个 I/O 操作都会直接传递给系统内核对应的驱动程序;而应用程序对于块设备的操作要经过系统的缓冲区管理间接地传递给驱动程序处理。

3. 网络设备

网络设备驱动在 Linux 系统中是比较特殊的一类设备,它不像字符设备和块设备通常实现读/写等操作,而是通过套接字(socket)等接口来实现操作。任何网络事务处理都可以通过接口来完成和其他宿主机数据的交换。通常,接口是一个硬件设备,但也可以像回路(loopback)接口一样是软件工具。网络接口是由内核网络子系统驱动的,它负责发送和接收数据包,而且无须了解每次事务是如何映射到实际被发送的数据包的。尽管 telnet 和 ftp 连接都是面向流的,它们使用同样的设备进行传输,但设备无视任何流,仅发现数据包。由于不是面向流的设备,所以网络接口不能像/dev/tty1 那样简单地映射到文件系统的节点上。Linux 调用这些接口的方式是给它们分配一个独立的名字(如 eth0),这样的名字在文件系统中并没有对应项。内核和网络设备驱动程序之间的通信与字符设备驱动程序和块设备驱动程序与内核的通信是完全不同的。

8.1.2 驱动程序的处理过程

这里以块设备为例说明驱动程序的处理过程。

如果逻辑 I/O 层请求读取块设备的第 j 块,假设请求到来时驱动程序处于空闲状态,那么驱动程序立刻执行该请求,外设速度相比 CPU 要慢很多,因此进程会在该数据块缓存上阻塞,并调度新的进程运行。但是,如果驱动程序同时正在处理另一个请求,那么就将请求挂在一个请求队列中,对应的请求进程也阻塞于所请求的数据块。

当完成一个请求的处理时,设备控制器向系统发出一个中断信号。结束中断的处理方法是将设备控制器和通道的控制块均置为空闲状态,然后查看请求队列是否为空。如果为空,则驱动程序返回;反之,则继续处理下一个请求。如果传输错误,则向系统报告错误或者进行相应进程重复执行处理。对于故障中断,则向系统报告故障,由系统进一步处理。

该工作过程涉及驱动程序工作中的几个重要概念,下面分别介绍。

1. 内存与 I/O 端口

内存与 I/O 端口是 Linux 设备驱动开发经常用到的两个概念,编写驱动程序大多数情况下其本质都是对内存和 I/O 端口的操作。

(1) 内存

第 5 章已经介绍过,运行标准的 Linux 内核平台需要提供对 MMU(内存管理单元)的支持,并且 Linux 内核提供了复杂的存储管理系统,使得进程能够访问的内存达到 4GB。这 4GB 空间分为两部分,一是用户空间,二是内核空间。用户空间的地址分布从 0 到 3GB;3GB 到 4GB 空间定义为内核空间。编写 Linux 驱动程序必须知道如何在内核中申请内存,内核中常用的内存分配和释放函数是 kmalloc()和 kfree(),这两个函数非常类似标准 C 库中的 malloc()和 free()。这两个函数的原型如下:

```
void  * kmalloc(size_t size, int flags);
void kfree(void  * obj);
```

这两个函数被声明在内核源代码 include/linux/slab.h 文件中,设备驱动程序作为内核的一部分,不能使用虚拟内存,必须利用内核提供的 kmalloc() 与 kfree() 来申请和释放内核存储空间。kmalloc() 带两个参数,第一个参数 size 是要申请的内存数量;第二个参数 flags 用来控制 kmalloc() 的优先权。

以上的内存分配函数都是针对实际的物理内存而言的,但在 Linux 系统中经常会使用虚拟内存技术。虚拟内存可被视为系统在硬盘上建立的缓冲区,它并不是真正的实际内存,是计算机使用的临时存储器,用来运行所需内存大于计算机具有的内存的程序。虚拟内存必然涉及 Linux 的各种类型的地址,Linux 通常有以下几种地址类型。

➤ 用户虚拟地址。这类地址是用户空间编程的常规地址,该地址通常是 32 位或 64 位的,它依赖于使用的硬件体系结构,并且每个进程有其自己的用户空间。

➤ 物理地址。这类地址是用在处理器和系统内存之间的地址,该地址通常是 32 位或 64 位的,在有些情况下,32 位系统可以使用更大的物理地址。

➤ 总线地址。这类地址用在外围总线和内存之间,通常它们和被 CPU 使用的物理地址一样。一些系统结构可以提供一个 I/O 内存管理单元,它可以在总线和主存之间重新映射地址。总线地址与体系结构是密不可分的。

➤ 内核逻辑地址。该类地址是由普通的内核地址空间组成的,这些地址映射一部分或全部主存,并且经常被如同物理地址一样对待。在许多体系结构下,逻辑地址和物理地址之间只差一个恒定的偏移量。逻辑地址通常存储一些变量类型,如 long、int、void 等。利用 kmalloc() 可以申请返回一个内核逻辑地址。

➤ 内核虚拟地址。从内核空间地址映射到物理地址时,内核虚拟地址与内核逻辑地址类似。内核虚拟地址并不一定是线性、一对一地映射到物理地址。所有的逻辑地址都是内核虚拟地址,但是许多内核虚拟地址却不是逻辑地址。内核虚拟地址通常存储在指针变量中。

虚拟内存分配函数通常是 vmalloc()(也有 vmalloc_32 和 __vmalloc),它分配虚拟地址空间的连续区域。尽管这段区域在物理上可能是不连续的,内核却认为它们在地址上是连续的。分配的内存空间被映射进入内核数据段中,对用户空间是不可见的,这一点与其他分配技术不同。

(2) I/O 端口

在 Linux 下,操作系统没有对 I/O 端口屏蔽,任何驱动程序都可以对任意的 I/O 端口进行操作,这样就很容易引起混乱。每个驱动程序都应该避免误用端口。I/O 端口有点类似内存位置,可以用访问内存芯片相同的电信号对它进行读/写,但这两者实际上并不一样,端口操作是直接对外设进行的,和内存相比更不灵活,而且有不同的端口存在(如 8 位、16 位、32 位端口),不能相互混淆使用。程序必须调用不同的函数来访问大小不同的端口。有两个重要的内核调用可以保证驱动程序使用正确的端口,它们定义在 include/linux/ioport.h 中。

```
int __check_region(struct resource * , resource_size_t, resource_size_t);
```

该函数的作用是查看系统 I/O 表,看是否有别的驱动程序占用某一段 I/O 口。

```
struct resource * __request_region(struct resource * ,
                    resource_size_t start,
                    resource_size_t n,
                    const char * name, int flags);
```

该函数的作用是,如果这段 I/O 端口没有被占用,在驱动程序中就可以使用它。在使用之前必须向系统注册,以防被其他程序占用。注册后,在/proc/ioports 文件中可以看到注册的 I/O 端口。

根据 CPU 系统结构的不同,CPU 对 I/O 端口的编址方式通常有两种:第一种是 I/O 映射方式,如 x86 处理器为外设专门实现了一个单独的地址空间,称为 I/O 地址空间,CPU 通过专门的 I/O 指令来访问这一空间的地址单元;第二种是内存映射方式,RSIC 指令系统的 CPU(如 ARM、Power PC 等)通常只实现一个物理地址空间,外设 I/O 端口成为内存的一部分,此时 CPU 访问 I/O 端口就像访问一个内存单元,不需要单独的 I/O 指令。这两种方式在硬件实现上的差异对软件来说是完全可见的。

I/O 端口的主要作用是用来控制硬件,也就是对 I/O 端口进行具体操作。内核中对 I/O 端口进行操作的函数被定义在与体系结构相关的 asm/io.h 文件中。

Linux 将 I/O 映射方式和内存映射方式统称为“I/O 区域”,当位于 I/O 空间时,一般被称为 I/O 端口(对应资源 IORESOURCE_IO);当位于内存空间时,被定义为 I/O 内存(对应于资源 IORESOURCE_MEM)。这里的资源在内核中是通过 resource 结构来描述的,包含了资源的名称,起始和结束地址及资源类型描述。resource 结构体在 include/linux/ioport.h 中定义。

```
struct resource {
    resource_size_t start;
    resource_size_t end;
    const char * name;
    unsigned long flags;
    struct resource * parent, * sibling, * child;
};
```

上述结构体中的 flags 用来表明资源的类型。常见的资源类型同样在 include/linux/ioport.h 中定义。

```
# define IORESOURCE_TYPE_BITS    0x00001f00    /* 资源类型 */
# define IORESOURCE_IO           0x00000100    /* I/O 资源 */
# define IORESOURCE_MEM          0x00000200    /* 存储器资源 */
# define IORESOURCE_IRQ          0x00000400    /* 中断资源 */
# define IORESOURCE_DMA          0x00000800    /* DMA 资源 */
# define IORESOURCE_BUS          0x00001000
```

2. 并发控制

在驱动程序中经常会出现多个进程同时访问相同的资源,这时可能会出现竞态(race condition),即竞争资源状态,因此必须对共享资料进行并发控制。Linux 内核中解决并发控制最常用的方法是自旋锁(spinlocks)和信号量(semaphores)。

(1) 自旋锁

自旋锁是保护数据并发访问的一种重要方法,在 Linux 内核及驱动编写中经常使用。自旋锁的名字来自它的特性,在试图加锁的时候,如果当前锁已经处于"锁定"状态,加锁进程就进行"旋转",用一个死循环测试锁的状态,直到成功地取得锁。自旋锁的这种特性避免了调用进程的挂起,用"旋转"来取代进程切换。而由于上下文切换需要一定时间,并且会使高速缓冲失效,对系统的性能影响很大,所以自旋锁在多处理器环境中非常方便。值得注意的是自旋锁保护的"临界代码"一般都比较短,这是为了避免浪费过多的 CPU 资源。自旋锁是一个互斥现象的设备,它只能是 locked(锁定)或 unlocked(解锁)两个值中的一个。它通常作为一个整型值的单位来实现。在任何时刻,自旋锁只能有一个保持者,即在同一时刻只能有一个进程获得锁。

自旋锁的实现函数主要有:

➢ spin_lock(spinlock_t * lock)函数用于获得自旋锁,如果能够立即获得锁就马上返回,否则将自旋直到该自旋锁的保持者释放,这时它获得锁并返回。

➢ spin_lock_irqsave(spinlock_t * lock, unsigned long flags)函数在获得自旋锁的同时,把标准寄存器的值保存到变量 flags 中并失效本地中断。

➢ spin_lock_irq(spinlock_t * lock)函数类似于 spin_lock_irqsave 函数,差别是该函数不保存标准寄存器的值,并禁止本地中断且获取指定的锁。

自旋锁的释放函数主要有:

➢ spin_unlock(spinlock_t * lock)函数释放自旋锁,它与 spin_lock 配对使用。

➢ spin_unlock_irqrestore(spinlock_t * lock, unsigned long flags)函数在释放自旋锁 lock 的同时,也恢复标准寄存器的值为变量 flags 保存的值。它与 spin_lock_irqsave 配对使用。

➢ spin_unlock_irq(spinlock_t * lock)函数释放自旋锁 lock,同时激活本地中断。它与 spin_lock_irq 配对使用。

(2) 信号量

信号量是一个结合一对函数的整型值,这对函数通常称为 P 操作和 V 操作。一个进程希望进入一个临界区域将调用 P 操作在相应的信号量上,如果这个信号量的值大于 0,这个值将被减 1,同时该进程继续进行。相反,如果这个信号量的值等于或小于 0,则该进程将等待别的进程释放该信号量,然后才能执行。解锁一个信号量通过调用 V 操作来完成,这个函数的作用正好与 P 操作相反,调用 V 操作时信号量的值将加 1,如果需要,同时唤醒那些等待的进程。当信号量用于互斥现象(多个进程同时运行一个相同的临界区域)时,此信号量的值被初始化为 1。信号量只能在同一个时刻被一个进程或线程拥有,信号量使用在这种模式下通常被称为互斥体(mutex)。几乎所有的信号量在 Linux 内核中都是用于互斥现象的。信号量和互斥体实现的相关函数主要有:

➢ sema_init(struct semaphore * sem, int val)函数用来初始化一个信号量。其中,sem

为指向信号量的指针;val 为赋给该信号量的初始值。

➤ DECLARE_MUTEX(name)宏声明一个信号量 name 并初始化它的值为 1,即声明一个互斥锁。

➤ DECLARE_MUTEX_LOCKED(name)宏声明一个互斥锁 name,但把它的初始值设置为 0,即锁在创建时就处在已锁状态。因此对于这种锁,一般是先释放后获得。

➤ init_MUTEX(struct semaphore * sem)函数用在运行时初始化(如在动态分配互斥体的情况下),其作用类似 DECLARE_MUTEX。

➤ init_MUTEX_LOCKED(struct semaphore * sem)函数也用于初始化一个互斥锁,但它把信号量 sem 的值设置为 0,即一开始就处在已锁状态。

➤ down(struct semaphore * sem)函数用于获得信号量 sem,它会导致睡眠,因此不能在中断上下文(包括 IRQ 上下文和软中断上下文)使用该函数。该函数将把 sem 的值减 1。如果信号量非负,就直接返回,否则调用者将被挂起,直到别的任务释放该信号量才能继续运行。

➤ up(struct semaphore * sem)函数释放信号量 sem,也就是把 sem 的值加 1。如果 sem 的值为非正数,表明有任务等待该信号量,因此唤醒这些等待者。

自旋锁和信号量有很多相似之处,但又有些本质的不同。其相同之处主要有:首先,它们对互斥来说都是非常有用的工具;其次,在任何时刻最多只能有一个线程获得自旋锁或信号量。不同之处主要有:首先,自旋锁可在不能睡眠的代码中使用,如在中断服务程序(ISR)中使用,而信号量不可以;其次,自旋锁和信号量的实现机制不一样;最后,通常自旋锁被用在多处理器系统。总体而言,自旋锁通常适合保持时间非常短的情况,它可以在任何上下文中使用,而信号量用于保持时间较长的情况,只能在进程上下文中使用。

3. 阻塞与非阻塞

在驱动程序的处理过程中提到了阻塞的概念,这里进行以下说明。阻塞(blocking)和非阻塞(non-blocking)是设备访问的两种不同模式,前者在 I/O 操作暂时不可进行时会让进程睡眠,而后者在 I/O 操作暂时不可进行时并不挂起进程,或者放弃,或者不停地查询,直到可以进行操作为止。

(1) 阻塞与非阻塞操作

阻塞操作是指在执行设备操作时,若不能获得资源,则进程挂起,直到满足可操作的条件再进行操作。被挂起的进程进入睡眠状态,被从调度器的运行队列中移走,直到等待条件被满足。非阻塞操作是在不能进行设备操作时并不挂起,它会立即返回,使得应用程序可以快速查询状态。在处理非阻塞型文件时,应用程序在调用 stdio()函数时必须小心,因为很容易把一个非阻塞操作返回值误认为是 EOF(文件结束符),所以必须始终检查 errno(错误类型)。在内核中定义了一个非阻塞标志的宏,即 O_NONBLOCK,通常只有读、写和打开文件操作受非阻塞标志影响。在 Linux 驱动程序中,可以使用等待队列来实现阻塞操作。等待队列以队列为基础数据结构,与进程调度机制紧密结合,能够实现重要的异步通知。

(2) 异步通知

异步通知是指一旦设备准备就绪,则该设备会主动通知应用程序,这样应用程序就不需要不断地查询设备状态。通常,把异步通知称为信号驱动的异步 I/O(SIGIO),这有点类似于硬件上的中断。

使用非阻塞 I/O 的应用程序经常也使用 poll()、select()和 epoll()函数进行系统调用，这 3 个函数的功能是一样的，即都允许进程决定是否可以对一个或多个打开的文件做非阻塞的读取和写入。这些调用也会阻塞进程，直到给定的文件描述符集合中的任何一个可读取或写入。poll()、select()和 epoll()用于查询设备的状态，以便用户程序能对设备进行非阻塞的访问，它们都需要设备驱动程序中的 poll()函数支持。驱动程序中的 poll()函数中最主要的一个 API 是 poll_wait()，其原型如下：

```
poll_wait(struct file * filp, wait_queue_head_t * wait_address, poll_table * p)
```

参数说明：filp 是文件指针；wait_address 是睡眠队列的头指针地址；p 是指定的等待队列。该函数并不阻塞，而是把当前任务添加到指定的一个等待列表中，真正的阻塞动作是在 select()/poll()函数中完成的。该函数的作用是把当前进程添加到 p 参数指定的等待列表（poll_table）中。

4. 中断处理

在驱动程序设计中最重要的概念就是中断。设备的许多工作通常与处理器的速度完全不同，并且总是要比处理器慢。这种让处理器等待外部事件的情况会明显降低处理器的效率，所以必须要有一种方法可以让设备在产生某个事件时通知处理器，这种方法称为中断。Linux 处理中断的方式在很大程度上与它在用户空间处理信号时一样。通常，一个驱动程序只需要为它自己设备的中断注册一个处理例程，并且在中断到达时进行正确的处理。与Linux 设备驱动程序中断处理相关的函数首先是申请和释放 IRQ（中断请求）函数，即request_irq 和 free_irq ，这两个重要的中断函数在头文件 include/linux/interrupt.h 中声明。申请函数原型如下：

```
int request_irq (unsigned int irq, void ( * handler)(int, void * , struct pt_regs * ), unsigned long
frags, const char * device, void * dev_id); (2.4 内核中)
request_irq(unsigned int irq, irq_handler_t handler, unsigned long flags, const char * name, void *
dev); (2.6 内核及以后)
```

主要参数说明如下：

irq 是要申请的硬件中断号。

handler 是向系统注册的中断处理函数的函数指针，需要用户自己定义这个函数并把函数指针作为参数传到这里，中断发生时，系统会调用这个函数。

dev_id 在中断共享时会用到，设置为这个设备的设备结构体或者 NULL。这个参数一般设为设备结构体，这样方便把设备有关信息传给该设备的中断处理程序，在使用到共享中断时，该参数必须设置，因为 free_irq(unsigned int irq, void * dev_id)函数中，需要根据这个参数来判断要释放共享上的哪个中断。在共享中断里，每个中断服务程序需要读取中断寄存器来判断是否是自己的中断。

释放函数原型如下：

```
void free_irq(unsigned int irq, void * dev_id); (2.4 版本)
void free_irq(unsigned int irq, void * dev); (2.6 版本及以后)
```

该函数的作用是释放一个 IRQ,一般是在退出设备或关闭设备时调用。

Linux 将中断分为两部分:上半部分(top half)和下半部分(bottom half)。上半部分的功能是注册中断,当一个中断发生时,它进行相应的硬件读/写后就把中断处理函数的下半部分挂到该设备的下半部分执行队列中去。因此上半部分执行速度很快,可以服务更多的中断请求。但仅有中断注册是不够的,因为中断事件可能很复杂,故引出了中断下半部分,用来完成中断事件的绝大多数任务。上半部分和下半部分最大的不同是下半部分是可中断的,而上半部分是不可中断的,会被内核立即执行,下半部分完成了中断处理程序的大部分工作,所以通常比较耗时,因此下半部分由系统自行安排运行,不在中断服务上下文中执行。在响应中断时,并不存在严格明确的规定要求任务应该在哪部分完成,驱动程序设计者应该根据经验尽可能减少上半部分的执行时间以达到设计性能的最优化。

从 2.3 版本开始,Linux 为实现下半部分的机制主要引入了 tasklet() 和软中断。软中断是一组静态定义的下半部分接口,可在所有处理器上同时执行,这就要求软中断执行的函数必须可重入。当软中断在访问临界区时需要用到同步机制,如自旋锁。软中断主要针对时间严格要求的下半部分使用,如网络和 SCSI。tasklet 是基于软中断实现的,比软中断接口简单,同步要求较低,大多数情况下都可以使用 tasklet。tasklet 是一个可以在系统决定的安全时刻在软件中断上下文被调用运行的特殊机制,它可以被多次调用运行,但是 tasklet 的函数调用并不会积累,也就是说只会运行一次。下面是 tasklet 的定义:

```
struct tasklet_struct
{
    struct tasklet_struct * next;          //指向下一个 tasklet
    unsigned long state;                   //tasklet 的状态
    atomic_t count;                        //计数,1 表示禁止
    void ( * func)(unsigned long);         //处理函数指针
    unsigned long data;                    //处理函数参数
};
```

在 interrupt.h 中可以看到 tasklet 的数据结构,其状态定义了两个位的含义:

```
enum
{
    TASKLET_STATE_SCHED,         /* 正在运行 */
    TASKLET_STATE_RUN            /* 已被调度,准备运行 */
};
```

一些设备可以在很短时间内产生多次中断,所以在下半部分被执行前会有多次中断发生,驱动程序必须正确处理这种情况,通常利用 tasklet() 可以记录自从上次被调用产生多少次中断,从而让系统知道还有多少工作需要完成。

工作队列(work queue)接口在 Linux 2.5 版本中引入,取代了任务队列接口。工作队列与 tasklet 的主要区别在于 tasklet 在软中断上下文中运行,代码必须是原子的;工作队列函数在一个内核线程上下文中运行,并且可以在延迟一段时间后才执行,因而具有更多的灵活性,并且工作队列可以使用信号量等能够 sleep 的函数。另外,工作队列的中断服务程序和 tasklet 非常类似,唯一不同就是它调用 schedule_work() 来调度下半部处理,而 tasklet

使用 tasklet_schedule()函数来调度下半部处理。

下面是驱动程序在使用工作队列时的主要步骤。

① 当驱动程序不使用默认的工作队列时,驱动程序可以创建一个新的工作队列。

② 当驱动程序需要延迟时,根据需要静态或者动态创建工作队列。

③ 将工作队列任务插入工作队列。

在 Linux 2.6.36 版本后,为了更优化工作队列,提高 CPU 工作效率,内核开发者决定将所有的工作队列合并成一个全局的队列,仅仅按照工作重要性和时间紧迫性等做简单的区分,每一类这样的工作仅拥有一个工作队列,而不管具体的工作。也就是说,新的内核不按照具体工作创建队列,而是按照 CPU 创建队列,然后在每个 CPU 的唯一队列中按照工作的性质做一个简单的区分,这个区分将影响工作被执行的顺序。新内核中的所有工作被排队到一个 global_cwq 的每个 CPU 的队列当中,开发人员仍然可以调用 create_workqueue 创建很多具体的工作队列,然而这样创建的所谓工作队列除了其参数中的 flag起作用之外,对排队其中的具体工作没有任何的约束性,所有的工作都排队到了一个 CPU 队列中,然后原则上按照排队的顺序进行执行,期间根据排队工作队列的 flag 进行微调。新工作队列的核心代码如下:

```
static void insert_work(struct cpu_workqueue_struct * cwq,
            struct work_struct * work, struct list_head * head,
            unsigned int extra_flags)
{
    struct global_cwq * gcwq = cwq-> gcwq;
    set_work_cwq(work, cwq, extra_flags);
    list_add_tail(& work-> entry, head); /* head 参数表示的是每个 CPU 的全局队列 */
    if (__need_more_worker(gcwq))        /* 如果是诸如高优先级之类的工作或者当前已经没有空
                                            闲的工作者了,那么唤醒一个工作者,系统起码要保持
                                            一个空闲的工作者进程以备用 */
        wake_up_worker(gcwq);
}
```

5. 设备号

用户进程与硬件的交流是通过设备文件进行的,硬件在系统中会被抽象成为一个设备文件,访问设备文件就相当于访问其所对应的硬件。每个设备文件都有其文件属性(c/b),表示是字符设备还是块设备。每个设备文件的设备号有两个:第一个是主设备号,标识驱动程序对应一类设备的标识;第二个是从设备号(也叫次设备号,本书不作区分),用来区分使用共用设备驱动程序的不同硬件设备。

在 Linux 2.6 内核中,主从设备被定义为一个 dev_t 类型的 32 位数,其中前 12 位表示主设备号,后 20 位表示从设备号。另外,在 include/linux/kdev.h 中定义了如下的几个宏来操作主从设备号。

```
# define MAJOR(dev)((unsigned int) ((dev) >> MINORBITS))
# define MINOR(dev)((unsigned int) ((dev) & MINORMASK))
# define MKDEV(ma,mi)(((ma) << MINORBITS) | (mi))
```

上述宏分别实现从 32 位 dev_t 类型数据中获得主设备号、从设备号及将主设备号和从设备号转换为 dev_t 类型数据的功能。在开发设备驱动程序时,登记申请的主设备号应与设备文件的主设备号以及应用程序中所使用设备的设备号保持一致,否则用户进程将无法访问到驱动程序,无法正常地对设备进行操作。

每个设备驱动都对应着一定类型的硬件设备,并且被赋予一个主设备号。设备驱动的列表和它们的主设备号可以在/proc/devices 中找到。每个设备驱动管理下的物理设备也被赋予一个从设备号。无论这些设备是否真的安装,在/dev 目录中都将有一个文件,称作设备文件,对应着每一个具体设备。比如终端设备上有三个串口,主设备号是一致的,因为共用标识的驱动程序,此时就可以用从设备号来区分它们。

6. 创建设备文件节点

要想使用驱动,通常使用 mknod 命令在/dev 目录下建立设备文件节点,语法如下。

mknod DEVNAME {b | c} MAJOR MINOR

其中,DEVNAME 是要创建的设备文件名,如果想将设备文件放在一个特定的文件夹下,就需要先用 mkdir 在 dev 目录下新建一个目录;b 和 c 分别表示块设备和字符设备;b 表示系统从块设备中读取数据的时候,直接从内存的 buffer 中读取数据,而不经过磁盘;c 表示字符设备文件与设备传送数据的时候是以字符的形式传送,一次传送一个字符,比如打印机、终端都是以字符的形式传送数据;MAJOR 和 MINOR 分别表示主设备号和次设备号。

如果主设备号或从设备号不正确,虽然在/dev 下可以看到建立的设备,但进行 open()等操作时会返回 no device 等错误显示。

8.1.3 设备驱动程序框架

由于设备种类繁多,相应的设备驱动程序也非常多。尽管设备驱动程序是内核的一部分,但设备驱动程序的开发往往由很多不同团队的人来完成,如业余编程人员、设备厂商等。为了让设备驱动程序的开发建立在规范的基础上,就必须在驱动程序和内核之间有一个严格定义和管理的接口,通过这个规范可以规范设备驱动程序与内核之间的接口。

Linux 的设备驱动程序可以分为以下几部分。

① 驱动程序与内核的接口,这是通过关键数据结构 file_operations 来完成的。

② 驱动程序与系统引导的接口,这部分利用驱动程序对设备进行初始化。

③ 驱动程序与设备的接口,这部分描述了驱动程序如何与设备进行交互,这与具体设备密切相关。

根据功能划分,设备驱动程序代码通常可分为以下几部分。

(1) 驱动程序的注册与注销

设备驱动程序的初始化可以在系统启动时完成,也可以根据需要进行动态的加载。无论是哪种方式,字符设备和块设备的初始化都是由相应的 init 函数完成总线初始化、寄存器初始化等操作。对于字符设备或者是块设备,关键的一步还要向内核注册该设备,Linux 操作系统也专门提供了相应的功能函数,如字符设备注册函数 register_chrdev()、块设备注册函数 register_blkdev()。注册函数传递给操作系统的第一个参数就是设备的主设备号,另外还有设备的操作结构体 file_operations。在设备关闭时,要在内核中注销该设备,操作系统也相应提供了注销设备的函数 unregister_chrdev( )、unregister_blkdev( ),并释放设备号。下面进一步介绍字符设备的注册与注销和块设备的注册与注销。

Linux 系统中字符设备是最简单的一类设备。在内核中使用一个数组 chrdevs[ ] 保存所有字符设备驱动程序的信息,在 fs/char_dev.c 中该数组的数据结构如下所示:

```
static struct char_device_struct {
    struct char_device_struct * next;
    unsigned int major;
    unsigned int baseminor;
    int minorct;
    char name[64];
    struct cdev * cdev;
} * chrdevs[CHRDEV_MAJOR_HASH_SIZE];
```

这个数组的每一个成员都代表了一个字符设备驱动程序。字符设备驱动程序的注册其实就是将字符设备驱动程序插入该数组中。Linux 通过字符设备注册函数 register_chrdev( ) 来完成注册功能。其函数原型如下:

```
int __register_chrdev(unsigned int major, unsigned int baseminor,
                 unsigned int count, const char * name,
                 const struct file_operations * fops)
```

其中,major 是设备驱动程序向操作系统申请的主设备号。当 major=0 时,系统为该字符设备驱动程序动态分配一个空闲的主设备号。baseminor 是待分配的次设备号的起点,count 是待分配的次设备号的数量,name 是设备名称,fops 是指向设备操作函数结构 file_operations 的指针。

register_chrdev( ) 函数有如下返回值:

➢ -0。表示注册成功。

➢ -EINVAL。表示所申请的主设备号非法。

➢ -EBUSY。表示所申请的主设备号正在被其他驱动程序使用。

➢ 正数。若分配主设备号成功,则返回主设备号。

Linux 通过字符设备注销函数 unregister_chrdev 来完成注销功能。其函数原型如下:

```
void __unregister_chrdev(unsigned int major, unsigned int baseminor,
                    unsigned int count, const char * name)
```

块设备比字符设备要复杂,但是块设备驱动程序也需要一个主设备号来标识。块设备驱动程序的注册是通过 register_blkdev( ) 函数实现的。其函数原型如下:

```
int __register_blkdev(unsigned int major, const char * name)
```

其中 major 表示主设备号,name 表示设备名。若函数调用成功,则返回 0,否则返回负值。如果指定主设备号为 0,则该函数将分配的设备号作为返回值。如果返回 1 个负值,表明发生了一个错误。

与字符设备驱动程序的注册不同,对块设备操作时还要用到一个名为 gendisk 的结构体。该结构体表示一个独立的磁盘,因此还需要使用 gendisk 向内核注册磁盘。gendisk 的相关情况在 8.5 节中予以介绍。

分配 gendisk 结构后,驱动程序调用 add_disk()函数将自己的 gendisk 添加到系统的设备列表中。此时磁盘设备被激活,可以使用相关函数实现磁盘操作。

块设备的注销函数为 unregister_blkdev(),其函数原型如下:

```
int __unregister_blkdev(unsigned int major, const char * name)
```

register_blkdev 函数在 Linux 2.6 版本中是可选的,功能越来越小,但是目前的大多数驱动程序仍然都调用了这个函数。

要特别说明的是,读者在阅读 Linux 2.6 内核或者更高版本内核的驱动源代码时,可能会发现源码中有很多不属于上述描述的功能函数或者其他定义方法,这主要是因为在内核中仍然提供了以前版本的传统函数、数据结构和方法等。本章对于 Linux 2.6 版本中的相关驱动程序的内容将在后续内容中展开介绍。

(2) 设备的打开与释放

打开设备是由调用定义在 include/linux/fs.h 中的 file_operations 结构体中的 open()函数完成的。open()函数主要完成的工作如下:

➢ 增加设备的使用计数。
➢ 检测设备是否异常,及时发现设备相关错误,防止设备有未知硬件问题。
➢ 若是首次打开,首先完成设备初始化。
➢ 读取设备次设备号。

其函数原型如下:

```
int ( * open) (struct inode * , struct file * );
```

inode 是内核内部文件的表示,当其指向一个字符设备时,其中的 i_cdev 成员包含了指向 cdev 结构的指针。而 file 表示打开的文件描述符,对一个文件,若打开多次,则会有多个 file 结构,但只有一个 inode 与之对应。这常常是对设备文件进行的第一个操作,不要求驱动实现一个对应的方法。如果这个项是 NULL,设备打开一直成功,但是驱动程序不会得到通知。与 open()函数对应的是 release()函数。

释放设备由 release()完成,包括以下几件事情。

➢ 释放 open 时系统为之分配的内存。
➢ 释放所占用的资源,并进行检测,关闭设备,并递减设备使用计数。

其函数原型如下:

```
int ( * release) (struct inode * , struct file * );
```

当最后一个打开设备的用户进程执行 close()系统调用时,内核将调用驱动程序 release()函数。release()函数的主要任务是清理未结束的输入/输出操作,释放资源,用户自定义安排其他标志的复位等。

（3）设备的读/写操作

字符设备的读/写比较简单，字符设备对数据的读/写操作是由各自的 read()函数和 write()函数来完成的。和字符设备数据读/写的方式有些不同的是，对块设备的读/写操作，由文件 block_devices. C 中定义的函数 blk_read()和 blk_write()完成。真正需要读/写的时候由每个设备的 request()函数根据其参数 cmd 与块设备进行数据交换。这两个通用函数向请求表中添加读/写请求，块设备是对内存缓冲区进行操作而非对设备进行操作，所以读/写请求可以加快。

（4）设备的控制操作

在嵌入式设备驱动开发过程中，仅仅靠读/写操作函数完成设备控制比较烦琐，为了能更方便地控制设备，还需要专门的控制函数，ioctl()函数就是驱动程序提供的控制函数。该函数的使用和具体设备密切相关。在 Linux 内核版本 2.6.35 以前，ioctl()函数原型如下：

```
int ( * ioctl) (struct inode * inode, struct file * filp, unsigned int cmd, unsigned long arg);
```

inode 和 filp 指针对应应用程序传递的文件描述符 fd 的值，cmd 参数从用户空间传入，并且可选的参数 arg 以一个 unsigned long 的形式传递，不管它是否由用户给定为一个整数或一个指针。如果调用程序不传递第 3 个参数，模块驱动收到的 arg 值没有定义。由于类型检查在这个额外参数上被关闭，编译器因而不能警告一个无效的参数被传递给 ioctl，错误无法查找。

在 2.6.35 版本以后，系统已经完全删除了 struct file_operations 中的 ioctl 函数指针，剩下 unlocked_ioctl 和 compat_ioctl，取而代之的是 unlocked_ioctl，主要改进就是不再需要上大内核锁（调用之前不再先调用 lock_kernel()然后再调用 unlock_kernel()）。

如下是 unlocked_ioctl 和 compat_ioctl 的原型：

```
long ( * unlocked_ioctl) (struct file * , unsigned int, unsigned long);
long ( * compat_ioctl) (struct file * , unsigned int, unsigned long);
```

除了 ioctl()函数之外，系统中还有其他的控制函数，比如定位设备函数 llseek()等。llseek()函数原型为 loff_t (* llseek) (struct file * filp , loff_t p, int offset)；指针参数 filp 为进行读取信息的目标文件结构体指针，参数 p 为文件定位的目标偏移量，参数 offset 为对文件定位的起始地址，该地址可以位于文件开头、当前位置或者文件末尾。llseek 方法可改变文件中的当前读/写位置，并且将新位置作为返回值。

（5）设备的轮询和中断处理

对于支持中断的设备，可以按照正常的中断方式进行。但是对于不支持中断的设备，过程就相对烦琐，在确定是否继续进行数据传输时都需要轮询设备的状态。

8.1.4 驱动程序的加载

如前文所介绍，通常 Linux 驱动程序可通过两种方式进行加载：一种是将驱动程序编译成模块形式进行动态加载，常用命令有 insmod（加载）、rmmod（卸载）等；另一种是静态编译，即将驱动程序直接编译放进内核。动态加载模块设计使 Linux 内核功能更容易扩展。

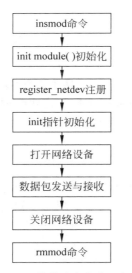

图 8-2　模块动态加载示例

而静态编译方法对于一些要求硬件只是完成比较特定、专一功能的嵌入式系统中,具有更高的效率。

这里以网卡 DM9000 为例说明驱动程序的加载过程。

模块动态加载流程如图 8-2 所示。通过模块动态加载命令 insmod 加载网络设备驱动程序,然后调用入口函数 init_module() 进行模式初始化,接着调用 register_netdev() 函数注册网络设备。如果网络设备注册成功,则调用 init 函数指针所指向的初始化函数 dm9000_init 对网络设备进行初始化,并将该网络设备的 net_device 数据结构插入 dev_base 链表的末尾。当初始化函数运行结束后,调用 open() 函数将网络设备打开,按需求对数据包进行发送和接收。当需要卸载网络模块时,调用 close() 函数关闭网络设备,然后通过模块卸载命令 rmmod 调用网卡驱动程序中的 cleanup_module() 模块卸载函数卸载该动态网络模块。

这里对图中的两个步骤进行说明。

(1) init_module

该函数为网络模块初始化函数,当动态加载网络模块时,网卡驱动程序会自动调用该函数。在此函数中将会处理下面的内容:

➤ 处理用户传入的参数设备名字 name、ports 及中断号 irq 的值。若这些值存在,则赋值给相应的变量。

➤ 赋值 dev-> init 函数指针,函数 register_netdev 中将要调用到 dev-> init 函数指针。

➤ 调用 register_netdev 函数,检测物理网络设备、初始化 DM9000 网卡的相关数据和对网络设备进行登记等工作。

(2) register_netdev

register_netdev 函数用来实现对网络设备接口的注册。

8.2　内核设备模型

随着计算机的外设越来越丰富,设备管理已经成为现代操作系统的一项重要任务,对于 Linux 来说也是同样的情况。每次 Linux 内核新版本的发布,都会伴随着一批设备驱动进入内核。在 Linux 内核里,驱动程序的代码量占有了相当大的比重。图 8-3 是 Linux 内核版本 2.6.35 的各目录代码量对比柱状图。

从图中可以很明显地看到,在 Linux 内核中驱动程序的代码比例已经非常高,几乎占据了整个内核代码空间的三分之二。Linux 2.6 内核最初为了应付电源管理的需要,提出了一个设备模型来管理所有的设备。从设备物理特性上看,外设之间是有一种层次关系的,因此,需要有一个能够描述这种层次关系的结构将外设进行有效组织。这就是最初建立 Linux 设备模型的目的。而树状结构是最经典和常见的数据结构。

实际上,从 Linux 2.5 开始,一个明确的开发目标就是为内核构建一个统一的设备模型。在此之前的内核版本没有一个数据结构能够反应如何获取系统组织的信息,虽然尽管没有这些信息有时系统也能工作得很好。因此新的系统体系在更复杂的拓扑结构下,就要

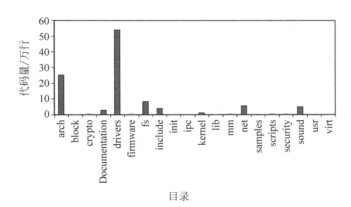

图 8-3　Linux 内核各目录代码量对比

求所支持的特性更清晰,这样就需要一个通用的抽象结构来描述系统结构。为适应这种形势的需要,Linux 2.6 内核开发了全新的设备、总线、类和设备驱动这几个设备模型组件环环相扣的设备模型。除此之外,Linux 内核设备模型带来的好处十分多。首先,Linux 设备模型是一个具有清晰结构的组织所有设备和驱动的树状结构,用户可以通过这棵树去遍历所有的设备,建立设备和驱动程序之间的联系;其次,Linux 驱动模型把很多设备共有的一些操作抽象出来,大大减少重复开发的可能;再次,Linux 设备模型提供了一些辅助的机制,比如引用计数,让开发者可以安全高效地开发驱动程序。同时,Linux 设备模型还提供了一个非常有用的虚拟的基于内存的文件系统 sysfs。sysfs 解释了内核数据结构的输出、属性以及它们之间及用户空间的连接关系。

8.2.1　设备模型功能

视频讲解

在 Linux 2.6 内核及后续版本中,设备模型为设备驱动程序管理、描述设备抽象数据结构之间关系等提供了一个有效的手段,其主要功能包括:

(1)电源管理和系统关机

该模型保证系统硬件设备按照一定顺序改变状态。比如连接到 USB 适配器上的设备在断开之前,不能关闭该适配器。

(2)与用户空间通信

虚拟文件系统 sysfs 是与设备模型紧密联系的,系统用它来表示设备结构并提供给用户空间,根据它提供的系统信息来操纵管理相应设备,从而为系统控制提供便利。

(3)热插拔(hotplug)设备管理

计算机用户对计算机设备的灵活性需求越来越苛刻,外围设备随时可能会插入或拔出,Linux 2.6 内核通过设备模型来管理内核的热插拔机制,处理设备插入或拔出时内核与用户空间的通信。

(4)设备类型管理

系统通常并不关心设备是如何连接的,却需要知道目的系统中哪种设备可用。设备模型提供了一种为设备分类的机制,使得在用户空间就能发现该设备是否可用。

（5）对象生命周期处理

前面提到的热插拔、sysfs等机制使得在内核中创建或操纵对象变得复杂了。设备模型的实现就为系统提供了一套机制来处理对象的生命期、对象的彼此关系及其在用户空间的表示等。

视频讲解

8.2.2 sysfs

sysfs给用户提供了一个从用户空间去访问内核设备的方法，它在 Linux 里的路径是/sys。这个目录并不是存储在硬盘上的真实的文件系统，只有在系统启动之后才会建起来。

可以使用 tree /sys 这个命令显示 sysfs 的结构。由于信息量较大，这里只列出第一层目录结构：

```
/sys
|-- block
|-- bus
|-- class
|-- dev
|-- devices
|-- firmware
|-- fs
|-- kernel
|-- module
`-- power
```

在这个目录结构中，很容易得出这些子目录的功能。

block 目录从块设备的角度来组织设备，其下的每个子目录分别对应系统中的一个块设备；值得注意的是，sys/block 目录从内核 2.6.26 已经正式转移到 sys/class/block 中。sys/block 目录虽然为了向后兼容保持存在，但是其中的内容已经变为指向它们在 sys/devices/中真实设备的符号链接文件。

bus 目录从系统总线角度组织设备，内核设备按照总线类型分层放置，也就是说在该目录下每种具体总线下都可以找到一个具体设备的符号链接，它是构成 Linux 统一设备模型的一部分。

class 目录以类别的角度看待设备，例如 PCI 设备或者 USB 设备等，该目录是按照设备功能分类的设备模型，是 Linux 统一设备模型的一部分。

dev 目录维护一个按照字符设备或者块设备的设备号链接到硬件设备的符号，在内核 2.6.26 首次引入。

devices 目录是所有设备的大本营，系统中的任一设备在设备模型中都由一个 device 对象描述，是 sysfs 下最重要的目录。该目录结构就是系统中实际的设备拓扑结构。

firmware 目录包含了一些比较低阶的子系统，比如 ACPI、EFI 等，是系统加载固件机制对用户空间的接口。

fs 目录里列出的是系统支持的所有文件系统，但是目前只有 fuse、gfs2 等少数文件系统支持 sysfs 接口。

kernel 目录下包含的是一些内核的配置选项，如 slab 分配器等。

modules 目录下包含的是所有内核模块的信息，内核模块实际上和设备之间存在对应联系，通过这个目录可以找到设备。

power 目录存放的是系统电源管理的数据，用户可以通过它来查询目前的电源状态，甚至可以直接"命令"系统进入休眠等省电模式。

sysfs 是用户和内核设备模型之间的一座桥梁，通过这个桥梁我们可以从内核中读取信息，也可以向内核里写入信息。

如果具体到某一类型的设备，Linux 下还有一些专用的工具可以使用。比如面向 PCI 设备的 pciutils，面向 USB 设备的 usbutils，以及面向 SCSI 设备的 lsscsi 等。对于 Linux 开发者来说，有时使用这些专用的工具更加方便。

开发者如果要编写程序来访问 sysfs，可以像读/写普通文件一样来操作 /sys 目录下的文件，也可以使用 libsysfs。由于更新速度慢，一般不推荐使用 libsysfs。当然，如果只是单纯要访问设备，一般很少会直接操作 sysfs，因为 sysfs 非常烦琐且底层化现象严重，大部分情况下可以使用更加方便的 DeviceKit 或者 libudev。

8.2.3　sysfs 的实现机制 kobject

在 Linux 2.6 内核中，引入了一种称为"内核对象"（kernel object）的设备管理机制，该机制是基于一种底层数据结构，通过这个数据结构，可以使所有设备在底层都具有一个公共接口，便于设备或驱动程序的管理和组织。kobject 在 Linux 2.6 内核中由 struct kobject 表示。通过这个数据结构使所有设备在底层都具有统一的接口，kobject 提供基本的对象管理，是构成 Linux 2.6 设备模型的核心结构。它与 sysfs 文件系统紧密关联，每个在内核中注册的 kobject 对象都对应于 sysfs 文件系统中的一个目录。从面向对象的角度来说，kobject 可被看作所有设备对象的基类。由于 C 语言并没有面向对象的语法，所以一般是把 kobject 内嵌到其他结构体里来实现类似的作用，这里的其他结构体可被看作 kobject 的派生类。kobject 为 Linux 设备模型提供了很多有用的功能，比如引用计数、接口抽象、父子关系等。

内核里的设备之间是以树状形式组织的，在这种组织架构里比较靠上层的节点可被看作下层节点的父节点，反映到 sysfs 里就是上级目录和下级目录之间的关系。在内核里，kobject 实现了这种父子关系。

kobject 结构定义如下：

```
struct kobject {
    const char * name;                      //指向设备名称的指针
    struct list_head entry;                 //挂接到所在 kset 中的单元
    struct kobject * parent;                //指向父对象的指针
    struct kset * kset;                     //所属 kset 的指针
    struct kobj_type * ktype;               //指向其对象类型描述符的指针
    struct sysfs_dirent * sd;               //指示在 sysfs 中的目录项
    struct kref kref;                       //对象引用计数
    unsigned int state_initialized: 1;      //标记：初始化
    unsigned int state_in_sysfs: 1;         //标记在 sysfs 中
    unsigned int state_add_uevent_sent: 1;
```

```
        unsigned int state_remove_uevent_sent: 1;
        unsigned int uevent_suppress: 1;                //标志：禁止发出 uevent
};
```

结构体中的 kref 域表示该对象引用的计数(引用计数本质上就是利用 kref 实现的)，内核通过 kref 实现对象引用计数管理。

C/C++语言本身并不支持垃圾回收机制，当遇到大型的项目时，烦琐的内存管理使得开发者很不适应。现代的 C/C++类库一般会提供智能指针来作为内存管理的折中方案，比如 STL 的 auto_ptr，Boost 的 Smart_ptr 库，Qt 的 QPointer 族，甚至是基于 C 语言构建的 GTK+也通过引用计数来实现类似的功能。Linux 内核是如何解决这个问题的呢? 同样作为 C 语言的解决方案，Linux 内核采用的也是引用计数的方式。在 Linux 内核里，引用计数是通过 struct kref 结构来实现的。kref 的定义非常简单，其结构体里只有一个原子变量。

```
struct kref {
    atomic_t refcount;
};
```

Linux 内核定义了下面 3 个函数接口来使用 kref：

```
void kref_init(struct kref * kref);
void kref_get(struct kref * kref);
int kref_put(struct kref * kref, void( * release) (struct kref * kref));
```

内核提供两个函数 kref_get()、kref_put()，分别用于增加、减少引用计数，当引用计数为 0 时，所有该对象使用的资源将被释放。kref 在使用前必须通过 kref_init()函数初始化，其函数原型如下：

```
static inline void kref_init(struct kref * kref)
{
atomic_set(&kref-> refcount,1)
}
```

ktype 域是一个指向 kobj-type 结构的指针，表示该对象的类型。kobj-type 数据结构包含 3 个域：一个 release 方法用于释放 kobject 占用的资源；一个 sysfs-ops 指针指向 sysfs 操作表和一个 sysfs 文件系统默认属性列表。sysfs 操作表包括两个函数 store() 和 show()。当用户态读取属性时，show()函数被调用，该函数编码指定属性值存入 buffer 中返回给用户态；而 store()函数用于存储用户态传入的属性值。ktype 里的 attribute 是默认的属性，另外也可以使用更加灵活的手段。

ktype 的定义如下：

```
struct kobj_type {
    void ( * release)(struct kobject * kobj);
    const struct sysfs_ops * sysfs_ops;
    struct attribute * * default_attrs;
};
```

另外,Linux 设备模型还有一个重要的数据结构 kset。kset 本身也是一个具有相同类型的 kobject 的集合,所以它在 sysfs 里同样表现为一个目录,但它和 kobject 的不同之处在于 kset 可被看作一个容器,如果把它类比为 C++里的容器类(如 list)也无不可。kset 之所以能作为容器来使用,是因为其内部内嵌了一个双向链表结构 struct list_head。kobject 通常通过 kset 组织成层次化的结构,kset 是具有相同类型的 kobject 的集合。

kset 的定义如下:

```
struct kset {
    struct list_head list;            //用于链接该 kset 中所有 kobject 的链表头
    spinlock_t list_lock;             //迭代时用的锁
    struct kobject kobj;              //指向代表该集合基类的对象
    const struct kset_uevent_ops * uevent_ops;     //指向一个用于处理集合中 kobject 对象的热插
                                                    //拔结构操作的结构体
};
```

8.2.4　设备模型的组织——platform 总线

设备模型的上层描述了总线与设备之间的联系。这个层次通常是在总线级来处理的,对于驱动程序开发者来说,一般不需要添加一个新的总线类型,因此,对驱动程序开发者来说可能是无用的。但是对于想知道一些总线内部到底是如何工作或者需要在这个层次做更改的用户来说却是很重要的。

总线是处理器与一个或者多个设备之间的通道。在设备模型中,所有设备都是通过总线来连接的,对于某些独立的、物理上没有总线来连接的设备,也是通过一个内部的虚拟“平台”总线来实现的。在 Linux 内核中以 bus_type 结构进行描述,该结构体定义在 include/linux/device.h 中。platform 总线就是从 2.6 内核开始引入的一种虚拟总线,主要用来管理 CPU 的片上资源,具有更好的移植性。目前,大部分的驱动都是用 platform 总线编写的,除了极少数情况之外,如构建内核最小系统之内的而且能够采用 CPU 存储器总线直接寻址的设备。

platform 总线模型主要包括 platform_device、platform_bus、platform_driver 3 部分,即专属于 platform 模型的设备 device、总线 bus、驱动 driver 3 个环节。这里提到的设备是连接在总线上的物理实体,是硬件设备的具体描述,在 Linux 内核中以 struct device 结构进行描述,该结构体定义在 include/linux/device.h 中。具有相同功能的设备被归为一类(class)。驱动程序在前文已经介绍过,是操作设备的软件接口。所有的设备都必须要有配套的驱动程序才能正常工作。反过来说,一个驱动程序可以驱动多个设备。驱动程序通过 include/linux/device.h 中的 struct device_driver 描述。由于内核驱动框架的不断发展,已经提供了一些常用具体设备的具有共性的程序源码,使得普通用户在开发时可以直接使用或者进行修改后就可以开发出目标程序,十分便捷。同时,实际上在普通开发者进行驱动程序开发的时候并不直接使用 bus、device 和 driver,而是使用它们的封装函数。本节只关注属于 platform 模型的 bus_type、device 和 driver。

platform 总线模型的 platform_driver 机制将设备的本身资源注册进内核,由内核统一管理,在驱动程序中使用这些资源时通过标准接口进行申请和使用,具有很高的安全性和可靠性。而模型中的 platform_device 是一个具有自我管理功能的子系统。当 platform 模型中的总线上既有设备又有驱动的时候,就会进行设备与驱动匹配的过程,总线起到了沟通设备和驱动的桥梁作用。

1. platform bus 初始化

platform 总线的初始化是在/drivers/base/platform.c 中的 platform_bus_init()完成的,代码如下:

```
int __init platform_bus_init(void)
{
    int error;
    early_platform_cleanup();
    error = device_register(&platform_bus);
    if (error)
        return error;
    error = bus_register(&platform_bus_type);
    if (error)
        device_unregister(&platform_bus);
    return error;
}
```

这段初始化代码调用 device_register 向内核注册(创建)了一个名为 platform_bus 的设备,后续 platform 的设备都会以此为 parent。在 sysfs 中表示为所有 platform 类型的设备都会添加在 platform_bus 所在代码的目录/sys/devices/platform 下。然后这段初始化代码又调用 bus_register 注册了 platform_bus_type。platform_bus_type 的定义如下:

```
struct bus_type platform_bus_type = {
    .name       = "platform",
    .dev_attrs  = platform_dev_attrs,
    .match      = platform_match,
    .uevent     = platform_uevent,
    .pm         = &platform_dev_pm_ops,
};
```

要说明的是,在 bus_type 结构中定义了许多方法,如设备与驱动匹配,hotplug 事件等很多重要的操作。这些方法允许总线核心作为中间介质,在设备核心与单独的驱动程序之间提供服务。对于新的总线,用户必须调用 bus_register()进行注册。如果调用成功,新的总线子系统将被添加到系统中,可以在 sysfs 的/sys/bus 目录下看到它。然后,我们可以向这个总线添加设备。当有必要从系统中删除一个总线的时候(比如相应的模块被删除),要使用 bus_unregister 函数。

platform_bus_type 结构体中也有几个非常重要的方法,比如 match 方法。platform_match 有如下定义:

```
static int platform_match(struct device * dev, struct device_driver * drv)
{
    struct platform_device * pdev = to_platform_device(dev);
```

```
        struct platform_driver * pdrv = to_platform_driver(drv);
        if (pdrv-> id_table)
            return platform_match_id(pdrv-> id_table, pdev) != NULL;
        return (strcmp(pdev-> name, drv-> name) == 0);
    }
```

在该结构体中可以发现,首先检查 platform_driver 中的 id_table 是否非空,即是否定义了它所支持的 platform_device_id,若支持就返回匹配结果,反之则检查驱动名字和设备名字是否匹配。

2. platform device 注册

在最底层,Linux 系统中的每一个设备都是由一个 device 数据结构来代表的,该结构定义在< linux/device. h >中。device 结构体用于描述设备相关的信息设备之间的层次关系,以及设备与总线、驱动的关系。platform_device 是对 device 的封装。platform 设备通过 struct platform_device 来进行描述。

```
struct platform_device {
    const char * name;            //平台设备的名称
    int id;                       //设备的 ID,当 ID=−1 时,表示设备名称只有一个,否则表示
                                  //设备编号
    struct device dev;
    u32 num_resources;
    struct resource * resource;
    const struct platform_device_id * id_entry;
    /* MFD cell pointer */
    struct mfd_cell * mfd_cell;
    /* arch specific additions */
    struct pdev_archdata archdata;
};
```

platform_device 内包含两个重要的结构体,一个是 struct device,该结构体描述设备相关的信息、设备之间的层次关系以及设备与总线驱动的关系;另一个是资源 struct resource,其指向驱动该设备需要的资源,因为使用平台设备就是为了管理资源。resource 在 8.1 节已经做过相关介绍,这里不再赘述。

向内核注册一个 platform device 对象有几种不同的情况,比如针对静态创建的 platform device 对象和动态创建的 platform device 对象等。但是综合看来,基本上注册过程都可以分为两部分,一部分是创建一个 platform device 结构,另一部分是将其注册到指定的总线中。这里最常用的是采用 platform_device_register 函数接口实现注册功能,其原型如下:

```
int platform_device_register(struct platform_device * pdev);
```

platform_device_register()函数首先初始化 struct platform_device 中的 struct device 对象,然后调用 platform_device_add()函数进行资源和 struct device 类型对象的注册。platform_device_add()函数原型如下:

```
int platform_device_add(struct platform_device * pdev)
```

3. platform driver 的注册

为了让驱动程序核心协调驱动程序与新设备之间的关系,设备模型跟踪所有系统已知的设备。当系统发现有新的设备时,系统首先就从系统已知的设备驱动程序链中来为该设备匹配驱动程序。系统中的每个驱动程序由一个 device_driver 对象描述。

platform 设备是一种特殊的设备,它与处理器是通过 CPU 地址数据控制总线或者 GPIO 连接的。platform_driver 既具有一般 device 的共性,也有自身的特殊属性。

platform_driver 的描述如下所示:

```
struct platform_driver {
    int ( * probe)(struct platform_device * );                          //指向设备探测函数
    int ( * remove)(struct platform_device * );                         //指向设备移除函数
    void ( * shutdown)(struct platform_device * );                      //指向设备关闭函数
    int ( * suspend)(struct platform_device * , pm_message_t state);    //指向设备挂起函数
    int ( * resume)(struct platform_device * );                         //指向设备恢复函数
    struct device_driver driver;                                        //驱动基类
    const struct platform_device_id * id_table;                         //平台设备 id 列表
};
```

与 platform device 结构类似,platform_driver 结构通常被包含在高层和总线相关的结构中,内核提供类似的函数用于操作 device_driver 对象。如最常见的是使用 platform_driver_register()函数接口将驱动注册到总线上,同时在 sysfs 文件系统中创建对应的目录。platform_driver 结构体还包括几个函数,用于处理探测、移除和管理电源事件。

platform_driver_register 函数接口在 drivers/base/platform.c 中定义如下:

```
int platform_driver_register(struct platform_driver * drv)
{
    drv-> driver.bus = &platform_bus_type;
    if (drv-> probe)
        drv-> driver.probe = platform_drv_probe;
    if (drv-> remove)
        drv-> driver.remove = platform_drv_remove;
    if (drv-> shutdown)
        drv-> driver.shutdown = platform_drv_shutdown;

    return driver_register(&drv-> driver);
}
```

platform driver 的所属总线在该接口中被指定。如果在 struct platform_driver 中指定了各项接口的操作,就会为 struct device_driver 中的相应接口赋值。

Linux 内核从 3.x 版本开始引入设备树(device tree)的概念,用于实现驱动代码与设备信息分离。在设备树出现以前,所有关于设备的具体信息都要写在驱动程序里,一旦外围设备变化,驱动程序代码就要重写。而引入了设备树之后,驱动程序代码只负责处理驱动的逻辑,而关于设备的具体信息则存放到设备树文件中。有关于设备树的相关内容,请参阅本书配套资源。

8.3　字符设备驱动设计框架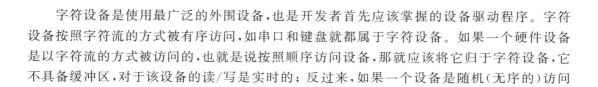

字符设备是使用最广泛的外围设备,也是开发者首先应该掌握的设备驱动程序。字符设备按照字符流的方式被有序访问,如串口和键盘就都属于字符设备。如果一个硬件设备是以字符流的方式被访问的,也就是说按照顺序访问设备,那就应该将它归于字符设备,它不具备缓冲区,对于该设备的读/写是实时的;反过来,如果一个设备是随机(无序的)访问的,那么它就属于块设备。

8.3.1　字符设备的重要数据结构

字符设备驱动程序编写通常都要涉及 3 个重要的内核数据结构,分别是 file_operations 结构体、file 结构体和 inode 结构体。

file_operations 为用户态应用程序提供接口,是系统调用和驱动程序关联的重要数据结构。结构体中每一个成员都对应着一个系统调用,/dev 目录下的设备文件和驱动程序的连接就是通过 file_operations 结构体建立的。这个结构体的定义在内核源码的 kernel/linux/fs. h 中。file_operations 结构中的每个成员都是指向函数的指针,指向驱动中的函数,这些函数实现一个特别的操作,或者对于不支持的操作置为 NULL。当指定为 NULL 时内核确切的行为针对每个函数是不同的。

struct file_operations 是一个字符设备把驱动的操作和设备号联系在一起的接口,也是一系列指针的集合。下面是它的主要成员:

```
struct file_operations {
    struct module * owner;
    loff_t ( * llseek) (struct file * , loff_t, int);
    ssize_t ( * read) (struct file * , char __user * , size_t, loff_t * );
    ssize_t ( * write) (struct file * , const char __user * , size_t, loff_t * );
    ssize_t ( * aio_read) (struct kiocb * , const struct iovec * , unsigned long, loff_t);
    ssize_t ( * aio_write) (struct kiocb * , const struct iovec * , unsigned long, loff_t);
    int ( * readdir) (struct file * , void * , filldir_t);
    unsigned int ( * poll) (struct file * , struct poll_table_struct * );
    long ( * unlocked_ioctl) (struct file * , unsigned int, unsigned long);
    long ( * compat_ioctl) (struct file * , unsigned int, unsigned long);
    int ( * mmap) (struct file * , struct vm_area_struct * );
    int ( * open) (struct inode * , struct file * );
    int ( * flush) (struct file * , fl_owner_t id);
    int ( * release) (struct inode * , struct file * );
    int ( * fsync) (struct file * , int datasync);
    int ( * aio_fsync) (struct kiocb * , int datasync);
    int ( * fasync) (int, struct file * , int);
    int ( * lock) (struct file * , int, struct file_lock * );
    ssize_t ( * sendpage) (struct file * , struct page * , int, size_t, loff_t * , int);
    unsigned long ( * get_unmapped_area)(struct file * , unsigned long, unsigned long, unsigned
                long, unsigned long);
    int ( * check_flags)(int);
```

```
        int ( * flock) (struct file * , int, struct file_lock * );
        ssize_t ( * splice_write)(struct pipe_inode_info * , struct file * , loff_t * , size_t, unsigned
                    int);
        ssize_t ( * splice_read)(struct file * , loff_t * , struct pipe_inode_info * , size_t, unsigned
                    int);
        int ( * setlease)(struct file * , long, struct file_lock * * );
        long ( * fallocate)(struct file * file, int mode, loff_t offset,
            loff_t len);
    };
```

其中某些成员在前文已经介绍过了,这里继续说明一下其中的其他主要成员:

```
    struct module  * owner
```

该成员不是一个操作,它是一个指向拥有这个结构的模块的指针。这个成员用来阻止模块在使用时被卸载。它被简单初始化为 THIS_MODULE。

```
    ssize_t ( * read) (struct file * filp, char __user * buffer, size_t size, loff_t * offset);
```

指针参数 filp 指向读取信息的目标文件,指针参数 buffer 为对应放置信息的缓冲区(即用户空间内存地址),参数 size 为要读取的信息长度,参数 offset 为读的位置相对于文件开头的偏移,这个函数用来从设备中获取数据。

```
    ssize_t ( * write) (struct file * filp, const char __user * buffer, size_t count, loff_t * offset);
```

参数 filp 为目标文件结构体指针,buffer 为要写入文件的信息缓冲区,count 为要写入信息的长度,offset 为当前的偏移位置,这个值通常是用来判断写文件是否越界。此函数用来发送数据给设备。

```
    int ( * mmap) (struct file * , struct vm_area_struct * );
```

mmap 用来请求将设备内存映射到进程的地址空间。如果这个方法是 NULL,mmap 系统调用返回-ENODEV。

虽然结构体 file_operations 包含了很多操作,但在实际的设备驱动程序中只会用到其中的很少一部分,大部分操作将不会用到。

file 结构体在内核代码 include/linux/fs.h 中定义,表示一个抽象的打开的文件,file_operations 结构体就是 file 结构的一个成员。file 结构并不仅仅限定于设备驱动程序,每个打开的文件在内核空间都有一个对应的 file 结构。内核在用 open()函数打开设备文件时创建 file 结构,并传递给在该文件上操作的所有函数,直到最后的 close()函数。内核源码中通常用 filp 表示指向 file 结构体的指针,以和 file 本身名字相区别。这样,file 是结构体本身,filp 是指向该结构的指针。

inode 结构表示一个文件,而 file 结构表示一个打开的文件。这正是二者间最重要的关系。对于单个文件,系统允许有多个表示打开的文件描述符的 file 结构,但它们都指向同一个 inode 结构。inode 结构包含文件访问权限、属主、组、大小、生成时间、访问时间和最后修改时间等信息。它是 Linux 管理文件系统的最基本单位,也是文件系统连接任何子目录、文件的桥梁。inode 结构中的静态信息取自物理设备上的文件系统,由文件系统指定的函数填写,它只存在于内存中,可以通过 inode 缓存访问。虽然每个文件都有相应的 inode 节点,但是只有在需要的时候系统才会在内存中为其建立相应的 inode 数据结构。

　　每个进程为每个打开的文件分配一个文件描述符,每个文件描述符对应一个 file 结构,同一个文件被不同的进程打开后,在不同的进程中会有不同的 file 文件结构,其中包括了文件的操作方式(只读,只写,读/写)、偏移量以及指向 inode 的指针等。这样,不同的 file 结构指向了同一个 inode 节点。

　　inode 结构包含了相当多的文件相关的信息。

　　这里只讨论与驱动程序编写相关的两个主要成员:

```
dev_t   i_rdev;
```

表示设备文件的 inode 结构,该字段包含了真正的设备编号。

```
struct   cdev   *i_cdev;
```

　　struct cdev 内核里表示字符设备的内部结构。当 inode 指向一个字符设备文件时,该字段包含了指向 struct cdev 结构的指针。cdev 结构体通常被封装,所以在一般的字符设备驱动中不用顾及这个结构,它是由内核实现的,而不是由驱动程序实现的。内核里面使用 cdev 结构表示字符设备。定义如下:

```
struct cdev {
    struct kobject kobj;
    struct module  * owner;
    const struct file_operations  * ops;
    struct list_head list;
    dev_t dev;
    unsigned int count;
};
```

其中,kobject 是 2.6 内核统一设备模型的核心部分,owner 指针指向了所属模块。dev 为设备号,高 12 位为主设备号,低 20 位为次设备号。

　　内核代码提供了一组函数用来对 cdev 结构进行操作,实现字符设备的初始化、注册、添加以及移除等功能。函数定义如下:

```
void cdev_init(struct cdev * , const struct file_operations * );
```

　　初始化,建立 cdev 和 file_operation 之间的连接。

```
struct cdev * cdev_alloc(void);
```

　　动态申请一个 cdev 内存。

```
void cdev_put(struct cdev * p);
```

释放内存。

```
int cdev_add(struct cdev * , dev_t, unsigned);
```

注册设备,通常发生在驱动模块的加载函数中。

```
void cdev_del(struct cdev * );
```

注销设备,通常发生在驱动模块的卸载函数中。

这里介绍一下字符设备的分配和初始化,它有两种不同的方式。cdev_alloc()函数用于动态分配一个新的 cdev 结构体并初始化。如果建立新的 cdev 结构体一般可以使用该方式,这里给出参考代码:

```
struct cdev *  my_cdev = cdev_alloc();
my_cdev-> owner = THIS_ MODULE;
my_cdev-> ops = &fops;
```

如果需要把 cdev 结构体嵌入指定设备结构中,可以采用静态分配方式。cdev_init()函数可以初始化一个静态分配的 cdev 结构体,并建立 cdev 和 file_operation 之间的连接。与 cdev_alloc()唯一不同的是,cdev_init()函数用于初始化已经存在的 cdev 结构体。这里给出参考代码:

```
struct cdev my_cdev ;
cdev_init(&my_cdev, &fops);
my_cdev.owner = THIS_ MODULE;
```

视频讲解

8.3.2　字符设备驱动框架

上面介绍了字符设备驱动程序的重要的数据结构,那么如何设计一个字符设备驱动程序的数据结构? 接下来介绍编写驱动程序的步骤和结构体之间的层次关系。

字符设备驱动程序的初始化流程一般可以用如下的过程来表示。

① 定义相关的设备文件结构体(如 file_operation()中的相关成员函数的定义)。

② 向内核申请主设备号(建议采用动态方式)。

③ 申请成功后,通过调用 MAJOR()函数获取主设备号。

④ 初始化 cdev 的结构体,可以通过调用 cdev_init()函数实现。

⑤ 通过调用 cdev_add()函数注册 cdev 到内核。

⑥ 注册设备模块,主要使用 module_init()函数和 module_exit()函数。

编写一个字符设备的驱动程序,首先要注册一个设备号。内核提供了 3 个函数来注册一组字符设备编号,这 3 个函数分别是 alloc_chrdev_region()、register_chrdev_region()和 register_chrdev()。下面先分析各个函数的参数原型和意义,然后再讨论它们之间的区别,以便可以恰当使用这些内核函数。其中 register_chrdev()在前面已经介绍过。这里首先介绍的是 alloc_chrdev_region()函数,该函数用于动态申请设备号范围,通过指针参数返回实际分配的起始设备号。其内核源码如下:

```
int alloc_chrdev_region(dev_t * dev, unsigned baseminor, unsigned count,
            const char * name)
{
    struct char_device_struct * cd;
    cd = __register_chrdev_region(0, baseminor, count, name);
    if (IS_ERR(cd))
        return PTR_ERR(cd);
    * dev = MKDEV(cd-> major, cd-> baseminor);
    return 0;
}
```

在该函数中，有一个比较重要的数据结构 char_device_struct 的指针 cd。参数 baseminor、count 和 name 传递给了函数 __register_chrdev_region(0, baseminor, count, name)；在前面我们已经知道 major 表示申请设备的主设备号，baseminor 表示要申请的起始次设备号，count 表示次设备数，name 是设备驱动的名称。在内核里，用 dev_t 类型数据表示设备号。当知道了 dev_t 值时，我们需要使用 MAJOR 和 MINOR 宏来获取相应的主次设备号。下面是这两个宏的实现：

```
#define MAJOR(dev)((unsigned int) ((dev) >> MINORBITS))
#define MINOR(dev) ((unsigned int) ((dev) & MINORMASK))
```

其定义在 include/linux/kdev_t.h 中，其中也同时定义了宏所依赖的偏移和掩码：

```
#define MINORBITS 20
#define MINORMASK ((1U << MINORBITS)- 1)
```

知道主次设备号时，用 MKDEV 宏可获取 dev_t 类型的变量：

```
#define MAJOR(dev) ((unsigned int) ((dev) >> MINORBITS))
#define MINOR(dev) ((unsigned int) ((dev) & MINORMASK))
#define MKDEV(ma,mi) (((ma) << MINORBITS) | (mi))
```

这就是 MKDEV 宏的定义。

那么在 alloc_chrdev_region() 函数最后，代码

```
* dev = MKDEV(cd-> major, cd-> baseminor);
```

就是将分配的主次设备号转化为了内核需要使用的 dev_t 类型的数据，使应用层表示和内核源码结合起来了。

register_chrdev_region() 函数用于向内核申请分配已知可用的设备号（次设备号通常为 0）范围。下面是该函数原型：

```
int register_chrdev_region(dev_t from, unsigned count, const char * name)
```

参数 from 是要分配的设备号的 dev_t 类型数据，表示了要分配的设备编号的起始值；参数 count 表示了允许分配设备编号的范围。这里要注意的是，一些常用设备的设备号是

固定的,在源码 documentation/device.txt 中可以找到。

前面已经介绍过 register_chrdev()是一个老版本内核的设备号分配函数,不过新内核对其还是兼容的。register_chrdev()兼容了动态和静态两种分配方式。register_chrdev()不仅分配了设备号,同时也注册了设备。这是 register_chrdev()与前两个函数的最大区别。也就是说,如果使用 alloc_chrdev_region()或 register_chrdev_region()分配设备号,还需要对 cdev 结构体初始化。而 register_chrdev()则把对 cdev 结构体的操作封装在了函数的内部。所以在一般的字符设备驱动程序中,不会看到对 cdev 的操作。

与注册分配字符设备编号的方法类似,内核提供了两个注销字符设备编号范围的函数 unregister_chrdev_region()和 unregister_chrdev()。这两个函数实际上都调用了__unregister_chrdev_region()函数,原理是一样的。

register_chrdev()函数封装了 cdev 结构的操作,而 alloc_chrdev_region()或 register_chrdev_region()只提供了设备号的注册,并未真正初始化一个设备,只有 cdev 这个表示设备的结构体初始化了,才可以说设备初始化了。

通过上述的介绍,这里举出字符设备驱动程序常见的两种编程架构。

架构一:

```
static int __init xxx_init(void)
{
... register_chrdev(xxx_dev_no, DEV_NAME, &fops);
}
static void __exit xxx_exit(void)
{
    unregister_chrdev(xxx_dev_no, DEV_NAME);
    ⋮
}
module_init(xxx_init);
module_exit(xxx_exit);
```

架构二:

```
struct xxx_dev_t
{
    struct cdev cdev;
    ⋮
} xxx_dev;
static int __init xxx_init(void)
{
    ⋮
    cdev_init(&xxx_dev.cdev, &xxx_fops);
    xxx_dev.cdev.owner = THIS_MODULE;
    alloc_chrdev_region(&xxx_dev_no, 0, 1, DEV_NAME);
    ret = cdev_add(&xxx_dev.cdev, xxx_dev_no, 1);
    ⋮
}
static void __exit xxx_exit(void)
{
```

```
        unregister_chrdev_region(xxx_dev_no, 1);
        cdev_del(&xxx_dev.cdev);
            ⋮
    }
    module_init(xxx_init);
    module_exit(xxx_exit);
```

这两种架构中,前一种架构应用 register_chrdev 函数封装了 cdev,后面可以直接定义 file_operations 结构体提供系统调用接口。后一种架构用 alloc_chrdev_region 注册设备号,然后用 cdev_init 初始化了一个设备,接着用 cdev_add 添加了该设备。两种架构在模块卸载函数中,分别用相应的卸载函数实现。

当 file_operations 结构与设备关联在一起后,就可以在驱动的架构中补全 file_operations 的内容,实现一个完整的驱动架构,比如:

```
    static unsigned int xxx_open()
    {
        ⋮
    }
    static unsigned int xxx_ioctl()
    {
        ⋮
    }
    struct file_operations fops = {
    .owner = THIS_MODULE,
    .open = xxx_open,
    .ioctl = xxx_ioctl,        //注意新式写法这里应是 .unlocked_ioctl = xxx_ioctl
    };
    static int __init xxx_init(void)
    {
        ⋮
    register_chrdev(xxx_dev_no, DEV_NAME, &fops);
    }
    static void __exit xxx_exit(void)
    {
    unregister_chrdev(xxx_dev_no, DEV_NAME);
        ⋮
    }
    module_init(xxx_init);
    module_exit(xxx_exit);
```

当然,上面只是举了两个常见的字符设备驱动程序的框架写法,更多的信息有兴趣的读者可以查阅相关资料并实践编写。

8.4　GPIO 驱动概述

I/O 接口是微控制器的最基本功能之一。I/O 接口电路简称接口电路,它是主机和外围设备之间交换信息的连接部件。I/O 接口在主机和外围设备之间的信息交换中起着桥梁和纽带作用。I/O接口电路不仅解决主机CPU和外围设备之间的时序配合和通信联络问题,还可以解决CPU和外围设备之间的数据格式转换和匹配问题,也可以解决CPU的负载能力和外围设备端口选择问题。ARM系统完成I/O功能的标准方法是使用存储器映射I/O。这种方法使用特定的存储器地址。当从这些地址加载或向这些地址存储时,它们提供I/O功能。典型情况下,从存储器映射I/O地址加载用于输入,而向存储器映射I/O地址存储用于输出。

"通用输入输出"(General Purpose Input Output,GPIO)是嵌入式系统中最简单、最常用的I/O接口。GPIO是一组可编程控制的引脚,由多个寄存器同时控制。通过设置对应的寄存器可以达到设置GPIO口对应状态与功能,如读取数据状态、设置输入输出方向、清零、中断使能等功能。常见的一些设计,如点亮LED、控制蜂鸣器、输出高低电平、检测按键等设计,都可以通过GPIO口完成。GPIO接口的优点是低功耗、小封装、低成本和具有较好的灵活性。应用程序都能够通过相应的接口使用GPIO。GPIO使用0~MAX_INT中的整数标识,不能使用负数。

GPIO驱动的主要作用就是读取GPIO口的内容,或者设置GPIO口的状态。GPIO与硬件体系密切相关,在Linux内核目录下的相关文件中可以发现针对不同硬件芯片的GPIO定义和使用方法,如本书涉及的S5PV210芯片Linux内核中也有相应的驱动程序支持(在/drivers/gpio/)。当然,Linux内核也提供了一个模型框架,能够使用统一的接口来操作GPIO,这个架构被称作gpiolib,系统通过gpiolib.c文件来描述该架构。说明文档可见documention/gpio.txt。

8.4.1 gpiolib 关键数据结构

gpiolib架构下最重要的数据结构是gpio_chip结构体和gpio_desc结构体。在这个架构下,每个GPIO控制器被抽象成结构体struct gpio_chip,该结构体包含GPIO控制器的所有常规信息。在配置内核的时候,必须使用CONFIG_GENERIC_GPIO这个宏来支持GPIO驱动。gpio_chip结构体的部分定义如下:

```
struct gpio_chip {
    ⋮
    int ( * request)(struct gpio_chip * chip, unsigned offset);              //申请GPIO资源
    void ( * free)(struct gpio_chip * chip, unsigned offset);               //释放GPIO资源
    int ( * direction_input)(struct gpio_chip * chip, unsignedoffset);      //设置GPIO口方向的操作
    int ( * get)(struct gpio_chip * chip, unsigned offset);
    int ( * direction_output)(struct gpio_chip * chip, unsignedoffset, int value); //设置GPIO口方向的
                                                                           //操作
    int ( * set_debounce)(struct gpio_chip * chip, unsigned offset, unsigneddebounce);
    void ( * set)(struct gpio_chip * chip, unsigned offset, int value);     //设置GPIO口高低电平值
                                                                           //操作
    int ( * to_irq)(struct gpio_chip * chip, unsigned offset);
    void ( * dbg_show)(struct seq_file * s, struct gpio_chip * chip);
    int base;
    u16 ngpio;
    ⋮
};
```

在 gpiolib. c 文件中还存在一个 gpio_desc 结构体。gpio_desc 结构体的成员中 gpio_
chip 指向硬件层的 GPIO,flags 为标志位,用来指示当前 GPIO 是否已经占用。当用 gpio_
request 申请 GPIO 资源时,flags 位就会置位,当调用 gpio_free 释放 GPIO 资源时,flags 就
会清零。label 是一个字符串指针,用来作说明。

```
struct gpio_desc {
        struct gpio_chip        * chip;              / * 表示一个 GPIO 口,含对应的 gpio_chip * /
        unsigned long           flags;
/ * flag symbols are bit numbers * /
# define FLAG_REQUESTED 0
# define FLAG_IS_OUT 1
# define FLAG_RESERVED 2
# define FLAG_EXPORT 3                               / * 根据 sysfs_lock 实现保护 * /
# define FLAG_SYSFS 4                                / * 通过/sys/class/gpio/control 输出 * /
# define FLAG_TRIG_FALL 5                            / * 下降沿触发 * /
# define FLAG_TRIG_RISE 6                            / * 上升沿触发 * /
# define FLAG_ACTIVE_LOW 7
# define ID_SHIFT 16
# define GPIO_FLAGS_MASK((1 < < ID_SHIFT) - 1)
# define GPIO_TRIGGER_MASK(BIT(FLAG_TRIG_FALL) | BIT(FLAG_TRIG_RISE))
# ifdef CONFIG_DEBUG_FS
        const char              * label;
# endif
};
```

8.4.2　GPIO 的申请和注册

GPIO 的申请在 gpiolib 架构下是通过 gpio_request_array 函数实现的。申请的主要标
识就是检测 GPIO 描述符 desc-> flags 的 FLAG_REQUESTED 标识,如果已申请,该标识
是 1,否则是 0,往往多个 GPIO 会作为一个数组来进行申请。

```
int gpio_request_array(const struct gpio * array, size_t num)
{
        int i, err;

        for (i = 0; i < num; i++, array++) {
                err = gpio_request_one(array-> gpio, array-> flags, array-> label);
                if (err)
                        goto err_free;
        }
        return 0;

err_free:
        while (i--)
                gpio_free((--array)-> gpio);
        return err;
}
EXPORT_SYMBOL_GPL(gpio_request_array);
```

向内核注册 gpio_chip 是调用 gpiochip_add() 函数。

另外,注销时调用 gpiochip_remove() 函数。

当然,如前文所述,用户也可以使用 Linux 系统已经支持的芯片 GPIO 接口驱动来完成目标系统设计。这里列出 S5PV210 的 s5pv210_gpiolib_init() 函数供读者参考。

```
__init int s5pv210_gpiolib_init(void)
{
    struct s3c_gpio_chip * chip = s5pv210_gpio_4bit;
    int nr_chips = ARRAY_SIZE(s5pv210_gpio_4bit);
    int gpioint_group = 0;
    int i = 0;

    for (i = 0; i < nr_chips; i++, chip++) {
        if (chip->config == NULL) {
            chip->config = &gpio_cfg;
            chip->group = gpioint_group++;
        }
        if (chip->base == NULL)
            chip->base = S5PV210_BANK_BASE(i);
    }
    samsung_gpiolib_add_4bit_chips(s5pv210_gpio_4bit, nr_chips);
    s5p_register_gpioint_bank(IRQ_GPIOINT, 0, S5P_GPIOINT_GROUP_MAXNR);
    return 0;
}
```

8.5 I²C 总线驱动设计

采用串行总线技术可以使系统的硬件设计大大简化、系统的体积减小、可靠性提高。同时,系统的更改和扩充极为容易。常用的串行扩展总线有 I²C 总线、单总线(1-WIRE BUS)、SPI(Serial Peripheral Interface)总线及 Microwire/PLUS 等。本节主要介绍 I²C 总线。

8.5.1 I²C 总线概述

I²C(Inter-Integrated Circuit)总线(亦有很多资料写作 IIC,Linux 源码中做 I2C 表示,本章对上述表示不做区别)是由菲利浦公司开发的一种同步串行总线协议,用于连接微控制器及其外围设备。最初是为音频和视频设备开发的,如今 I²C 在各种电子设备中得到了广泛的应用。嵌入式系统中经常使用 I²C 总线连接 RAM、EEPROM 以及 LCD 控制器等设备。I²C 总线因为协议成熟、引脚简单、传输速率高、支持的芯片多,并且有利于实现电路的标准化和模块化,得到了包括 Linux 在内的很多操作系统的支持,受到开发者的青睐。Linux 内核中针对 I²C 的总线特性,其设备驱动使用了一种特殊的体系结构。开发 I²C 总线设备驱动程序就必须理解 Linux 的 I²C 总线驱动的体系结构。

I²C 总线是由数据线(SDA)和时钟(SCL)构成的同步串行总线,可发送和接收数据。主要用于在处理器与被控芯片之间、芯片与芯片之间进行双向传送。各种被控制电路均并联在这条总线上,每个电路和模块都有唯一的地址。在信息的传输过程中,I²C 总线上并接的每一模块既是主控设备或被控设备,又是发送器或接收器,这取决于它所要完成的功能。

主控设备发出的控制信号分为地址码和控制量两部分:地址码用来选址,即选择需要的控制电路,确定控制的种类;控制量决定该调整的类别及需要的数值。这样就保证了各控制电路虽然挂在同一条总线上却彼此独立,互不影响。

I^2C总线在传送数据过程中共有 3 种类型信号,分别是起始信号、终止信号和应答信号。

① 起始信号(S):SCL 为高电平时,SDA 由高电平向低电平跳变,开始传送数据。

② 终止信号(P):SCL 为高电平时,SDA 由低电平向高电平跳变,结束传送数据。

③ 应答信号(ACK):接收数据的设备在接收到 8 位数据后向发送数据的设备发出特定的低电平脉冲,表示已收到数据。主控设备向受控设备发出一个信号后,等待受控设备发出一个应答信号,主控设备接收到应答信号后,根据实际情况做出是否继续传递信号的判断。若未收到应答信号,则判断为受控单元出现故障。按总线的规约,起始信号表明一次数据传送的开始,其后为寻址字节,寻址字节由高 7 位地址和最低 1 位方向位组成,方向位表明主控设备与被控设备数据的传送方向,方向位为 0 时表明主控设备对被控设备的写操作,为 1 时表明主控设备对被控设备的读操作。在寻址字节后是读、写操作的数据字节与应答位。在数据传送完成后主控设备都必须发送停止信号。总线上的数据传输有许多读、写组合方式。

所有的 I^2C 总线上的数据帧格式均有如下这些特点。

① 无论何种方式,起始停止、寻址字节都由主控设备发送,数据字节的传送方向则遵循寻址字节中的方向位的规定。

② 寻址字节只表明器件地址及传送方向,器件内部的 N 个数据地址由器件设计者在该器件的 I^2C 总线数据操作格式化中指定第一个数据字节作为器件内的单元地址(SIBADR)数据,并且设置地址自动加减功能,以减少单元地址寻址操作。

③ 每个字节传送都必须有应答信号相随。

④ I^2C 总线被控设备在接收到起始信号后都必须复位它们的总线逻辑,以便对将要开始的被控器地址的传送进行预处理。

8.5.2 I^2C 驱动程序框架

Linux 内核的 I^2C 总线驱动程序框架如图 8-4 所示。I^2C 总线驱动程序主要由 3 部分组成:I^2C core(I^2C 核心)、Adapter(适配器)和 Client(设备驱动)。

I^2C core 是 I^2C 总线驱动程序体系结构的核心,它为总线设备驱动提供统一的接口,通过这些接口来访问在特定 I^2C 设备驱动程序中实现的功能,并实现从 I^2C 总线驱动体系结构中添加和删除总线驱动的方法等。

Adapter 代表 I^2C 适配器驱动,它是各个适配器驱动所构成的集合,主要实现各相应适配器数据结构 I2C_adapter 的具体的通信传输算法($I2C\_algorithm$),此算法管理 I^2C 控制器及实现总线数据的发送接收等操作。

Client 代表挂载在 I^2C 总线上的设备驱动,它是各个 I^2C 设备构成的集合,主要实现各描述 I^2C 设备的数据结构 I2C_client 及其私有部分,并通过 I^2C core 提供的接口实现设备的注册,提供设备可使用的地址范围及地址检测成功后的回调函数。

处于控制中心的 I^2C core 实现了控制策略,具体 I^2C 适配器和设备的驱动实现了具体设备可用的机制,控制策略和底层机制通过中间的函数接口相联系。正是中间的函数接口使得控制策略与底层机制无关,从而使得控制策略具有良好的可移植性和重用性。

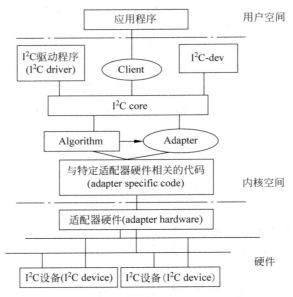

图 8-4　Linux 内核 I^{2}C 总线驱动框架

在实际设计中,I^{2}C 核心提供的接口不需要修改,只需针对目标总线适配器驱动和设备驱动进行必要修改即可。

8.5.3　关键数据结构

1. I^{2}C 适配器

一个 I^{2}C 适配器对应 I2C_adapter 结构体。I2C_adapter 是对硬件适配器的抽象,相当于整个 I^{2}C 驱动的控制器。它的作用就是产生总线时序。I2C_adapter 数据结构描述如下:

```
struct I2C_adapter {
    struct module * owner;
    unsigned int class;                    / * 允许侦测的类 * /
    const struct I2C_algorithm * algo;     / * 访问总线算法 * /
    void * algo_data;
    / * 所有设备均可用的数据区域 * /
    struct rt_mutex bus_lock;
    int timeout;
    int retries;
    struct device dev;                      / * 适配设备 * /
    int nr;
    char name[48];
    struct completion dev_released;
    struct mutex userspace_clients_lock;
    struct list_head userspace_clients;
};
```

在该结构体中，I2C_algorithm 的地位十分重要，I2C_adapter 需要依赖 I2C_algorithm 才能产生总线时序。I2C_algorithm 正是提供了控制适配器产生总线时序的函数。

I2C_algorithm 的定义如下：

```
struct I2C_algorithm {
int ( * master_xfer)(struct I2C_adapter * adap, struct I2C_msg * msgs, int num);
                                                        //I²C 传输函数指针
int ( * smbus_xfer) (struct I2C_adapter * adap, u16 addr,
unsigned short flags, char read_write, u8 command, int size, union I2C_smbus_data * data);
                                                        //smbus 传输函数指针
u32 ( * functionality) (struct I2C_adapter * );
};
```

一个 I²C 适配器上的 I²C 总线通信方法由其驱动程序提供的 I2C_algorithm 数据结构描述。I2C_algorithm 数据结构即为 I2C_adapter 数据结构与具体 I²C 适配器的总线通信方法的中间层，这个中间层使得上层的 I²C 框架代码与具体 I²C 适配器的总线通信方法无关，从而实现了 I²C 框架的可移植性和重用性。当安装具体 I²C 适配器的驱动程序时，由相应驱动程序实现具体的 I2C_algorithm 数据结构，其中的函数指针指向操作具体 I²C 适配器的代码。

该结构体中 master_xfer 和 smbus_xfer 函数十分重要，它们分别是 I²C 和 smbus 的传输函数。如 master_xfer()用于产生以 I2C_msg（I²C 消息）为单位的 I²C 访问周期需要的信号。I2C_msg 结构体定义如下：

```
struct I2C_msg {
    __u16 addr;                    //从设备地址
    __u16 flags;                   //标志位
# define I2C_M_TEN             0x0010
# define I2C_M_RD              0x0001
# define I2C_M_NOSTART         0x4000
# define I2C_M_REV_DIR_ADDR    0x2000
# define I2C_M_IGNORE_NAK      0x1000
# define I2C_M_NO_RD_ACK       0x0800
# define I2C_M_RECV_LEN        0x0400
    __u16 len;                     //缓冲区数据字节数
    __u8 * buf;                    //数据缓冲区,从设备读入或者写数据到设备中
};
```

2. I2C_client

与适配器对应的是从设备，其对应的数据结构是 I2C_client。每一个 I²C 设备都需要一个 I2C_client 来描述。通常建议在内核空间编写 I²C 从设备的驱动程序。I2C_client 有如下定义：

```
struct I2C_client {
    unsigned short flags;          //标志
    unsigned short addr;           //芯片地址
```

```
        char name[I2C_NAME_SIZE];              //设备名
        struct I2C_adapter * adapter;          //依附的 I2C_adapter
        struct I2C_driver * driver;            //依附的 I2C_driver 指针
        struct device dev;
        int irq;
        struct list_head detected;             //链表头
};
```

从定义中可以看到,跟从设备依附于适配器一样,I2C_client 同样依附于 I2C_adapter。同时从该结构成员组织情况来看,dev 对应设备,driver 对应 I2C_client 的驱动,adapter 指定 I2C_adapter,这和我们在设备模型这一节中提到的设备、总线、驱动完全吻合。

另外,由于 I^2C 总线硬件上不能自动检测 I^2C 从设备,所以驱动通常需要更多对应从设备的信息如芯片类型、配置等。Linux 内核使用 I2C_board_info 建立 I^2C 从设备信息表,该表主要包含从设备自身信息。

由于 I2C_board_info 没有包含设备与总线的连接信息(对应 I2C_adapter),因此内核还提供了一个功能更强大的 struct I2C_devinfo 实现对 I2C_board_info 的封装。struct I2C_devinfo 不仅包含从设备自身信息,也包含与总线的连接信息。其定义如下:

```
struct I2C_devinfo {
    struct list_head list;
    int busnum;
    struct I2C_board_info board_info;
};
```

从该结构体中可以发现,I2C_devinfo 指定了 I2C_board_info 的总线连接号码。

3. I2C_driver

I2C_driver 从名字上看可能会让人产生疑惑,但是它并不是任何 I^2C 物理设备的对应驱动程序,而只是一组驱动函数的集合,严格来讲是 I^2C 驱动架构中的辅助类型的数据结构。如下是 I2C_driver 的定义,请注意注释:

```
struct I2C_driver {
    unsigned int class;
    int ( * attach_adapter)(struct I2C_adapter * ) __deprecated;       //老式适配器添加函数
    int ( * detach_adapter)(struct I2C_adapter * ) __deprecated;       //老式适配器删除函数
    int ( * probe)(struct I2C_client * , const struct I2C_device_id * );   //新式设备添加函数
    int ( * remove)(struct I2C_client * );                             //新式设备删除函数
    void ( * shutdown)(struct I2C_client * );                          //设备关闭函数
    int ( * suspend)(struct I2C_client * , pm_message_t mesg);         //设备挂起函数
    int ( * resume)(struct I2C_client * );                             //设备恢复函数
    void ( * alert)(struct I2C_client * , unsigned int data);
    int ( * command)(struct I2C_client * client, unsigned int cmd, void * arg);   //类似 ioctl 方法
    struct device_driver driver;
    const struct I2C_device_id * id_table;                             //该驱动支持的 $I^2C$ 设备列表
    int ( * detect)(struct I2C_client * , struct I2C_board_info * );    //检测函数
    const unsigned short * address_list;
    struct list_head clients;                                          //链表头
};
```

该结构体中可以看到有明显的老式驱动写法和新式驱动写法。新式驱动程序会用标准驱动模型接口。

8.5.4　I²C核心接口函数

I²C核心是I²C总线模型的核心部分,它提供了一组函数接口实现管理及维护功能。这些函数接口均是与具体硬件无关的代码,在 drivers/I2C-core.c 文件中定义,在 linux/I2C.h 中声明。主要的接口函数如下所示:

```
extern int I2C_add_adapter(struct I2C_adapter * );                      //I2C_adapter 的注册
extern int I2C_add_numbered_adapter(struct I2C_adapter * );             //I2C_adapter 的注册
extern int I2C_del_adapter(struct I2C_adapter * );                      //I2C_adapter 的注销
extern int I2C_register_driver(struct module * , struct I2C_driver * ); //I2C_driver 的注册
extern void I2C_del_driver(struct I2C_driver * );                       //I2C_driver 的注销
static inline int I2C_add_driver(struct I2C_driver * driver)
{
    return I2C_register_driver(THIS_MODULE, driver);
}//内联函数,将驱动绑定到设备模型,主要工作由 I2C_register_driver 完成
extern struct I2C_client * I2C_use_client(struct I2C_client * client);
extern void I2C_release_client(struct I2C_client * client);
extern void I2C_clients_command(struct I2C_adapter * adap,
                unsigned int cmd, void * arg);
extern struct I2C_adapter * I2C_get_adapter(int nr);
extern void I2C_put_adapter(struct I2C_adapter * adap);
static inline u32 I2C_get_functionality(struct I2C_adapter * adap)
{
    return adap-> algo-> functionality(adap);
}
static inline int I2C_check_functionality(struct I2C_adapter * adap, u32 func)
{
    return (func & I2C_get_functionality(adap)) == func;
}
static inline int I2C_adapter_id(struct I2C_adapter * adap)
{
    return adap-> nr;
}
```

接下来对其中的几个接口函数予以说明。

1. I2C_adapter 的注册

I2C_adapter 的注册接口函数有两个,I2C_add_adapter 和 I2C_add_numbered_adapter。它们之间的主要区别是总线号的获取不同。这里的总线号指的是在逻辑上对不同 adapter进行区别设置的编号,与硬件无关。I2C_add_adapter 函数使用的是动态总线号,即系统分配的总线号;而 I2C_add_numbered_adapter 函数使用的是自身指定的总线号,如为-1,则同 I2C_add_adapter,如为非法或者被占用,则返回注册失败。

2. I2C_client 的注册

I2C_client 的注册是通过调用 I2C_new_device 实现的,其目标是实现了一个 I2C_client的实例化,完成向内核的设备注册。

3. I2C_driver 的注册

I2C_driver 结构体中可以看到老式方法和新式方法的定义,这里只讨论新式的符合 Linux 同一设备模型的注册方式。

新式方法中使用了 probe 和 remove 方法,不再使用 attach 和 detach 方法。开发者只需要调用 I2C_add_driver() 即可完成从设备驱动的注册。

```
static inline int I2C_add_driver(struct I2C_driver * driver)
{
    return I2C_register_driver(THIS_MODULE, driver);
}
```

从声明中可以看到,I2C_add_driver 是内联函数,主要工作由 I2C_register_driver 完成。将驱动绑定到新式设备模型会遵循标准的 Linux 驱动模型,并且在 probe 函数调用时做出回应。

I2C_register_driver 的定义如下:

```
int I2C_register_driver(struct module * owner, struct I2C_driver * driver)
{
    int res;
    if (unlikely(WARN_ON(!I2C_bus_type.p)))
        return-EAGAIN;
    driver-> driver. owner = owner;
    driver-> driver. bus = &I2C_bus_type;
    res = driver_register(&driver-> driver);
    if (res)
        return res;
    if (driver-> suspend)
        pr_warn("I2C-core: driver [%s] using legacy suspend method\n",
            driver-> driver. name);
    if (driver-> resume)
        pr_warn("I2C-core: driver [%s] using legacy resume method\n",
            driver-> driver. name);

    pr_debug("I2C-core: driver [%s] registered\n", driver-> driver. name);

    INIT_LIST_HEAD(&driver-> clients);
    I2C_for_each_dev(driver, __process_new_driver);

    return 0;
}
EXPORT_SYMBOL(I2C_register_driver);
```

可以看到,I2C_register_driver 中首先初始化得到总线类型为 I2C_bus_type,然后调用 driver_register 函数注册 driver 成员,最后调用 I2C_for_each_dev 函数。

8.5.5 I^2C 设备驱动的通用方法

Linux 内核提供了一个通用的方法来实现 I^2C 设备驱动。这个通用的设备驱动由 I2C_dev. c

文件实现。

```
在/drivers/I²C 目录下
        ----Algos/      一些 I²C 总线适配器通信的算法
        ----Busses/     I²C 总线驱动的方法
        ----Chips/      I²C 设备驱动
        ----I²C-boardinfo.c
        ----I2C-core.c  I²C 核心文件,用于联系设备驱动和总线驱动,重要函数为 I2C_add_adapter、
                        I2C_add_driver 和 I2C_transfer
        ----I2C-dev.c   通用的 I²C 设备驱动
        ----Kconfig
        ----Makefile
```

　　I2C-dev.c 文件实际上实现的是一个虚拟的、临时的 I2C_client,随着设备文件的打开而产生,并随着设备文件的关闭而撤销。I2C-dev.c 针对每个 I²C 适配器生成一个主设备号为 89 的设备文件,实现了 I2C_driver 的成员函数以及文件操作接口,概括地讲,I2C-dev.c 文件的主要构架是"I2C_driver 成员函数＋字符设备驱动"。也就是说,I2C-dev.c 文件通过提供通用的 I²C 设备驱动程序,实现了字符设备的文件操作接口,对设备的具体访问是通过 I²C 适配器实现的。

　　简要分析一下 I2C-dev.c 的源码。在 I2C_dev.c 文件中,首先会看到 I2C_dev 结构体。

```
struct I2C_dev {
    struct list_head list;
    struct I2C_adapter * adap;
    struct device * dev;
};
#define I2C_MINORS 256              //最大次设备号
static LIST_HEAD(I2C_dev_list);    //所有 I2C_dev 都挂在这上面
    ⋮
```

　　每一个适配器都依附于这样一个结构体,并创建一个设备节点。
　　I2C-dev 初始化函数主要做了注册名为 I²C 的字符设备文件和 I2C-dev 的类。

```
static int __init I2C_dev_init(void)
{
    int res;
    printk(KERN_INFO "I2C /dev entries driver\n");
    res = register_chrdev(I2C_MAJOR, "I²C", &I2Cdev_fops);
    if (res)
        goto out;
    I2C_dev_class = class_create(THIS_MODULE, "I2C-dev");
    if (IS_ERR(I2C_dev_class)) {
        res = PTR_ERR(I2C_dev_class);
        goto out_unreg_chrdev;
    }
}
```

I2C-dev.c 中实现的 I2Cdev_read 和 I2Cdev_write 函数不具有太强的通用性,只适合比较简单的信号情况,所以我们经常会使用 I2Cdev_ioctl 函数的 I2C_RDWR 来替代 I2Cdev_read 和 I2Cdev_write 函数。

```
struct I2C_rdwr_ioctl_data {
struct I2C_msg __user * msgs;              /* 指向 I2C_msgs 的指针 */
       __u32nmsgs;                         /* ofI2C_msgs 编号 */
};
```

结构体中的 msgs 表示单个开始信号传递的数据;nmsgs 表示有多少个 msgs。

I^2C 的设备驱动可以直接利用内核的 I2C-dev.c 文件所提供的 ioctl 函数接口(I2C_rdwr_ioctl_data)在应用层实现对 I^2C 设备的读/写,但是在应用层使用 ioctl 函数对应用程序员要求较高,需要自行构建 msg 结构体,必须了解设备的操作流程、设备时序等。

8.6 块设备驱动程序设计概述

块设备(block device)是一种具有一定结构的随机存取设备,对这种设备的读/写是按块进行的,为了使高速的 CPU 同低速块设备能够协调工作,提高读/写效率,操作系统设计了缓冲机制。当进行读/写时首先对缓冲区读/写,只有缓冲区中没有需要读的数据或是需要读/写的数据没有空间写时,才真正启动设备控制器去控制设备本身进行数据交换,而对于设备本身的数据交换同样也是通过缓冲区进行。

块设备主要涉及的三个存储概念是扇区、块和段。

➤ 扇区(sector):任何块设备硬件对数据处理的基本单位。通常一个扇区的大小为 512B(对设备而言)。

➤ 块(block):由 Linux 制定对内核或文件系统等数据处理的基本单位。通常一个块由一个或多个扇区组成。

➤ 段(segment):由若干相邻的块组成。段是 Linux 内存管理机制中一个内存页或者内存页的一部分。

8.6.1 块设备驱动整体框架

视频讲解

块设备的应用在 Linux 中是一个完整的子系统。块设备驱动整体框架如图 8-5 所示。

在 Linux 中,驱动对块设备的输入/输出(I/O)操作都会向块设备发出一个请求,在驱动中用 request 结构体描述。但对于一些磁盘设备而言请求的速度很慢,这时候内核就提供一种队列的机制把这些 I/O 请求添加到队列中(即请求队列),在驱动中用 request_queue 结构体描述。在向块设备提交这些请求前内核会先执行请求的合并和排序预操作,以提高访问的效率,然后再由内核中的 I/O 调度程序子系统来负责提交 I/O 请求,调度程序将磁盘资源分配给系统中所有挂起的块 I/O 请求,其工作是管理块设备的请求队列,决定队列中的请求的排列顺序以及什么时候派发请求到设备。由通用块层(generic block layer)负责维持一个 I/O 请求在上层文件系统与底层物理磁盘之间的关系。在通用块层中,通常用一个 bio 结构体来对应一个 I/O 请求。Linux 提供了一个 gendisk 数据结构体,用来表示一个独立的磁盘设备或分区,用于对底层物理磁盘进行访问。在 gendisk 中有一个类似字符设备中 file_operations 的硬件操作结构指针,是 block_device_operations 结构体。

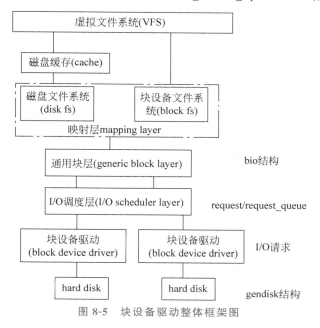

图 8-5 块设备驱动整体框架图

当多个请求提交给块设备时,执行效率依赖于请求的顺序。如果所有的请求是同一个方向(如写数据),执行效率是最大的。内核在调用块设备驱动程序例程处理请求之前,先收集 I/O 请求并将请求排序,然后,将连续扇区操作的多个请求进行合并以提高执行效率,对 I/O 请求排序的算法称为电梯算法(elevator algorithm)。电梯算法在 I/O 调度层完成。这里要说明的是,I/O 调度层(包括请求合并排序算法)由内核完成,用户不需考虑。内核提供了不同类型的电梯算法,常见的电梯算法如下。

➤ noop   实现简单的 FIFO,基本的直接合并与排序。

➤ anticipatory   延时 I/O 请求,进行临界区的优化排序,Linux 系统默认。

➤ deadline   针对 anticipatory 缺点进行改善,降低延迟时间。

➤ cfq   均匀分配 I/O 带宽,公平机制。

8.6.2　关键数据结构

块设备驱动的主要相关数据结构如表 8-1 所示。

表 8-1　块设备主要数据结构

数 据 结 构	说　　明
block_device	描述一个分区或整个磁盘对内核的一个块设备实例
gendisk	描述一个通用硬盘(generic hard disk)对象
hd_struct	描述分区应有的分区信息
bio	描述块数据传送时怎样完成填充或读取块给 driver
request	描述向内核请求一个列表准备做队列处理
request_queue	描述内核申请 request 资源建立请求链表并填写 bio 形成队列

1. 块设备对象结构 block_device

内核用结构 block_device 实例代表一个块设备对象,如整个硬盘或特定分区。如果该结构代表一个分区,则其成员 bd_part 指向设备的分区结构;如果该结构代表设备,则其成员 bd_disk 指向设备的通用硬盘结构 gendisk。

当用户打开块设备文件时,内核创建结构 block_device 实例,设备驱动程序还将创建结构 gendisk 实例,分配请求队列并注册结构 block_device 实例。

2. 通用硬盘结构 gendisk

结构 gendisk 代表了一个通用硬盘(generic hard disk)或者一个分区对象,它存储了一个硬盘的信息,包括请求队列、分区链表和块设备操作函数集等。块设备驱动程序分配结构 gendisk 实例,装载分区表,分配请求队列并填充结构的其他域。

支持分区的块驱动程序必须包含< linux/genhd. h >头文件,并声明一个结构 gendisk,内核还维护该结构实例的一个全局链表 gendisk_head,通过函数 add_gendisk、del_gendisk 和 get_gendisk 维护该链表。

major、first_minor 和 minors 共同表征了磁盘的主、次设备号,同一个磁盘的各个分区共享一个主设备号,而次设备号则不同。fops 指向块设备操作集合 block_device_operations。queue 是内核管理该设备的 I/O 请求队列的指针。private_data 可用于指向磁盘的任何私有数据,用法与字符设备 file 结构体的 private_data 类似。

Linux 内核提供了一组函数来操作 gendisk。

(1) 分配 gendisk

```
struct gendisk  * alloc_disk(int minors);
```

由于 gendisk 是一个动态分配的结构体,需要特殊内核操作初始化。驱动不能自我分配该结构体,必须使用该函数。minors 参数是这个磁盘使用的次设备号的数量,一般也就是磁盘分区的数量,当其值为 1 时不能分区,在确定之后 minors 不能被修改。

(2) 增加 gendisk

gendisk 结构体被分配之后,系统还不能使用这个磁盘,需要调用如下函数来注册这个磁盘设备。

```
void add_disk(struct gendisk  * gd);
```

特别要注意的是,对 add_disk()的调用必须发生在驱动程序的初始化工作完成并能响应磁盘的请求之后。

(3) 释放 gendisk

当不再需要一个磁盘时,应当使用如下函数释放 gendisk。

```
void del_gendisk(struct gendisk  * gd);
```

(4) 分区结构 hd_struct

分区结构 hd_struct 代表了一个分区对象,它存储了一个硬盘的一个分区的信息,驱动程序初始化时,从硬盘的分区表中提取分区信息,存放在分区结构实例中。

3. 块设备操作函数集结构 block_device_operations

字符设备通过 file_operations 操作结构使它们的操作对系统可用。一个类似的结构用在块设备上是 struct block_device_operations 表示，定义在＜linux/fs.h＞，这里不再赘述。需要说明的是，在 block_device_operations 中没有实际读/写数据的函数。为实现读/写功能，这些操作在块 I/O 子系统中由请求函数处理。

4. 请求结构 request

结构 request 代表了挂起的 I/O 请求，每个请求用一个结构 request 实例描述，存放在请求队列链表中，由电梯算法进行排序，每个请求包含一个或多个结构 bio 实例。

request 结构体包含了很多成员，但是一般只需要用到其中很小一部分。下面简要介绍 request 结构体的主要成员：

```
struct list_head queuelist;
```

该成员用于将请求连接到请求队列中，一般不能直接访问。

```
sector_t __sector;
```

该成员表示还未传输的第一个扇区。驱动中会经常与成员打交道，它在内核和驱动交互中发挥着重大作用。它以 512B 大小为 1 个扇区，如果硬件的扇区大小不是 512B，则需要进行相应的调整。例如，如果硬件的扇区大小是 2048B，则在进行硬件操作之前，需要起始扇区号除以 4。

```
struct bio  * bio;
struct bio  * biotail;
```

这两个成员是这个请求中包含的 bio 结构体的链表，驱动中不宜直接存取它们，而应该使用 rq_for_each_bio()。

每个块设备都有一个请求队列，每个请求队列单独执行 I/O 调度，请求队列是由请求结构实例链接成的双向链表，链表以及整个队列的信息用结构 request_queue 描述，称为请求队列对象结构或请求队列结构。它存放了关于挂起请求的信息以及管理请求队列（如电梯算法）所需要的信息。

结构成员 request_fn 是来自设备驱动程序的请求处理函数。

从接口的角度来看，请求队列实现了一个插入接口，这个接口允许使用多个 I/O 调度器，大部分 I/O 调度器批量累计 I/O 请求，并将它们排列为递增或者递减的顺序提交给驱动。

5. bio 结构

内核中块 I/O 操作的基本容器由 bio 结构体表示，定义在＜linux/bio.h＞中，该结构体代表了正在现场的（活动的）以段链表形式组织的块 I/O 操作。一个段是一小块连续的内存缓冲区。即使一个缓冲区分散在内存的多个位置上，通过段描述缓冲区也不需要保证单个缓冲区一定要连续。通常一个 bio 对应一个 I/O 请求，I/O 调度算法可将连续的 bio 合并成一个请求，一个请求可以包含多个 bio。bio 结构体也能对内核保证 I/O 操作的执行，这样的 I/O 就叫作聚散 I/O。

bio 为通用层的主要数据结构,既描述了磁盘的位置,又描述了内存的位置,是上层内核 vfs 与下层驱动的连接纽带。

8.6.3　块设备的请求队列操作

标准的请求处理程序能排序请求,并合并相邻的请求,如果一个块设备希望使用标准的请求处理程序,那它必须调用函数 blk_init_queue 来初始化请求队列。当处理在队列上的请求时,必须持有队列自旋锁。下面简要介绍块设备的常用的请求队列操作。

(1) 初始化请求队列

```
request_queue_t * blk_init_queue(request_fn_proc * rfn, spinlock_t * lock);
```

该函数的第 1 个参数是请求处理函数的指针,第 2 个参数是控制访问队列权限的自旋锁,这个函数会发生内存分配的行为,故它可能会产生失败结果,当函数调用成功时,它返回指向初始化请求队列的指针,否则,返回 NULL。这个函数一般在块设备驱动的模块加载函数中调用。

(2) 清除请求队列

```
void blk_cleanup_queue(request_queue_t * q);
```

这个函数完成将请求队列返回给系统的任务,一般在块设备驱动模块卸载函数中调用。

(3) 提取请求

```
struct request * elv_next_request(request_queue_t * queue);
```

上述函数用于返回下一个要处理的请求(由 I/O 调度器决定),如果没有请求则返回 NULL。

(4) 去除请求

```
void blkdev_dequeue_request(struct request * req);
```

上述函数从队列中去除一个请求。如果驱动中同时从同一个队列中操作了多个请求,它必须以这样的方式将它们从队列中去除。

(5) 分配"请求队列"

```
request_queue_t * blk_alloc_queue(int gfp_mask);
```

对于 Flash、RAM 盘等完全随机访问的非机械设备,并不需要进行复杂的 I/O 调度,这一点跟处理一个真正的旋转的磁盘驱动器(如硬盘)有着明显的不同。这时应该使用上述函数分配一个"请求队列",并使用如下函数来绑定"请求队列"和"制造请求"函数。

```
void blk_queue_make_request(request_queue_t * q, make_request_fn * mfn);
void blk_queue_hardsect_size(request_queue_t * queue, unsigned short max);
```

该函数用于告知内核块设备硬件扇区的大小,所有由内核产生的请求都是这个大小的倍数并且被正确对界。但是,内核块设备层和驱动之间的通信还是以 512B 扇区为单位进行的。

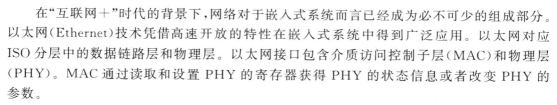

```
static int __make_request(struct request_queue * q, struct bio * bio)
```

__make_request 就是负责制造请求 request 的调用。

这里对块设备的驱动做一个小结。

① 块设备的 I/O 操作方式与字符设备存在较大的不同,因而引入了 request_queue、request、bio 等一系列数据结构。在整个块设备的 I/O 操作中,贯穿于始终的就是"请求",字符设备的 I/O 操作则是直接进行,而块设备的 I/O 操作会排队和整合。

② 驱动的任务是处理请求,对请求的排队和整合由 I/O 调度算法解决,因此,块设备驱动的核心就是请求处理函数或"制造请求"函数。尽管在块设备驱动中仍然存在 block_device_operations 结构体及其成员函数,但其不再包含读/写一类的成员函数,而只是包含打开、释放及 I/O 控制等与具体读/写无关的函数。块设备驱动的结构相当复杂,但幸运的是,块设备不像字符设备那么包罗万象,它通常就是存储设备,而且驱动的主体已经由 Linux 内核提供,针对一个特定的硬件系统,驱动工程师所涉及的工作往往只是编写少量的与硬件直接交互的代码。

8.7　嵌入式网络设备驱动设计

在"互联网+"时代的背景下,网络对于嵌入式系统而言已经成为必不可少的组成部分。以太网(Ethernet)技术凭借高速开放的特性在嵌入式系统中得到广泛应用。以太网对应 ISO 分层中的数据链路层和物理层。以太网接口包含介质访问控制子层(MAC)和物理层(PHY)。MAC 通过读取和设置 PHY 的寄存器获得 PHY 的状态信息或者改变 PHY 的参数。

目前嵌入式系统使用以太网接口通常有两种方式:一是片上系统携带 MAC 控制器配合外接 PHY 芯片,如 RTL8201 等;二是片上系统外接同时具有 MAC 控制器和 PHY 接收器的网卡芯片,如 DM9000 等。

8.7.1　网络设备驱动程序框架

与字符设备和块设备的驱动程序处理方法有些类似,为了达到屏蔽网络环境中物理网络设备的多样性的效果,Linux 操作系统利用面向对象的思想对所有的网络物理设备进行抽象,并定义一个统一的接口。对于所有物理网络设备的访问都是通过这个接口进行的,通过这个接口向用户提供一个对于所有类型的物理网络设备一致化的操作集合,从而屏蔽了对各种网络芯片的具体访问方式,提高了程序的易用性和通用性。

但是与其他两类设备驱动程序的框架不同的是,网络设备驱动程序有着自身的特点。

第一,网络接口是用一个 net_device 数据结构表示的。字符设备或块设备在文件系统中都存在一个相应的特殊设备的文件来表示其相对应的设备,如/dev/hda1、/dev/tty1 等。对字符设备和块设备的访问都需通过文件操作界面。网络设备在对数据包进行发送或接收时,则直接通过网络接口(套接字 socket)访问,不需要进行文件上的操作。

第二,网络接口是在系统初始化时实时生成的,当物理网络设备不存在时,也不存在与之相对应的 device 结构。而即使字符设备和块设备的物理设备不存在,在/dev 下也必定有与之相对应的文件。

嵌入式 Linux 的网络系统主要采用 socket 机制,操作系统和驱动程序之间定义专门的数据结构 sk_buff 用来进行数据包的发送与接收。

对于 Linux 网络设备驱动程序可以分为网络协议接口层、网络设备接口层、提供实际功能的设备驱动功能层和网络设备与媒介层共 4 层,如图 8-6 所示。

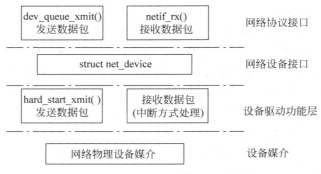

图 8-6　网络设备驱动模型层次结构

① 网络协议接口层负责向网络层协议提供统一的数据包发送和接收接口而不论上层协议是 ARP 或者 IP,该层中的 dev_queue_xmit()函数用来发送数据包,netif_rx()函数用来接收数据包。

② 网络设备接口层能够给协议接口层提供统一并具有具体网络设备属性和操作的数据结构体 device(struct net_device),device 结构体是网络设备驱动功能层中各个函数的容器。从宏观上出发,网络设备接口层规划了具体用来操作硬件的网络设备驱动功能层的结构。

③ 设备驱动功能层中各个函数是网络设备接口层中 device 数据结构体的具体成员函数,其能够驱使网络设备硬件完成相应动作的程序,并通过函数 hard_start_xmit()开启发送数据包的操作、通过网络设备的中断触发开启接收数据包操作。

④ 网络设备和媒介层是完成数据包发送和接收的物理实体,包括网络适配器和具体的传输媒介,网络适配器被设备驱动功能层中的函数物理上驱动。对于 Linux 操作系统而言,网络设备和媒介都可以是虚拟的。通常一个网络接口都有与之对应的名字,用来标识系统中唯一的网络接口。

设计网络设备(最主要的就是网卡)驱动程序最主要的工作就是设计网络设备驱动功能层,使其满足网卡所需要的功能。Linux 系统中把所有网络设备都抽象为一个接口,该接口提供了对所有网络设备的操作集合,用数据结构体 net_device 来表示网络设备在操作系统中的运行状况,即网络设备接口。

8.7.2　网络设备驱动程序关键数据结构

Linux 系统中的每一个网络设备都有相应的 device 结构与之对应。当驱动模块加载进系统时,驱动程序进行探测设备、资源请求等工作。这与字符设备和块设备驱动所做的工作基本一样,不同的地方在于网络设备驱动不像字符设备和块设备那样请求主设备号,而是在一个全局网络设备表里为每一个新探测到的网络设备插入一项 struct device 数据结构。

由前面介绍可知,Linux 中网络驱动程序最重要的工作是根据上层网络设备接口层定义的 net_device 数据结构和底层硬件特性,完成网络设备驱动程序的功能,主要包括数据的接收、发送等。因此在网络驱动程序部分最重要的就是这两个数据结构:sk_buff 数据结构和 net_device 数据结构。

在 TCP/IP 中不同协议层间以及和网络驱动程序之间数据包的传递都是通过 sk_buff 这个结构体来完成的,sk_buff 结构体主要包括传输层、网络层、连接层需要的变量,决定数据区位置和大小的指针,以及发送接收数据包所用到的具体设备信息等。

sk_buff 位于网络协议接口层,用于在 Linux 网络子系统各层次之间传递数据。定义在 include/linux/skbuff.h 中。其主要使用思想是:当发送数据包时,将要发送的数据存入 sk_buff 中,传递给下层,通过添加相应的协议头交给网络设备发送;当接收数据包时,将数据保存在 sk_buff 中,并传递到上层,上层通过剥去协议头直至交给用户。

Linux 内核对 sk_buff 的操作有分配、释放、变更等。

(1) 分配操作

分配操作有两个函数可供调用,内核分配套接字缓冲区的函数是 sk_buff * alloc_skb,其原型如下:

```
struct sk_buff * alloc_skb(unsigned int len, gfp_t priority);
```

该函数分配一个套接字缓冲区和一个数据缓冲区,并初始化 data、tail、head 成员。由内核协议栈分配。

另一个函数是 sk_buff * dev_alloc_skb,其函数原型如下:

```
struct sk_buff * dev_alloc_skb(unsigned int len);
```

该函数以 GFP_ATOMIC 优先级调用 alloc_skb() 分配。由驱动程序收到数据分配使用。

(2) 释放操作

释放操作主要用于释放缓冲区,主要函数原型如下:

```
void kfree_skb(struct sk_buff * skb);
void dev_kfree_skb(struct sk_buff * skb);
void dev_kfree_skb_irq(struct sk_buff * skb);
void dev_kfree_skb_any(struct sk_buff * skb);
```

其中,kfree_skb 函数由内核协议栈调用,在设备驱动中则使用其他释放函数。dev_kfree_skb 函数在驱动程序中释放缓冲区,用于非中断缓冲区。dev_kfree_skb_irq 用于中断上下文。dev_kfree_skb_any 则两者都可以。

(3) 变更操作

变更操作可使用的函数较多,这里介绍其中两个函数原型。

```
unsigned char * skb_put(struct sk_buff * skb, unsigned int len);
unsigned char * skb_push(struct sk_buff * skb, unsigned int len);
```

这两个函数的功能是向缓冲区尾部添加数据并更新 sk_buff 结构中的 tail 和 len。只不过前者是 skb→tail 后移 len 字节,后者是 sk→data 前移 len 字节。

另一个重要的结构体是 net_device 数据结构。结构 net_device 存储一个网络接口的重要信息,是网络驱动程序的核心。在逻辑上,它可以分割为两部分:可见部分和隐藏部分。可见部分是由外部赋值;隐藏部分的域段仅面向系统内部,它们可以随时被改变。net_device 结构体位于网络设备接口层,用于描述一个网络设备,其内部成员包含了网络设备的属性描述和接口操作。net_device 结构体代码量较大,部分源代码如下:

```
struct net_device {
    char            name[IFNAMSIZ];
    struct pm_qos_request_list pm_qos_req;
    /* 设备名称哈希链表 */
    struct hlist_node name_hlist;
    char            * ifalias;
    unsigned long   mem_end;          /* 共享内存终止 */
    unsigned long   mem_start;        /* 共享内存起始 */
    unsigned long   base_addr;        /* 设备 I/O 地址 */
    unsigned int    irq;              /* 设备 IRQ 编号 */
        ...
}
```

该结构体包括了对设备的操作函数打开、关闭等,具体函数实现在设备驱动程序中。这里介绍一些成员。

```
char name[IFNAMSIZ];
```

设备名字。如果第一个字符为空字符或空格,则注册程序将会赋给它一个 n 最小的可用网络设备名 eth n。

```
unsigned long mem_start;
unsigned long mem_end;
```

该成员标识被网络设备使用的共享内存的首地址及尾地址。若网络设备用来接收和发送数据的内存块是不相同的,那么用 mem 域段标识发送数据的内存位置,用 rmem 标识接收数据的内存位置。段域 mem_start 和 mem_end 可在操作系统启动时用内核的命令行指定,用 ifconfig 命令可以查看段域 mem_start 和 mem_end 的值。

```
unsigned long base_addr;
```

base_addr 表示基本 I/O 地址,在设备探测的时候指定。ifconfig 命令可对其修改。

```
unsigned int irq;
```

表示中断号,是在网络设备检测时被赋予初值的,但也可以在操作系统启动时指定传入值。

8.7.3　网络设备驱动程序设计方法概述

概括地说,一个网络设备的驱动程序至少应该具有以下的内容。

① 该网络设备的检测及初始化函数,供内核启动初始化时调用,若是要写成 module 兼容方式,还需要编写该网络设备的 init_module 和 cleanup_module 函数。

② 调用 open、close 函数进行网络设备的打开和关闭操作。

③ 提供该网络设备的数据传输函数,负责向硬件发送数据包。当上层协议需要传输数据时,可作为函数 dev_queue_xmit 的调用。

④ 中断服务程序,用来处理数据的接收和发送。当物理网络设备有新数据到达或数据传输完毕时,将向系统发送硬件中断请求,该函数就是用来响应该中断请求的。

网络设备驱动程序的设计需要完成网络设备的注册、初始化与注销,以及进行发送和接收数据处理,并能针对传送超时、中断等情况进行及时处理。在 Linux 内核中提供了设备驱动功能层主要的数据结构和函数的设计模板。普通开发者只需要根据实际硬件情况完成"填空"步骤即可完成相关工作。

8.8 节以网卡 DM9000 为例解读网络设备驱动程序的设计方法。

▮▮ **8.8　网络设备驱动程序示例——网卡 DM9000 驱动程序分析**

视频讲解

DM9000 是一款使用广泛的完全集成带有通用处理器接口的拥有低功耗和高性能进程特点的单芯片快速以太网控制器。DM9000 具有一个 10/100MB 自适应的 PHY 和 4KB 双字的 SRAM。DM9000 网卡支持 8/16/32 位接口访问内部存储器,并遵照 IEEE 802.3u 规格来设计。DM9000 具备自动协调带宽功能,同时支持 IEEE 802.3x 全双工流量控制。

DM9000 网卡的初始化不光是复位以太网卡,还包括其他设置。以太网卡的复位分为硬件复位和软件复位。硬件复位通过给 DM9000 的 RST 引脚一个高电平脉冲来复位。软件复位通过写 dm9000_reset 函数复位。初始化的第二步是设置寄存器的初始值。网卡寄存器中保存以太网的物理地址,与网卡寄存器保存的以太网物理地址相同的以太网帧才能被接收。硬件复位必须是以太网口的第一个复位。硬件复位后要经过一定的等待时间才能对以太网口进行读/写操作。

在整个网络接口驱动程序中,首先要通过检测物理设备的硬件特征判断网络物理设备是否存在,接着决定是否启动这个网络物理设备驱动程序。然后会对网络物理设备进行资源配置,指定配置好硬件资源后,向操作系统申请这些资源,如中断、I/O 空间等。最后,对结构体 net_device 相应的成员变量初始化,使得这个网络设备可被操作系统使用。对于 DM9000 网卡驱动程序,在程序运行时,内核首先调用检测函数用来发现已经安装好的网卡,如果网卡支持即插即用,检测将自动发现已安装网卡的参数;否则,在程序运行前,先设置好网卡参数。当进行发送数据时,调用发送函数,其过程是先将数据写入,再激活发送函数。

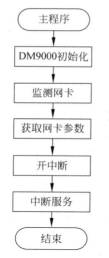

图 8-7 DM9000 驱动程序的
整体流程

图 8-7 所示是 DM9000 驱动程序的整体流程图。主程序将进行 DM9000 的初始化和网卡监测、网卡参数获取等。DM9000 网卡驱动程序实现的关键是数据包的发送和接收,网卡能否正常运行取决于是否能正确实现数据包发送和接收处理功能。由于一般驱动程序中不存在接收数据包的方法,则应当由底层驱动程序来通知操作系统有数据接收到。一般情况下,当网络设备接收到数据后将会产生中断,在中断处理程序中驱动程序申请一块数据结构 sk_buff,读出数据将其放到提前申请好的数据缓冲区中。当 DM9000 网卡接收到数据包、发送数据包结束或者出现错误时,网卡将会产生中断,并调用中断处理函数,判断产生中断的原因,并对此中断进行处理。此驱动程序中的中断服务函数以查询方式识别中断源,并对其进行处理。

下面通过 DM9000 驱动程序源码对网络设备驱动程序的设计方法进行说明,由于整个源码数量较大,限于篇幅,这里只列出其中比较重要的代码部分,完整版本源码请读者查看相关程序(drivers/net/dm9000.c)。

1. 初始化及注册

DM9000 网卡是以平台设备 platform 的方式注册到内核中的,因此可以看到一个 platform_driver 的结构体。由于驱动程序源码写成了模块兼容方式,所以这里编写了该网络设备的 init_module 和 cleanup_module 函数。

```c
static struct platform_driver dm9000_driver = {
    .driver = {
        .name = "dm9000",
        .owner = THIS_MODULE,
        .pm = &dm9000_drv_pm_ops,
    },
    .probe = dm9000_probe,
    .remove = __devexit_p(dm9000_drv_remove),
};
static int __init
dm9000_init(void)
{
    printk(KERN_INFO "%s Ethernet Driver, V%s\n", CARDNAME, DRV_VERSION);
    return platform_driver_register(&dm9000_driver);
}
static void __exit
dm9000_cleanup(void)
{
    platform_driver_unregister(&dm9000_driver);
}
module_init(dm9000_init);
```

因为基于 platform 模型编写,通过模块的加载函数 dm9000_init 里采用 platform_driver_register()函数注册进内核模块的,当设备驱动与设备匹配正确后,转入执行 dm9000_probe()函数,该函数包含真正的 DM9000 网卡驱动注册函数——register_netdev()函数。

模块加载后转入 probe 中执行,在 probe 中完成了分配 net_device、网络设备的初始化、设备驱动的加载。网络设备初始化包括进行硬件上的准备工作,检查网络设备是否存在,检测所使用的硬件资源(主要是 resource 获得软件接口上的准备工作),获得私有数据指针,初始化以太网设备公有成员、初始化成员、初始化自旋锁或并发同步机制、申请设备所需的硬件资源 request_region 等。最后 probe 通过调用 ret＝register_netdev(ndev)向内核注册一个已经完成初始化的网络设备对象 ndev。

整个过程中有几个需要注意的地方。首先是 alloc_etherdev 函数的使用,从注释中可以知道,alloc_etherdev()函数可以动态创建一个以太网类型的网络设备对象 ndev,并且可以根据以太网设备的共有属性初始化 ndev 成员。在 alloc_etherdev()函数中可以看到重要参数 struct board_info。struct board_info 不是通用的,仅仅适用于正在编写的网络设备驱动,这是由设备的多样性决定的。

其次是 platform_get_resource()函数。该函数用来获得设备需要使用的存储器资源和中断资源,并通过 request_mem_region()函数检查申请的资源是否可用,然后向内核申请并注册存储器资源。

2. dm9000_open()

dm9000_open()函数在执行 ifconfig 命令时会被激活。主要功能是打开网络设备,获得设备所需的 I/O 地址、IRQ、DMA 通道等,注册中断、设置寄存器、启动发送队列。这里要注意的是,在字符设备驱动中是把中断注册放在模块初始化函数中,而网卡驱动则放在 dm9000_open()函数中。原因是网卡有禁用操作,当被禁用时,要把占用的中断号释放。

```
dm9000_open(struct net_device * dev)
{
board_info_t * db = netdev_priv(dev);    //获取设备私有数据 返回 board_info_t 的地址
    unsigned long irqflags = db->irq_res->flags & IRQF_TRIGGER_MASK;
    if (netif_msg_ifup(db))
        dev_dbg(db->dev, "enabling %s\n", dev->name);
        if (irqflags == IRQF_TRIGGER_NONE)
        dev_warn(db->dev, "WARNING: no IRQ resource flags set.\n");
    irqflags |= IRQF_SHARED;
        iow(db, DM9000_GPR, 0);
    mdelay(1);
    //初始化 DM9000 网卡
    dm9000_reset(db);                    //复位 DM9000
    dm9000_init_dm9000(dev);            //初始化 DM9000 中 net_device 结构中的成员
    if (request_irq(dev->irq, dm9000_interrupt, irqflags, dev->name, dev))
        return-EAGAIN;
    db->dbug_cnt = 0;
    mii_check_media(&db->mii, netif_msg_link(db), 1);
```

```
    netif_start_queue(dev);                    //启动发送队列,协议栈向网卡发送
    dm9000_schedule_poll(db);
    return 0;
}
```

3. dm9000_stop()设备关闭函数

dm9000_stop()函数源码如下:

```
static int
dm9000_stop(struct net_device * ndev)
{
    board_info_t * db = netdev_priv(ndev);
    if (netif_msg_ifdown(db))
        dev_dbg(db->dev, "shutting down %s\n", ndev->name);
    cancel_delayed_work_sync(&db->phy_poll);    //终止 phy_poll 队列中被延时的任务
    netif_stop_queue(ndev);                     //关闭发送队列
    netif_carrier_off(ndev);
    free_irq(ndev->irq, ndev);                  //释放中断
    dm9000_shutdown(ndev);                      //关闭 DM9000 网卡
    return 0;
}
```

4. dm9000_shutdown()函数

dm9000_shutdown()函数的功能是复位 PHY,对寄存器 GPR、IMR 和 RCR 置位,关闭 DM9000 电源,关闭所有的中断并不再接收任何数据。

```
static void
dm9000_shutdown(struct net_device * dev)
{
    board_info_t * db = netdev_priv(dev);
    dm9000_phy_write(dev, 0, MII_BMCR, BMCR_RESET); //复位 PHY
    iow(db, DM9000_GPR, 0x01);
    iow(db, DM9000_IMR, IMR_PAR);               //关闭所有的中断
    iow(db, DM9000_RCR, 0x00);                  //Disable RX,不再接收数据
}
```

5. 数据发送函数

DM9000 驱动中数据包发送流程为:首先设备驱动程序从上层协议传递过来的 sk_buff 参数获得数据包的有效数据和长度,将有效数据放入临时缓冲区中,然后设置硬件寄存器,驱动网络设备进行数据发送操作。主要涉及的函数是 dm9000_start_xmit()。

```
dm9000_start_xmit(struct sk_buff * skb, struct net_device * dev)
{
    unsigned long flags;
    board_info_t * db = netdev_priv(dev);
    dm9000_dbg(db, 3, "%s: \n", __func__);
    if (db->tx_pkt_cnt > 1)
```

```
                return NETDEV_TX_BUSY;
        spin_lock_irqsave(&db->lock, flags);              //获得自旋锁
        writeb(DM9000_MWCMD, db->io_addr);                //根据 I/O 操作模式(8 位或 16 位)来增加
                                                          //写指针 1 或 2
        (db->outblk)(db->io_data, skb->data, skb->len);   //将数据从 sk_buff 中复制到网卡的
                                                          //TX SRAM 中
        dev->stats.tx_bytes += skb->len;                  //统计发送的字数
        db->tx_pkt_cnt++;
            if (db->tx_pkt_cnt == 1) {                    //如果计数为 1,直接发送
            dm9000_send_packet(dev, skb->ip_summed, skb->len);
        } else {
            db->queue_pkt_len = skb->len;
            db->queue_ip_summed = skb->ip_summed;
            netif_stop_queue(dev);                        //告诉上层停止发送
        }
        spin_unlock_irqrestore(&db->lock, flags);         //解锁
        dev_kfree_skb(skb);                               //释放 SKB
        return NETDEV_TX_OK; }
```

6. 发送超时函数

发送数据时并不一定会成功,系统会调用 dm9000_timeout()函数。当传输数据超时时,意味发送操作失败或硬件进入未知状态。在超时函数中会调用 netif_wake_queue()函数来重新启动设备发送队列。

```
static void dm9000_timeout(struct net_device * dev)
{
        board_info_t * db = netdev_priv(dev);
        u8 reg_save;
        unsigned long flags;
        spin_lock_irqsave(&db->lock, flags);
        reg_save = readb(db->io_addr);
        netif_stop_queue(dev);
        dm9000_reset(db);
        dm9000_init_dm9000(dev);
        dev->trans_start = jiffies;
        netif_wake_queue(dev);              //重启发送队列
        writeb(reg_save, db->io_addr);
        spin_unlock_irqrestore(&db->lock, flags); }
```

由此,netif_wake_queue 函数与 netif_stop_queue 函数是数据发送流程中要调用的两个重要的函数,分别用于唤醒和阻止上层向下层传送数据包。

7. 发送中断处理函数

当一个数据包发送完成后会产生一个中断,进入中断处理函数。发送中断处理涉及函数 dm9000_tx_done()。它的源码如下:

```
static void dm9000_tx_done(struct net_device * dev, board_info_t * db)
{
```

```
    int tx_status = ior(db, DM9000_NSR);
    if (tx_status & (NSR_TX2END | NSR_TX1END)) {
        //检测一个数据包发送完毕
        db-> tx_pkt_cnt--;
        dev-> stats.tx_packets++;
        if (netif_msg_tx_done(db))
            dev_dbg(db-> dev, "tx done, NSR %02x\n", tx_status);
        if (db-> tx_pkt_cnt > 0)
            dm9000_send_packet(dev, db-> queue_ip_summed,
                    db-> queue_pkt_len);
        netif_wake_queue(dev);              //启动发送队列
    }
}
```

8. 中断处理函数

网络设备接收数据的主要方法是使用中断引发设备的中断处理函数,中断处理函数判断中断的类型,如果是接收中断,则读取接收到的数据,分配 sk_buff 数据结构和数据缓冲区,将接收到的数据复制到数据缓冲区中,并调用 netif_rx()函数将 sk_buff 传递给上层协议。

9. 接收数据

接收数据函数的功能是将接收到的数据包传递给上层。

在该函数中接收数据主要分两步进行:首先判断是否为接收数据中断,如果是则 dm9000_rx()完成更深入的数据包接收工作,这其中主要有取数据包长度,分配 sk_buff 和数据段缓冲区,读取硬件接收的数据放入缓冲区中,解析上层协议类型,将数据包交给上层。

最后来小结一下网络设备驱动程序。网络设备的驱动程序与字符设备、块设备驱动有较大差异,而且网络设备协议较多,设备本身也较复杂,因此对于网络设备驱动程序的设计本节只涉及了其中很小一部分。虽然从总体上来看,编写 Linux 下网络设备驱动程序最重要的步骤是创建并初始化 net_device 对象并将其注册进内核,但是这仍然需要花一定时间去了解上层协议、设备接口、驱动特点等众多环节。

8.9 本章小结

本章介绍了 Linux 的设备驱动程序的基本概念、设计框架、内核设备模型和三种类型设备(字符设备、块设备和网络设备)的驱动程序设计方法。随着外围设备的日益发展壮大,驱动程序的设计需求也是不断增多的。据相关报道,微软公司开发研究部门中约有一半的程序员在进行设备驱动程序的设计工作。而在嵌入式领域,由于外围设备种类众多,接口不统一,性能要求差异大,这对设计工作也提出了很高的要求。读者应该从实践出发,认真阅读 Linux 内核相关设备驱动源码,在总结分析的基础上进行驱动程序的研究和开发工作。

【本章思政案例:理性精神】 详情请见本书配套资源。

习题

1. 作为 Linux 内核的重要组成部分,设备驱动程序主要完成哪些功能?

2. 设备驱动程序主要的构成单元是什么？

3. Linux 设备驱动程序分类有哪些？

4. Linux 驱动程序是如何加载进内核的？

5. Linux 内核中解决并发控制最常用的方法是什么？

6. Linux 内核设备模型的主要组成单元有哪些？

7. 简要叙述 platform 总线模型机制。

8. Linux 的设备驱动程序可以分为哪些部分？

9. 字符设备驱动程序编写通常都要涉及 3 个重要的内核数据结构，请简要叙述。

10. 简要叙述字符设备驱动程序的初始化流程。

11. 简要叙述 Linux 内核的 I^2C 总线驱动程序框架。

12. 简要叙述 I^2C 设备驱动的通用方法。

13. 块设备的应用在 Linux 中是一个完整的子系统，简要叙述块设备的驱动整体框架构成。

14. 简要叙述 Linux 网络设备驱动程序的整体框架构成。

第9章 Qt图形界面应用程序开发基础

图形用户界面(Graphics User Interface,GUI)是人机交互的重要手段和方法,GUI直观友好、操作简单,适合各领域不同用户对计算机技术的交互诉求。早期嵌入式设备由于功能简单,操作容易,性能受限制,因而对图形界面的要求不高。随着嵌入式技术的不断发展,各种移动终端的纷纷涌现,这在客观上也对图形界面技术在嵌入式系统上的应用提出了要求。

与普通GUI不同的是,嵌入式GUI的要求是轻量级的,如在嵌入式Linux中使用的图形界面系统。同时,嵌入式GUI还具有可定制、高可靠性、可裁剪性等特点。嵌入式GUI的开发系统主要有X Window、MiniGUI、OpenGL、Qt等。本章介绍Qt的相关基础知识。

本章首先介绍Qt的基本情况以及Qt 5的特点及模块组成,在此基础上,对Qt的核心机制——信号/插槽机制进行了阐述,并通过两个示例程序介绍Qt的基础程序设计方法,最后说明Qt 5与嵌入式数据库SQLite的连接及SQL模型。

视频讲解

9.1 Qt 简介

Qt是一个跨平台应用程序和图形用户界面GUI开发框架。使用Qt只需一次性开发应用程序,无须重新编写源代码,便可跨不同桌面和嵌入式操作系统部署这些应用程序。Qt是挪威Trolltech公司的标志性产品,于1991年推出。2008年,Trolltech被诺基亚公司收购,Qt也因此成为诺基亚旗下的编程语言工具。2012年8月,芬兰IT业务供应商Digia全面收购诺基亚Qt业务及其技术。

Qt支持下列平台。

➤ MS/Windows——Windows 95、Windows 98、Windows NT 4.0、Windows ME、Windows 2000、Windows XP、Windows Vista、Windows 7、Windows 8、Windows 10。

➤ UNIX/X11——Linux、Solaris、HP-UX、CompaqTru64 UNIX、IBM AIX、SGI IRIX、FreeBSD、BSD/OS和其他X11平台。

➤ Macintosh——macOS。

➤ 嵌入式Linux平台(有帧缓冲支持)、Windows CE。

➤ Symbian、Haiku-OS等。

Qt具有下列优点。

① 面向对象。Qt具有模块设计和注重软件构件或元素的可重用性的特点。Qt的良

好封装机制使得 Qt 的模块化程度非常高,可重用性较好,用户使用非常方便。Qt 提供了一种信号/插槽(signals/slots)的安全类型来代替回调(callback)机制,这使得各个元件之间的协同工作变得十分简单。

② 丰富的 API 函数和直观的 C++ 类库。Qt 为专业应用提供了大量的函数。Qt 包括 250 个以上的 C++ 类,甚至包括正则表达式的处理功能的类。大多数的类都是 GUI 专有的。模块化 Qt C++ 类库提供一套丰富的应用程序生成块,包含了构建高级跨平台应用程序所需的全部功能,具有直观、易学、易用,生成好理解、易维护的代码等特点。

③ 支持 2D/3D 图形渲染,支持 OpenGL。

④ 具有跨平台 IDE 的集成开发工具。Qt Creator 是专为满足 Qt 开发人员需求而量身定制的跨平台集成开发环境(IDE)。Qt Creator 可在 Windows、Linux/X11 和 macOS 桌面操作系统上运行,供开发人员针对多个桌面和移动设备平台创建应用程序。

⑤ 跨桌面和嵌入式操作系统的移植性。Qt 使用单一的源代码库定位多个操作系统,通过重新利用代码可将代码跨设备进行部署而无须考虑平台,可重新分配开发资源。Qt 代码不受担忧平台更改影响的长远考虑,使开发人员专注于构建软件的核心价值,而不是维护 API。

⑥ 大量的开发文档。Qt 提供了大量的联机参考文档,有 HTML 方式,也有 UNIX 帮助页 man 手册页和补充说明,并且对于初学者,其中的指南将一步步介绍如何进行 Qt 编程。

⑦ 国际化。Qt 为本地化应用提供了完全的支持,所有用户界面文本都可以基于消息翻译表被翻译成各国语言,Qt 还支持双字节 16 位国际字符标准。

Qt 商业版:提供给商业软件开发。它们提供传统商业软件发行版并且提供在协议有效期内的免费升级和技术支持服务。

Qt 开源版:仅仅为了开发自由和开放源码软件,提供了和商业版本同样的功能。GNU 在通用公共许可证下是免费的。

9.2　Qt 5 概述

9.2.1　Qt 5 简介

Qt 5 是进行 Qt C++软件开发基本框架的新版本,其中 Qt Quick 技术处于核心位置。同时,Qt 5 能继续提供给开发人员使用原生 Qt C++实现精妙的用户体验和让应用程序使用 OpenGL/OpenGL ES 图形加速的全部功能。通过 Qt 5.0 提供的用户接口,开发人员能够更快地完成开发任务,针对触摸屏和平板电脑的 UI 转变与移植需求,也变得更加容易实现。

2012 年 12 月 19 日,Digia 宣布正式发行 Qt 5.0。Qt 5.0 是一个全新的流行于跨平台应用程序和用户界面开发框架的版本,可应用于桌面、嵌入式和移动应用程序。Qt 5 在性能、功能和易用性方面做了极大的提升,并可完全支持 Android 和 iOS 平台。Digia 明确表明要使 Qt 成为世界领先的跨平台开发框架。Qt 5 在这个过程中具有重要的意义,它为应用程序开发人员和产品用户提供了很好的用户体验。Qt 5 极大地简化了开发过程,让程序员能够更快地为多个目标系统开发具有直观用户界面的程序。它还可以很平滑地过渡到新的开发模式来满足触摸屏和 Tablet 的需求。

Qt 5 的主要优势包括：图形质量高；中低端硬件上的高性能；跨平台移植性；支持 C++ 11；Qt WebKit2 支持的 HTML5；大幅改进 QML 引擎并加入新的 API；易用性并与 Qt 4 版本兼容。

出色的图像处理与表现能力：Qt Quick2 提供了基于 GL 的工作模式，它包括一个粒子系统和一系列着色效果集合。Qt Quick2 让复杂图形的细腻动画和变形处理变得更加容易，也确保了低端架构中 2D 和 3D 效果的平滑渲染效果和在高端架构中一样的出色。

更高效和灵活的研发：JavaScript 和 QML 在保证对 C++ 基础和 Qt Widget 支持上发挥着重要作用。Qt WebKit2 中一部分功能就在使用或者正考虑通过 HTML5，彻底地改变 Qt。

跨平台的移植变得更加简单：对于 OS 开发人员来说，由于基础模块和插件模块采用了新的架构，以及 Qt 跨平台性的继续强化，Qt 已经能够运行在所有的环境中了。

只需要简单地重新编译，就可以直接迁移之前为 Qt 4 开发的应用程序。

9.2.2　通过"帮助"菜单了解 Qt 5 的组成——模块

学习 Qt，最标准的教程就是帮助文档，最规范的程序就是示例程序，而且如何开始学习，Qt 文档中都给了入口。Qt 帮助文档对于初学者以及开发人员都是很有用的工具。这里通过"帮助"菜单来了解 Qt 5 的组成——模块知识。

打开 Qt Creator，进入帮助模式，然后选择 qt reference 进行搜索。选择 All Qt Modules 选项来查看所有的 Qt 模块，如图 9-1 所示。

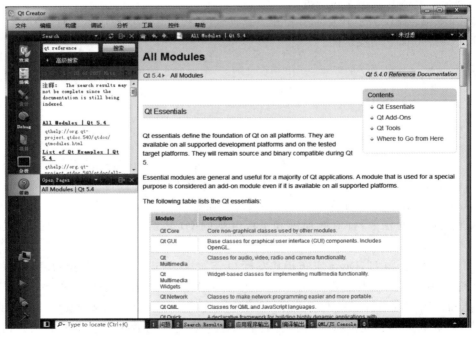

图 9-1　"帮助"菜单中的模块介绍

在 All Qt Modules 页面,可以发现 Qt 的模块被分为了 3 部分:Qt 基本模块(Qt Essentials)、Qt 扩展模块(Qt Add-Ons)和 Qt 工具(Qt Tools)。Qt 基本模块中包含了 Qt 核心基础的功能;Qt 扩展模块的内容比较丰富,除了包含 Qt 4 中的一些模块,例如 QtDBus、QtXML、QtScript 等,还增加了若干新的特殊功能模块如图形效果 Qt Graphical Effects、串口 Qt Serial Port 等。而 Qt 工具则由 Qt 设计器(Qt Designer)、Qt 帮助(Qt Help)和 Qt 界面工具(Qt UI Tools)3 部分内容组成。Qt 设计师可以用拖曳的方式将 Widget 排放在界面上,支持版面配置,支持信号与槽编辑。

下面主要介绍 Qt 基本模块的组成情况,如表 9-1 所示。

表 9-1　Qt 基本模块组成

模　　块	描　　述
Qt Core	使用其他模块的核心非图形类
Qt GUI	图形用户界面(GUI)组件的基础类,包括 OpenGL
Qt Multimedia	处理音频、视频、广播、摄像头功能的类
Qt Network	使网络编程更容易、更方便的类
Qt QML	QML 和 JavaScript 的类
Qt Quick	自定义用户界面构建高度动态的应用程序的声明性框架
Qt SQL	使用 SQL 集成数据库的类
Qt Test	进行 Qt 应用程序和库单元测试的类
Qt WebKit	基于 WebKit2 实现的一个新的 QML API 类
Qt WebKit Widgets	Qt 4 中,WebKit1 和 QWidget-based 类
Qt Widgets	用 C++部件扩展 Qt 图形界面的类

Qt 基本模块中定义了适用于所有平台的 Qt 基础功能,在大多数 Qt 应用程序中需要使用该模块提供的功能。Qt 基本模块的底层是 Qt Core 模块,其他所有模块都依赖于该模块,这也是为什么我们总可以在.pro 文件中看到 Qt+=core 的原因了。整个基本模块的框架中处于最底层的是 Qt Core,该模块的重要性十分明显,它提供了元对象系统、对象树、信号槽、线程、输入输出、资源系统、容器、动画框架、JSON 支持、状态机框架、插件系统、事件系统等所有基础功能。在其之上直接依赖于 Qt Core 的是 Qt Test、Qt SQL、Qt Network 和 Qt GUI 4 个模块。其中测试模块 Qt Test 和数据库模块 Qt SQL 是相对独立的,而网络模块 Qt Network 和图形模块 Qt GUI 则为 Qt 5 的重要更新部分 QtQML 和 QtQuick 提供功能支持。而处在基本模块最上层的是新添加的 Qt WebKit 模块,它既有图形界面部件也支持网络功能,还支持多媒体应用。

值得注意的是,以前版本中的 QApplication 从 Qt GUI 模块中消失,而用户界面的基类 QWidget 也从 Qt GUI 模块中消失了,它们被重新组合到了一个新的模块 Qt Widgets 中。Qt 5 的一个重大更改就是重新定义了 Qt GUI 模块,它不再是一个大而全的图形界面类库,而是为 GUI 图形用户界面组件提供基类,包括了窗口系统集成、事件处理、OpenGL 和 OpenGL ES 集成、2D 绘图、基本图像、字体和文本等内容。在 Qt 5 中将以前 Qt GUI 模块中的图形部件类移动到了 Qt Widgets 模块中,将打印相关类移动到了 Qt Print Support 模块中。

从前文中知道,Qt 5 大幅改进 QML 引擎以及强化了 Qt Quick2。Qt 5 中将 Qt Quick2

分为两大部分：一部分是 Qt QML(Qt Meta-Object Language,Qt 元对象语言)，这是一种用于描述应用程序用户界面的声明式编程语言。它使用一些可视组件以及这些组件之间的交互来描述用户界面。QML 是一种高可读性的语言，可以使组件以动态方式进行交互，并且允许组件在用户界面中很容易地实现复用和自定义。QML 允许开发者和设计者以类似的方式创建高性能的、具有流畅动画效果的、极具视觉吸引力的应用程序。QML 提供了一个具有高可读性的类似 JSON 的声明式语法，并提供了必要的 JavaScript 语句和动态属性绑定的支持。QML 语言和引擎框架由 Qt QML 模块提供。另一部分是新的 Qt Quick，它是一个用于编写 QML 程序的标准库，提供了使用 QML 创建用户界面程序时需要的所有基本类型。

9.2.3 Linux 下 Qt 开发环境的安装与集成

1. 安装包的下载与获取

安装包可到 http://download.qt.io/archive/qt/5.4/5.4.0/链接下载。这个链接中分类罗列出了不同操作系统下的 Qt 安装包。选择适合自己操作系统的版本进行下载，如 Qt 5.4.0 for Linux 32-bit，如图 9-2 所示。

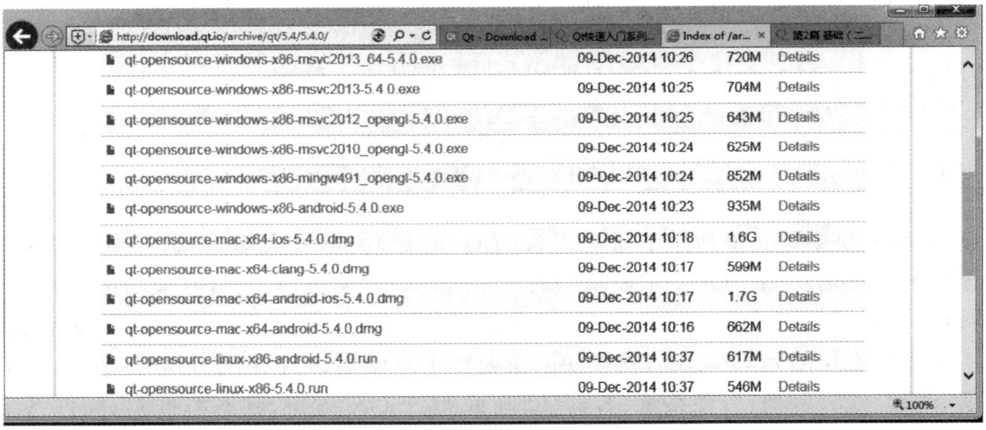

图 9-2　Qt 安装包下载源页面

2. 安装包的安装

下载完后，可以看到是扩展名为 .run 的文件，执行如下命令：

```
chmod +x  qt-opensource-linux-x86-5.4.0.run
```

为安装包赋予可执行权限。

然后执行如下命令：

```
./qt-opensource-linux-x86-5.4.0.run
```

此时会弹出图形化的安装界面，之后的操作就跟 Windows 下安装软件差不多了。需要说明的是：qt-opensource-linux-x86-5.4.0.run 包中包含了 Qt Creator 可视化的开发工具，在安装完后,找到安装目录下的 Tools/QtCreator/bin 目录下发现有 qtcreator 可执行文件,该文件就是 Qt 可视化的开发工具。

3. 环境变量的配置

执行命令:

```
vi /etc/profile
```

在该文件中加入如下几行:

```
Export QTDIR=/opt/Qt5.4.0
Export PATH= $ QTDIR/Tools/QtCreator/bin: $ PATH
Export LD_LIBRARY_PATH= $ QTDIR/5.4/gcc/lib: $ LD_LIBRARY_PATH
```

其中第 1 行为安装 Qt 包时安装文件存放的目录,可以根据自己的安装路径来更改设置。

第 2 行将 qtcreator 可视化的开发工具存放的绝对路径加入环境变量 PATH 中了,这样以后就可以在 shell 中直接执行 qtcreator 了。

第 3 行为安装 Qt 包时安装文件中的 lib 库存放的目录,可以根据自己的安装路径来更改设置。执行如下命令:

```
. /etc/profile
```

注意:“.”和“/etc/profile”之间有空格。

4. qtcreator 配置

上述步骤配置完后,在 shell 终端执行如下命令:

```
qtcreator
```

此时弹出 Qt Creator 可视化的开发界面。

这里简要说明一下 Qt Creator。Qt Creator 是全新的跨平台 Qt IDE,可单独使用,也可与 Qt 库和开发工具组成一套完整的 SDK。其中包括高级 C++ 代码编辑器,项目和生成管理工具,集成的上下文相关的帮助系统,图形化调试器,代码管理和浏览工具。

9.2.4　Qt Creator 功能和特性

Qt Creator 具有下列功能和特性。

➤ 复杂代码编辑器:Qt Creator 的高级代码编辑器支持编辑 C++ 和 QML(JavaScript)、上下文相关帮助、代码完成功能、本机代码转化及其他功能。

➤ 版本控制:Qt Creator 汇集了最流行的版本控制系统,包括 Git、Subversion、Perforce、CVS 和 Mercurial。

➤ 集成用户界面设计器:Qt Creator 提供了两个集成的可视化编辑器,用于通过 Qt Widget 生成用户界面的 Qt Designer,以及用于通过 QML 语言开发动态用户界面的 Qt Quick Designer。

➤ 项目和编译管理:无论是导入现有项目还是创建一个全新项目,Qt Creator 都能生成所有必要的文件,包括对 cross-qmake 和 cmake 的支持。

> 桌面和移动平台:Qt Creator 支持在桌面系统和移动设备中编译和运行 Qt 应用程序。通过编译设置可以在目标平台之间快速切换。

> Qt 模拟器:Qt 模拟器是诺基亚 Qt SDK 的一部分,可在与目标移动设备相似的环境中对移动设备的 Qt 应用程序进行测试。

在 Qt Creator 界面中,选择"工具"→"选项"→"编译器"选项,在弹出的界面中,查看 Qt Creator 是否自动设置好了编译器如 qmake,qmake 是跨平台构建工具,可简化跨不同平台进行项目开发的构建过程。而 Qt 5 已经是一个齐全的 SDK 了,它包含了开发所需要的大部分工具,包括了 Qt Creator 等并已经做好了关联设置,所以可以看到,现在无须再像使用 Qt 4 那样手动设置就可以直接编译运行程序。如果没有自动配置,则可以通过手动添加编译器进行设置。完成上述操作,在完成源码编辑后就可以按照设置编译出针对目标系统的程序了。

▆▆ 9.3   信号和插槽机制   ◆

信号和插槽用于两个对象之间的通信,信号和插槽(signal/slot)机制是 Qt 的核心特征,这也是 Qt 不同于其他开发框架的最突出的特点。在 GUI 编程中,当改变了一个部件时,总希望其他部件也能了解到该部件的变化。更广泛来说,我们希望任何对象都可以和其他对象进行通信。例如,如果用户单击了关闭按钮,我们希望可以执行窗口的 close() 函数来关闭窗口。为了实现对象间的通信,一些工具包中使用了回调(callback)机制,而在 Qt 中,使用了信号和插槽来进行对象间的通信。

信号和插槽是 Qt 自定义的一种通信机制,它独立于标准的 C/C++ 语言,所有从 QObject 或其子类派生的类都能够包含信号和插槽。当某个信号对其客户或所有者内部状态发生改变时,信号就被一个对象发射,比如按钮被单击。只有定义了这个信号的类及其派生类才能够发射这个信号。而插槽是一个普通的 C++ 成员函数,也就是说一个插槽可以是 private、public 或者 protected 类型的,可以被正常调用,它唯一的特殊性就是很多信号可以与其相关联响应。当与其关联的信号被发射时,这个插槽就会被调用。插槽可以有参数,但插槽的参数不能有默认值。在 Qt 的部件类中已经定义了一些信号和插槽,但是更多的做法是子类化这个部件,然后添加自己的信号和插槽来实现想要的功能。

下面举例说明信号和插槽机制。

```cpp
#include <QObject>
class Counter: public QObject
{
    Q_OBJECT
public:
    Counter() { m_value = 0; }
    int value() const { return m_value; }
public slots:
    void setValue(int value);
```

```
signals:
    void valueChanged(int newValue);
private:
    int m_value;
};
```

这里定义了一个 Counter 类。类声明中涉及了 Q_OBJECT，可以使用信号和插槽机制。QObject 类是所有能够处理 signal、slot 和事件的 Qt 对象的基类，类似 MFC 中的 CObject 和 Delphi 中的 TObject。QObject 原型如下：

```
QObject::QObject(QObject * parent = 0, const char * name = 0)
```

创建带有父对象及其名字的对象，对象的父对象可以看作这个对象的所有者。比如，对话框是其中的 ok 和 cancel 按钮的父对象。该原型中如果 parent 为 0，则构造一个无父的对象，如果对象是一个组件，则它就会成为顶层的窗口。QApplication 和 QWidget 都是 QObject 类的子类。QApplication 类负责 GUI 应用程序的控制流和主要的设置，它包括主事件循环体，负责处理和调度所有来自窗口系统和其他资源的事件，并且处理应用程序的开始、结束以及会话管理，还包括系统和应用程序方面的设置。对于一个应用程序来说，建立此类的对象是必不可少的。QWidget 类是所有用户接口对象的基类，它继承了 QObject 类的属性。组件是用户界面的单元组成部分，它接收鼠标、键盘和其他从窗口系统来的事件，并把它自己绘制在屏幕上。QWidget 类有很多成员函数，但一般不直接使用，而是通过子类继承来使用其函数功能，如 QPushButton、QlistBox 等都是它的子类。

Counter 类通过发射信号 valueChanged 来通知其他对象它的状态发生了变化，同时该类还具有一个插槽 setValue，其他对象可以发信号给这个插槽。插槽 setValue 的定义如下：

```
void Counter::setValue(int value)
{
    if (value != m_value) {
        m_value = value;
        emit valueChanged(value);
    }
}
```

在声明信号/插槽后，使用 connect()函数将它们关联起来。connect 原型如下：

```
bool QObject::connect (const QObject * sender, const char * signal, const QObject * receiver,
const char * slot) [static]
```

这个函数的作用就是将发射者 sender 对象中的信号 signal 与接收者 receiver 中的 slot 插槽函数联系起来。当指定信号 signal 时必须使用 Qt 的宏 SIGNAL()，当指定插槽函数时必须使用宏 SLOT()。如果发射者与接收者属于同一个对象的话，那么在 connect()调用中接收者参数可以省略。

下面给出一个例子予以说明。

```
Counter a, b;
    QObject::connect(&a, &Counter::valueChanged,
                     &b, &Counter::setValue);
    a.setValue(18);        //a.value() = 18, b.value() = 18
    b.setValue(42);        //a.value() = 18, b.value() = 42
```

在该例中,对象 a 通过 a.setValue(18)发射了一个 valueChanged 信号,b 会在它的 setValue 插槽中接收该信号,即 b.setValue 会被调用。因而可以发现 a.value()和 b.value()分别赋值为 18 的情况。接下来,b 会发射同样的 valueChanged 信号但是没有插槽可以连接到该信号,因而未发生任何事件,从而出现 a.value()保持刚才的值 18 和 b.value()赋值变为 42 的情况。

在上面的例子中使用过的信号和插槽的关联,都是一个信号对应一个槽。其实,一个信号可以关联到多个插槽上,多个信号也可以关联到同一个插槽上,甚至,一个信号还可以关联到另一个信号上。如果存在多个插槽与某个信号关联,那么,当这个信号被发射时,这些槽将会一个接一个地执行,但是它们执行的顺序是随机的,无法指定它们的执行顺序。信号和插槽之间的关联方式如图 9-3 所示。

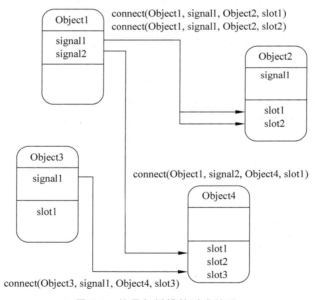

图 9-3 信号与插槽的对应关系

当信号与插槽没有必要继续保持关联时,用户可以使用 disconnect()函数来断开连接。其定义如下:

```
bool QObject::disconnect (const QObject * sender, const char * signal, const Object * receiver, const char * slot) [static]
```

这个函数断开发射者中的信号与接收者中的插槽函数之间的关联。

9.4　Qt 程序设计

下面在 Qt 5 中通过两个小程序来介绍 Qt 程序设计过程。首先是 helloworld 程序。

9.4.1　helloworld 程序

新建一个 helloworld 项目,该项目使用的类信息中将基类选择为 QDialog。项目构成如图 9-4 所示。

图 9-4　helloworld 项目构成

在源文件 main.cpp 中输入如下源码:

```
#include <qapplication.h>
#include <qlabel.h>
    int main(int argc, char * * argv)
    {
    QApplication a (argc, argv);                     //创建了一个 QApplication 类的对象 a
    QLabel * hello = new QLabel("Hello world!", 0); //创建了一个静态文本,将 label 设置为
                                                     //"Hello world!"
    hello-> show();                                  //调用 show()方法使窗口部件可见
    return a.exec();                                 //exec()中 Qt 接收并处理用户和系统的事件,并且
                                                     //把它们传递给适当的窗口部件
}
```

源代码编辑完毕后对该项目进行构建运行。程序执行结果如图 9-5 所示。

9.4.2　多窗口应用程序

下面再通过一个多窗口应用程序来熟悉 Qt 的开发过

图 9-5　helloworld 程序执行结果

程。这个程序要实现的功能是：程序开始出现一个对话框,按下按钮后便能进入主窗口,如果直接关闭这个对话框,便不能进入主窗口,整个程序也将退出。当进入主窗口后按下按钮,会弹出一个对话框,关闭这个对话框,会回到主窗口。

1. 添加主窗口

① 打开 Qt Creator,新建 Qt Widgets 应用,项目名称设置为 MultipleWindows,在类信息界面保持基类为 QMainWindow,类名为 MainWindow,这样将会生成一个主窗口界面,如图 9-6~图 9-8 所示。

图 9-6   New Project

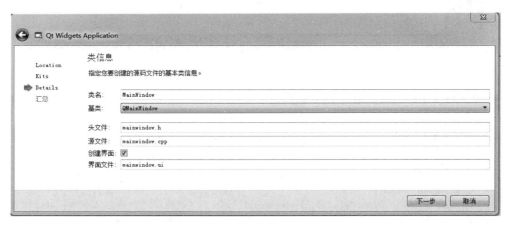

图 9-7   Qt Widgets Application

② 完成项目创建后,打开 mainwindow.ui 文件进入设计模式,向界面上拖入一个 Push Button,然后对其双击并修改显示文本为"第一个按钮",如图 9-9 所示。

③ 现在运行程序,发现中文可以正常显示。在设计模式可以对界面进行更改,那么使用代码也可以完成相同的功能,下面就添加代码来更改按钮的显示文本。

2. 代码中的中文显示

单击 Qt Creator 左侧的"编辑"按钮进入编辑模式,然后双击 mainwindow.cpp 文件对其进行编辑。在构造函数 MainWindow()中添加代码:

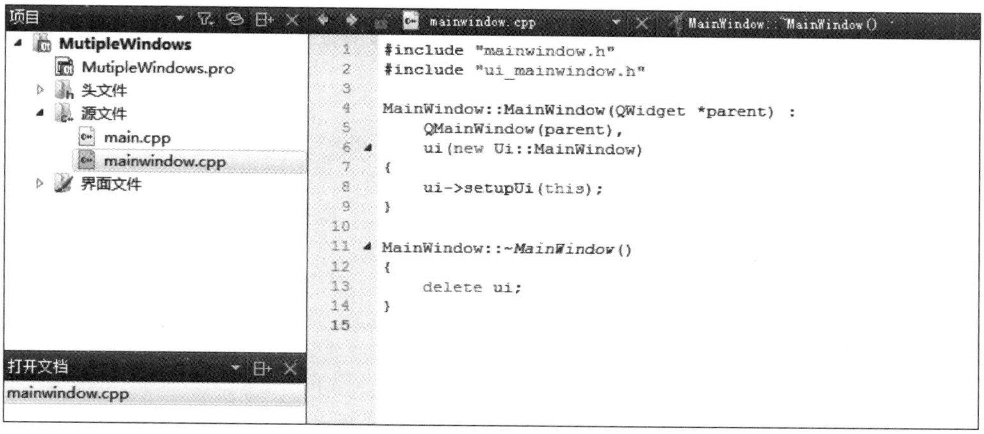

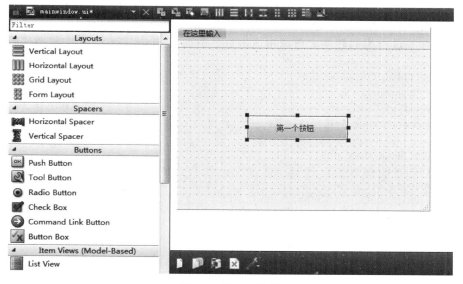

图 9-8　多窗口程序项目构成

图 9-9　第一个按钮

```
MainWindow::MainWindow(QWidget * parent):
QMainWindow(parent),
ui(new Ui::MainWindow)
{
    ui->setupUi(this);
    ui->pushButton->setText("新的一个窗口"); //将界面上按钮的显示文本更改为"新的一个
                                          //窗口"
}
```

这里程序中的 Ui 对象就是界面文件对应的类的对象,在 mainwindow.h 文件中对其进行了定义,可以通过它来访问设计模式添加到界面上的部件。前面添加的按钮部件 Push Button,在其属性面板上可以看到它的 objectName 属性的默认值为 pushButton,这里就是通过这个属性来获取部件对象的。

我们使用了 QPushButton 类的 setText()函数来设置按钮的显示文本,现在运行程序,效果如图 9-10 所示。

图 9-10　新的一个窗口

这里需要注意的是,如果出现中文乱码,可以在编写程序时使用英文,当程序完成后使用 Qt 语言家来翻译整个软件中的显示字符串,从而使程序能够显示中文,但这样比较麻烦,更好的解决方法是在代码中设置字符串编码,然后使用函数对要在界面上显示的中文字符串进行编码转换。这种方法常见的调用函数是 QTextCodec 类的 setCodecForTr()函数,使用时机是在要进行编码转换之前调用该函数。下面在 main.cpp 文件中添加代码:

```cpp
# include < QtGui/QApplication >
# include "mainwindow.h"
# include < QTextCodec >                                          //添加头文件
int main(int argc, char * argv[])
{
    QApplication a(argc, argv);
    QTextCodec::setCodecForTr(QTextCodec::codecForLocale());     //设置编码
    MainWindow kk;
    w.show();

    return a.exec();
}
```

由于希望要在 MainWindow 类中进行编码转换,所以要在创建 kk 对象以前调用该函数。这里的 codecForLocale()函数返回适合本地环境的编码。当设置完编码后即可使用 tr()函数,具体代码更改为:

```cpp
ui-> pushButton-> setText(tr("新的一个窗口"));
```

3. 添加登录对话框

① 往 MultipleWindows 项目中添加新文件,这里可以在编辑模式的项目目录上右击,然后选择添加新文件菜单,如图 9-11 所示。当然也可以在文件菜单中进行添加。

② 模板选择 Qt 设计器界面类,然后界面模板选择 Dialog without Button,如图 9-12 所示。

③ 单击"下一步"按钮进入类信息界面,这里将类名更改为 LoginDialog。

④ 当完成后会自动跳转到"设计模式",对新添加的对话框进行设计。在界面上拖入一

个 Push Button，然后更改显示文本为 login mainwindow。为了实现单击这个按钮后可以关闭该对话框并显示主窗口，需要设置信号和槽的关联。单击设计模式上方的图标，或者按F4 键，便进入了信号和槽编辑模式。按住鼠标左键，从按钮上拖向界面。当放开鼠标后，会弹出配置连接对话框，这里选择 pushButton 的 clicked() 信号和 LoginDialog 的 accept() 槽并单击"确定"按钮，如图 9-13 所示。

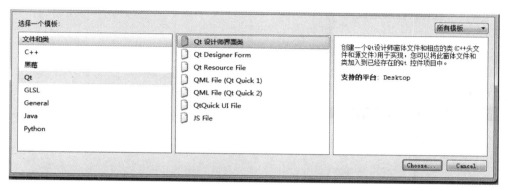

图 9-11　添加新文件

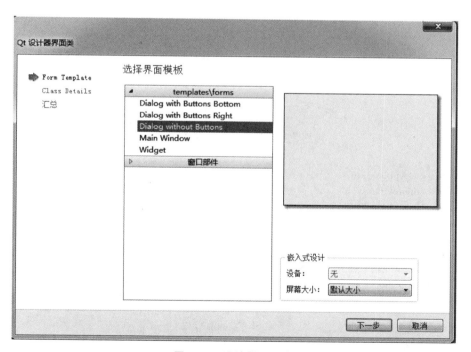

图 9-12　设计器界面类

⑤ 设置好信号和槽的关联后，界面如图 9-14 所示。

完成后，按 F3 键返回控件编辑模式。

4．使用自定义的对话框类

① 按 Ctrl＋2 键返回代码编辑模式，在这里打开 main.cpp 文件，添加代码：

图 9-13 信号和槽的配置连接

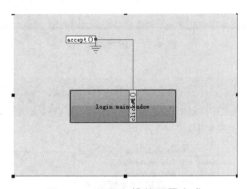

图 9-14 信号和槽的配置完成

```
# include < QApplication >
# include "mainwindow. h"
# include "logindialog. h"                      //添加头文件
int main(int argc, char * argv[])
{
    QApplication app(argc, argv);
    MainWindow kk;
    LoginDialog dlg;                            //建立自己新建的类的对象 dlg
    if(dlg.exec() == QDialog::Accepted) //利用 Accepted 返回值判断按钮是否被按下
    {
        kk.show();                              //如果被按下,显示主窗口
        return app.exec();                      //程序一直执行,直到主窗口关闭
    }
    else return 0;                              //如果没被按下,则不会进入主窗口,整个程序结束运行
}
```

在这里,先创建了 LoginDialog 类的对象 dlg,然后让 dlg 运行,即执行 exec()函数,并判断对话框的返回值。如果按下了登录按钮,那么返回值应该是 Accepted,这时就显示主窗口,并正常执行程序;如果没有按下登录按钮,那么就结束程序。

程序执行结果如图 9-15 所示。

图 9-15　程序执行结果

② 上面讲述了一种显示对话框的情况。下面再来讲述一种情况。打开 mainwindow. ui 文件进入设计模式,然后在按钮部件上右击并选择"转到槽"菜单,在弹出的"转到槽"对话框中选择 clicked()信号并按下"确定"按钮。这时会跳转到编辑模式 mainwindow. cpp 文件的 on_pushButton_clicked()函数处,这个就是自动生成的槽,它已经在 mainwindow. h 文件中进行了声明。只需要更改函数体即可。更改代码如下:

```
void MainWindow::on_pushButton_clicked()
{
    QDialog * dlg = new QDialog(this);
    dlg-> show();
}
```

这里创建了一个对话框对象,然后让其显示,这里的 this 参数表明这个对话框的父窗口是 MainWindow。注意,这里还需要添加 #include < QDialog >头文件。

9.5　Qt 数据库应用

视频讲解

Qt 中的 QtSQL 模块提供了对数据库的支持,该模块中的众多类基本上可以分为三层,分别是驱动层、SQL 接口层和用户接口层。其中驱动层为具体的数据库和 SQL 接口层之间提供了底层的桥梁;SQL 接口层提供了对数据库的访问,其中的 QSQLDatabase 类用来创建连接,QSQLQuery 类可以使用 SQL 语句来实现与数据库交互,其他类对该层提供了支持;用户接口层的几个类实现了将数据库中的数据链接到窗口部件上,这些类使用模型/视图(model/view)框架实现,它们是更高层次的抽象,即便不熟悉 SQL 也可以操作数据库。对应数据库部分的内容,可以在帮助中查看 SQL Programming 关键字。

9.5.1　数据库驱动

QtSQL 模块使用数据库驱动来和不同的数据库接口进行通信。由于 Qt 的 SQL 模型的接口是独立于数据库的,所以所有数据库特定的代码都包含在了这些驱动中。Qt 现在支持的数据库驱动如表 9-2 所示。

表 9-2　Qt 支持的数据库驱动

数据库驱动名称	对应 DBMS
QDB2	IBM DB2(版本 7.1 及以上)
QIBASE	Borland InterBase
QMYSQL	MySQL
QOCI	Oracle 调用接口驱动
QODBC	ODBC
QPSQL	PostgreSQL(版本 7.3 及以上)
QSQLITE2	SQLite2
QSQLITE	SQLite3
QTDS	Sybase 自适应服务器

需要说明的是,由于 GPL 许可证的兼容性问题,并不是这里列出的所有驱动插件都提供给了 Qt 的开源版本。

也可以通过代码来查看本机 Qt 支持的数据库。

① 新建 Qt console 应用,名称为 sqldriverscheck。

② 完成后将 sqldriverscheck. pro 项目文件中第一行代码更改为:

```
QT+= core sql
```

表明使用了 sql 模块。

③ 将 main. cpp 文件的内容更改如下:

```
# include < QCoreApplication >
# include < QSqlDatabase >
# include < QDebug >
# include < QStringList >
int main(int argc, char * argv[])
{
    QCoreApplication app(argc, argv);
    qDebug() << "Available drivers: ";
    QStringList drivers = QSqlDatabase::drivers();
    foreach(QString driver, drivers)
        qDebug() << driver;
    return app.exec();
}
```

这里先使用 drivers()函数获取了现在可用的数据库驱动,然后分别进行了输出。运行程序,结果如图 9-16 所示。

可见这台主机上 Qt 可实现对图 9-16 中 7 种数据库驱动的支持。接下来介绍 Qt 与 SQLite 数据库的连接。

图 9-16　测试机器的 Qt 数据库驱动

9.5.2　Qt 与 SQLite 数据库的连接

与 SQLite3 数据库连接的驱动程序是 QSQLITE。下面的这段代码中先创建了一个 SQLite 数据库的默认连接,设置数据库名称时使用了":memory:",表明这个是建立在内存中的数据库,程序结束即销毁。下面使用 open()函数将数据库打开,如果打开失败,则弹出提示对话框。最后使用 QSqlQuery 创建了一个 student 表,并插入了包含 id 和 name 两个属性的两条记录。其中,id 属性是 int 类型的,primary key 表明该属性是主键,它不能为空,且不能有重复的值;而 name 属性是 varchar 类型的,并且不大于 30 个字符。

```
QSqlDatabase db = QSqlDatabase::addDatabase("QSQLITE");
    db.setDatabaseName(":memory:");
    if (!db.open()) {
        QMessageBox::critical(0, qApp-> tr("Cannot open database"),
            qApp-> tr("Unable to establisha database connection."
                    ), QMessageBox::Cancel);
        return false;
    }
    QSqlQuery query;
    query.exec("create table student (id int primary key, "
                "name varchar(30))");

query.exec("insert into student values(0, 'first')");
    query.exec("insert into student values(1, 'second')");
```

数据库连接和表建立完毕后就可以进行查询等数据库操作了,如:

```
query.exec("SELECT * FROM student");
```

exec()方法执行后就可以对查询的结果集进行设置了。结果集就是查询到的所有记录的集合。在 QSqlQuery 类中提供了多个函数来操作这个集合,需要注意这个集合中的记录是从 0 开始编号的。最常用的操作有:
- seek(int n)　query 指向结果集的第 n 条记录。
- first()　query 指向结果集的第一条记录。
- last()　query 指向结果集的最后一条记录。
- next()　query 指向下一条记录,每执行一次该函数,便指向相邻的下一条记录。

> ➤ previous()　query 指向上一条记录,每执行一次该函数,便指向相邻的上一条记录。
> ➤ record()　获得现在指向的记录。
> ➤ value(int n)　获得属性的值。其中 n 表示查询的第 n 个属性,比如上面使用的 select * from student 就相当于 select id, name from student,那么 value(0) 返回 id 属性的值,value(1) 返回 name 属性的值。该函数返回 QVariant 类型的数据,关于该类型与其他类型的对应关系,可以在帮助中查看 QVariant。
> ➤ at()　获得现在 query 指向的记录在结果集中的编号。

9.5.3　SQL 模型

除了 QSqlQuery 类外,Qt 还提供了 3 种用于访问数据库的高层 SQL 模型,如表 9-3 所示。Qt 中使用了这些模型来避免使用 SQL 语句,为用户提供了更简便的可视化数据库操作及数据显示模型,有效地减轻了开发工作量。

表 9-3　SQL 模型

类　　名	用　　途
QSqlQueryModel	基于任意 SQL 语句的只读模型
QSqlTableModel	基于单个表的读/写模型
QSqlReltionalTableModel	QSqlTableModel 的子类,增加了外键支持

这 3 个模型在不涉及数据库的图形表示时可以单独使用,进行数据库操作。同时也可以作为数据源映射到 QListView 和 QTableView 等基于视图模式的 Qt 类中表示出来。

用户可以根据自己的需要来选择使用哪个模型。如果熟悉 SQL 语法,又不需要将所有的数据都显示出来,那么只需要使用 QSqlQuery 就可以了。对于 QSqlTableModel,它主要是用来显示一个单独的表格的,而 QSqlQueryModel 可以用来显示任意一个结果集。QSqlRelationalTableModel 继承自 QSqlTableModel,并且对其进行了扩展。

接下来的描述 SQL 模型的 3 个例子都用到了头文件 Connection.h,源代码如下:

```
#ifndef CONNECTION_H
#define CONNECTION_H
#include < QMessageBox >
#include < QSqlDatabase >
#include < QSqlError >
#include < QSqlQuery >
static bool createConnection()
{
    QSqlDatabase db = QSqlDatabase::addDatabase("QSQLITE");
    db.setDatabaseName(": memory: ");
    if (!db.open()) {
        QMessageBox::critical(0, qApp-> tr("Cannot open database"),
            qApp-> tr("Unable to establish a database connection.\n"
                "This example needs SQLite support. Please read "
                "the Qt SQL driver documentation for information how "
                "to build it.\n\n"
                "Click Cancel to exit."), QMessageBox::Cancel);
```

```
            return false;
        }
        QSqlQuery query;
        query.exec("create table person (id int primary key, "
                    "firstname varchar(20), lastname varchar(20))");
        query.exec("insert into person values(101, 'Danny', 'Young')");
        query.exec("insert into person values(102, 'Christine', 'Holand')");
        query.exec("insert into person values(103, 'Lars', 'Gordon')");
        query.exec("insert into person values(104, 'Roberto', 'Robitaille')");
        query.exec("insert into person values(105, 'Maria', 'Papadopoulos')");
        query.exec("create table items (id int primary key,"
                                        "imagefile int,"
                                        "itemtype varchar(20),"
                                        "description varchar(100))");
        query.exec("insert into items "
                    "values(0, 0, 'Qt',"
                    "'Qt is a full development framework with tools designed to "
                    "streamline the creation of stunning applications and "
                    "amazing user interfaces for desktop, embedded and mobile "
                    "platforms.')");
        query.exec("insert into items "
                    "values(1, 1, 'Qt Quick',"
                    "'Qt Quick is a collection of techniques designed to help "
                    "developers create intuitive, modern-looking, and fluid "
                    "user interfaces using a CSS & JavaScript like language.')");
        query.exec("insert into items "
                    "values(2, 2, 'Qt Creator',"
                    "'Qt Creator is a powerful cross-platform integrated "
                    "development environment (IDE), including UI design tools "
                    "and on-device debugging.')");
        query.exec("insert into items "
                    "values(3, 3, 'Qt Project',"
                    "'The Qt Project governs the open source development of Qt, "
                    "allowing anyone wanting to contribute to join the effort "
                    "through a meritocratic structure of approvers and "
                    "maintainers.')");
        query.exec("create table images (itemid int, file varchar(20))");
        query.exec("insert into images values(0, 'images/qt-logo.png')");
        query.exec("insert into images values(1, 'images/qt-quick.png')");
        query.exec("insert into images values(2, 'images/qt-creator.png')");
        query.exec("insert into images values(3, 'images/qt-project.png')");
        return true;
    }
#endif
```

在该头文件中创建了 QSQLITE 型数据库 db，并建立了含有 3 个属性的 person 表，其主键为 ID，然后插入了 5 条记录。

1. QSqlQueryMdoel

QSqlQueryMdoel 模型是基于任意 SQL 语句的只读模型。下面的源代码中新建了

QSqlQueryModel 类对象 plainModel,在 initializeModel 函数中用 setQuery()函数执行了
SQL 语句("select * from person");用来查询整个 person 表的内容,可以看到,该类并没
有完全避免 SQL 语句。然后设置了表中属性显示时的名字。最后建立了一个视图
createView,并将这个 model 模型关联到视图中,这样数据库中的数据就能在窗口上的表中
显示出来了。主要源代码均在 Main.cpp 中,如下所示:

```cpp
# include < QtWidgets >
# include "../connection.h"
void initializeModel(QSqlQueryModel * model)
{
    model-> setQuery("select * from person");
    model-> setHeaderData(0, Qt::Horizontal, QObject::tr("ID"));
    model-> setHeaderData(1, Qt::Horizontal, QObject::tr("First name"));
    model-> setHeaderData(2, Qt::Horizontal, QObject::tr("Last name"));
}
QTableView * createView(QSqlQueryModel * model, const QString & title = "")
{
    QTableView * view = new QTableView;
    view-> setModel(model);
    static int offset = 0;
    view-> setWindowTitle(title);
    view-> move(100 + offset, 100 + offset);
    offset += 20;
    view-> show();
    return view;
}
int main(int argc, char * argv[])
{
    QApplication app(argc, argv);
    if (!createConnection())
        return 1;
    QSqlQueryModel plainModel;
    initializeModel(&plainModel);
    createView(&plainModel, QObject::tr("Plain Query Model"));
    return app.exec();
}
```

运行程序,结果如图 9-17 所示。

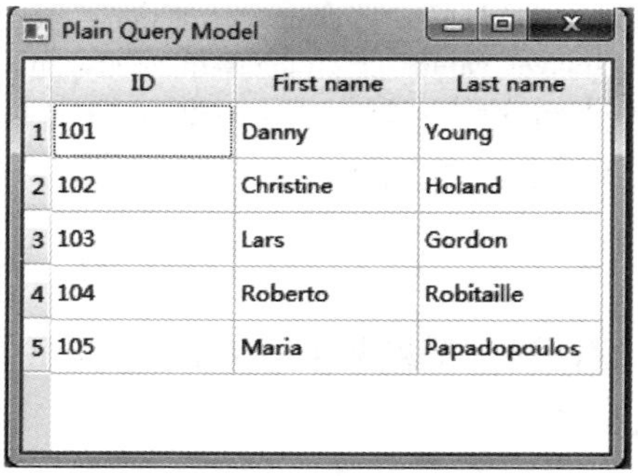

	ID	First name	Last name
1	101	Danny	Young
2	102	Christine	Holand
3	103	Lars	Gordon
4	104	Roberto	Robitaille
5	105	Maria	Papadopoulos

图 9-17　程序执行结果

2. QSqlTableModel

QSqlTableModel 是基于单个表的可读可写模型。下面的源代码中创建了一个 QSqlTableModel 后,在 initializeModel 函数中只需使用 setTable() 来为其指定数据库表,然后使用 select() 函数进行查询,调用这两个函数就等价于执行了 select * from student 这个 SQL 语句。这里还可以使用 setFilter() 来指定查询时的条件。然后建立了一个视图 createView ,并将这个 model 模型关联到视图中,这样数据库中的数据就能在窗口上的表中显示出来了。源代码如下所示:

```cpp
Tablemodel.cpp
#include < QtWidgets >
#include < QtSql >
#include "../connection.h"
void initializeModel(QSqlTableModel * model)
{
    model-> setTable("person");
    model-> setEditStrategy(QSqlTableModel:: OnManualSubmit);
    model-> select();

    model-> setHeaderData(0, Qt:: Horizontal, QObject:: tr("ID"));
    model-> setHeaderData(1, Qt:: Horizontal, QObject:: tr("First name"));
    model-> setHeaderData(2, Qt:: Horizontal, QObject:: tr("Last name"));
}
QTableView * createView(QSqlTableModel * model, const QString & title = "")
{
    QTableView * view = new QTableView;
    view-> setModel(model);
    view-> setWindowTitle(title);
    return view;
}
int main(int argc, char * argv[])
{
    QApplication app(argc, argv);
    if (!createConnection())
        return 1;
    QSqlTableModel model;
    initializeModel(&model);
    QTableView * view1 = createView(&model, QObject:: tr("Table Model (View 1)"));
    QTableView * view2 = createView(&model, QObject:: tr("Table Model (View 2)"));
    view1-> show();
    view2-> move(view1-> x() + view1-> width() + 20, view1-> y());
    view2-> show();
    return app.exec();
}
```

运行程序,结果如图 9-18 所示。

可以看到,这个模型已经完全脱离了 SQL 语句,只需要执行 select() 函数就能查询整张表。同时本例中创建了两个视图 view1 和 view2,两个视图在记录上的操作保持同步。

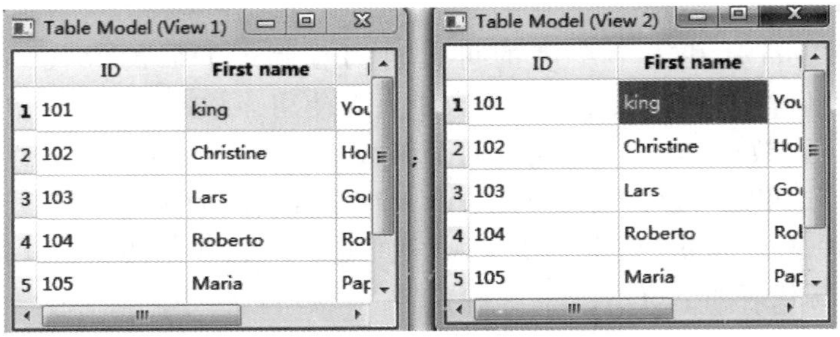

图 9-18　程序执行结果

3. QSqlRelationalTableModel

QSqlRelationalTableModel 继承自 QSqlTableModel,并且对其进行了扩展,提供了对外键的支持。源代码如下所示:

```cpp
Relationaltablemodel.cpp
# include < QtWidgets >
# include < QtSql >
# include "../connection.h"
void initializeModel(QSqlRelationalTableModel * model)
{
//! [0]
    model-> setTable("employee");
//! [0]
    model-> setEditStrategy(QSqlTableModel:: OnManualSubmit);
//! [1]
    model-> setRelation(2, QSqlRelation("city", "id", "name"));
//! [1] //! [2]
    model-> setRelation(3, QSqlRelation("country", "id", "name"));
//! [2]
//! [3]
    model-> setHeaderData(0, Qt:: Horizontal, QObject:: tr("ID"));
    model-> setHeaderData(1, Qt:: Horizontal, QObject:: tr("Name"));
    model-> setHeaderData(2, Qt:: Horizontal, QObject:: tr("City"));
    model-> setHeaderData(3, Qt:: Horizontal, QObject:: tr("Country"));
//! [3]
    model-> select();
}
QTableView * createView(const QString & title, QSqlTableModel * model)
{
//! [4]
    QTableView * view = new QTableView;
    view-> setModel(model);
    view-> setItemDelegate(new QSqlRelationalDelegate(view));
//! [4]
    view-> setWindowTitle(title);
    return view;
```

```
}
void createRelationalTables()
{
    QSqlQuery query;
    query.exec("create table employee(id int primary key, name varchar(20), city int, country
int)");
    query.exec("insert into employee values(1, 'Espen', 5000, 47)");
    query.exec("insert into employee values(2, 'Harald', 80000, 49)");
    query.exec("insert into employee values(3, 'Sam', 100, 1)");
    query.exec("create table city(id int, name varchar(20))");
    query.exec("insert into city values(100, 'San Jose')");
    query.exec("insert into city values(5000, 'Oslo')");
    query.exec("insert into city values(80000, 'Munich')");
    query.exec("create table country(id int, name varchar(20))");
    query.exec("insert into country values(1, 'USA')");
    query.exec("insert into country values(47, 'Norway')");
    query.exec("insert into country values(49, 'Germany')");
}

int main(int argc, char * argv[])
{
    QApplication app(argc, argv);
    if (!createConnection())
        return 1;
    createRelationalTables();
    QSqlRelationalTableModel model;
    initializeModel(&model);
    QTableView * view = createView(QObject::tr("Relational Table Model"), &model);
    view->show();
    return app.exec();
}
```

在源代码中建立了 3 个表：employee、city、country 表。employee 表主键为 int 型 id。这与关联表 city 和 country 表的 id 类型相同。这样通过外键建立起了关系，并在视图中关联显示。该模型为可读可写模型，提供了如 combo box 的组件对已存在的记录可进行选择应用的功能。

运行程序，结果如图 9-19 所示。

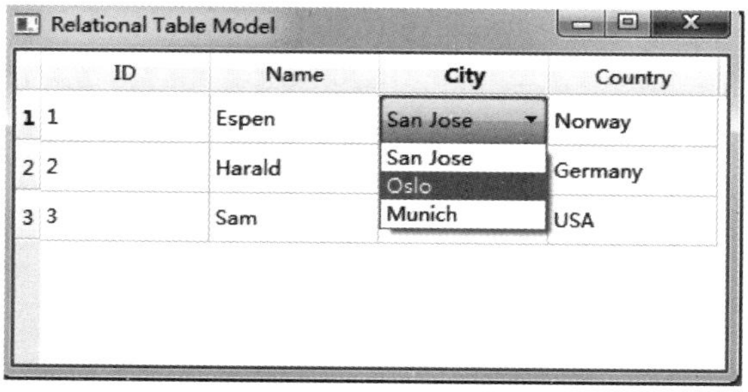

图 9-19　程序执行结果

9.6　本章小结

　　Qt 5 是功能强大的新一代图形界面设计程序。Qt 5 包含众多的模块、工具和插件,可以完成不同领域不同目的的设计要求。限于篇幅,本章只对基本的 Qt 程序设计方法展开阐述,并对 Qt 与数据库相关的知识予以介绍。更多的信息可以查阅官网和联机帮助文档得到。值得注意的是,Qt 对初学者在 Qt Creator 的"欢迎界面"中提供了视频演示材料。

　　【本章思政案例:创新精神】　详情请见本书配套资源。

习题

　　1. 从网上下载 Qt 5 源代码,参考本章内容进行 Linux 下的安装及测试。

　　2. 从网上下载 Qt 5 源代码,参考本章内容进行 Windows 下的安装及测试。

　　3. 编写 Qt 5 程序,在 mainwindow 上建立一个"显示"按钮,单击该按钮后,在静态文本框中显示"这就是一个演示程序"。

　　4. 阅读 example 中关于 SQL 的例子,体会模型/视图的使用方法。

第10章 SQLite数据库

　　随着计算环境的发展,数据库系统的发展也经历了集中式数据库系统、分布式数据库系统、多层结构数据库系统的发展过程,直至发展为现在的嵌入式数据库系统。当前,采用标准的关系数据模型和数据同步与复制技术的嵌入式数据库系统已成为了数据库领域的新焦点。

　　一般来说,嵌入式数据库系统可以从体系结构方面来描述。嵌入式数据库系统是指支持移动计算或某种特定计算模式的数据库管理系统,它通常与操作系统和具体应用集成在一起,运行在智能型嵌入式设备或移动设备上。由于嵌入式数据库系统很多时候与移动计算相结合,所以通常情况下嵌入式数据库也被称为嵌入式移动数据库。嵌入式数据库技术涉及数据库、分布式计算、普适计算以及移动通信等多个学科领域,已经成为分布式数据库系统的一个新的研究方向。

　　归纳起来,嵌入式数据库系统具备了如下主要特点。

　　① 嵌入性。嵌入性是嵌入式数据库系统最基本的特性。嵌入式数据库不仅可以嵌入其他的软件当中,也可以嵌入其他的硬件设备当中。只有具备了嵌入性的数据库系统,才能够第一时间得到系统的资源,对系统的请求在第一时间内做出适当的响应。

　　② 移植性。移植性在嵌入式场合显得尤为重要。由于嵌入式系统的应用领域非常广泛,所采用的嵌入式操作系统和软硬件环境也各不相同,为了能适应各种差异性,嵌入式数据库管理系统和嵌入式数据库必须具有一定的可移植性,供用户根据需要选择合适的系统和环境。

　　③ 安全性。许多应用领域中的嵌入式设备是系统中数据管理和处理的关键设备,因此嵌入式设备上的数据库系统对存取权限的控制比较严格。同时,某些数据的个人隐私性很高,因此在防止碰撞、电磁干扰、遗失、盗窃等对个人数据安全构成威胁的情况下需要为用户数据提供充分的安全性保证。

　　④ 实时性。如果系统所嵌入的某种移动设备支持实时应用,则嵌入式数据库系统还要考虑实时处理的要求。这是因为设备的移动性,如果应用请求的处理时间过长,任务就可能在执行完成后得到无效的逻辑结果,使得有效性大大降低。因此,处理的及时性和正确性同等重要。

　　⑤ 可靠性。正如嵌入式数据库系统安全性中提到,嵌入式设备是系统中数据管理和处理的关键设备,许多嵌入式设备具有较高的移动性、便携性和非固定的工作环境,而且无法得到信息技术支持人员的现场技术支持,因此嵌入式数据库系统必须具备高度的可靠性。

　　⑥ 主动性。传统的数据库系统是"被动的",因为仅当用户或者应用程序控制使用它

时,它才会对现存信息做出相应的处理和响应。而"主动的"数据库系统能够主动监视当前信息,推断当前尚不存在的、未来的状态的出现。一旦这些状态出现,系统将会启动相应的活动以响应该状态。

嵌入式数据库的分类方法很多,根据其嵌入的对象不同分为面向软件的嵌入式数据库、面向设备的嵌入式数据库、内存数据库等,也可以根据其应用的不同分为普通嵌入式数据库、嵌入式移动数据库、小型架构数据库等。

面向软件的嵌入式数据库是将数据库作为组件嵌入其他的软件系统中,一般用在对数据库的安全性、稳定性和速度要求比较高的系统中。这种结构的数据库对系统资源消耗较低,使用户不用花费额外的开销去维护数据库,用户甚至感觉不到数据的存在。

面向设备的嵌入式数据库是将关系型数据库嵌入设备当中,作为设备数据处理的核心组件。这种场合要求数据库有很高的实时性和稳定性,一般运行在实时性非常高的操作系统当中。

内存数据库直接在内存上运行,数据处理更加高速,不过安全性能比较低,需要采取额外的手段来进行安全性的保障。

嵌入式移动数据库支持移动计算或某种特定的计算模式,它通常与操作系统以及具体应用集成在一起,运行在智能型嵌入式设备或移动设备上。

小型数据库其实是企业级数据库的一个缩小版,裁剪缩小以后的数据库可以在一些实时性要求不高的设备上运行。它只和操作系统有关,一般只支持常见的移动操作系统,如Linux 等。

嵌入式数据库是应用于嵌入式产品的数据库系统。随着嵌入式系统的广泛应用和用户对数据处理和管理需求的不断提高,各种智能设备和数据库技术的紧密结合已经得到了各方面的重视,并且已经广泛应用到航空电子设备、金融信息管理、导航定位服务、工业控制、智能卡、医药信息系统等众多领域。纵观目前国内外嵌入式数据库的应用情况,基于嵌入式数据库应用的市场已经进入加速发展的阶段。

10.1　SQLite 数据库概述

10.1.1　基于 Linux 平台的嵌入式数据库概述

视频讲解

基于 Linux 平台的数据库非常多,大型的商用数据库有 Oracle、Sybase、Informix、IBM DB2 等;中小型的更是不胜枚举,最常见的几种是 PostgreSQL、MySQL、mSQL、Berkeley DB 和 SQLite 数据库。

PostgreSQL 是世界上最优秀的开放源码的数据库之一,是完全免费的数据库,无须任何版权费用和购买费。因此它成为许多 Linux 发行版本的首选,例如 RHEL、TurboLinux 都预装了 PostgreSQL。PostgreSQL 兼容性很强,针对 SQL-92 兼容的目标移植 PostgreSQL 非常简单和快捷。

MySQL 是多用户、多进程的 SQL 数据库系统。MySQL 既能够作为一个单独的应用程序应用在客户端服务器网络环境中,也能够作为一个库而嵌入其他的软件中。使用 C 和 C++编写,并使用了多种编译器进行测试,保证了源代码的可移植性。MySQL 为多种编程语言提供了 API。支持多线程,充分利用 CPU 资源。MySQL 软件采用了双授权政策,它分为社区版和商业版,由于其体积小、速度快、总体拥有成本低,尤其是开放源码这一特点,一般中小型网站的开发常选择 MySQL 作为网站数据库。

　　mSQL 是一个单用户数据库管理系统。mSQL 具有"短小精悍"的特点,非常受互联网用户青睐。mSQL 并非是完全的自由软件,需要支付费用注册获得正式商业应用版权。

　　Berkeley DB 是一个开放源代码的嵌入式数据库管理系统,能够为应用程序提供高性能的数据管理服务。Berkeley DB 数据库程序员只需要调用一些简单的 API 就可以完成对数据的访问和管理。与常用的数据库管理系统(如 MySQL 和 Oracle 等)有所不同,在 Berkeley DB 中并没有数据库服务器的概念。应用程序不需要事先同数据库服务建立起网络连接,而是通过内嵌在程序中的 Berkeley DB 函数库来完成对数据的保存、查询、修改和删除等操作。

　　SQLite 是一个十分优秀的嵌入式数据库系统。SQLite 支持绝大多数标准的 SQL-92 语句,采用单文件存放数据库,速度优于 MySQL。在操作语句上更类似关系型数据库的产品使用。在 PHP5 中已经集成了 SQLite 的嵌入式数据库产品。SQLite 也被用于很多航空电子设备、建模和仿真程序、工业控制、智能卡、决策支持包、医药信息系统等。

　　SQLite 简单易用,同时提供了丰富的数据库接口。它的设计思想是小型、快速和最小化的管理。这对于需要一个数据库用于存储数据但又不想花太多时间来调整数据性能的开发人员很适用。实际上,在很多情况下嵌入式系统的数据管理并不需要存储程序或复杂的表之间的关联。SQLite 在数据库容量大小和管理功能之间找到了理想的平衡点。而且 SQLite 的版权允许无任何限制的应用,包括商业性的产品。完全的开源代码这一特点更使其可以称得上是理想的"嵌入式数据库"。

视频讲解

　　各开源数据库性能对如表 10-1 所示。

表 10-1　开源数据库性能对比

产品名称	速度	稳定性	数据库容量	SQL 支持	Win32 平台下最小体积	数据操纵
SQLite	最快	好	2TB	大部分 SQL-92	374KB	SQL
Berkeley DB	快	好	256TB	不支持	840KB	仅应用程序接口
Firebird 嵌入式服务器版	快	好	64TB	完全 SQL-92 与大部分 SQL-99	3.68MB	SQL
SQL CE	慢	好	4GB	完全 SQL-92	3MB	SQL

　　本章主要介绍 SQLite 数据库。目前 SQLite 已经进入 SQLite 3 版本。

10.1.2　SQLite 的特点

视频讲解

　　SQLite 是一个开源的、内嵌式的关系型数据库。它是 D. Richard Hipp 采用 C 语言开发出来的完全独立的,不具有外部依赖性的嵌入式数据库引擎。SQLite 第一个版本发布于 2000 年 5 月,在便携性、易用性、紧凑性、有效性和可靠性方面有突出的表现。

　　SQLite 能够运行在 Windows、Linux、UNIX、Android 等各种操作系统,同时支持多种编程语言如 Java、PHP、Tcl、Python 等。SQLite 主要特点有:

> ➢ 支持 ACID 事务。
> ➢ 零配置,即无须安装和管理配置。
> ➢ 存储在单一磁盘文件中的一个完整的数据库。
> ➢ 数据文件可在不同字节顺序的机器间自由共享。
> ➢ 支持数据库容量至 2TB。
> ➢ 程序体积小,全部 C 语言代码约 3 万行(核心软件,包括库和工具),250KB 大小。
> ➢ 相对于目前其他嵌入式数据库具有更快捷的数据操作。
> ➢ 支持事务功能和并发处理。
> ➢ 程序完全独立,不具有外部依赖性。
> ➢ 支持多种硬件平台,如 ARM/Linux、SPARC/Solaris 等。

视频讲解

10.1.3 SQLite 的体系结构

SQLite 拥有一个模块化的体系结构,并引进了一些独特的方法进行关系型数据库的管理。它由被组织在 3 个子系统中的 8 个独立的模块组成,如图 10-1 所示。

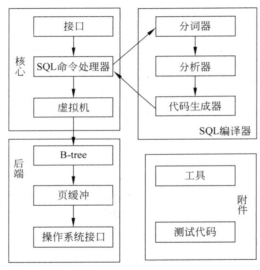

图 10-1 SQLite 的体系结构

如图 10-1 所示,SQLite 主要由 core(核心)、backend(后端)和 accessories(附件)3 个子系统组成。

核心子系统由接口、SQL 命令处理器和虚拟机组成。接口(Interface)由 SQLite C API组成,即无论是程序、脚本语言还是库文件,最终都是通过接口与 SQLite 交互的,如 ODBC/JDBC 最后也会转化为相应 C API 的调用。SQL 命令处理器的处理过程从分词器(Tokenizer)和分析器(Parser)开始。它们协作处理文本形式的 SQL 语句,分析其语法有效性,转化为底层能更方便处理的层次数据结构——语法树,然后把语法树传给代码生成器(code generator)进行处理。SQLite 分词器的代码是手工编写的,分析器代码是由 SQLite定制的分析器生成器(称为 Lemon)生成的。一旦 SQL 语句被分解为串值并组织到语法树中,分析器就将该树下传给代码生成器进行处理。而代码生成器根据它生成一种 SQLite 专用的汇编代码,最后由虚拟机(Virtual Machine)执行。SQLite 架构中最核心的部分是虚拟机,或者叫作虚拟数据库引擎(Virtual DataBase Engine,VDBE)。它和 Java 虚拟机相似,解释执行字节代码。虚拟机的字节代码(称为虚拟机语言)由 128 个操作码(opcodes)构成,主要是进行数据库操作。它的每一条指令或者用来完成特定的数据库操作(如打开一个表的游标、开始一个事务等),或者为完成这些操作做准备。总之,所有的这些指令都是为了满足 SQL 命令的要求。虚拟机的指令集能满足任何复杂 SQL 命令的要求。所有的 SQLite SQL 语句——从选择和修改记录到创建表、视图和索引——都是首先编译成此种虚拟机语言,组成一个独立程序,定义如何完成给定的命令。

后端子系统由 B-tree、页缓冲(page cache,pager)和操作系统接口(即系统调用)构成。B-tree 和页缓冲共同对数据进行管理。它们操作的是数据库页,这些页具有相同的大小,就像集装箱。页里面的大量信息包括记录、字段和索引入口等。B-tree 和页缓冲都无须信息的具体内容,只负责"运输"这些页,不关心这些页里面是什么。

B-tree 的主要功能就是索引,它维护着各个页之间的复杂的关系,便于快速找到所需数据。为查询而高度优化的 B-tree 把页组织成树结构。页缓冲为 B-tree 服务,为它提供页。pager 的主要作用就是通过操作系统接口在 B-tree 和磁盘之间传递页。由于磁盘操作是计算机较慢的处理操作,因此页缓冲为提高速度采用的方法是把经常使用的页存放到内存当中的页缓冲区里,从而尽量减少操作磁盘的次数。它使用特殊的算法来预测下面要使用哪些页,从而使 B-tree 能够更快地工作。

附件部分由工具和测试代码(Utilities and Test Code)组成。工具模块中包含各种各样的实用功能,还有一些如内存分配、字符串比较、Unicode 转换之类的公共服务也在工具模块中。工具模块被很多其他模块调用和共享。测试模块中包含了大量的回归测试语句,用来检查数据库代码的每个细微角落。这个模块是 SQLite 性能如此可靠的原因之一。

10.2　SQLite 安装

视频讲解

SQLite 网站(www.sqlite.org)同时提供 SQLite 的已编译版本和源程序。编译版本可同时适用于 Windows 和 Linux。

有几种形式的二进制包供选择,以适应 SQLite 的不同使用方式,包括静态链接的命令行程序(CLP)、SQLite 动态链接库(DLL)和 Tcl 扩展。

SQLite 源代码以两种形式提供,以适应不同的平台。一种为了在 Windows 下编译,另一种为了在 POSIX 平台(如 Linux、BSD、Solaris)下编译,这两种形式下源代码本身是没有差别的。值得注意的是,在一些发行版的 Linux 中可以通过系统携带的命令完成 SQLite 的安装,如在 Ubuntu 中可以简单地通过 sudo apt-get install sqlite3 来安装。下面介绍通过源码编译的方法来移植到 ARM 的平台上。首先下载源代码,在官方的 download 页面上有最新的下载。如本书下载的版本为 sqlite-autoconf-3081001.tar.gz。

解压源代码并编译,如下:

```
# tar xf sqlite-autoconf-3081001.tar.gz
# mv sqlite-autoconf-3081001 sqlite
```

```
# sqlite $ mkdir install
# ./configure--prefix=/home/work/proj4/sqlite/install--host=arm-linux
# make
# make install
# arm-linux-strip install/bin/sqlite3
```

编译和安装完后,在工作目录/home/work/proj4/sqlite/install 中会生成 4 个目标文件夹,分别是 bin、include、lib 和 share。然后分别将 bin 下的文件下载到开发板的/usr/bin 目录中,lib 下的所有文件下载到开发板的/lib 目录中即可。include 目录下是 sqlite 的 C 语言 API 的头文件,编程时会用到,把 include 目录下文件复制到交叉编译器的 include 目录下。这其中主要用到的文件有. /bin/sqlite3、./include/sqlite3. h 以及./lib/下的库文件。

bin 文件夹下的 sqlite3 是 SQLite 可执行应用程序,下载到 ARM 开发板 Linux 系统下的/bin 目录或者/usr/bin 目录下并添加文件可执行权限。在 ARM 开发板 Linux 系统命令行下执行: # chmod +x sqlite3。

进入 SQLite 命令行,可以实现对数据库的管理。

```
# ./sqlite3
SQLite version 3.8.10.1 2015-05-09 12: 14: 55
Enter ".help" for usage hints.
Connected to a transient in-memory database.
Use ".open FILENAME" to reopen on a persistent database.
sqlite >
```

. /lib/文件夹下是有关 SQLite 的静态链接库和动态链接库。

```
# ls lib/ libsqlite3. a libsqlite3. la libsqlite3. so libsqlite3. so. 0 libsqlite3. so. 0.8.6 pkgconfig
```

其中,libsqlite3. so 和 libsqlite3. so. 0 都是 libsqlite3. so. 0.8.6 的软链接文件。真正需要下载到 ARM 开发板目录/lib 下的动态库是 libsqlite3. so. 0.8.6。下载到 ARM 开发板后还需对它建立软链接文件。

复制 sqlite3:

```
[root@FriendlyARM work] # tftp-g-r proj4/bin/sqlite3 192.168.0.119
proj4/bin/sqlite3 100% | * * * * * * * * * * * * * * * * * * * * * * * * * * * * * * * |
681k--:--:-- ETA
[root@FriendlyARM work] # chmod +x sqlite3
[root@FriendlyARM work] # ./sqlite3
SQLite version 3.8.10.1 2015-05-09 12: 14: 55
Enter ".help" for usage hints.
Connected to a transient in-memory database.
Use ".open FILENAME" to reopen on a persistent database.
sqlite >
```

按 Ctrl+D 键退出。
复制 sqlite3 库文件:

```
[root@FriendlyARM work]# tftp-g-r proj4/lib/libsqlite3.a 192.168.0.119
proj4/lib/libsqlite3 100% | * * * * * * * * * * * * * * * * * * * * * * * * *
| 2654k--:--:-- ETA
[root@FriendlyARM work]# tftp-g-r proj4/lib/libsqlite3.la 192.168.0.119
proj4/lib/libsqlite3 100% | * * * * * * * * * * * * * * * * * * * * * * * * *
| 1024 --:--:-- ETA
[root@FriendlyARM work]# tftp-g-r proj4/lib/libsqlite3.so.0.8.6 192.168.0.119
proj4/lib/libsqlite3 100% | * * * * * * * * * * * * * * * * * * * * * * * * *
| 2292k--:--:-- ETA
[root@FriendlyARM work]# cp libsqlite3.* /lib
[root@FriendlyARM work]# cd /lib/
[root@FriendlyARM /lib]# ln-s libsqlite3.so.0.8.6 libsqlite3.so
[root@FriendlyARM /lib]# ln-s libsqlite3.so.0.8.6 libsqlite3.so.0
```

到此,SQLite 的移植工作已经完成,完成后应编写测试程序进行相关测试,以便对移植工作进行评估。

10.3　SQLite 的常用命令

启动 SQLite3 程序,仅仅需要输入带有 SQLite 数据库名字的 sqlite3 命令即可。如果文件不存在,则创建一个新的数据库文件。然后 SQLite3 程序将提示输入 SQL,输入 SQL 语句(以分号“;”结束)并按回车键之后,SQL 语句就会执行。

例如,创建一个名字为 test 的 SQLite 数据库,如下:

```
sqlite3 test
SQLite version 3.7.14
Enter ".help" for instructions
sqlite>
```

用户可以在任何时候输入.help,列出可用的命令。

表 10-2 列出了 SQLite 的常用命令。

表 10-2　SQLite 的常用命令及说明

命　　令	说　　明
.backup ? DB? FILE	备份 DB 数据库(默认是 main)到 FILE 文件
.bail ON|OFF	发生错误后停止。默认为 OFF
.databases	列出附加数据库的名称和文件
.dump ? TABLE?	以 SQL 文本格式转储数据库。如果指定了 TABLE 表,则只转储匹配 LIKE 模式的 TABLE 表
.echo ON|OFF	开启或关闭 echo 命令
.exit	退出 SQLite 提示符
.explain ON|OFF	开启或关闭适合于 EXPLAIN 的输出模式。如果没有带参数,则为 EXPLAIN on,即开启 EXPLAIN
.header(s) ON|OFF	开启或关闭头部显示
.help	显示帮助消息

续表

命 令	说 明
.import FILE TABLE	导入来自 FILE 文件的数据到 TABLE 表中
.indices ? TABLE?	显示所有索引的名称。如果指定了 TABLE 表,则只显示匹配 LIKE 模式的 TABLE 表的索引
.load FILE ? ENTRY?	加载一个扩展库
.log FILE|off	开启或关闭日志。FILE 文件可以是 stderr(标准错误)/stdout(标准输出)
.mode MODE	设置输出模式,MODE 可以是下列之一: ➤ csv 逗号分隔的值 ➤ column 左对齐的列 ➤ html HTML 的< table >代码 ➤ insert TABLE 表的 SQL 插入(insert)语句 ➤ line 每行一个值 ➤ list 由 .separator 字符串分隔的值 ➤ tabs 由 Tab 分隔的值 ➤ tcl Tcl 列表元素
.nullvalue STRING	在 NULL 值的地方输出 STRING 字符串
.output FILENAME	发送输出到 FILENAME 文件
.output stdout	发送输出到屏幕
.print STRING	逐字地输出 STRING 字符串
.prompt MAIN CONTINUE	替换标准提示符
.quit	退出 SQLite 提示符
.read FILENAME	执行 FILENAME 文件中的 SQL
.schema ? TABLE?	显示 CREATE 语句。如果指定了 TABLE 表,则只显示匹配 LIKE 模式的 TABLE 表
.separator STRING	改变输出模式和 .import 所使用的分隔符
.show	显示各种设置的当前值
.stats ON|OFF	开启或关闭统计
.tables ? PATTERN?	列出匹配 LIKE 模式的表的名称
.timeout MS	尝试打开锁定的表 MS(微秒)
.width NUM NUM	为 column 模式设置列宽度
.timer ON|OFF	开启或关闭 CPU 定时器测量

值得注意的是,确保 sqlite>提示符与点命令之间没有空格,否则将无法正常工作。

10.4　SQLite 的数据类型

SQLite 与其他数据库最大不同是它对数据类型的支持,其他常见数据库支持强类型的数据,即必须指定每一列具体的、严格的数据类型。但 SQLite 采用的是弱类型的数据,弱类型变量随需要改变。SQLite 3.0 及以后版本支持更多的数据类型。每个数据值本身的数据类型可以是下列 5 种类型对象之一。

① NULL　空值。

② INTEGER　整型,根据大小使用 1、2、3、4、6、8 字节来存储。

③ REAL　浮点型,用来存储 8 字节的 IEEE 浮点。

④ TEXT　文本字符串,使用 UTF-8、UTF-16、UTF-32 等保存数据。

⑤ BLOB(Binary Large Objects)　二进制类型,按照二进制存储,不做任何改变。

需要注意的是,实际上,SQLite3 也接受如下的数据类型,如表 10-3 所示。

表 10-3　SQLite3 接受的数据类型(扩展)

数 据 类 型	说　　明
smallint	16 位元的整数
interger	32 位元的整数
decimal(p,s)	精确值 p 是指全部有几个数(digits)大小值,s 是指小数点后有几位数。 如未特别指定,则默认设为 p=5; s=0
float	32 位元的实数
double	64 位元的实数
char(n)	n 长度的字串,n 不能超过 254
varchar(n)	长度不固定且其最大长度为 n 的字串,n 不能超过 4000
graphic(n)	类似 char(n) ,但其单位是两个字元(double-bytes),n 不能超过 127
vargraphic(n)	可变长度且其最大长度为 n 的双字元字串,n 不能超过 2000
date	包含年份、月份、日期
time	包含小时、分钟、秒

为了增强 SQLite 数据库和其他数据库列类型的兼容性,SQLite 支持列的“类型亲和性”。列的亲和性是为该列所存储的数据建议一个类型(注意是建议而不是指定)。对于某些列,如果给出了建议类型,数据库将按建议的类型先转换再存储,这个被优先使用的数据类型则被称为“亲和类型”。

在 SQLite 3.0 版中数据库中的列类型有 5 种类型亲和性:文本类型、数字类型、整数类型、浮点类型、NULL 无类型。

① 一个具有文本类型亲和性的列,可以使用 NULL、TEXT、BLOB 值类型存储数据。如数字数据被插入一个具有文本类型亲和性的列,在存储之前数字将被转换成文本。

② 一个具有数字类型亲和性的列,可以使用 NULL、INTEGER、REAL、TEXT、BLOB 5 种值类型保存数据。如一个文本类型数据被插入一个具有数字类型亲和性的列,在存储之前将被转变成整型或浮点型。

③ 一个具有整数类型亲和性的列,在转换方面和具有数字亲和性的列是相同的,但也有些区别,如浮点型的值,将被转换成整型。

④ 一个具有浮点类型亲和性的列,可以使用 REAL、FLOAT、DOUBLE 值类型保存数据。

⑤ 一个具有无类型亲和性的列,不会选择用哪个类型保存数据,数据不会进行任何转换。

10.5 SQLite 的 API 函数

从功能的角度来区分,SQLite 的 API 可分为两类:核心 API 和扩充 API。核心 API 由所有完成基本数据库操作的函数构成,主要包括连接数据库、执行 SQL 和遍历结果集等。它还包括一些功能函数,用来完成字符串格式化、操作控制、调试和错误处理等任务。扩充 API 提供不同的方法来扩展 SQLite,它向用户提供创建自定义的 SQL 扩展,并与 SQLite 本身的 SQL 相集成等功能。

10.5.1 核心 C API 函数

视频讲解

1. 预编译查询

核心 C API 主要与执行 SQL 命令有关。核心 C API 大约有 10 个,它们分别是:

```
sqlite3_open()
sqlite3_prepare()
sqlite3_step()
sqlite3_column()
sqlite3_finalize()
sqlite3_close()
sqlite3_exec()
sqlite3_get_table()
sqlite3_reset()
sqlite3_bind()
```

有两种方法执行 SQL 语句:预编译查询(Prepared Query)和封装查询。预编译查询由 3 个阶段构成:准备(preparation)、执行(execution)和定案(finalization)。而封装查询只是对预编译查询的 3 个过程进行了封装,最终也会转化为预编译查询来执行。

预编译查询是 SQLite 执行所有 SQL 命令的方式,主要包括以下 3 个步骤。

(1) 准备

分词器、分析器和代码生成器把 SQL 语句编译成虚拟机字节码,编译器会创建一个语句句柄(sqlite3_stmt),它包括字节码以及其他执行命令和遍历结果集所需的全部资源。相应的 C API 为 sqlite3_prepare(),位于 prepare.c 文件中,有多种类似的形式,如 sqlite3_prepare()、sqlite3_prepare16()、sqlite3_prepare_v2()等。完整的 API 语法是:

```
int sqlite3_prepare(
    sqlite3 * db,              /* db 为 sqlite3 的句柄 */
    const char * zSql,         /* zSql 为要执行的 SQL 语句 */
    int nByte,                 /* nByte 为要执行语句在 zSql 中的最大长度,如果是负数,那么就需
                                  要重新自动计算 */
    sqlite3_stmt * * ppStmt,   /* ppStmt 为预编译后的句柄 */
    const char * * pzTail      /* pzTail 预编译后剩下的字符串(未预编译成功或者多余的)的指针,
                                  一般传入 0 或者 NULL 即可 */
);
```

sqlite3_prepare 接口把一条 SQL 语句编译成字节码留给后面的执行函数。使用该接口访问数据库是当前比较好的一种方法。

sqlite3_prepare16()原型如下：

```
int sqlite3_prepare16(sqlite3 * , const void * , int, sqlite3_stmt ** , const void ** );
```

sqlite3_prepare()处理的 SQL 语句是 UTF-8 编码的。而 sqlite3_prepare16()则要求是 UTF-16 编码的。

（2）执行

虚拟机执行字节码，执行过程是一个步进（stepwise）的过程，每一步由 sqlite3_step()启动，并由虚拟机执行一段字节码。当第一次调用 sqlite3_step()时，一般会获得一种锁，锁的种类由命令要做什么（读或写）决定。对于 SELECT 语句，每次调用 sqlite3_step()使用语句句柄的游标移到结果集的下一行。对于其他 SQL 语句（INSERT、UPDATE、DELETE等），第一次调用 sqlite3_step()就导致 VDBE 执行整个命令。在 SQL 声明准备好之后，需要调用以下的方法来执行：

```
int sqlite3_step(sqlite3_stmt * );
```

如果 SQL 返回了一个单行结果集，sqlite3_step()函数将返回 SQLITE_ROW；如果 SQL 语句执行成功或者正常将返回 SQLITE_DONE，否则将返回错误代码。如果不能打开数据库文件则会返回 SQLITE_BUSY；如果函数的返回值是 SQLITE_ROW，那么下列方法可以用来获得记录集行中的数据。

```
const void  * sqlite3_column_blob(sqlite3_stmt * , int iCol);
    int sqlite3_column_bytes(sqlite3_stmt * , int iCol);
    int sqlite3_column_bytes16(sqlite3_stmt * , int iCol);
    int sqlite3_column_count(sqlite3_stmt * );
    const char * sqlite3_column_decltype(sqlite3_stmt * , int iCol);
    const void  * sqlite3_column_decltype16(sqlite3_stmt * , int iCol);
    double sqlite3_column_double(sqlite3_stmt * , int iCol);
    int sqlite3_column_int(sqlite3_stmt * , int iCol);
    long long int sqlite3_column_int64(sqlite3_stmt * , int iCol);
    const char * sqlite3_column_name(sqlite3_stmt * , int iCol);
    const void  * sqlite3_column_name16(sqlite3_stmt * , int iCol);
    const unsigned char * sqlite3_column_text(sqlite3_stmt * , int iCol);
    const void  * sqlite3_column_text16(sqlite3_stmt * , int iCol);
    int sqlite3_column_type(sqlite3_stmt * , int iCol);
```

sqlite3_column_count()函数返回结果集中包含的列数。sqlite3_column_count()可以在执行了 sqlite3_prepare()之后的任何时刻调用。sqlite3_data_count()除了必须要在 sqlite3_step()之后调用之外，其他用法跟 sqlite3_column_count()大同小异。如果调用 sqlite3_step()返回值是 SQLITE_DONE 或者一个错误代码，则此时调用 sqlite3_data_count()将返回 0，然而 sqlite3_column_count()仍然会返回结果集中包含的列数。

返回的记录集通过使用其他的几个 sqlite3_column_*()函数来提取。所有的这些函数都把列的编号作为第二个参数。列编号从左到右以零起始,请注意它和之前那些从 1 起始的参数的不同。

sqlite3_column_type()函数返回第 N 列的值的数据类型。具体的返回值如下:

```
# define SQLITE_INTEGER    1
# define SQLITE_FLOAT      2
# define SQLITE_TEXT       3
# define SQLITE_BLOB       4
# define SQLITE_NULL       5
```

sqlite3_column_decltype()则用来返回该列在 CREATE TABLE 语句中声明的类型。它可以用在当返回类型是空字符串的时候,sqlite3_column_name()返回第 N 列的字段名。sqlite3_column_bytes()用来返回 UTF-8 编码的 BLOBs 列的字节数或者 TEXT 字符串的字节数。sqlite3_column_bytes16()对于 BLOBs 列返回同样的结果,但是对于 TEXT 字符串则按 UTF-16 的编码来计算字节数。sqlite3_column_blob()返回 BLOB 数据。sqlite3_column_text()返回 UTF-8 编码的 TEXT 数据。sqlite3_column_text16()返回 UTF-16 编码的 TEXT 数据。sqlite3_column_int()以本地主机的整数格式返回一个整数值。sqlite3_column_int64()返回一个 64 位的整数。最后 sqlite3_column_double()返回浮点数。

需要注意的是,不一定非要按照 sqlite3_column_type()接口返回的数据类型来获取数据,数据类型不同时软件将自动转换。

(3) 定案

虚拟机关闭语句,释放资源。相应的 C API 为 sqlite3_finalize(),它导致虚拟机结束程序运行并关闭语句句柄。如果事务是由人工控制开始的,它必须由人工控制进行提交或回卷,否则 sqlite3_finalize()会返回一个错误。当 sqlite3_finalize()执行成功,所有与语句对象关联的资源都将被释放。在自动提交模式下,还会释放关联的数据库锁。

2. sqlite3_open()或 sqlite3_open16()函数

打开数据库用 sqlite3_open()或 sqlite3_open16()函数,它们的声明如下:

```
int sqlite3_open(
    const char * filename,          /* 数据库文件名 (UTF-8) */
    sqlite3 * * ppDb                /* 输出数据库句柄 */
);
int sqlite3_open16(
    const void * filename,          /* 数据库文件名 (UTF-16) */
    sqlite3 * * ppDb                /* 输出数据库句柄 */
);
```

其中,filename 参数可以是一个操作系统文件名,或是字符串,或是一个空指针(NULL)。如果使用后两者将创建内存数据库。当 filename 不为空时,函数先尝试打开;如果文件不存在,则用该名字创建一个新的数据库。

3. sqlite3_close()函数

关闭数据库用 sqlite3_close()函数,声明如下:

```
int sqlite3_close(sqlite3 * );
```

为了 sqlite3_close()能够成功执行,所有与连接所关联的且已编译的查询必须被定案。如果仍然有查询没有定案,sqlite3_close()将返回 SQLITE_BUSY 和错误信息。

4. sqlite3_exec()函数

大部分 SQL 操作都可以通过 sqlite3_exec 来完成,它的 API 形式如下:

```
int sqlite3_exec(
    sqlite3 * ,                              /* 数据库句柄 */
    const char * sql,                        /* 要执行的 SQL 语句 */
    int ( * callback)(void * ,int,char * * ,char * * ),    /* callback 回调函数 */
    void * ,                                 /* void * 回调函数的第一个参数 */
    char * * errmsg                          /* errmsg 错误信息,如果没有 SQL 问题,则值为 NULL */
    );
```

回调函数是一个比较复杂的函数,原型如下:

```
int callback(void * params,int column_size,char * * column_value,char * * column_name)
```

参数说明如下。

➤ params:sqlite3_exec 传入的第四个参数。
➤ column_size:结果字段的个数。
➤ column_value:返回记录的一位字符数组指针。
➤ column_name:结果字段的名称。

通常情况下,callback 在 select 操作中会使用到,尤其是处理每一行记录数。返回的结果每一行记录都会调用"回调函数"。如果回调函数返回了非 0,那么 sqlite3_exec 将返回 SQLITE_ABORT,并且之后的回调函数也不会执行,同时未执行的子查询也不会继续执行。

对于更新、删除、插入等不需要回调函数的操作,sqlite3_exec 的第三、第四个参数可以传入 0 或者 NULL。

通常情况下,sqlite3_exec 返回 SQLITE_OK＝0 的结果,非 0 结果可以通过 errmsg 来获取对应的错误描述。在 SQLite3 里 sqlite3_exec 一般是准备被 SQL 语句接口封装起来使用的。

5. sqlite3_bind

SQL 声明可以包含一些形如"?"或"? nnn"或":aaa"的标记,其中"nnn"是一个整数,"aaa"是一个字符串。这些标记代表一些不确定的字符值(或者通配符),用户可以在后面用 sqlite3_bind 接口来填充这些值。每一个通配符都被分配了一个编号(由它在 SQL 声明中的位置决定,从 1 开始)。相同的通配符可以在同一个 SQL 声明中出现多次。在这种情况下,所有相同的通配符都会被替换成相同的值,没有被绑定的通配符将自动取 NULL 值。

```
int sqlite3_bind_blob(sqlite3_stmt * , int, const void * , int n, void( * )(void * ));
    int sqlite3_bind_double(sqlite3_stmt * , int, double);
```

```
int sqlite3_bind_int(sqlite3_stmt * , int, int);
int sqlite3_bind_int64(sqlite3_stmt * , int, long long int);
int sqlite3_bind_null(sqlite3_stmt * , int);
int sqlite3_bind_text(sqlite3_stmt * , int, const char * , int n, void( * )(void * ));
int sqlite3_bind_text16(sqlite3_stmt * , int, const void * , int n, void( * )(void * ));
int sqlite3_bind_value(sqlite3_stmt * , int, const sqlite3_value * );
```

以上是 sqlite3_bind 所包含的全部接口,其功能是给 SQL 声明中的通配符赋值。没有绑定的通配符则被认为是空值。绑定上的值不会被 sqlite3_reset()函数重置,但是在调用了 sqlite3_reset()之后所有的通配符都可以被重新赋值。sqlite3_reset()函数用来重置一个 SQL 声明的状态,使得它可以被再次执行。

6. sqlite3_get_table()函数

sqlite3_get_table 的说明如下:

```
int sqlite3_get_table(
  sqlite3 * db,                    /* db 是 sqlite3 的句柄 */
  const char * zSql,               /* zSql 是要执行的 SQL 语句 */
  char * * * pazResult,            /* pazResult 是执行查询操作的返回结果集 */
  int * pnRow,                     /* pnRow 是记录的行数 */
  int * pnColumn,                  /* pnColumn 是记录的字段个数 */
  char * * pzErrmsg                /* pzErrmsg 是错误信息 */
);
```

sqlite3_get_table 是 sqlite3_exec 的包装,因此返回的结果和 sqlite3_exec 类似。下面给出一个基于交叉编译的较完整的简单例子。首先编辑 test.c 源代码。

```
#include < stdio.h >
#include < sqlite3.h >
static int callback(void * NotUsed, int argc, char * * argv, char * * azColName){
  int i;
  for(i=0; i<argc; i++){
    printf("%s = %s\n", azColName[i], argv[i] ? argv[i]: "NULL");
  }
  printf("\n");
  return 0;
}
int main(int argc, char * * argv){
  sqlite3 * db;
  char * zErrMsg = 0;
  int rc;
  char * dbfile="test.db";
  char * sqlcmd;
  rc = sqlite3_open(dbfile, &db);
  if(rc){
    fprintf(stderr, "Can't open database: %s\n", sqlite3_errmsg(db));
    sqlite3_close(db);
    return -1;
  }
```

```
sqlcmd = "create table user(id int primary key,username text,email text,tel nchar(11)); ";
rc = sqlite3_exec(db, sqlcmd, callback, 0, &zErrMsg);
if(rc!=SQLITE_OK){
    fprintf(stderr, "SQL error: %s\n", zErrMsg);
    sqlite3_free(zErrMsg);
}
sqlcmd = "insert into user values (1,'xiaoming','xiaoming@qq.com','12345678901'); ";
rc = sqlite3_exec(db, sqlcmd, callback, 0, &zErrMsg);
if(rc!=SQLITE_OK){
    fprintf(stderr, "SQL error: %s\n", zErrMsg);
    sqlite3_free(zErrMsg);
}
sqlcmd = "select * from user; ";
rc = sqlite3_exec(db, sqlcmd, callback, 0, &zErrMsg);
if(rc!=SQLITE_OK){
    fprintf(stderr, "SQL error: %s\n", zErrMsg);
    sqlite3_free(zErrMsg);
}
sqlite3_close(db);
return 0;
}
```

在上述源代码中可以看到,代码建立了一个 SQLite 数据库并插入了一条记录。然后在系统上编译出 SQLite。

```
[king@localhost proj4] $ make
arm-linux-gcc-L. /lib-lsqlite3-o sqlite sqlite.c
```

将编译出的 SQLite 程序下载到开发板上运行。

```
[root@FriendlyARM work]# tftp-g-r proj4/sqlite 192.168.0.123
proj4/sqlite 100% | * * * * * * * * * * * * * * * * * * * * * * * * * * * * * * * * * | 8192 -
-:--:-- ETA
[root@FriendlyARM work]# chmod +x sqlite
[root@FriendlyARM work]# ./sqlite
id = 1
username = xiaoming
email = xiaoming@qq.com
tel = 12345678901
[root@FriendlyARM work]# ls
client          ibsqlite3.so.0.8.6 sqlite3
libsqlite3.a    server             test.db
libsqlite3.la   test               thread
```

运行结果如图 10-2 所示,从主机运行结果看,程序中创建的 test.db 数据库文件已经建立了。

从目标机运行结果来看,已经对数据库产生了相应插入操作。

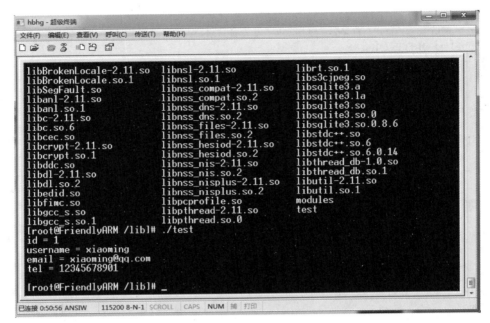

图 10-2　测试程序在目标机的运行结果

10.5.2　扩充 C API 函数

SQLite 的扩充 API 用来支持用户定义的函数、聚合和排序法。用户定义函数是一个 SQL 函数,它对应于用 C 语言或其他语言实现的函数的句柄。使用 C API 时,这些句柄用 C/C++实现。用户定义的扩展必须存储在程序内存中。也就是说,它们不是存储在数据库中,而是存储在用户的程序中。

可以使用以下的方法来创建用户自定义的 SQL 函数:

```c
typedef struct sqlite3_value sqlite3_value;
int sqlite3_create_function(
    sqlite3 * ,
    const char * zFunctionName,
    int nArg,
    int eTextRep,
    void * ,
    void ( * xFunc)(sqlite3_context * ,int,sqlite3_value * * ),
    void ( * xStep)(sqlite3_context * ,int,sqlite3_value * * ),
    void ( * xFinal)(sqlite3_context * )
);
int sqlite3_create_function16(
    sqlite3 * ,
    const void * zFunctionName,
    int nArg,
    int eTextRep,
    void * ,
    void ( * xFunc)(sqlite3_context * ,int,sqlite3_value * * ),
    void ( * xStep)(sqlite3_context * ,int,sqlite3_value * * ),
```

```
    void ( * xFinal)(sqlite3_context * )
);
# define SQLITE_UTF8      1
# define SQLITE_UTF16     2
# define SQLITE_UTF16BE   3
# define SQLITE_UTF16LE   4
# define SQLITE_ANY       5
```

nArg 参数用来表明自定义函数的参数个数。如果参数值为 0,则表示接受任意个数的参数。用 eTextRep 参数来表明传入参数的编码形式,参数值可以是上面的 5 种预定义值。SQLite3 允许同一个自定义函数有多种不同的编码参数的版本。数据库引擎会自动选择转换参数编码个数最少的版本使用。

普通的函数只需要设置 xFunc 参数,而把 xStep 和 xFinal 设为 NULL。聚合函数则需要设置 xStep 和 xFina 参数,然后把 xFunc 设为 NULL。该方法和使用 sqlite3_create_aggregate() API 一样。

10.6　SQLite 数据库管理工具

本节介绍几个可视化的 SQLite 数据库管理工具。这几个可视化工具功能强大,界面友好,读者可以在其官网上找到免费版本学习使用。

1. SQLite Administrator

SQLite Administrator 是一款轻量级的 SQLite 可视化工具,主要可用来管理 SQLite 数据库文件,可进行创建、设计和管理等操作,具有创建数据库、表、视图、索引、触发器、查询等内容的功能。SQLite Administrator 提供的代码编辑器具有自动完成和语法着色的功能,支持中文,可用于记录个人资料及开发 SQLite 数据。图 10-3 显示了 SQLite Administrator 的主界面。

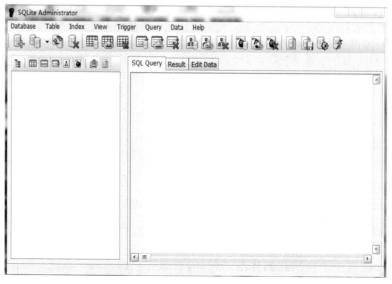

图 10-3　SQLite Administrator 主界面

　　SQLite Administrator 主要功能特点：支持表格的创建、修改和删除；支持索引的创建、修改和删除；支持视图的创建、修改和删除；支持触发器的创建、修改和删除；支持根据表别名完成代码补全功能；支持语法高亮；SQL 错误定位；从 CSV 文件导入数据；输出数据格式为 XLS、CSV、HTML、XML；支持用户查询功能；搜索用户查询；图片存储到 Blob 字段(JPG、BMP)；显示 SQL 的数据库项目；移动 SQLite2 数据库到 SQLite3；当修改表内容之后，同步保持索引和触发器一致。

　　2. SQLite Expert-Personal Edition

　　SQLite Expert 提供两个版本，分别是个人版和专业版。其中个人版是免费的，提供了大多数基本的管理功能。SQLite Expert 可以让用户管理 SQLite3 数据库并支持在不同数据库间复制、粘贴记录和表；完全支持 Unicode，编辑器支持皮肤。

　　3. SQLite Database Browser

　　SQLite Database Browser 是一个 SQLite 数据库的轻量级 GUI 客户端，基于 Qt 库开发，用于非技术用户创建、修改和编辑 SQLite 数据库，使用向导方式实现。

　　4. SQLiteSpy

　　SQLitespy 是一个快速和紧凑的数据库 SQLite 的 GUI 管理软件。它的图形用户界面使得它很容易探讨、分析和操纵 SQLite3 数据库。支持 Unicode。

　　5. SQLite Manager 0.8.0 Firefox Plugin

　　这是一个 Firefox 浏览器的插件，用来直接通过浏览器管理 SQLite 数据库。这是一个简单和有用的功能，能完成日常大多数管理工作。

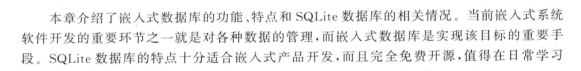

10.7　本章小结

　　本章介绍了嵌入式数据库的功能、特点和 SQLite 数据库的相关情况。当前嵌入式系统软件开发的重要环节之一就是对各种数据的管理，而嵌入式数据库是实现该目标的重要手段。SQLite 数据库的特点十分适合嵌入式产品开发，而且完全免费开源，值得在日常学习中多实践、多研究。

　　【本章思政案例：工匠精神】　详情请见本书配套资源。

习题

　　1. 什么是嵌入式数据库系统？

　　2. 嵌入式数据库系统的主要特点是什么？

　　3. 简要叙述常见的基于 Linux 的嵌入式数据库。

　　4. 简要叙述 SQLite 数据库的主要特点。

　　5. 下载 SQLite 源代码并尝试在指定嵌入式系统中安装 SQLite。

　　6. SQLite 与其他数据库最大的不同是它对数据类型的支持，简要叙述 SQLite 数据库支持的数据类型。

　　7. SQLite 拥有一个模块化的体系结构，简要叙述它的构成子系统。

第11章 嵌入式系统的开发设计案例

嵌入式系统的设计方法是随着计算机技术的发展不断更新的。不同体系结构的嵌入式系统有着自身的开发特性和要求,不同应用需求的嵌入式软件也有着自己的设计原则及特点。这就要求嵌入式系统设计人员不光要掌握通用的设计框架和方法,也要深入了解具体嵌入式对象的特征和设计需求。

本章首先对嵌入式系统的普遍设计方法进行介绍,比较传统的嵌入式系统设计方法和"协同设计"的嵌入式系统设计方法的异同,然后介绍嵌入式系统的 3 个设计案例,由于嵌入式系统与物联网的结合越来越紧密,所以这 3 个案例均和物联网有着千丝万缕的联系,并且也涉及其他领域的相关知识。

11.1 嵌入式系统设计方法介绍

视频讲解

11.1.1 传统的嵌入式系统设计方法

随着嵌入式系统的技术发展,嵌入式系统的设计方法也在不断变化和进步。本节首先介绍传统的嵌入式系统设计方法,然后介绍引入了"协同设计"概念的嵌入式系统设计方法。

传统的嵌入式系统设计方法如图 11-1 所示。在对目标嵌入式系统提出系统定义方案后,要对系统实现进行可行性分析和需求分析。在经过严格分析论证后,进入系统总体设计方案阶段,该阶段除提出系统总体框架以外,还需进行软硬件划分、处理器选型、操作系统选择、开发环境选择等诸多工作。

合理设计嵌入式系统的软硬件划分方案对提升系统整体性能、降低系统功耗、优化系统成本等方面具有十分重要的作用。对于有些硬件和软件都可以实现的功能,就需要在成本和性能上做出抉择。往往通过硬件实现会增加产品的成本,但能大大提高产品的性能和可靠性。

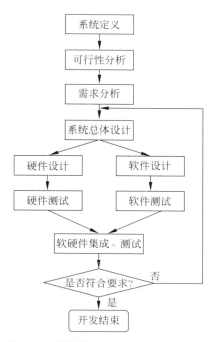

图 11-1 传统嵌入式系统设计方法流程

通常硬件和软件的选择包括处理器、硬件部件、操作系统、编程语言、软件开发工具、硬件调试工具、软件组件等。

在上述选择中,通常处理器是最重要的,同时操作系统和编程语言也是非常关键的。处理器的选择往往同时会限制操作系统的选择,操作系统的选择又会限制开发工具的选择。

视频讲解

处理器选型则代表了硬件平台的选择方案,由于嵌入式系统与硬件依赖非常紧密,往往某些需求只能通过特定的硬件才能实现,因此需要进行处理器选型,以更好地满足产品的需求。嵌入式系统发展到今天,对应于各种微处理器的硬件平台一般都是通用的、固定的、成熟的,这就大大减少了由硬件系统引入错误的机会。此外,由于嵌入式操作系统屏蔽了底层硬件的复杂性,使得开发者通过操作系统提供的 API 函数就可以完成大部分工作,因此大大简化了开发过程,提高了系统的稳定性。嵌入式系统的开发者现在已经从反复进行硬件平台设计的过程中解脱出来,从而可以将主要精力放在满足特定的需求上。

作为嵌入式系统的核心部件,由于处理器种类非常多,而嵌入式系统设计的差异性极大,因此选择是多样化的。

设计者在选择处理器时要考虑的主要因素有以下几个。

➤ 处理性能。一个处理器的性能取决于多方面的因素,如时钟频率、内部寄存器的大小、指令是否对等处理所有的寄存器等。对于许多需要处理器的嵌入式系统设计来说,目标不是在于挑选速度最快的处理器,而是在于选取能够完成作业的处理器和 I/O 子系统。比如以时钟频率为例,系统的工作频率在很大程度上决定了 ARM 微处理器的处理能力。ARM7 系列处理器的典型处理速度为 0.9MIPS/MHz,常见的 ARM7 芯片系统主时钟频率为 20~133MHz,ARM9 系列微处理器的典型处理速度为 1.1MIPS/MHz,常见的 ARM9 的系统主时钟频率为 100~233MHz,Cortex-A8 最高可以达到 1GHz。不同芯片对时钟的处理不同,有的芯片只需要一个主时钟频率,有的芯片内部时钟控制器可以分别为 ARM 核和 USB、UART、DSP、音频等功能部件提供不同频率的时钟。

➤ 技术指标。当前,许多嵌入式处理器都集成了外围设备的功能,减少了芯片的数量,降低了整个系统的开发费用。开发人员首先考虑的是,系统所要求的一些硬件能否无须过多的逻辑就连接到处理器上;其次是考虑该处理器的一些支持芯片,如 DMA 控制器、内存管理器、中断控制器、串行设备、时钟等的配套。

➤ 功耗。嵌入式微处理器最大并且增长最快的市场是手持设备、电子记事本、PDA、手机、GPS 导航、智能家电等消费类电子产品。这些产品中选购的微处理器,典型的特点是要求高性能、低功耗。

➤ 软件支持工具。选择合适的软件开发工具对系统的实现会起到很好的作用。

➤ 是否内置调试工具。处理器如果内置调试工具可以大大缩短调试周期,降低调试的难度。

➤ 供应商是否提供评估板。许多处理器供应商可以提供评估板来验证理论是否正确,决策是否得当。

除此之外,硬件选择要考虑的因素还包括:首先需要考虑的是生产规模,如果生产规模比较大,可以自己设计和制备硬件,这样可以降低成本;反之,最好从第三方购买主板和 I/O 板卡。其次是需要考虑开发的市场目标,如果想使产品尽快发售,以获得竞争力,此时要尽可能买成熟的硬件;反之,可以自己设计硬件,降低成本。再次是软件对硬件的依赖性,即软件是否可以在硬件没有到位的时候并行设计或先行开发也是硬件选择的一个考虑因素。最后只要可能,尽量选择使用普通的硬件。在 CPU 及架构的选择上,一个原则是：只要有可替代的方案,尽量不要选择 Linux 尚不支持的硬件平台。

开发环境的选择对于嵌入式系统的开发也有很大的影响。这里的开发环境包括嵌入式操作系统的选择以及开发平台的选择等。可用于嵌入式系统软件开发的操作系统很多,但关键是如何选择一个适合开发项目的操作系统,可以从以下几点进行考虑。

➢ 操作系统提供的开发工具。有些实时操作系统(RTOS)只支持该系统供应商的开发工具,因此,还必须向操作系统供应商获取编译器、调试器等；而有些操作系统使用广泛,且有第三方工具可用,因此,选择的余地比较大。

➢ 操作系统向硬件接口移植的难度。操作系统到硬件的移植是一个重要的问题,是关系到整个系统能否按期完工的一个关键因素。因此,要选择那些可移植性程度高的操作系统,避免操作系统难以向硬件移植而带来的种种困难,加速系统的开发进度。

➢ 操作系统的内存要求、可裁剪性以及是否提供硬件的驱动程序。

➢ 操作系统的实时性能。比如,对开发成本和进度限制较大的产品可以选择嵌入式Linux,对实时性要求非常高的产品可以选择 VxWorks 等。

开发平台的选择也很重要,集成开发环境(IDE)是进行开发时重要的平台,开发者选择时应考虑以下因素。

➢ 系统调试器的功能,包括远程调试环境。

➢ 支持库函数。

➢ 编译器开发商是否持续升级编译器。

➢ 链接程序是否支持所有的文件格式和符号格式。

除了在第 2 章中提到的一些平台之外,还有其他一些经典的开发平台,如 RealView Integrator-CP 平台可以整合 Core Module。该平台所具有的 FPGA 还整合了 ARM PrimeCell 系列周边器件和内存控制器,包括 LCD、MMC 卡、音频解码,客户还可以自己开发 AHB 接口器件,十分有利于嵌入式硬件设计师的工作。

嵌入式软件的开发在前面几章中已经介绍过了,主要采用的是"宿主机-目标机"的交叉开发模式。常见的软件开发步骤如下：

① 配置开发环境及 BSP 开发。选择合适的开发工具,针对嵌入式的硬件环境对操作系统进行设置裁剪,另外增加 BSP 支持。

② 编写用户程序和简单仿真调试。建立交叉编译开发环境,开发用户程序,将其下载到目标板上调试,应用程序开发完毕后,和文件系统一起编译成文件系统的镜像文件,然后通过仿真工具对系统进行仿真和调试。

③ 系统的下载和脱机运行。当仿真完成后,评价系统功能,如果达到开发目标,则可把最终形成的文件下载并运行。

系统的集成测试是将开发的硬件系统、软件系统和其他相关因素综合起来,对整个产品进行的全面测试。常见的测试方法有离线单板硬件测试和综合测试两种方法。一般离线单板硬件测试是在出厂检验、开发阶段检测和维修诊断时对各测试项目进行的测试,用来定位错误位置,以保证系统的软硬件具有兼容性、高可靠性和高可用性。而在综合测试方面,由于大型的嵌入式系统大都采用分布式处理系统,由多个模块协同工作完成复杂的功能,模块之间通过网络互联。针对系统的不同层次,系统的离线综合测试可以通过互通性测试、功能测试、性能测试顺序进行。互通性测试包括物理连通性和一致性测试,确保各模块之间互联的可靠性;功能测试负责检测系统的功能实现的程度;性能测试是综合测试中最高层次的测试内容,主要测试系统对应用的支持水平。

　　通常嵌入式开发的硬件平台根据应用层次不同主要使用基于 SoC 或 MCU 开发板,板上提供常用的外设、接口和其他功能模块,开发者一般根据自己的应用需要选择适合自己的板级开发平台。在这样的平台上开发者可以根据方案要求进行硬件的扩展,操作系统移植和应用软件的开发、调试及固化,并最终形成自己的产品推向市场。但是基于该平台的软件开发工作往往需要等到硬件平台完成后才能开展,这显然不利于缩短 TTM(Time to Market),同时调试、测试的过程也是需要反复迭代和修改设计的过程,因此硬件方案的变动在所难免,由于软硬件分离独立设计,这又反过来影响软件系统的开发,从而导致系统设计成本的提高,开发效率的降低。同时传统嵌入式系统设计方法对开发者的设计经验,如软硬件的划分、系统集成调试等提出了较高的要求。

　　但是从另一方面来看,传统的嵌入式系统设计方法从系统设计经验、开发平台的使用到相关配套资料等方面来看都是十分成熟的方法,对于一些特定嵌入式系统或者开发者极其熟悉的设计领域(特别是 MCU 领域),传统嵌入式系统设计方法仍具有非常好的应用前景。

11.1.2 "协同设计"概念的嵌入式系统设计方法

视频讲解

　　引入了软硬件"协同设计"概念的嵌入式系统设计方法能较好地弥补传统嵌入式系统设计方法的缺陷。软硬件协同设计是在系统目标要求的指导下,通过综合分析系统软硬件功能及现有资源,协同设计软硬件体系结构,以便系统能够工作在最佳状态。这种方法与传统设计方法相比主要的特点在于系统总体设计方案中采用了系统级的仿真建模处理,对系统所涉及的硬件和软件针对设计要求统一建模,根据建模结果选择最优化软硬件划分等设计方案,并对软硬件协同仿真和验证。如图 11-2 所示为一种典型的嵌入式系统协同设计方法。

　　设计中首先应用独立于任何软件和硬件的功能性规格方法对系统进行定义和描述,采用方法诸如有限状态机(FSM)、统一化的规格语言(CSP、HDL 等)或其他基于图形的表示工具对软硬件统一表示,便于功能划分和综合;在此基础上从系统功能要求和限制条件出发,依据算法对软硬件功能模块进行分配设计。完成软硬件划分后,需要对划分结果做出性能评估或者依赖指令级参数进行评估,如果结果达不到要求,说明划分方案不合理,需要重新划分软硬件功能模块,直到系统获得一个满意的实现为止。在协同设计过程中,应充分考虑软硬件的关系并在设计的每个

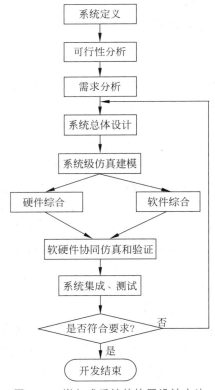

图 11-2　嵌入式系统的协同设计方法

层次上给予测试验证,使得尽早发现问题解决问题,以免崩溃性错误发生。

软硬件协同设计有如下一些基本要求。

➢ 统一的软硬件描述方式。这要求软硬件支持统一的设计和分析工具及技术,并允许在一个集成环境中仿真和评估系统软硬件设计,并且支持系统任务在软硬件之间相互移植。

➢ 交互式软硬件划分技术。这要求允许不同的软硬件划分设计进行仿真和比较,并需要辅助最优化决策及应用实施。

➢ 完整的软硬件模型基础。这要求设计过程的每个阶段都必须支持评价,并支持阶梯式的开发方法与软硬件整合。

➢ 正确的验证方法。

目前一些厂商已提供了协同设计的集成化平台或者模型,比如 ARM ESL 平台和 RTSM 模型等。ARM ESL 虚拟平台是采用了嵌入式系统协同设计方法的典型平台代表。ARM ESL 虚拟平台利用 SystemC 模型构建整个 SoC 系统,可以基于两种模型构建:时钟精确型(CA)和时钟近似型(CX)。CA 模型提供了和实际硬件时钟节拍一致的精确度,利用 ESL SoC Designer 工具在 ESL CA 模型构建虚拟仿真平台上,SoC 硬件工程师利用 ESL 工具提供的强大的诸如 Core 运行状态监视、Bus Profiling、Cache 工作状态和 Memory Mapping 等可视化插件对系统性能进行观测和分析,定位系统性能的瓶颈,实现硬件的性能优化和功能划分。

此外,对于嵌入式软件开发工程师而言,ESL 虚拟平台带来的最大好处是让软件开发在更早的阶段开展,而不必等到在硬件平台上进行此工作。这样一来,软硬件开发工作可以并行提高,缩短产品上市时间,软硬件的协同开发还可以尽早发现系统 bug,降低开发风险和成本。同时该虚拟平台还提供了 ARM 软件开发调试工具接口同步进行软件调试,在 ESL 虚拟平台上实现软硬件的协同仿真,可以实现优化软件的目的,而且针对传统流程中容易引起反复的环节,对引入 ESL 的开发流程,可将诸如驱动开发调试等,提前放置到虚拟开发平台上进行,实现系统设计的优化、缩短开发周期等。而且仿真环境所能提供的调试手段,是传统设计方法广泛采用的平台甚至 FPGA 平台都无法比拟的。

针对实时系统而言,RTSM(实时系统模型)广泛被应用到嵌入式系统协同设计方法中。针对整个芯片系统在指令集层面上的仿真,RTSM 能提供快速、准确的指令仿真,以及与 RealView Debugger 的无缝连接。大型应用程序的开发可以使用 RTSM 模拟技术来完成。

RTSM 模拟包括 LCD 显示器、键盘和鼠标等外设的仿真。不到 5s,就可以利用 PC 在 ARM 处理器上对操作系统的启动过程进行模拟,用户可以在 ARM 提供的 RTSM 上进行快速的软件仿真。这是 OEM 在开发软件系统时成本最低的方法。也就是说,芯片公司不用等到芯片生产出来,也不用把 FPGA 板交给方案厂商或 OEM;只需要将整个芯片的模型交付,下游厂家就可以尽早尽快地将软件方案开发完毕。最终产品几乎可以从芯片生产出来就准备上市。

由此可见,这种采用“协同设计”概念的嵌入式系统设计方法是在充分利用先进模拟/仿真平台的基础上,合理考虑了软硬件的划分,并对软硬件子系统进行了可靠有效的仿真及测试,避免了致命性错误的产生,提高了系统开发效率,缩短了 TTM。

下面举出 3 个嵌入式系统运用于不同层次不同领域的例子供读者参考。这些例子主要介绍了系统的整体规划和实现方法,并对其中某个局部细节做了技术分析和说明。

11.2 基于 ARM 的嵌入式 Web 服务器设计实例

嵌入式设备凭借其体积小、高性能、低功耗等特点不断扩大自身的应用范围,伴随着互联网技术的迅猛发展,嵌入式设备已经广泛运用在远程管理、安防监控等领域。嵌入式 Web 服务器正是嵌入式技术与网络技术在远程管理、监控领域的有效结合。

Web 服务器本质是一个软件,通常在 PC 或者工作站上运行。传统 Web 服务器主要用于处理大量客户端的并发访问,对处理器能力和服务器存储空间提出了很高的要求,而嵌入式平台由于自身处理器性能和内存容量的限制无法达到传统 Web 服务器的要求。

为适应不断向前发展的移动互联技术,嵌入式 Web 服务器得以出现并迅速发展。嵌入式 Web 服务器是指将 Web 服务器引入现场测试和控制设备中,在相应的硬件平台和软件系统的支持下,使传统的测试和控制设备转变为以底层通信协议,Web 技术为核心的基于互联网的网络测试和控制设备。嵌入式 Web 服务器采用的是 B/S(Browser/Server)结构。连接到 Internet 的计算机或者其他移动终端通过浏览器访问嵌入式 Web 服务器,实现对目标信息的检测与控制。该模式与传统的 C/S 模式相比,使用简单,便于维护,扩展性好。

在嵌入式 Web 服务器的平台构建上,ARM 内核处理器以其高性能、低功耗的特点成为嵌入式处理器的代表。而嵌入式 Linux 内核凭借源码开放、可移植性好、免费等特点成为一种广泛应用的嵌入式操作系统。选择"ARM+Linux"的模式搭建硬软件平台,为嵌入式 Web 服务器的实现构建适合的系统环境。

基于 ARM 的嵌入式 Web 服务器的设计方案是在分析嵌入式 Web 服务器的定义和进行了系统可行性分析及可靠需求分析的基础上提出的,方案采用了三星公司的 ARM Cortex-A8 芯片 S5PV210 作为核心搭建嵌入式 Web 服务器硬件平台,在此基础上进行了嵌入式 Linux 内核的移植和相关设备的驱动程序开发,完成了嵌入式 Web 服务器的软硬件环境搭建。然后在该系统平台上实现了 Boa 服务器的移植,以及基于 CGI(公共网关接口)的数据动态交互等功能。

11.2.1 系统环境搭建

视频讲解

系统平台的搭建主要进行了两方面的工作。一是基于 ARM 的嵌入式硬件平台的构建,以 ARM Cortex-A8 芯片 S5PV210 为核心,构建硬件平台。二是嵌入式软件平台的构建,这部分工作主要分为 3 部分:移植开发 BootLoader 作为系统引导程序,这里使用的是 Superboot 作为本系统的 BootLoader;移植 Linux 内核到硬件平台,采用 Linux 内核版本 Linux-3.0.8;开发移植嵌入式平台上各外设驱动。

1. 嵌入式硬件平台介绍

本设计采用了三星公司基于 ARM Cortex-A8 处理器核的 S5PV210 处理器作为核心处理器。实际开发中选择了博嵌公司的 ARM Cortex-A8 SoC 产品作为核心板,在此基础上采用了"核心板+扩展板"的模式进行硬件平台构建。

该核心板及各组成部分主要指标如下。

ARM Cortex-A8 核心板模块框图如图 11-3 所示。

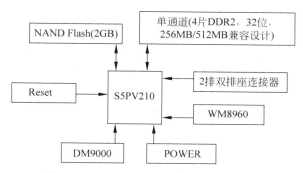

图 11-3　ARM Cortex-A8 核心板模块框图

该核心板复位电路图如图 11-4 所示。

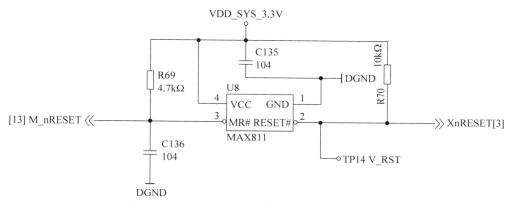

图 11-4　ARM Cortex-A8 核心板复位电路原理图

该核心板 JTAG 电路原理图如图 11-5 所示。

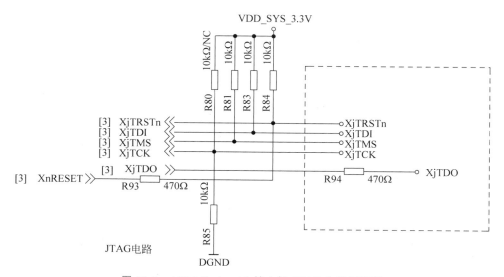

图 11-5　ARM Cortex-A8 核心板 JTAG 电路原理图

ARM Cortex-A8 核心板数字电源供电电路原理图如图 11-6 所示。该核心板数字电源提供 3.3V 电压。

2. 移植开发 BootLoader——Superboot 的烧写

开发平台出厂时默认安装的是 Linux 系统＋Qt 图形界面(Superboot. bin、qt_tp. img)在 Windows 7 环境下烧写 Superboot 到 SD 卡的步骤如下所述。

步骤 1：通过管理员身份使用 SD-Flasher. exe 烧写软件。启动 SD-Flasher. exe 软件时,会弹出 Select your Machine 对话框,在其中选择 Mini210/Tiny210,如图 11-7 所示。

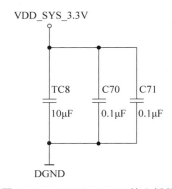

图 11-6　ARM Cortex-A8 核心板数
字电源供电电路原理图

图 11-7　SD-Flasher. exe 烧写
软件的选择窗口

单击 Next 后将弹出 SD-Flasher 主界面,此时软件中的"ReLayout!"按钮是有效的,将使用它来分割 SD 卡,以便以后可以安全地读/写,如图 11-8 所示。

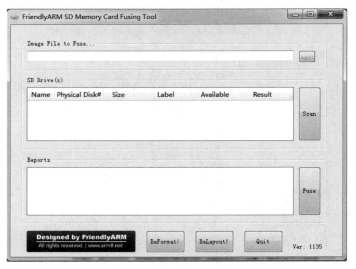

图 11-8　SD-Flasher. exe 烧写软件的主界面

步骤 2：单击"…"按钮找到所要烧写的 Superboot(注意不要放在中文目录下)。

步骤 3：把 FAT32 格式的 SD 卡插入笔记本的卡座,也可以使用 USB 读卡器连接普通的 PC,请务必先备份卡中的数据,单击 Scan 按钮,找到的 SD 卡就会被列出,如图 11-9 所示,可以看到此时第一张 SD 卡是不能被烧写的。

图 11-9　SD-Flasher. exe 烧写软件的扫描界面

步骤 4：再单击"ReLayout!"按钮,会跳出一个提示框,提示 SD 卡中的所有数据将会丢失,单击 Yes,开始自动分割,这需要稍等一会。

分割完毕,回到 SD-Flasher 主界面,此时再单击 Scan,就可以看到 SD 卡卷标已经变为FRIENDLYARM,并且可以使用了。

步骤 5：单击 Fuse,Superboot 就会被安全地烧写到 SD 卡的无格式区中了,如图 11-10所示。

图 11-10　SD-Flasher. exe 烧写软件的主界面烧写结果

3. 建立 Linux 开发环境

Linux 下开发环境的建立主要就是建立交叉编译环境,在 Ubuntu 系统或者 Fedora 系统里面建立一个能编译 arm-linux 内核及驱动、应用程序等开发环境的步骤如下。

这里使用的是 arm-linux-gcc-4.5.1,它在编译内核时会自动采用 ARM v7 指令集,支持硬浮点运算。

步骤 1:将 arm-linux-gcc-4.5.1-v6-vfp-20101103.tgz 复制到 Fedora14 某个目录下如 tmp/,然后进入该目录,执行解压命令:

```
#cd /tmp
#tar xvzf arm-linux-gcc-4.5.1-v6-vfp-20101103.tgz —C /
```

执行该命令,将把 arm-linux-gcc 安装到/opt/A8/toolschain/4.5.1 目录。

步骤 2:把编译器路径加入系统环境变量,运行命令:

```
#gedit /root/.bashrc
```

编辑/root/.bashrc 文件,保存退出。

步骤 3:配置 PC Linux 的 FTP 服务,使用 redhat-config-services 命令,打开系统服务配置窗口,然后在左侧找到 vsftpd 选项,并选中它,然后保存设置。

步骤 4:配置 PC Linux 的 Telnet 服务,和配置 NFS 服务相同,使用 redhat-config-services 命令,打开系统服务配置窗口,然后在左侧找到 telnet 选项,并选中它,然后保存设置。

11.2.2 Web 服务器原理

从功能上来讲,Web 服务器监听用户端的服务请求,根据用户请求的类型提供相应的服务。用户端使用 Web 浏览器和 Web 服务器通信,Web 服务器在接收到用户端的请求后,处理用户请求并返回需要的数据,这些数据通常以格式固定、含有文本和图片的页面出现在用户端浏览器中,浏览器处理这些数据并提供给用户。

1. HTTP

HTTP(超文本传输协议)是 Web 服务器与浏览器通信的协议,HTTP 规定了发送和处理请求的标准方式,规定了浏览器和服务器之间传输的消息格式及各种控制信息,从而定义了所有 Web 通信的基本框架。

一个完整的 HTTP 事务由以下 4 个阶段组成,如图 11-11 所示。

① 客户与服务器建立 TCP 连接。

② 客户向服务器发送请求。

③ 如果请求被接受,则由服务器发送应答,在应答中包括状态码和所要的文件(一般是 HTML 文档)。

④ 客户与服务器关闭连接。

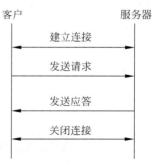

图 11-11 HTTP 事务流程

2. CGI 原理

CGI(通用网关接口)原理图如图 11-12 所示。CGI 规定了 Web 服务器调用其他可执行程序(CGI 程序)的接口协议标准。Web 服务器通过调用 CGI 程序实现和 Web 浏览器的交互,也就是 CGI 程序接收 Web 浏览器发送给 Web 服务器的信息并进行处理,然后将响应结果再回送给 Web 服务器及 Web 浏览器。CGI 程序一般完成 Web 网页中表单(Form)数据的处理、数据库查询和实现与传统应用系统的集成等工作。

图 11-12　CGI 原理图

CGI 提供给 Web 服务器一个执行外部程序的通道,这种服务端技术使得浏览器和服务器之间具有交互性。CGI 原理图如图 11-12 所示。浏览器将用户输入的数据送到 Web 服务器,Web 服务器将数据使用 STDIN(标准输入)送给 CGI 程序,执行 CGI 程序后,可能会访问存储数据的一些文档,最后使用 STDOUT(标准输出)输出 HTML 形式的结果文件,经 Web 服务器送回浏览器显示给用户。

11.2.3　嵌入式 Web 服务器设计

1. 嵌入式 Web 服务器的工作流程

嵌入式 Web 服务器的工作流程如图 11-13 所示。一个经典的嵌入式 Web 服务器系统软件主要由 HTTP Web Server 守护任务模块、CGI 程序和外部通信模块 3 部分组成。

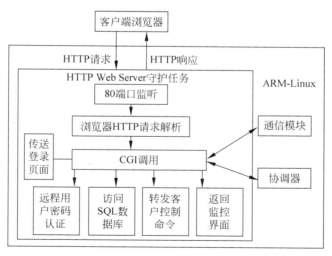

图 11-13　一个典型的嵌入式 Web 服务器的工作流程

下面简单叙述其工作过程。

服务器端软件的守护程序始终在 HTTP80 端口守候客户的连接请求,当客户端向服务器发起一个连接请求后,客户和服务器之间经过三次握手建立起连接。守护程序在接收到客户端 HTTP 请求消息后,对其进行解析,包括读取 URL,映射到对应的物理文件,区分客户端请求的资源是静态文本页面还是 CGI 应用程序等。如果客户请求的是静态文件,那么守护任务程序读取相应的文件作为 HTTP 响应消息中的实体返回给客户端,客户端浏览器通过解码读取相应的内容并显示出来。如果客户端的请求是 CGI 应用程序,那么服务器将创建响应的 CGI 应用程序进程,并将各种信息(如客户端请求信息和服务器的相关信息等)按 CGI 标准规范传递给 CGI 应用程序进程,接着由此 CGI 进程接管对服务器需完成的相关操作的控制。

CGI 应用程序读取从 HTTP Web Server 传递来的各种信息,并对客户端的请求进行解释和处理,例如使用 SQL 语句来检索、更新数据库。此时的数据可以启动串口数据通信进程,将从客户端获得的数据按 RS232C 串口通信协议重新组帧,从 UART 口发送到通信模块,再由通信模块发送给终端。或者将数据库更新的数据经过协议转换重新组帧,发送给协调器,再由协调器将数据发送给终端的设备,并对相应的终端设备实行控制。最后 CGI 应用程序会将处理结果按照 CGI 规范返回给 HTTP Web Server,HTTP Web Server 会对 CGI 应用程序的处理结果进行解析,并在此基础上生成 HTTP 响应信息返回给客户端。

2. 嵌入式 Web 服务器选择

ARM+Linux 下主要有 3 个 Web 服务器:httpd、thttpd 和 Boa。httpd 是最简单的一个 Web 服务器,它的功能最弱,不支持认证,不支持 CGI。thttpd 和 Boa 都支持认证,都支持 CGI 等,但是 Boa 的功能更全,应用范围更广。因此这里通过移植 Boa Web 服务器来实现嵌入式 Web 服务器功能。

CGI 程序可用多种程序设计语言编写,如 Shell 脚本语言、Perl、FORTRAN、Pascal、C 语言等,由于 Boa Web 服务器目前还不支持 Shell、Perl 等编程语言,所以选择较多的是用 C 语言来编写 CGI 程序。CGI 程序通常分为以下两部分。

➢ 根据 POST 方法或 GET 方法从提交的表单中接收数据。
➢ 用 printf() 函数来产生 HTML 源代码,并将经过解码后的数据正确地返回给浏览器。

3. CGI 程序设计

客户端与服务器通过 CGI 标准接口通信的流程如图 11-14 所示。CGI 程序由客户端软件发送的基于 HTTP 协议的请求和命令触发,将客户端的请求和命令传给服务器端相应的应用程序;在服务器端相关的程序完成相应操作后,CGI 程序通过标准的输出流以打印输出的形式将结果返回给客户端。当 HTTP Web Server 收到 CGI 程序字段"Con2tentOtype:text/ html 加一空白行"或"ContentOtype:text/plain 加一空白行"时,分别表示 CGI 程序后面输出的是要传给客户端浏览器的 HTML 文档或纯文本文档。

图 11-14　客户端与服务器通过 CGI 标准接口通信示意图

基于这种交互模式,客户端可以查询和设置现场设备的一些参数;当出现故障时,可以根据设备的运行状态进行诊断,重新设置参数,便于远程的监控与维护。考虑到目前 ARM-Linux 对 C 语言的良好支持,以及 C 语言的平台无关性、C 代码的高效简洁,及其在同等编程水平下安全性好等特点,选用 C 语言来编写 CGI 程序。CGI 程序主要分为以下几部分:

① 接收客户端提交的数据。以 GET 方法提交数据,则客户端提交的数据被保存在 QUERY_STRING 环境变量中,通过调用函数 getenv("QUERY_STRING")来读取数据。

② URL 编码的解码。解码即编码的逆过程。在程序中,只要对于由①所述方法提取的数据进行 URL 编码逆操作,就可以得到客户端传过来的数据。最后将解析出来的 name/value 保存在一个自定义的结构体中。

③ 根据上一部分解析出来的变量/值对,判断客户端请求的含义,利用 Linux 下进程间通信机制传送消息给相应的应用程序主进程,以完成客户端请求要完成的任务(如系统某些参数设定、远端设备的运行状态量等)。应用程序将执行结果返回给 CGI 进程,由 CGI 进程先输出"ContentOtype:text/html 加空格行"到 HTTP Web Server;然后用 printf()函数产生 HTML 源代码传给 HTTP Web Server,HTTP Web Server 再按各层协议将数据打包把执行结果返回给客户端。

4. Web 服务器的配置

Boa 的开发和测试目前主要是基于 GNU/Linux/1386。它的源代码跟其他的嵌入式 Web 服务器的代码相比更加简明,因此它很容易被移植到具有 UNIX 风格的平台上。Boa 源代码开放、性能优秀,特别适合应用在嵌入式系统中。Boa 的源程序是从 boa.c 中的 main()主函数开始执行。在该源程序中,先是对该 Web 服务器进行配置:为了在用户访问 Web 时服务器能确定根目录的位置,首先需要指定服务器的根目录路径服务器,fixup_server_root()函数就是用来设置该服务器的根目录;接着 read_config_files()函数对其他服务器所需的参数进行配置,如服务器端口 server_port、服务器名 server_name、文件根目录 documentroot 等,其他大部分参数要专门从 boa.conf 文件中读取;接下来是为 CGI 脚本设置环境变量。

这些配置都完成并且正确后,就为 Boa 建立套接字(socket)并使用 TCP/IP 协议创建了一个特别适合嵌入式系统的 Web 服务器。图 11-15 是在 ARM 嵌入式系统上 Boa Web 服务器的移植流程。

移植 Boa Web 服务器包括如下步骤。

(1)下载 Boa 源代码

Boa Web 服务器的源代码可以从官网下载最新的版本。

(2)安装并编译 Boa 源代码

将源代码复制到根目录下,然后安装源代码:

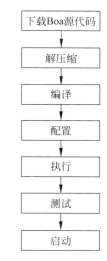

图 11-15 Boa 服务器的移植流程

```
cd/
Gunzip/boa.tar.gz
Mkdir examples
```

此时根目录下会生成 boa. tar, 再将 boa. tar 文件 Mount 到新建目录 examples 中:

```
Mount -o loop boa. tar examples/
cd examples
cd boa/src
```

开始编译:

```
CC=/opt/host/armv41/bin/armv41-unknown-linux-gcc make
```

在 boa/src 目录下将生成 boa 文件, 该文件即为 Boa Web 服务器执行文件。

(3) 配置 Boa Web 服务器

Boa 启动时将加载一个配置文件 boa. conf, 在 Boa 程序运行前, 必须首先编辑修改文件, 并将其放置于 src/defines. h 文件中 SERVER_ROOT 宏定义的默认目录, 后者在启动 Boa 时使用参数"-c"指定 boa. conf 的加载目录。在 boa. conf 文件中需要进行一些配置, 下面作简要介绍。

Port < integer >: 该参数为 Boa 服务器运行端口, 默认的端口为 80。

Server Name < server_name >: 服务器名字。

Document Root < directory >: HTML 文档根目录, 使用绝对路径表示, 如/mnt/yaffs /web, 如果使用相对路径, 则它是相对于服务器根目录。

Script Alias: 指定 CGI 程序所在目录 Script Alias/cgi/home/web/cgi-bin/, 例如, 一个典型的 boa. conf 文件格式如下:

```
Server Name Samsung-ARM
Document Root/home/httpd
Script Alias/cgi-bin/home/httpd/cgi-bin
Script Alias/index. html/home/httpd/index. html
```

(4) 测试

在目标板上运行 Boa 程序, 将主机和目标机的 IP 设成同一网段, 然后打开浏览器, 输入目标板的 IP 地址即可打开/var/www/index. htm, 通过对网页可以控制的/var/www/cgi-bin 下的 *. cgi 程序的运行。配置完成后, 重新编译内核。

例如编写一个静态 index. html 文件, index. html 文件源代码如下:

```
Index. html:
< html >
< head >
< meta http-equiv="Content-Type" content="text/html; charset=utf-8" />
< title > Boa 静态网页测试</title >
</head >
< body >
    < h1 > Welcome to Boa sever! </h1 >
</body >
</html >
```

浏览器浏览效果如图 11-16 所示。

5. 基于 CGI 的数据动态交互设计

CGI 组件设计的目标，是在现场设备和
Web 服务器之间架起一座桥梁，为浏览器和
Web 服务器的数据更新提供一种动态交互手

图 11-16　静态 index.html 文件测试效果

段。基于 CGI 实现动态数据交互需要解决好三个关键环节：获取客户端传输的数据；提取
有效数据并加以处理；向客户端返回请求结果。对这些功能的完整实现就构成了 CGI 组件
的程序框架。

（1）客户端传输数据的获取

CGI 程序可以通过环境变量、标准 I/O 或命令行参数获取客户端用户输入的数据。用
户通过 CGI 请求数据一般有三种方式：HTMLFORM 表、ISINDEX 和 ISMAP。在使用环
境变量时，需要注意以下问题：为了避免因环境变量不存在而引起 CGI 程序崩溃，在 CGI
程序中最好连续两次调用 getenv()数，其调用格式如下：

```
if(getenv("CONTENT_LENGTH"))
int_n＝atoi(getenv("CONTENT_LENGTH"))
```

其中，第 1 次调用是检查该环境变量是否存在，第 2 次调用才是使用该环境变量。因为当给
定的环境变量名不存在时，函数 getenv()会返回一个 NULL 指针，告诉 CGI 程序该环境变
量不存在，这样可以避免因直接调用出错而陷入死循环。

（2）有效数据的提取和相应处理

当 Web 服务器采用 GET 方法传递数据给 CGI 程序时，CGI 程序从环境变量 QUERY_
STRING 中直接读取数据；当 Web 服务器采用 POST 方法传递数据给 CGI 程序时，CGI
程序从 STDIN 中读取输入信息。对于 CGI 程序来说，从标准输入 STDIN 中获取所需的数
据，需要先对输入信息的数据流进行分析，然后再对数据进行分离和解码处理。客户端传输
数据的一般格式为：

name[1]＝value[1]&name[2]＝value[2]　&…name[i]＝value[i]…name[n]＝value[n]

其中，name[i]表示变量名，表示 Form 表中某输入域的名字；value[i]表示变量值，表示用
户在 Form 表中某输入域的输入值。客户端传输数据流可以视为由一系列 name/value 对
所组成。每一对"name＝value"字符串由"&"字符分隔，即"＝"标志着一个 Form 变量名的
结束，"&"标志着一个 Form 变量值的结束，其数据编码类型则从环境变量 CONTENT_
TYPE 中获取。CGI 的编码方式与 URL 的编码方式一致。

CGI 程序从获得客户端数据流中提取有效数据，需要对输入数据流进行分离和解码处
理。对数据的分离可以利用 C 语言字符串函数来实现，而对数据的解码则需要对整个数据
串进行扫描，并将数据串中的相关编码复原为对应字符的 ASCII 码。

（3）向客户端返回请求结果

CGI 程序处理后的结果数据，通过标准输出 STDOUT 传递给嵌入式 Web 服务器，
Web 服务器对 CGI 发送来的结果数据进行必要的检查。如果 CGI 程序产生的结果格式有

问题,Web 服务器就会给出一种错误信息;如果 CGI 程序产生的结果格式正确,Web 服务器就会根据 MIME 头信息的内容,对 CGI 传送来的结果数据进行 HTTP 封装(其数据类型与 CONTENT_TYPE 值相一致),然后再发送到客户端浏览器。CGI 程序的输出可以用 printf()、puts() 等标准 I/O 函数来实现。

例如编写一个 CGI 程序 hello,下载到开发板上,用浏览器查看效果。

```c
hello.c
#include <stdio.h>
int main()
{
    printf("Content-type: text/html\n\n");
    printf("<html>\n");
    printf("<head>\n");
    printf("<title>CGI Output</title>\n");
    printf("</head>\n");
    printf("<body>");
    printf("<h1>Hello, world.</h1><br />");
    printf("<h1>BOA CGI test!</h1>");
    printf("</body>");
    printf("</html>\n");
    return 0;
}
```

编译后,下载到开发板/usr/lib/cgi-bin 目录,此目录在 boa.conf 配置,可自行修改为其他目录,并给 CGI 程序加执行权限。浏览器浏览效果如图 11-17 所示。

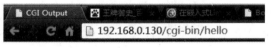

Hello, world.

BOA CGI test!

图 11-17 CGI 程序浏览效果

嵌入式 Web 服务器的使用范围十分广泛,下面的两个例子都使用了嵌入式 Web 服务器。

11.3 物联网网关设计实例

物联网网关作为两个异构网之间的纽带,一方面它提供远程监控的服务,另一方面它是无线传感器网络的数据收发中心。同时将数据融合处理,实现数据库服务,以提供更为便捷的远程监控功能。本节介绍一个基于嵌入式处理器的湿地环境监测系统中网关的设计用例。

11.3.1　背景介绍——环境监测系统平台整体架构

某湿地环境监测系统总体设计框图如图 11-18 所示。系统总体方案主要采用分层设计方法,自下而上分为数据采集层、通信层、异构数据信息层、统一化应用接口层和多用户管理层。数据采集层主要由分布在被测湿地环境中的众多 ZigBee 终端节点组成,测量终端携带有水温、浊度、pH、溶氧等多种传感器,能够实时不间断监测湿地各种关键参数,它们和网关节点一起组成了具备高动态自组网络模式的监测体系。监测体系具备较小的网络开销,可实现网络快速构建和数据端到端的实时传输。

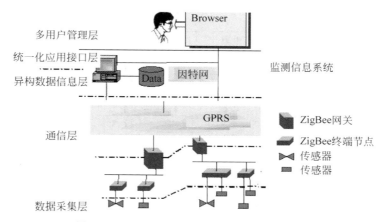

图 11-18　湿地环境监测系统总体框架图

整个系统采用的是查询和中断相结合的模式,大多数情况下,系统中的大部分硬件处于睡眠模式,当湿地环境发生异常时,ZigBee 终端节点会被唤醒,将检测环境数据和自己的节点信息如节点 ID、电池状况等经路由计算后发送到网关节点,网关节点进行数据存储、数据预处理工作,并将数据通过 GPRS 发送到用户终端或者监控中心数据库,由监控中心数据库产生数据分析图表和报表输出。用户可通过因特网访问监控中心数据库图表系统获取实时信息。管理者也可通过 GPRS 模块和网关主动查询节点测量数据和控制节点功用。

通信层完成监测系统内数据的传输,主要涵盖 3 个层次的传输任务。

① ZigBee 协调器建立和维护 ZigBee 网络的运行,从监测终端节点接收实时监测数据,并发送到网关节点单元。

② 工作于湿地环境中的网关节点通过 GPRS 网络与监控中心服务器实现信息交互,能够通过 ZigBee 协调器与众多终端节点构成网络开销小、结构动态可变化的无线自组网络。

③ 监控中心服务器对接收到的数据主要进行存储、处理和分析等工作,把接收的终端监测信息存储到数据库并可产生相应图表或者报表,亦可侦听来自因特网网络上客户端的连接,并与客户端建立套接关系,还可与移动终端设备通过 WiFi、3G 网络完成监测数据实时通信。

这里对 ZigBee 进行简要解释。

ZigBee 是一种基于 IEEE 802.15.4 物理层协议、支持自组网、多点中继、可实现网状拓扑的复杂的组网协议,加上其低功耗的特点,使得网络间的设备必须各司其职,有效地协同工作。

11.3.2　网关节点硬件设计方案

由于监测系统内部网络采用的是轻量级网络协议,要实现它与外部网络之间的互联,必须有一个用来完成协议转换的设备或功能部件,作为这两种网络连接的桥梁,这个桥梁便是监测网关。监测网关是一种简单的、智能的、标准化的、灵活的数字网络接口单元,它可以从不同的外部网络接收通信信号,通过监测网络传递信号给某个终端设备。

工作于湿地环境中的网关节点应具有体积较小、便于安装,对环境影响小等特点。同时能够通过 GPRS 网络与监控中心信息交互,能够通过 ZigBee 协调器与众多终端节点构成网络开销小,结构动态可变化的无线自组网络。网关节点结构图如图 11-19 所示。

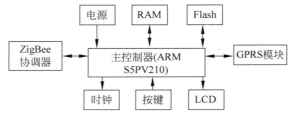

图 11-19　网关节点结构图

ZigBee 协调器与主控制器之间采用的是串口通信,当 ZigBee 模块收到 ZigBee 节点环境数据时,会通过中断触发主控制器模块完成接收数据、数据存储等任务,并触发 GPRS 发送数据;主控制器模块与 GPRS 模块之间采用的也是串口中断通信,当主控制器模块接收到监控中心通过 GPRS 模块发送来的查询任务时,便会通过中断触发 ZigBee 模块,令其使用无线通信查询相关节点数据。

(1) 主控制器

根据网关节点的可靠性、数据处理能力等要求,网关节点主控制器采用了三星公司基于 ARM Cortex-A8 处理器核的 S5PV210 处理器。在实际设计过程中,采用了"核心板+扩展板"的模式进行硬件平台构建。

(2) ZigBee 协调器

ZigBee 节点主要分为协调器(通用节点)和传感器节点两种。基于成本和使用方便的考虑,系统采用了 DRF1601 作为 ZigBee 协调器,它的主芯片是 TI 公司 CC2530F256 芯片。CC2530 是一个应用于 IEEE 802.15.4、ZigBee 和 RF4CE 应用的片上系统(SoC)解决方案。能够以非常低的总体成本建立起强大的网络节点。CC2530 结合了性能优良的 RF 收发器、业界标准的 8051CPU、系统内可编程 Flash、8KB RAM 和许多其他强大功能。CC2530 有 4 种不同的版本,分别具有 32、64、128、256KB 内存。CC2530 具有不同的运行模式,使其能够适应超低功耗要求的系统。运行模式的转换时间短进一步确保了低能源消耗。

整个芯片由并行 I/O 处理模块、8051 处理器模块、片上外设模块和无线射频模块四大部分组成。其丰富的片上外设可以支持复杂的操作系统运行,同时拥有对外的串行通信接口、对外的 A/D 转换采样接口,可以方便地扩展外部功能。图 11-20 是基于 CC2530 的核心板原理图。协调器和传感器节点实物图如图 11-21 所示。

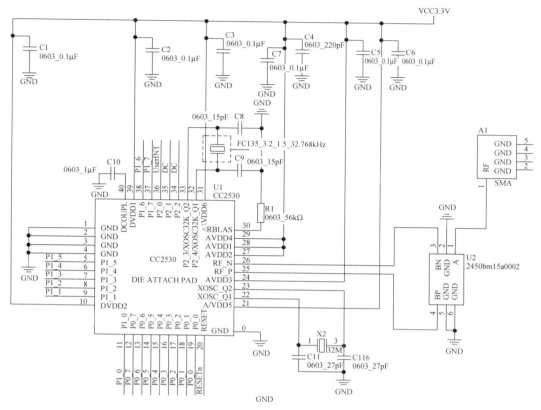

图 11-20　CC2530 核心板

图 11-21　协调器(通用节点)和传感器节点实物图

（3）GPRS 模块

GPRS 模块负责将网关节点接收到的环境数据发送到监控中心,采用的是 TC35 Modem。TC35 Modem 是基于 SIEMENS TC35 模块开发的无线调制解调器,可以工作于 900MHz 网络也可工作于 1800MHz 网络,提供了标准 AT 命令和一个 RS-232 接口用于与外部应用系统连接。

（4）ZigBee 终端节点

如图 11-22 所示，ZigBee 终端节点由水质传感器、模/数转换单元、信号处理单元、无线通信模块组成。其中，水质传感器将水质参数的物理量和化学量转换成电信号。模/数转换单元和信号处理单元对信号进行模/数转换后进行调理打包。无线通信模块负责传感器节点与其他节点之间进行无线通信。传感器节点使用电池供电，因而低功耗设计成为主要考虑的问题。系统传感器节点在不进行数据采集时，进入睡眠模式时钟下，电流损耗仅为 0.19mA。

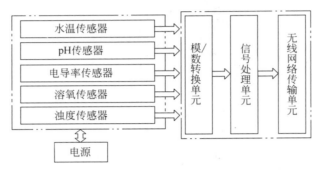

图 11-22　终端节点结构图

11.3.3　系统软件设计

网关系统的应用程序分为两大块：运行在 ARM-Linux 平台上的嵌入式 Web 服务器程序和运行在模块上的程序。软件框架结构如图 11-23 所示。

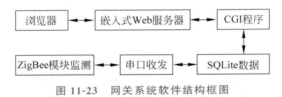

图 11-23　网关系统软件结构框图

嵌入式 Web 服务器上运行的程序主要来分析所提交的表单信息，然后由 SQLite 数据库进行处理，再反馈给服务器。

本网关使用的嵌入式 Web 服务器包括核心部分和可裁剪部分，核心部分包括 HTTP 请求解析器和模块分析器。HTTP 请求解析器负责接收客户发送的 HTTP 请求报文，获得客户端信息，并把解析出来的结果保存到请求结构中；模块分析器根据配置信息调度其他模块。模块主要分为系统功能模块和用户功能模块，一旦配置了系统功能模块，该模块就对服务器收到的请求进行处理。系统功能模块主要分为三部分：文件系统访问模块（针对静态网页）、CGI 处理模块（针对动态网页）、赋值处理（针对用户控制作用）。

ZigBee 模块程序也分为两部分：协调器程序部分和终端节点程序部分。这两部分也被定义为 ZigBee 网络的上位机程序部分和下位机程序部分。每个下位机都是一个 ZigBee 网络节点，并由一个下位机网关负责实时收集网络中的节点信息，形成拓扑图上传给上位机。上位机以 ARM Cortex-A8 为核心控制芯片，并且也包含一个 ZigBee 网关，ARM 嵌入式系统和 ZigBee 网关通过串口进行通信。上位机的网关实时接收下位机网关的拓扑信息，并且负责将上位机的指令下传到指定的下位机。

11.3.4 数据库建设

数据库设计是监测系统设计的关键,湿地环境监测数据的多维性和海量性使得数据库设计变得复杂,而且对于现有湿地监测中的业务数据关系也比较松散,需要对系统建设相关数据进行综合分析与使用。数据资源的有效管理首先必须确保异构数据信息在数据库中的唯一性和安全性,并具有良好的 API 应用接口供监测系统上层部分调用。系统数据库主要由实时监测数据库、设备信息数据库、基础信息数据库、监测相关数据库、Office 数据库和其他相关数据库等组成。

根据监测数据信息量的大小、冗余性和安全性的考虑,这里将数据库建设分为两部分:一是监控中心数据库建设,要求服务器具有较大的信息处理能力和吞吐率,这里选择 SQL Server 数据库作为监控中心数据开发及管理工具;二是网关节点上的 SQLite 数据库,这种数据库所对应的环境是 ARM+Linux 平台,在 B/S 结构下访问数据。网关节点上的数据库主要对信息现场及时查询负责,因而数据库规模较小,相当于监控中心服务器上数据库的简化版本。数据库在实际应用中隶属于监测系统中的信息系统 MIS。

11.4 智能无人值守实验室监控系统设计实例

随着计算机技术的迅猛发展,现代社会已经逐步迈向数字化、信息化和网络化。高校使用信息和监控系统进行实验室的管理工作,可以大大提高管理水平和工作效率,降低实验室管理费用。

智能无人值守实验室监控系统具有以下优点。

① 可以大大降低实验室管理所需要的人力、物力成本。

② 可以提高实验室设备的利用率,合理规划。

③ 做到实验室设备的状态自动化监控、监管。

④ 无人监管实验室可以让学生自主化利用课余时间实验学习。

⑤ 成功的无人实验室系统对外推广可以产生可观的经济效益。

11.4.1 系统总体框架

系统总体框图如图 11-24 所示。

智能无人值守实验室监控系统(Smart Lab System)主要完成的功能模块有嵌入式硬件平台、选课预约子系统、门禁子系统、实验室监控子系统、嵌入式服务器及无线网络等。其中选课预约子系统的工作主要是用户使用移动终端设备或者 PC 进入架设于嵌入式硬件 ARM 平台上的服务器进行实验课程预约并得到管理人员响应。门禁子系统的功能是监控用户通过身份证刷卡进入实验室,对于符合条件的用户允许进入实验

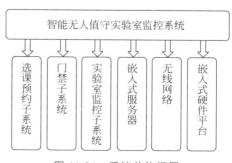

图 11-24 系统总体框图

室。实验室监控子系统和门禁子系统都是建立在无线 ZigBee 网络基础上的,ZigBee 终端节点携带有门禁子系统处理单元或者传感器模块,可以实现对于"刷卡进门"的控制或者对实验室设备及环境的监控,并将信息传输给网关节点显示或者存储至数据库供管理人员使用。

无线网络选择了 ZigBee 网络。其中 ZigBee 协调器建立和维护 ZigBee 网络的运行,从监测终端节点接收实时监测数据,并发送到网关节点单元;网关节点通过串口与监控中心服务器实现信息交互,能够通过 ZigBee 协调器与众多终端节点构成网络开销小,结构动态可变化的无线自组网络。监控中心服务器对接收到的数据主要进行存储、处理和分析等工作,把接收的终端监测信息存储到数据库并可产生相应图表或者报表,亦可侦听来自网络上客户端的连接,并与客户端建立套接关系,还可与移动终端设备通过 WiFi、3G 网络完成监测数据实时通信。

如图 11-25 所示是实验室监控子系统硬件总体原理图。实验室监控子系统是实验室智能化管理系统的一个子系统,完成实验室环境及实验设备的监控工作,包括实验室工作环境与设备运行状况等参数的检测、数据网关及异常情况的处理控制等几大功能模块。各模块采用无线通信方式,方便施工和维护。通过数据网关将采集数据上发服务器,并接收服务器下发的各种控制命令。

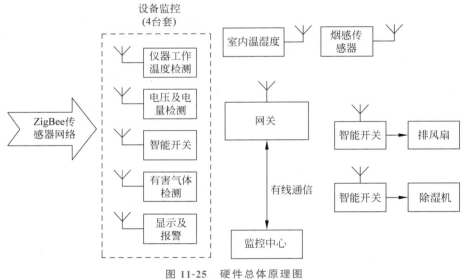

图 11-25　硬件总体原理图

实验室环境监控主要分为 3 部分:一是实验室温度、湿度、光强等这些环境的状况参数;二是实验设备的参数,例如设备的通断状态、功率、用电量等;三是学生的信息。实验室监控子系统运行流程是:无线传感器检测实验室各相关参数,然后以无线通信的方式将监控数据发送无线网关,网关将数据打包后由基于 S5PV210 平台的 Web 服务器及相关程序处理。监控数据主要包括室内温湿度检测、烟雾检测、有害气体检测和智能开关等,分别如下。

① 室内温湿度检测:实时检测室内温湿度变化,并上报服务器。实现火灾报警,为室内环境调节提供依据。

② 烟雾检测:实时检测室内烟雾,实现火灾预警。及时上报烟雾报警信息,并与室内

报警器联动,提示室内人员撤离。

③ 有害气体检测:部分专业实验室在实验准备及实验过程中会产生易燃、易爆、有毒气体,为保证实验人员及设备安全,可根据不同实验室需要安装不同类型的有害气体检测装置(如轻烃)。及时上报有害气体泄漏报警信息,并与室内报警器联动,提示室内人员撤离。

④ 智能开关:根据室内传感器上报的室内环境信息,服务器发出相关控制信息,控制室内相应的环境调节设备工作(如空调、除湿机、排风扇等)。这些环境调节设备大多数是成品设备,故对其调节功能主要通过电源通断方式实现。

图 11-26 所示是实验室监控系统程序界面。图 11-27 是实验室监控系统节点控制界面。

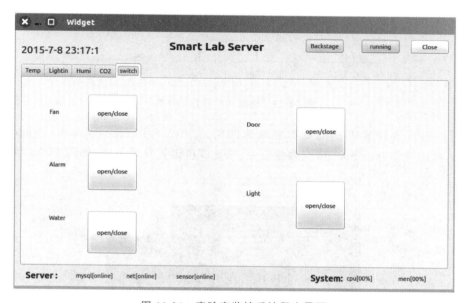

图 11-26 实验室监控系统程序界面

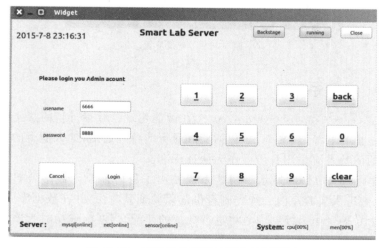

图 11-27 实验室监控系统节点控制界面

一个 ZigBee 节点以 CC2530 芯片为主控制器,可以分为协调器和终端节点。协调器主要完成以下功能:组建 ZigBee 网络,管理路由器和终端节点加入网络;接收 PC 通过串口发来的数据,转发给路由器和终端节点;接收路由器和终端节点的数据,通过串口传输给上位机。终端节点携带一个或者多个传感器进行实验室参数监测。

11.4.2　学生选课预约

在服务器上搭建实验室预约网站系统,并使用了 SQLite 数据库,在数据库中设计了 3 个关于学生选课的数据表,分别是学生表、课程表和选课表。学生通过网站在 PC 或者移动终端都可以进行选课或查询操作。选课预约系统的结构如图 11-28 所示。

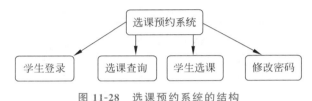

图 11-28　选课预约系统的结构

使用手机或者计算机端浏览器登录选课网站 http://localhost:8080/StudentsMar/login.jsp,使用时将 localhost 修改为相应 IP 地址即可进入登录页面,如图 11-29 所示。

图 11-29　登录界面

11.4.3　门禁系统

门禁系统(Access Control System,ACS)在智能建筑领域指"门"的禁止权限,是对"门"的戒备防范。这里的"门",广义来说,包括能够通行的各种通道,如人通行的门、车辆通行的门等。本例中的门禁系统采用身份证作为认证标准。

门禁系统框图如图 11-30 所示。门禁系统使用了身份证读卡器结合 S5PV210 平台完成系统功能,学生进入实验室前必须先刷身份证以验证其身份,并在数据库中保存其相关信息,同时 S5PV210 平台作为控制中心将进行数据的匹配,当匹配成功时为该学生开门,并为该学生分配自己的实验仪器。

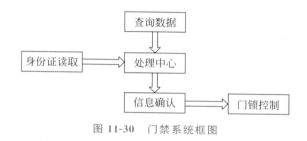

图 11-30　门禁系统框图

11.4.4　ZigBee 网络的网络拓扑及路由协议

建立一个无线网络的前提和基础是选择一个合理的网络拓扑,网络拓扑的结构可以决定网络的成本、速度、特点和实现的功能。综合考虑智能实验室监控系统的通信速率和网关节点的处理能力,系统采用 WSN 树路由拓扑结构及路由协议。该协议具有较强的健壮性和可扩展性,是基于分层次的路由协议。

基于 ZigBee 技术的无线传感器网络 WSN 树路由算法是以网络协调器(Coordinator)为根生成的树状拓扑结构,树路由协议的核心思想就是建立一个由网络地址和网络深度组建的虚拟系统,用来代表实际的网络拓扑结构,如图 11-31 所示。该树的根是 ZigBee 网络协调器,当网络中的节点允许一个新节点通过它加入网络时,它们之间就形成了父子关系,子节点再有它的子节点,这样依次形成一个庞大的 WSN。每个进入网络的节点都会得到父节点为其分配的一个在该网络中唯一的网络地址。树路由算法就是根据网络地址和父子关系来实现路由。

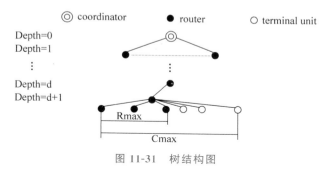

图 11-31　树结构图

在基于树结构的路由算法中,数据沿着树结构传输,路由过程相当简单。有数据需要发送时,直接通过公式计算下一跳节点,从而大大降低了路由协议的开销。树路由算法简单、易实现,节点存储空间和计算能力相对要求较低。如果终端节点要发送数据包到网络中的其他节点,则直接将该数据包转发给其父节点,由父节点进行转发。如果一个路由器节点要转发数据包到网络地址为 D 的目的节点,已知这个路由器的网络地址和网络深度为 A 和 d。它首先会依据下述表达式判断目的节点是否是它的子设备。

$$A < D < A + C_{skip(d-1)} \tag{11-1}$$

如果式(11-1)成立,目标设备就是它的子设备,下一跳地址就是:

$$N = \begin{cases} D \\ A + 1 + \left[\dfrac{D - A + 1}{C_{skip(d)}}\right]^* C_{skip(d),others} \end{cases} \tag{11-2}$$

否则,目的节点不是其子孙节点,则下一跳节点为该节点的父节点,路由器将此数据包沿树转发。

图 11-32 是网络层的基本路由算法。当设备从上层接收到数据帧时,首先,网络层判断目的地址与设备自身地址是否匹配。匹配时,网络层就会将数据帧发送到其上层进行处理;如不匹配,说明这个设备是中继设备。其次,如当前接收设备是路由器,且目的设备是该设备的终端子设备,网络层就直接将数据发送到目标设备,将下一跳的目的地址设置为最终目标地址。对于具有路由能力的设备来说,它将检查是否存在与目的地址相对应的路由入口。如果存在这个入口,就将数据通过 MAC 层的请求函数转发到下一跳路由地址。

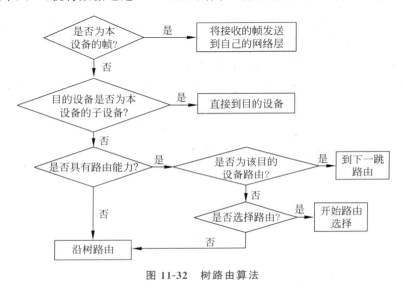

图 11-32 树路由算法

上位机上运行着由 Qt 开发的图形界面程序,该程序的主要功能是通过串口获取下位机网关的信息,并对信息进行解析,最终以图形的方式显示出整个 ZigBee 网络节点的拓扑图。在这个拓扑图中每个节点所处的位置及节点传感器上的数据信息都可以实时显示出来。如图 11-33 所示是一个上位机图形界面程序(仅做演示)。

图 11-33 中顶层节点为下位机的网关,下层节点为 ZigBee 网络中的网络节点,其中每一个网络节点都包含一个传感器,通过单击节点图标就可以显示出对应的传感器信息,如图 11-34 所示。

网络节点信息包括节点名称、节点地址以及传感器的数据。同时,通过这个对话框还可以修订网络数据的刷新周期。

从上文可知,网络协调器负责建立无线网络,接收终端节点的状态信息并显示,发送命令控制节点的状态。Z-Stack 是 TI 公司开发的符合 ZigBee 规范的 ZigBee 协议栈。Z-Stack 支持多种开发平台,包括 CC2530 SoC 和 CC2530＋MSP430 平台。同时,利用 CC2530 芯片还可以实现 ZigBee 网络的节点定位。Z-Stack 具有以下特性:

➢ 兼容 ZigBee 规范 2007。

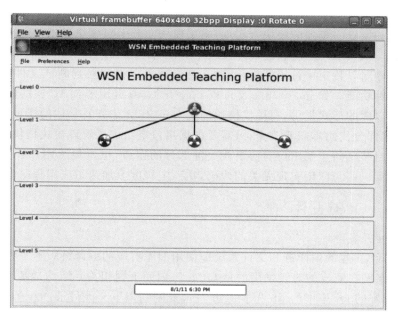

图 11-33　程序设计界面(演示)

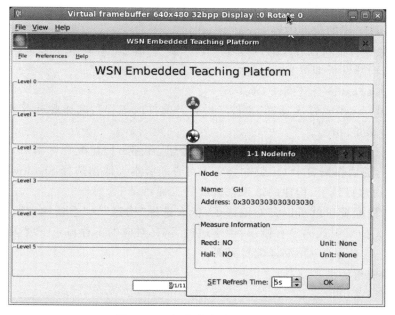

图 11-34　程序节点界面(演示)

➢ 支持多种平台。

➢ 简单的应用开发环境。

➢ 简单的面向开发者的 API。

➢ 支持空中下载。

➢ 具有无线节点定位能力。

Z-Stack 采用模块化设计方法,基于 ZigBee 规范中的协议栈架构进行设计。它将协议栈架构中不同的层以一单独的模块来实现,本层模块向其上层模块提供特定服务,模块之间的通信通过接口来实现,此外,它还设计实现了其他管理和辅助模块。通常每一个模块包含的源文件的文件名以特定字符串开头,通过文件名就可以很容易判断该文件是属于哪一个模块并实现何种功能。如 mac_cfg.c 文件以 mac 开头,说明其是 MAC 层的配置文件。

部分模块以库的形式提供,只提供模块的接口定义,无法查看具体的实现细节。对于用户应用来说,这部分代码不需要改变,只需要根据接口定义去了解该模块提供什么样的服务即可。这样的封装既防止了用户对协议栈关键部分的误改,也避免了用户在开发过程中浪费大量时间去读一些与应用实现无关的代码,在一定程度上加速了应用程序的开发。

11.4.5 Qt 的使用

1. 搭建 Qt 开发环境

前提:编译 Qt 库的编译链和文件系统中使用的库对应的编译链版本一致。

说明:本案例在完成的时候采用的是 Qt 4.7,因而下列相关介绍均是基于 Qt 4.7。

① 将编译好的 Qt 库中的 lib 和 plugin 目录复制到以下文件目录:cp~/lib~/plugin~/qt、tar cjvf qt.tar.bz2~/qt。

② 将压缩包 qt.tar.bz2 复制至 U 盘中。

③ 将 U 盘插入目标开发板,通过串口进入开发板的/opt/qt 目录下。

④ 删除该目录里的全部内容 rm-ar *。

⑤ 将 U 盘中的压缩包解压到该目录下 tar xjvf /mnt/udisk/qt.tar.bz2-C。

⑥ 重新启动开发板即可完成。

2. 利用 Qt Creator 交叉编译 Qt 工程

① 打开 Qt Creator,依次选择"文件"→"打开文件或工程",选择要进行编译的 Qt 工程(工程文件的后缀是.pro)。

② 打开工程后,单击左侧快捷栏上的项目按钮,在编辑构建配置选项后,选择刚刚配置的 qmake 工具,随后在概要中 Qt 版本会变为对应的版本。取消选择 Shadow build,这样就无须从新选择构建目录了,构建的结果直接放到工程目录下。

③ 完成工程配置后就可以开始编译了,依次选择"构建"→"重新构建所有项目",构建过程就开始了。如果源代码没有错误,构建通过后,在对应的工程目录下就会出现一个应用程序。如图 11-35 所示为 Qt 编译配置界面。

3. 程序中使用的类

(1) 类 MainWindow

类功能描述:该类是整个程序的主体,主要负责建立和维护主窗口界面,接收串口解析类对象发来的信号,并根据信号更新网络拓扑结构图,更新传感器节点信息。同时该类为用户提供了改变网络节点更新周期的接口,该接口通过向串口解析类对象发送信号,控制串口发送 SET 命令改变节点更新周期。该类包含了两个定时器,一是用来更新主窗口的时间,另一个是用来主动向网络节点发送 RND 命令从而更新节点信息。所有节点信息被保存在 itemArray 数组中,该数组中每一项都是一个 Item 描述类对象,用以表示一个存在的网络节点。该类中最重要的槽函数是 recreateInit() 和 recreate() 函数。当该类接收到串口解析

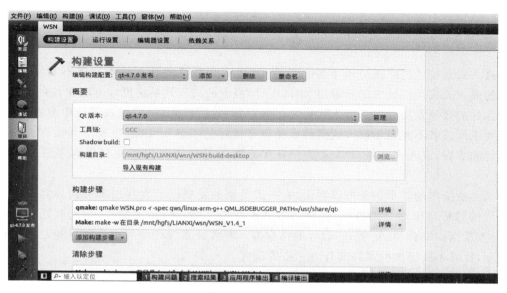

图 11-35　Qt 编译

类对象发来的 readRNDReady()信号后，recreateInit()槽会被触发，该槽函数主要是用来检查当前节点列表和前一刻节点列表是否一致，如果不一致则发出 recreateReady 信号。recreateReady 信号会导致 recreate 槽函数被触发，该函数会根据当前的节点列表从新绘制网络拓扑图。

（2）类 Attr1Dialog

类的主要功能描述：该类用以建立和维护传感器节点信息对话框，Mainwindow 类会定期更新所有打开的 Attr1Dialog 类对象。同时该类中还包含了设定特定节点更新周期的功能。

（3）类 RNDSettingDialog

类的主要功能描述：该类主要用来设定网络节点的更新周期。

（4）串口通信类 Serial

类的主要功能描述：该类主要负责初始化通信串口，向串口中发送数据，并定期从串口中读取数据。当读取到数据后就会发送 parse 信号，通知串口解析类对象解析串口数据。

（5）串口解析类 SerialService

类的主要功能描述：该类主要负责解析串口读到的数据，根据数据传送的协议提取出相应的 SET、RND、RAS 命令，并根据命令中的内容更新网络节点信息，其更新后的网络节点信息存于 itemArrayC 数组中。当其解析到某一命令后就会发送对应的信号（eg：readRNDReady、readSETReady、readRASReady），通知 Mainwindow 类对象。

（6）设备描述类 Device

类的主要功能描述：用于描述网络节点中的设备信息。

（7）节点描述类 Item

类的主要功能描述：用于描述网络节点信息。

11.5 本章小结

　　嵌入式系统已经广泛应用于各行各业中,嵌入式系统的开发技术也在不断发展进步。传统的嵌入式系统设计方法和采用"协同设计"概念的嵌入式系统设计方法在各自适用领域都有良好的效果发挥。由于嵌入式系统很多时候是以"嵌入"的方式在系统中存在并工作,这就要求开发者不光对于嵌入式系统本身要有较好的了解和掌握,也要对其他有关联的知识理解和掌握,嵌入式系统设计人员只有在不断学习和实践中才能获得更多开发经验和技巧。

　　从本章给出的3个例子可以看出,嵌入式系统的发展已经表现出和当前计算机前沿技术发展的趋势紧密结合的特征,比如嵌入式系统与智能化硬件的结合、与物联网技术的结合、与大数据的结合、与复杂 UI 设计的结合等。嵌入式系统的学习也应该保持足够的技术敏感度,针对不同层次的需要展开进一步的探究。

　　【本章思政案例:团队协作精神】 详情请见本书配套资源。

参 考 文 献

[1] 陈文智,王总辉.嵌入式系统原理与设计[M].北京:清华大学出版社,2011.

[2] Linux 系列教材编写组.Linux 操作系统分析与实践[M].北京:清华大学出版社,2008.

[3] 温淑鸿.嵌入式 Linux 系统原理[M].北京:北京航空航天大学出版社,2014.

[4] 刘洪涛.嵌入式系统技术与设计[M].北京:人民邮电出版社,2012.

[5] Allen G,Owens M. The Definitive Guide to SQLite[M].Berkeley:Apress,2006.

[6] 滕英岩.嵌入式系统开发基础——基于 ARM 微处理器和 Linux 操作系统[M].北京:电子工业出版社,2011.

[7] 何宗键,万金友.嵌入式软件开发导论[M].北京:清华大学出版社,2009.

[8] 王青云,梁瑞宇,冯月芹,等.ARM Cortex-A8 嵌入式原理与系统设计[M].北京:机械工业出版社,2014.

[9] 刘洪涛,邹南.ARM 处理器开发详解——基于 ARM Cortex-A8 处理器的开发设计[M].北京:电子工业出版社,2012.

[10] 苗凤娟,奚海蛟.ARM Cortex-A8 体系结构与外设接口实战开发[M].北京:电子工业出版社,2014.

[11] Samsung Electronics Co.,Ltd. S5PV210 RISC Microprocessor User's Manual.